土壌生成分類学

改訂増補版

永塚鎭男 著

養賢堂

まえがき

　本書の初版が出版されてからはやくも4半世紀が過ぎました．この25年間に土壌学は大きく進歩し多くの新知見が蓄積されてきました．とくに土壌生成分類学(ペドロジー)の分野では，アメリカの土壌分類体系 Soil Taxonomy が従来の11土壌目にジェリソル(凍結土壌)が追加されて大きく改訂されるとともに，国際土壌学連合(IUSS)のワーキング・グループから世界土壌照合基準(WRB)が発表されるなど，大きな変化が生じています．このような土壌生成分類学における進歩と発展の現状を反映するために本書の改訂・増補版を出版することにしました．

　改訂・増補にあたっては，初版で割愛した引用文献をすべて掲載するとともに，新たに「10. 土壌情報システム」および「11. 土壌の起源と進化」の2つの章を付け加えました．さらに土壌断面写真のCDを付けることによって，読者が世界各地のいろいろな土壌とその生態環境を理解するための一助としました．

　東京大学名誉教授熊沢喜久雄先生からは出版社に対して本書の出版を強力にご推薦していただきました．森林総合研究所の金子真司博士と農業環境技術研究所の前島勇治博士には文献の収集にご協力いただきました．また京都大学名誉教授久馬一剛氏をはじめ多くの方々から土壌断面写真を提供していただきました．そのほか国内外の多くの方々から貴重な研究成果を引用させていただきました．以上の方々に改めて厚く御礼申し上げます．

　最後に，最近の厳しい出版事情にもかかわらず本書の出版を引き受けていただいた養賢堂社長及川　清氏ならびに編集部の平川吉成氏，さらに印刷・製本にあたった真興社の皆様に心から感謝いたします．

　本書が土壌を愛する多くの方々の座右の書となるを願いつつ．

2014年3月18日
多摩の寓居にて
著者識

初版への「まえがき」

　土壌は岩石・気候・生物・地形の間に生じる相互作用の進化によって地表に形成された歴史的自然体であり，自然生態系の重要な構成要素の一つとなっています．土壌生成分類学(pedology)は，こうした土壌の成因・性質・機能を明らかにし，それらの特徴に基づいて土壌を分類整理することによって合理的土地利用の指針を得ることを目的とする学問です．したがって土壌生成分類学は，農林学の基礎として重要であるばかりでなく，地質学・地形学・地理学・生態学・生物学など自然環境に関する研究分野の基礎としても無視することのできない学問であります．とくにわが国では，近年，海外学術調査や海外技術援助その他の事業を通じて諸外国の土壌についての正確な知識を必要とする機会がますます増えてきています．

　しかし，いっぽうでは土壌生成分類学は大変わかりにくいといった声がよく聞かれます．その主な原因は，わが国の初等中等教育における土壌教育がきわめて不十分なうえに，大学では岩石・気候・生物・地形に関する講義は主として理学部で行われ，土壌学の講義は農学部で行われるといった具合に系統的な土壌教育体制が欠如している点にあると思われます．

　本書では，こうした事情を考慮して，初めて土壌について学ぶ読者にも容易に理解できるように，最初の 1～3 章で人類と土壌の関係・土壌断面の観察方法・土壌の構成分について解説したのち，4～6 章で岩石から土壌ができてくる過程とその要因について述べ，7 章で土壌分類の方法論を説明するという手順をふみました．最後の 8 章では，世界各地に分布する土壌を生態的土壌分類体系に従って配列し，各土壌の成因・特徴・機能について述べ，さらに FAO や Soil Taxonomy(USA)など他の分類体系による分類名も同時にわかるようにしました．また土壌名称辞典としても利用できるように，索引にはできるだけ多くの土壌名を入れるようにしました．なお土壌図の作り方とその利用など土壌生成分類学の応用面については紙面の都合で割合せざるを得ませんでしたが，

この点も含めて世界各地の土壌についてさらに詳しく調べたいと思われる読者は，巻末に示した参考文献を参照していただきたいと思います．

　著者の浅学菲才ゆえに，多種多様な土壌を包括的かつ系統的に解説するという所期の目的が十分に達成されていないうらみがありますが，本書が土壌学を専攻する学生諸君だけでなく，土壌と深い関連をもつ多くの他の研究分野の方々の参考書として多少とも役立つことができれば，それは著者にとって望外の喜びであります．

　本書を執筆するにあたり多くの方々のご援助をいただきました．とくに本シリーズの編集委員である熊沢喜久雄教授(東京大学)からは，わが国ではじめて「土壌生成分類学」という表題の著書を執筆する機会を与えていただくとともに，終始激励と御鞭撻をいただきました．また庄子貞雄教授(東北大学)・三土正則博士(農業環境技術研究所)・浜崎忠雄氏(熱帯農業研究センター)・細野　衛氏(新座高校)からは，本書のために貴重な写真や原図を提供していただきました．そのほか日本土壌肥料学会ならびにペドロジスト懇談会の会員諸氏の貴重な研究成果を多数引用させていただきました．さらに世界各地の土壌については諸外国の土壌研究者達の出版物を大いに利用させていただきました．以上の方々に対して改めて厚く御礼申し上げます．

　最後に，本書の出版を御快諾いただいた養賢堂会長及川鋭雄氏ならびに直接御担当いただいた同編集部の及川和巳，奥山善宏両氏に心から感謝いたします．

1988年8月　つくばにて
著者識

付録 CD-ROM 目次

土壌断面写真集

1. ツンドラ地域の凍結土壌
2. 沙漠未熟土
3. 固結岩屑土
4. 非固結岩屑土
5. 高山帯の土壌
6. ランカーとレンジナ
7. チェルノーゼムとブルニゼム
8. 灰色森林土と肉桂色土
9. 栗色土と褐色半沙漠土
10. ヴァーティソルとペロゾル
11. 褐色森林土
12. パラ褐色土
13. ポドゾル
14. 炭酸塩質褐色土と石灰質褐色土
15. 黄褐色森林土（低山・丘陵）
16. 黄褐色森林土（中位・低位段丘）
17. 赤黄色土（1）
18. 赤黄色土（2）
19. 暗赤色土
20. 地中海褐色土と地中海赤色土
21. 熱帯鉄質土壌
22. 鉄アルミナ質土壌とラテライト
23. 黒ボク土（1）
24. 黒ボク土（2）
25. 塩成土壌
26. 停滞水土壌
27. 低地土壌
28. グライ土壌
29. マーシュ土壌
30. 酸性硫酸塩土壌
31. 泥炭土壌
32. 水田化土壌（1）
33. 水田化土壌（2）
34. 人工変成土壌
35. 造成土壌（1）
36. 造成土壌（2）
37. 土壌薄片の顕微鏡写真
38. 日本土壌図
39. 世界土壌図
40. 水と養分からみた世界の土壌分布

目　　次

はじめに …………………………1
　1)　土と土壌は同じか？ …………1
　2)　「土」と「土壌」はどのように
　　　使われてきたか ………………1
　3)　「土」の意味する内容 …………2
　4)　土壌の定義の移り変わり（土壌
　　　観の変遷）……………………3
　5)　新しい土壌観と現代土壌学の成
　　　立 ………………………………6

1.　土壌断面形態 ……………………8
　1.1.　土壌断面 ―土壌にも顔があ
　　　　る― ………………………8
　1.2.　層位記号と補助記号 …………9
　1.3.　土壌断面調査 ………………12
　　1.3.1.　層　界 …………………12
　　1.3.2.　土　色 …………………13
　　1.3.3.　腐植含量 ………………14
　　1.3.4.　粒径組成と土性 ………14
　　1.3.5.　土壌構造 ………………16
　　1.3.6.　コンシステンシー ……19
　　1.3.7.　斑紋・結核 ……………21
　　1.3.8.　孔隙性 …………………22
　　1.3.9.　植物根 …………………23
　　1.3.10.　水分状況 ………………23
　　1.3.11.　反応試験 ………………24
　1.4.　土壌柱状標本（モノリス）……25

2.　土壌構成成分 ……………………26
　2.1.　土壌の三相四成分 ……………26
　2.2.　無機成分 ……………………27
　　2.2.1.　土壌中の一次鉱物 ………28
　　2.2.2.　土壌中の二次鉱物 ………29
　2.3.　有機成分 ……………………35
　　2.3.1.　土壌有機物と腐植 ………35
　　2.3.2.　腐植物質の化学的区分
　　　　　　と実体 …………………37
　　2.3.3.　土壌酵素 ………………45
　　2.3.4.　有機・無機複合体 ………45
　　2.3.5.　腐植の機能 ……………46
　2.4.　土壌生物 ……………………47
　　2.4.1.　土壌生物の大きさと種
　　　　　　類 ………………………47
　　2.4.2.　土壌微生物の数と分布 …52

3.　土壌の機能（はたらき）…………55
　3.1.　土壌圏 ………………………55
　3.2.　土壌の4大機能（はたらき）…56
　　3.2.1.　生産機能 ………………56
　　3.2.2.　分解機能と生物学的小
　　　　　　循環 ……………………58
　　3.2.3.　保水・排水機能と団粒
　　　　　　構造 ……………………62
　　3.2.4.　環境保全機能 ……………65

4.　土壌の吸着複合体とpH ………66
　4.1.　土壌のイオン交換現象 ………66
　　4.1.1.　吸着複合体 ………………67
　　4.1.2.　土壌の陰イオン交換と
　　　　　　リン酸固定 ……………70

4.1.3. 土壌の反応 …………71

5. 風化作用と土壌母材の形成 …75
　5.1. 風化作用と土壌生成作用 ……75
　　　5.1.1. 機械的風化作用（崩壊作用） ………………76
　　　5.1.2. 化学的風化作用（分解作用） ………………79
　5.2. 鉱物の相対的安定度と風化系列 …………………82
　　　5.2.1. 粗粒画分（砂）の風化系列 ………………82
　　　5.2.2. 細粒画分（粘土）の風化系列 ……………84
　　　5.2.3. 鉱物の安定度と結合エネルギー ………………84
　5.3. 風化段階と風化指数 ………85
　　　5.3.1. 風化サイクル …………85
　　　5.3.2. 風化指数 ………………87

6. 土壌生成因子 …………………90
　6.1. 母材（母岩）因子 ……………91
　　　6.1.1. 母岩・母材の物理的性質の影響 ………………91
　　　6.1.2. 母岩・母材の化学的性質の影響 ………………92
　　　6.1.3. 母材の堆積様式による区分 ………………95
　6.2. 気候因子 ……………………98
　　　6.2.1. 土壌温度 ………………99
　　　6.2.2. 土壌の水分状況 ………101
　　　6.2.3. 気候と土壌分布の間にみられる規則性 ………105
　6.3. 生物因子 …………………108
　　　6.3.1. 植物の作用 ……………108

　　　6.3.2. 土壌動物の作用 ………116
　　　6.3.3. 土壌微生物の作用 ……120
　6.4. 地形因子 …………………123
　　　6.4.1. 斜面の方位 ……………123
　　　6.4.2. 斜面の形態 ……………125
　　　6.4.3. 斜面の傾斜度 …………126
　　　6.4.4. カテナ ………………127
　6.5. 時間因子 …………………128
　　　6.5.1. 土壌の年代 ……………128
　　　6.5.2. 短期サイクル土壌と長期サイクル土壌 ………128
　　　6.5.3. 土壌の年代測定法 ……129
　6.6. 人為的因子 ………………133
　　　6.6.1. 自然土壌と人工土壌 …133
　　　6.6.2. 人為的影響の種類 ……134
　　　6.6.3. 土壌劣化 ……………136

7. 基礎的土壌生成作用 …………138
　7.1. 初成土壌生成作用 …………140
　　　7.1.1. 岩石に対する微生物のはたらき ……………141
　　　7.1.2. 岩石に対する地衣類のはたらき ……………142
　　　7.1.3. 岩石上の蘇苔類粗腐植層 ………………144
　　　7.1.4. イネ科草本－雑草の粗腐植層 ………………144
　7.2. 土壌熟成作用 ………………145
　　　7.2.1. 土壌熟成作用の種類 …145
　　　7.2.2. 物理的熟成度と水因子 ………………146
　7.3. 粘土化作用 …………………147
　　　7.3.1. 雲母の分解による粘土鉱物の生成 …………147
　　　7.3.2. 珪酸塩の風化最終生

成物からの粘土鉱物
　　　の合成 …………………149
7.4. 褐色化作用 …………………149
　7.4.1. 土壌中の遊離酸化鉄 …150
　7.4.2. 遊離酸化鉄の活性度
　　　と結晶化指数 …………151
7.5. 鉄質化作用 …………………153
7.6. 鉄アルミナ富化作用 ………153
　7.6.1. ラテライトとプリン
　　　サイト …………………153
　7.6.2. 鉄アルミナ富化作用 …155
　7.6.3. 鉄アルミナ富化作用
　　　の発現様式と生成物
　　　の種類 …………………156
　7.6.4. 硬化現象と皮殼の形
　　　成（ラテライト化作用）…157
7.7. グライ化作用 ………………158
　7.7.1. グライ化作用の進行
　　　に伴う物質変化の様相 …158
7.8. 疑似グライ化作用 …………160
　7.8.1. 疑似グライ層の形態
　　　的特徴 …………………160
　7.8.2. 酸化還元電位と Eh-pH
　　　ダイアグラム …………160
7.9. 塩基溶脱作用 ………………163
　7.9.1. 炭酸塩の溶解度と CO_2
　　　分圧の関係 ……………164
7.10. 粘土の機械的移動（レシ
　　ベ化作用）…………………165
　7.10.1. 粘土の機械的移動の
　　　メカニズム ……………165
　7.10.2. 粘土被膜の形成 ………167
7.11. ポドゾル化作用 ……………168
　7.11.1. ポドゾル化作用に関
　　　する諸説 ………………168

　7.11.2. ポドゾル化が生じる
　　　特殊な場合 ……………171
7.12. 腐植化と腐植集積作用 ……171
　7.12.1. 腐植化のメカニズム …172
　7.12.2. 腐植の集積量を規定
　　　する要因 ………………173
　7.12.3. 堆積有機物層の形態
　　　と微細形態学的特徴 …175
　7.12.4. 腐植組成と土壌型 ……177
7.13. 泥炭集積作用 ………………177
　7.13.1. 泥炭地の成因 …………178
　7.13.2. 泥炭の堆積過程と泥
　　　炭の種類 ………………179
　7.13.3. 泥炭の堆積速度 ………180
7.14. 塩類化作用（ソロンチャー
　　ク化作用）…………………180
7.15. 脱塩化作用 …………………182
　7.15.1. ソロニェーツ化作用
　　　（アルカリ化作用）……182
　7.15.2. ソーロチ化作用（脱
　　　アルカリ化作用）………183
7.16. 石灰集積作用 ………………183
7.17. 水成漂白作用 ………………185
7.18. 水田土壌化作用 ……………186
　7.18.1. 水田土壌化作用に含
　　　まれる基本的過程 ……187
　7.18.2. 干拓地における水田
　　　化過程 …………………190

8. **土壌の分類** …………………192
8.1. 類別と区分 …………………192
8.2. 分　類 ………………………193
　8.2.1. 実用的分類 ……………195
　8.2.2. 人為的分類 ……………195
　8.2.3. 自然分類または系統

viii　目　次

　　　　　分類 …………………196
　8.3. 成因的土壌分類に関する
　　　　諸概念の発展 …………196
　　8.3.1. 土壌の成帯性の概念
　　　　　と地理－環境的分類 ……197
　　8.3.2. 生成因子による分類 …198
　　8.3.3. 生成過程に基づく分
　　　　　類 ……………………199
　　8.3.4. 生態－成因的分類 ……200
　　8.3.5. 進化論的分類 …………205
　8.4. 既往の土壌分類諸体系に
　　　　対する批判 ……………205
　　8.4.1. アメリカの土壌分類
　　　　　体系 …………………205
　8.5. 国際的統一土壌分類体系
　　　　への歩み ………………216
　　8.5.1. FAO/Unesco の世界土
　　　　　壌図凡例 ………………216
　　8.5.2. 世界土壌照合基準 ……216
　8.6. 土壌分類体系設定の原理 …226
　　8.6.1. 分類体系設定の過程 …226
　　8.6.2. 土壌生成と土壌機能
　　　　　の因果関係的連鎖 ………227
　　8.6.3. 数値分類法 ……………228
　　8.6.4. 土壌分類体系設定の
　　　　　一般モデル ……………230

9. **土壌系統分類** …………………234
　A. 陸成土壌門 …………………235
　　a. 陸成未熟土壌綱 ……………235
　　　a-1. 極地沙漠気候的未熟
　　　　　土壌亜綱 ……………235
　　　　Ⅰ. 極寒沙漠土 ……………237
　　　　Ⅱ. 極地沙漠土 ……………237
　　　　Ⅲ. 高山未熟土 ……………237
　　　a-2. 高温沙漠気候的未熟
　　　　　土壌亜綱 ………………238
　　　　Ⅳ. 沙漠未熟土 ……………238
　　　a-3. 非気候的未熟土壌亜
　　　　　綱 ………………………239
　　　　Ⅴ. 固結岩屑土 ……………239
　　　　Ⅵ. 非固結岩屑土 …………240
　　b. 未発達土壌綱 ………………240
　　　　Ⅰ. 北極褐色土 ……………240
　　　　Ⅱ. 高山草原土 ……………241
　　　　Ⅲ. ランカー ………………241
　　　　Ⅳ. レンジナ ………………242
　　　　Ⅴ. パラレンジナ …………243
　　c. 草原土壌綱 …………………243
　　　　Ⅰ. チェルノーゼム ………244
　　　　Ⅱ. ブルニゼム ……………245
　　　　Ⅲ. 灰色森林土 ……………246
　　　　Ⅳ. 肉桂色土 ………………247
　　　　Ⅴ. 栗色土 …………………248
　　　　Ⅵ. 褐色半沙漠土 …………249
　　　　Ⅶ. 灰色沙漠土 ……………250
　　　　Ⅷ. デュリ盤土 ……………250
　　d. ヴァーティソル土壌綱 ……251
　　　　Ⅰ. ヴァーティソル ………251
　　　　Ⅱ. ペロゾル ………………254
　　e. 褐色土壌綱 …………………255
　　　　Ⅰ. 褐色森林土 ……………256
　　　　Ⅱ. パラ褐色土 ……………260
　　　　Ⅲ. ファールエルデ ………262
　　f. ポドゾル土壌綱 ……………263
　　　　Ⅰ. ポドゾル ………………263
　　　　Ⅱ. 停滞水ポドゾル ………268
　　g. 石灰成土壌綱 ………………268
　　　　Ⅰ. 炭酸塩質褐色土 ………270
　　　　Ⅱ. 石灰質褐色土 …………271

- h. 鉄珪酸アルミナ質土壌綱 …271
  - Ⅰ．黄褐色森林土 …………272
  - Ⅱ．赤黄色土 ……………275
  - Ⅲ．地中海褐色土 …………279
  - Ⅳ．地中海赤色土 …………280
  - Ⅴ．火山系暗赤色土 ………282
- i. 熱帯鉄質土壌綱…………283
  - Ⅰ．真正熱帯鉄質土 ………284
  - Ⅱ．フェリソル ……………285
- j. 鉄アルミナ質土壌綱………285
  - j-1. 厳密な意味での鉄アルミナ質土壌亜綱 …………289
    - Ⅰ．カオリナイト質鉄アルミナ質土 …………289
    - Ⅱ．ギブサイト質鉄アルミナ質土 ……………289
  - j-2. フェラリット土壌亜綱…289
    - Ⅰ．フェリット ……………289
    - Ⅱ．アリット ………………290
  - j-3. 水成漂白化鉄アルミナ質土壌亜綱 ……………290
    - Ⅰ．水成鉄アルミナ質土 …290
    - Ⅱ．プリンサイト質鉄アルミナ質土 ……………290
    - Ⅲ．硬化鉄アルミナ質土 …291
- k. 黒ボク土壌綱 ……………292
  - Ⅰ．黒ボク土 ………………300
  - Ⅱ．淡色黒ボク土 …………301
  - Ⅲ．準黒ボク土 ……………302
  - Ⅳ．褐色黒ボク土 …………302
  - Ⅴ．未熟黒ボク土 …………303
- l. 塩成土壌綱 ………………303
  - Ⅰ．ソロンチャーク ………304
  - Ⅱ．ソロニェーツ …………306
  - Ⅲ．ソーロチ ………………307
- B. 水成土壌門 ………………308
  - a. 停滞水土壌綱 ……………309
    - Ⅰ．疑似グライ土 …………309
    - Ⅱ．停滞水グライ土 ………313
    - Ⅲ．プラノソル ……………315
  - b. 低地土壌綱 ………………316
    - Ⅰ．低地未熟土 ……………317
    - Ⅱ．未熟低地土 ……………317
    - Ⅲ．褐色低地土 ……………317
    - Ⅳ．灰色低地土 ……………319
    - Ⅴ．黒ボク低地土 …………322
  - c. グライ土壌綱 ……………322
    - Ⅰ．湿潤グライ土 …………324
    - Ⅱ．グライ土 ………………324
    - Ⅲ．黒泥質グライ土 ………326
    - Ⅳ．泥炭質グライ土 ………326
    - Ⅴ．黒ボクグライ土 ………327
    - Ⅵ．ツンドラ・グライ土 …327
  - d. マーシュ土壌綱 …………328
    - Ⅰ．海成マーシュ土 ………329
    - Ⅱ．汽水マーシュ土 ………330
    - Ⅲ．河成マーシュ土 ………330
    - Ⅳ．有機質マーシュ土 ……330
    - Ⅴ．泥炭マーシュ土 ………331
    - Ⅵ．酸性硫酸塩土 …………331
    - Ⅶ．アルカリ干拓地水田土…332
- C. 泥炭土壌門 ………………333
  - Ⅰ．低位泥炭土 ……………336
  - Ⅱ．中間泥炭土 ……………337
  - Ⅲ．高位泥炭土 ……………337
  - Ⅳ．黒泥土 …………………338
- D. 水面下土壌門 ……………339
  - Ⅰ．水面下未熟土 …………340
  - Ⅱ．ユッチャ ………………340
  - Ⅲ．サプロペル ……………340

　　　　Ⅳ. デュ …………………341
　E. 人工土壌門 ………………341
　　1) 人工土壌の定義と分類 ………341
　　2) 水田土壌の分類学的位置づけ …342
　　　a. 水田化土壌綱………………345
　　　　Ⅰ. 低地水田土 …………346
　　　　Ⅱ. 水田化疑似グライ土 …350
　　　　Ⅲ. 水田化黒ボク土 ………350
　　　　Ⅳ. 水田化赤黄色土 ………351
　　　b. 人工変成土壌綱 ……………352
　　　　Ⅰ. プラッゲンエッシュ …352
　　　　Ⅱ. 園地土 …………………353
　　　　Ⅲ. 混層土 …………………353
　　　c. 造成土壌綱…………………356
　　　　Ⅰ. 造成土 …………………356
　　　　Ⅱ. 埋立土 …………………357

10. 土壌情報システム……………359
　10.1. 土壌情報システム …………359
　　10.1.1. 土壌情報システムの構造 …………………359
　　10.1.2. 土壌情報の入力 ………363
　　10.1.3. 土壌情報の出力 ………366

11. 土壌の起源と進化……………368
　11.1. 生物の誕生から陸地への上陸まで ………………368
　　11.1.1. 始原細胞の誕生から多細胞生物の出現まで …………………369
　　11.1.2. 生物上陸以前の陸地の状況 …………………370
　　11.1.3. 生物の上陸を促した原因 …………………371
　　11.1.4. 生物の上陸 ……………371
　11.2. 陸上における土壌の進化 …373
　　11.2.1. 古生代の土壌 …………373
　　11.2.2. 中生代の土壌 …………374
　　11.2.3. 新生代(0.66億年以後)の土壌 ……………375
　　11.2.4. 土壌生成におよぼす人類の影響 ……………376

引用文献……………………………379
索　引………………………………393

はじめに

1）土と土壌は同じか？

著者は，かつてご専門は何ですかと聞かれ，「土壌」を研究していますと応えたところ柳川鍋の「泥鰌」と間違えられ，あわてて「土」を研究しているのですと言い直して，やっと分かってもらったという笑い話のような経験をしたことがある．土壌研究者の中には，同じような苦い経験をもつ人が少なくないようである．どうやら日常会話では，「土壌」よりも「土」という言葉の方が幅を利かせているらしい．一般に「土」と「土壌」は同じ意味に理解されており，「土といえば何となく俗っぽく，土壌といえば学問的な感じがする」という識者もいるくらいである．しかし，果たして「土」と「土壌」は単なる同種異名にすぎないのであろうか？

中国における周代の官制を記した書『周礼』の地官の注に「万物が自生するところ，すなわち土といい，土は芽を吐き出すさまである．人の耕して栽培するところ，すなわち壌という，壌はゆるやかにする形である」(以_萬物自生_則言_土，土吐也，以_人所_耕種藝_則曰_壌，壌和緩貌也)という記述がある．藤原彰夫氏は，この『周礼』の記述はまことに明確な定義で，「土」は自然土壌，「壌」は耕地土壌と考えてよいようであると述べておられる(藤原，1991)．このように考えると，「土壌」は自然土壌と耕地土壌を合わせた土壌全体を意味する言葉であるということになり，いまさら「土」と「土壌」の意味の違いを詮索する必要はないことになる．しかし，実際には，中国においても日本においても，このような意味で「土」「壌」「土壌」の語が明確に使い分けられてはこなかったし，現在もそのように区別されていないところに問題があるのである．

2）「土」と「土壌」はどのように使われてきたか

わが国最古の書物である『古事記』の上巻に，「天之狭土神，訓_土云_豆知_.下効_此.」という記述がある．これは，「土」という漢字の意味内容が日本語(やまとことば)の「つち＝豆知」に相当するので，以下「土」を「つち」と訓読みするという太安萬侶の注記である．また，中世末期に書かれたわが国最古の農書

とされる『清良記―親民鑑月集―』を始めとして，江戸時代末までに書かれた数多くの農書においても，もっぱら「土」という表現が使われていて，「土壌」という用語はほとんど使われてこなかったといわれている（久馬，2009）．したがって，わが国では『古事記』が成立した8世紀初頭以前から江戸時代末期に到るまで，一般に「土」という言葉が広く使用され，「土壌」という言葉はほとんど使用されてこなかったということができる．

一方，わが国で「土壌」という用語がいつ頃から使われるようになったかはよく分からないが，司馬遷の『史記―李斯伝』に出てくる「泰山は土壌を譲らず，故に能く其の大を成す」（泰山不譲土壌，故能成其大）という句が，すでに『和漢朗詠集』巻下山水（1018年頃）に引用されており，また大観本謡曲・富士山（1430年頃）には「山海草木土壌までも，さながら仙境かと見えて」と謡われている．さらに江戸時代末期になると，青地林宗がオランダ書から訳した世界地理書『輿地誌略』巻二（1826年頃）に「土壌稍瘠て，穀よりは葡萄酒及油多く出す」という訳文が見られる（日本国語大辞典，2001）．そして，明治10年（1879年）に刊行された勧農局第二回年報の農学校の項に，農業博物館で英国人教師によって始められた教科目中に「土壌の元始及天質」という記載が認められ，これが公文書で「土壌」という言葉が使われた最初の例と考えられている（久馬，2009）．

このように見てくると，平安時代中期以後に漢籍からの引用として「土壌」という表現が見られるものの，わが国では古代から明治時代に到るまで，一般に「土」という言葉が広く用いられてきたが，江戸時代末期になってオランダ語のbodemの訳語として，明治になってからは英語のsoilあるいはドイツ語のBodenの訳語として，「土壌」という用語が学術書や公文書で公式に使用されるようになったということがいえる．

3）「土」の意味する内容

古事記で「土」という用語が使われている例を見てみると，私たちが日常使っている意味のほかに，大地・国土・土地・場所・地面・土着などの意味でも用いられており，その意味内容は多岐におよんでいる．

現在，私たちが日常一般に「土」という言葉を使う場合でも，それを聞いて思い浮かべる「土のイメージ」は各人各様である．農家の人々は田んぼや畑で

農作物が根を張っている地表の部分を考えるだろうし，都会に住んでいる大勢の人々は公園や庭の花壇の草木の植わっている所を思い浮かべたり，あるいは園芸用品店で売られているビニール袋に入った「培養土」を連想することだろう．なかには陶磁器の材料として使われる「粘土」を思い起こす人もいるだろう．このように，日本人が，古来，「土」とよんできたものに共通する点を強いて求めるとすれば，「地表を覆っている細かく砕けやすい物質」ということにでもなろうか．こうした漠然とした土の概念と，明治になって輸入され，その後発展してきた現代の科学的な「土壌の概念」との間にはかなりの相異がある．この違いを理解するためには，私たちが「土」あるいは「土壌」とよんでいるものに対する見方(土壌観)が歴史的にどのように変化してきたかをたどってみる必要がある．

4) 土壌の定義の移り変わり(土壌観の変遷)

ものごとの定義というものは，そのものについての知識の発展とともに進化する．土壌の定義の場合も例外ではなく，土壌についての知識の発展とともに進化してきた．

人類の遠い祖先が樹上生活から離れて二本足で大地に下り立ち，地上生活を営むようになって以来，人類は土壌と直接的な係わりをもつようになった．先史時代の狩人たちが，土の表面に残された足跡や土を伝わる足音を頼りに獲物を追跡し，土地によってはその上を歩いたり走ったりするのに難易があることを感じたり，雨が降った後で土が乾きやすいかどうかで野営地を選ぶといったような，土に関する体験的知識をもっていたことは容易に想像できることである．旧石器時代には，土は人がその上を歩いたり，野営地として選ぶ地面の一定の場所であった．新石器時代になって人類が農耕・牧畜の生活に入ると，土は耕作の対象あるいは，住居を建てたり動物を飼育する場所となり，さらに炊事をしたり収穫物を保存するための土器の材料となった．

古代社会においては，古代中国の陰陽五行説(木・火・土・金・水)や古代ギリシャにおけるアリストテレスの四元素説(土・空気・火・水)といった自然哲学的原理にみられるように，土は万物の根源をなす究極の要素の1つとみなされた．古代ギリシャ・ローマ人にとって，火(熱＋乾)と水(冷＋湿)を合わせ，それから熱と湿を取り去ることによって生じたものが土(冷＋乾)なのであった．

そして，このような考え方は中世に引き継がれ，その後2000年にわたって支配的な原理となっていた．古代ローマの農学者たちは堆厩肥(たいきゅうひ)の効用について多くを語ったが，それは植物の養分としてではなく，「過度の耕作によって疲労させられ，怒ってしまった土を喜ばせ，再び暖め，太らせ，軟らかにし，甘くし，懐柔し，裕福にするもの」であるとオリビエ・ド・セール(1600)は述べている(J. ブレーヌ，2011, p. 18-19)．一方，アリストテレスの弟子テオフラストスは，すでに紀元前3世紀に「土は植物の養分の源泉である」と述べたが(J. ブレーヌ，2011, p. 22)，このような土の見方は，植物を「喜ばせるべき環境」とみなした土壌観によって長い間覆い隠されてしまったのである．

近世になって自然科学が神学から解放されると，ファン・ヘルモントの有名な「柳の木の実験」(1629)を始めとして，当時発達してきた植物生理学と無機化学の立場から，植物の生育と土壌の関係について実験的研究が行われるようになり，土壌を「植物生育の培地」とみなす考え方が広まった．たとえば，J. タル(1733)は「土壌は植物の根が食物を摂取する牧場である」とみなし，ベルツェリウス(1803)は「土壌は様々な化学反応が行われる化学実験室のようなものである」と述べ，リービッヒ(1861)は「土壌はそこに生活している植物に無機養分を導き与える試験管のようなものである」と述べている．これらの化学者たちは，いずれも，植物の栄養と肥料の問題に重点を置き，土壌を単なる物質とみなし，その化学分析によって問題の解決を見出そうとした．その結果，農芸化学的な土壌の研究が発達した．「土壌は，多少とも粗しょうで砕けやすい物質で，その中に植物が根によって自らを支えて養分ならびにその他の生育条件を見出すことができるようなものである」というヒルガード(1906)の定義は農学的または植物生理学的な定義といえよう．

一方，18世紀中頃から後半にかけて，ドイツやフランスで地質学の立場からの土壌の研究が発達した．カール・シュプレンゲルは1837年に出版した著書『Bodenkunde(土壌学)』の中で，「土壌は岩石が風化してできた自然の生成物」として認識していた．19世紀後半から20世紀初期にかけて広まっていたF. ヴァーンシャッフェ(1887)やA. ミッチェルリッヒ(1920)の定義は「植物生育の培地」と「風化生成物」を合わせた農業地質学的な定義であり，E. ラマン(1917)の定義は純粋に地質学的な定義ということができる(表1参照)．これらの

4) 土壌の定義の移り変わり（土壌観の変遷）

表1　土壌の定義の移り変わり

時代	認識の特徴		定義の内容	具体例
先史時代	体験的知識	旧石器時代	人がその上を歩いたり，住居を建てたりする一定の場所	
		新石器時代	耕作の対象，土器の材料，動物飼育の場	
古代―近世	自然哲学的		万物の根源をなす究極的要素の1つ	古代中国の陰陽五行説（木・火・土・金・水）
				アリストテレスの四元素説（土・空気・火・水）
			土壌は植物の養分の源泉である	テオフラストス(372-287 B.C.)
	経験的・擬人的		植物を《喜ばせるべき》環境	古代ローマの農学者たちの考え，オリビエ・ド・セール(1600)
			植物を支え，暑さ寒さから植物を守るシステム	F. ベーコン(1627)
近代	植物生育の培地	比喩的	土壌は植物の根が食物を摂取する牧場である	J. タル(1733)
		化学的	土壌は様々な化学反応がひそかに行われている自然の化学実験室である	J.J. ベルツェリウス(1803)
			土壌はそこに生活している植物に無機養分を導き与える試験管のようなものである	J.von リービッヒ(1861)
		農学的または植物生理学的	土壌は，多少とも粗しょうで砕けやすい物質で，その中に植物が根によって自らを支えて，養分ならびにその他の生育条件を見出すことができるようなものである	E.W. ヒルガード(1906)
		農業地質学的	土壌は，粉砕された固体粒子，水，空気の混合物で，植物の生育に利用可能な栄養物質を保持するものとして役立つことのできるものである	F. ヴァーンシャッフェ(1887) A. ミッチェルリッヒ(1920)
	風化生成物	地質学的	土壌は，細かく砕けて多少とも化学的に変化した岩石の破片からなる固い地殻の最表層で，その上に生きてそれを利用した動植物の残滓をともなっているものである	E. ラマン(1917)
現代	自然体	独立した歴史的自然体	土壌は，当該地域の気候，動植物，母岩の組成と組織，地形そして最後に地域の年齢の非常に複雑な相互作用の結果として地表に生成する独立した歴史的自然体である	V.V. ドクチャーエフ(1883)
		形態の重要性を評価	土壌は，無機ならびに有機成分からなり，いくつかの層位に分化し，種々の深さをもった自然体であり，その下にある物質とは形態，物理性，化学的組成と性質，生物的特徴を異にする	J.S. ヨッフェ(1949)
		開放系	地質学的物質，生物学的物質，水文学的物質および気象学的物質の流れのただ中に置かれた，発展しつつある物体である	S.W. ビュールほか(1973) E.M. ブリッジズ(1978)

定義はいずれも，土壌を「岩石の風化によってできた，陸地表面の大部分を覆う堆積物」とみなしていた．しかし，このような定義では，砂耕栽培や水耕栽培に用いられる砂や水耕液も土壌とみなされてしまうことになり，また①土壌と細かく砕いた岩石物質〔火山灰や黄土（レス）など〕が区別されていない，②土壌の深さが決められていない，③土壌に固有な特徴が示されていない，といった難点をもっていた．

5）新しい土壌観と現代土壌学の成立

1883年を中心とする前後数年の間に，土壌に対する見方は大きく変化した．それは新たなパラダイムによって創り出された科学全般の発展の成果が土壌の研究分野に反映した結果であり，一人の天才的学者の活動と結びついている．すなわち1883年という年は，現代土壌学の父とよばれるV. V. ドクチャーエフが1万kmにおよぶ踏査の結果をまとめた博士論文『ロシアのチェルノーゼム』が出版された年である．

ドクチャーエフはこの論文で，「土壌は，当該地域の気候，動植物，母岩の組成と組織，地形そして最後に地域の年齢の非常に複雑な相互作用の結果として出現する」という画期的な成因的土壌観を確立した（Докучаев，1952，p. 65）．こうした成因的土壌観は，その後の研究によって一層深められ，今日では，土壌は次のように定義されている．

「土壌とは，地殻の表層において岩石・気候・生物・地形ならびに土地の年代といった土壌生成因子の総合的な相互作用によって生成する岩石圏の変化生成物であり，多少とも腐植・水・空気・生きている生物を含み，かつ肥沃度をもった，独立の有機―無機自然体である」（大羽・永塚，1988，p. 11）．

ここで「自然体」というのは，それを取り巻く環境から区別して分離することのできる，独立した存在を示すとともに内部構造を有し，固有な自然法則によって支配

写真1　現代土壌学の父
V. V. ドクチャーエフ
（1846〜1903）

される個別性の状態を獲得している自然物を意味する(Vernadskii, 1937).

　ドクチャーエフの定義が従来のそれと大きく異なる点は，①土壌の成因が明らかにされていること，②土壌が「変化する，独立した自然体」であることを明らかにし，リンネ以来の植物界，動物界，鉱物界に加えるべき第4の自然界として土壌を位置づけたこと，③「自然現象の相互依存性」という3つの重要な概念が含まれていることである．ドクチャーエフ以前には，土壌は単なる「砕けやすい地表の堆積物」とみなされ，主として化学的あるいは農業地質学的に研究されてきたのに対して，土壌が独立した(それ自身に固有の法則をもっている)自然体であることが明らかにされたことによって，特殊な研究方法，新たな法則，新たな概念と用語を必要とする新しい学問，すなわち独立した学問分野としての土壌学の必要性が広く認識されるようになった．その結果，1892年にはノーヴォ・アレクサンドリア(現在はポーランドのプラヴィ)の農学・林学研究所に世界最初の土壌学講座が設立され，N. シビルツェフが初代の教授となった．次いで1900年にはドイツのミュンヘン大学に土壌学講座(E. ラマン教授)が設置されるなど，世界各地で土壌学講座が設けられるようになったのである．ドクチャーエフの定義はその後，形態の重要性を評価したり(Joffe, 1949)，地表における物質の流れの中の開放系として位置づける(ビュールほか，1977；ブリッジズ，1990)などの修正が加えられているが，その本質は変わっていない．

　また「土壌生成因子の総合的な相互作用」という考え方から，土壌の生産機能，分解機能，保水・排水機能，環境保全機能ならびに地表におけるエネルギーの流れと物質循環を統御している土壌の役割が解明されてきており，ドクチャーエフが現代土壌学の父としてだけでなく，生態学の基礎を築いた人の中の重要な一人とみなされている理由もここにあるのである(オダム，1974).

　これまで述べてきたことから明らかなように，「土」というのは「地表を覆う細かく砕けやすい堆積物」を単なる物質としてとらえた表現であるのに対して，「土壌」というのは，「気候・生物・地形・岩石・年代の相互作用によって生成した，独自の形態をもつ自然体」であり，リンネ以来の植物界・動物界・鉱物界に加えるべき第4の自然界を表現する言葉として用いるのが適切であるといえよう．したがって，本書では以後，「土」と「土壌」をここで述べたような意味にしたがって使い分けることにする．

1. 土壌断面形態

1.1. 土壌断面－土壌にも顔がある－

　同じ自然体でも動物や植物の形態(すがた・かたち)といえば誰でもすぐ分かるが,「土壌の形態」というとピンとこない人が多いのではないかと思う．しかし,それは決して難しい話ではなく誰でも見た経験をもちながら,ただ意識的に土壌の形態として見ることを教えられてこなかったからにすぎない．土壌の形態を知るためには,野外で地面に穴を掘って実際に観察することが必要である．

　土壌の形態は,シャベルや鍬で地面に深さ1〜1.5 m の穴〔試坑(pit)という〕を掘り,垂直な壁を移植ゴテで平らに削ったときに現れてくる(図 1.1)．この垂直な面は土壌断面(soil profile)あるいは土壌プロフィールとよばれている．プロフィールつまり土壌の「横顔」という意味である．

　土壌断面はいわば土壌の解剖図に相当する．試坑を掘り始めた段階で,すぐに気がつくのは,深さによって色や硬さが異なり,さらさらしたものやシャベルの先に粘りつくもの,ふわっとした軽い部分やずっしりと重い部分など手ごたえが違うことである．また掘りあげた土の塊がくずれるときの大きさや形が深さによって違うことにも気がつくであろう．こうして掘りあげた土は性質の異なる深さごとに区別して試坑の両側に積み上げておき,後で深い方の部分から順に埋め戻すように心がけることが大切である．さて,できあがった土壌断面を眺めて,誰でも最初に気がつくのは色の違いであろう．一般に地表面から数cmないし数十cmの深さまでは黒っぽい色をしており,

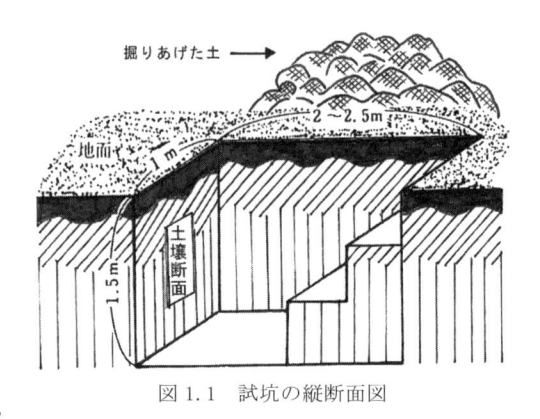

図 1.1　試坑の縦断面図

その下には褐色ないし赤褐色(水田土壌などの場合には灰色や青緑灰色)の部分が続き,さらにその下ではほとんど岩石の破片ばかりからなる部分へと移り変わっている.また森林下では落ち葉や枯れ枝などが厚く地表面を覆っているのが分かる.さらに注意深く観察すると,黒色の部分は下方の褐色～赤褐色(または灰色～青緑灰色)の部分にくらべると植物の根が多く,軟らかくてふわっとしているといったことなどが認められる.このように土壌断面は,色・硬さ・手ざわり・根の分布などの性質が異なった,地表面にほぼ平行ないくつかの異なる層の積み重なりからできている(図 1.1).これらの層は地質学的な堆積作用によってできた地層とは異なり,土壌生成作用によって形成されたもので,土壌層位(soil horizon)という.地表近くには土壌層位とは別に,性質の異なる堆積物が層状に存在することがある.河川付近では砂層や粘土層が交互に現れたり,火山山麓などでは軽石や火山灰などの火山噴出物が層状に何枚も重なっていることがあるが,これらは堆積物の相違を示す地層の一種であり層理(layer)として土壌層位とは区別される.

1.2. 層位記号と補助記号

一般に,土壌層位は上から順に O 層,A 層,B 層,C 層といった 4 つの主層位(master horizon)に分けられる(図 1.2).

O 層は森林土壌の表面を被っている落ち葉や枯れ枝からなる層位で,堆積有機物層(organic horizon)ともよばれ,以下の 3 つの亜層位(sub-horizon)に細分される.農耕地土壌には O 層はない.

- Oi:最表層に位置する,未分解の落葉・落枝層.従来 L 層(Litter:リターの略)とよばれていたものに相当する.
- Oe:肉眼で葉や枝のもとの組織が認められる程度に分解したもの.従来 F 層とよばれていたもの.F は発酵(fermentation)した層を意味する Förna の略.
- Oa:肉眼ではもとの組織が判別できない程度に分解が進んだもの.従来 H 層とよばれていたもの.H は腐植類似物質(Humus-like material)の略.

A 層は最表層にあって,生物の影響をもっとも強く受けている層位であり,腐植によって暗色～黒色に着色された無機質層位(有機物含量 30%未満)である.一般に表土といわれるのはこの部分に相当する.

B層はA層とC層の間にあって，両者の中間的な性質を示す部分であり，一般に下層土とか心土といわれているのはこの部分に相当する．

C層は風化した岩石の破片からなり，A層やB層を作ったもとの材料〔母材(parent material)という〕の部分で，ほとんど生物の影響を受けていない層位である．C層は一般に底土とよばれている部分に相当する．

C層の下部は基盤岩石とよばれる硬い岩石層に続いている．この部分は記号R(岩石＝rockの略)で表わされ，この基盤岩石が土壌のもとになった岩石の場合には母岩(parent rock)とよばれる．

主層位にはO層，A層，B層，C層のほかに，H層(泥炭層)，E層(O層またはA層とB層の間にある，灰色に漂白された層)，G層(強く還元された青灰色の層)などがある．

主層位の移り変わりが漸移的な場合にはAB(A層とB層の漸移層で，A層の性質が優越するもの)，あるいはBA(A層とB層の漸移層で，B層の性質が優越するもの)のように示す．

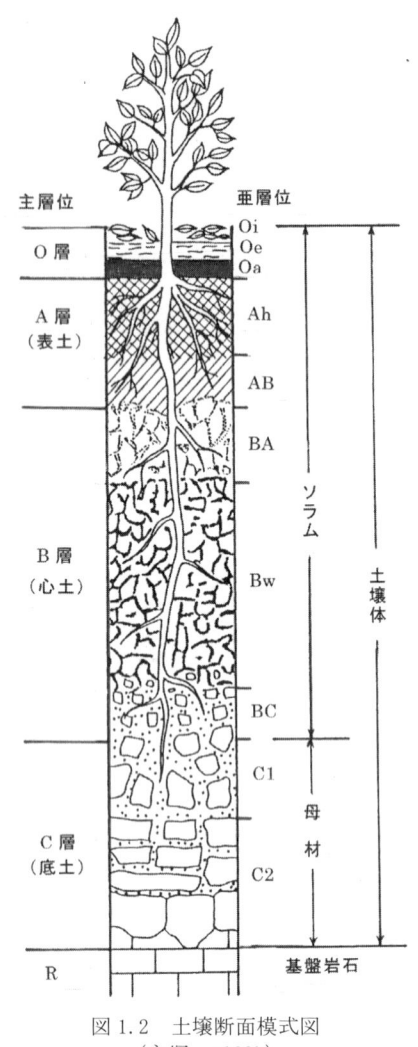

図1.2 土壌断面模式図
(永塚，1989b)

層位の特徴をさらに詳しく示すために，主層位記号の後に小文字を補助記号として添えて特徴を区別する．主な補助記号には次のようなものがある．

　a：よく分解した有機物(例：Oa＝以前のH層)．
　b：埋没した層位(例：Ab)．

c：結核や瘤塊(ノジュール)が集積した層位.
d：根を通さない耕盤など.
e：分解が中程度の有機物(例：Oe＝以前のF層).
f：四季を通じて凍結または氷点下にある層位.
g：鉄やマンガンの斑紋の存在(例：Bg, Cg).
h：無機質層位における有機物の集積(例：Ah, Bh).
i：未分解の有機物(例：Oi＝以前のL層).
j：ジャロサイト斑紋の出現.
k：炭酸塩(普通は炭酸カルシウム)の集積(例：Bk, Ck).
m：膠結あるいは硬化した層位.膠結物質を併記する(例：Ckm, Cqm, Ckqm).
n：交換性ナトリウムの集積(例：Btn).
o：三二酸化物の残留集積.
p：作土層(例：Ap).
q：珪酸の集積(例：Bq, Cqm).
r：強い還元状態(例：Gr).
s：鉄やアルミニウムの酸化物の移動集積(例：Bs, Bhs).
t：珪酸塩粘土の集積(例：Bt).
v：プリンサイトの出現.
w：色または構造の発達(例：Bw).
x：フラジパンの性質をもつ(例：Btx).
y：セッコウの集積(例：Cy).
z：セッコウより溶けやすい塩類の集積(例：Az, Ahz).
(ir)：斑鉄の集積(例：Bgir).
(mn)：マンガン斑・結核の集積(例：Bgmn).

土壌は各層位の発達程度や性質の違いによって異なった断面形態をもっており，その違いは層位の配列(層序 horizon sequence という)によって，たとえばOi-Oe-Oa-E-Bh-Bhs-Bs-BC-C のように示すことができる．土壌断面内に母材の不連続がある場合，つまり1つの土壌断面が異なった母材からできている場合には，主層位記号の前にアラビア数字をつけて Ap-Bt-2Bt-2C-2R のように表記する(ただし1は省略する).

このように，土壌断面形態には土壌の生い立ちの歴史が反映されているのであって，土壌の研究はまず土壌断面形態の調査から始まり，各層位から試料として部分的に採取された土(土壌物質 soil material とよんで区別している)について分析が行われ，各層位の分析結果を総合して土壌断面の性質が明らかにされるのである．つまり，野外にある自然体としての土壌と土壌物質(＝土)との関係は，たとえば牛と牛肉の関係にたとえることができる．牛肉をいくら詳しく調べても生きている牛のことは分からないのと同様に，土壌物質だけをいくら精密に研究しても，自然体としての土壌の性質を明らかにすることはできないのであり，各層位の分析結果を総合して，初めて土壌の性質を理解することができるのだということを忘れてはならない．

1.3. 土壌断面調査

土壌断面調査では，上記のように土壌層位を区分したのち，各層位について土色，土性，石礫含量，斑紋・結核の有無，構造，堅密度，粘着性，可塑性，乾湿，根の分布などについて詳しく観察して記載する．具体的なやり方については，初心者でも順を追って容易に調査ができるように解説された手頃な「土壌調査ハンドブック」(日本ペドロジー学会，1997)やより詳細な解説書(土壌調査法編集委員会，1978；農林水産省林業試験場土壌部，1982)があるので，それらを参照されたい．また土壌断面調査を行う前に，あらかじめ土壌図鑑を見ておくとよいが，それには世界の土壌断面を収録したもの(デュショフール，1986)や日本の代表的土壌断面を集めて解説したもの(永塚，1997)などが参考になる．

1.3.1. 層 界

土壌層位間の境界を層界(horizon boundary)といい，層界は，深さ，形状，明瞭度によって示される．

層界の深さは，無機質土壌の場合には無機質層位の最上端(O層がある場合にはその下端)を基準として，そこからの距離で示す．有機質土壌では最上端を基準として測る．

形状は平坦，波状，不規則，不連続に分けられ，波状と不規則は凹凸の深さが幅より小さい(波状)か，大きい(不規則)かによって区別される．

表 1.1 層界の形状と明瞭度

形　状			
区　分	基　準	記　号	
平坦 smooth	ほとんど平坦	———————	
波状 wavy	凹凸の深さが幅より小	〜〜〜〜	
不規則 irregular	凹凸の深さが幅より大	—⊓—⊓—	
不連続 broken	層界が不連続	—x—x—	
明　瞭　度			
画然 abrupt	層界の幅 < 1cm	———	（太い実線）
明瞭 clear	1〜3cm	———	（実線）
判然 gradual	3〜5cm	—・—・	（鎖線）
漸変 diffuse	≧5cm	------	（点線）

　明瞭度は，層界の幅の厚さによって，画然(1 cm 未満)，明瞭(1〜3 cm)，判然(3〜5 cm)，漸変(5 cm 以上)の 4 段階に分けられる(表 1.1)．

1.3.2. 土　色

　土壌断面は一般に表層は多少とも黒味を帯びており，下方になるにつれて黒味が薄れて，褐，赤，黄，灰，青緑などの色をもった層位が現れてくる．こうした土壌の色は土色(soil color)とよばれ，土壌の化学性や物理性を反映し，その土壌の生成過程を表現している重要な性質なので，褐色森林土・赤色土・黄色土などのように土壌の名称にも用いられている．

(1) 土色の由来

　黒色〜暗色は，腐植化した有機物の量と質を反映しており，通常，黒色が強いほど腐植含量が多い．しかし，有色鉱物の多い砂の層などが暗色を示すこともある．

　下層土を褐色，赤色，黄色に着色しているのは水酸化鉄〔$Fe(OH)_3$〕，加水酸化鉄($FeOOH$)，酸化鉄(Fe_2O_3)などの鉄化合物で，これらは遊離鉄とよばれている．

　灰色は遊離鉄が少ないことを示しており，その原因としては，もともと母材中の鉄含量が少ないこと，鉄が溶脱したポドゾルの漂白層(E 層)や鉄の還元溶脱による水田土壌の灰色化などがあげられる．

　青〜緑系統の色は，鉄が還元されて第一鉄〔$Fe(II)$〕となったときに現れることが多く，地下水面下のグライ層が典型的なものである．また斑紋や結核に

見られる紫黒色は主として二酸化マンガン(MnO_2)や三二酸化マンガン(Mn_2O_3)によるものである．

(2) 土色の判定

個人差を少なくして土色を正確に判定するためには，マンセル表色系による「標準土色帖」(農林水産省農林水産技術会議事務局，1989)を用い，その色片と土壌の色を対比して行う．

マンセル表色系は色を色相(hue)，明度(value)，彩度(chroma)の3属性で示すものである．この方法で色を示すには，色相，明度，彩度の順に，たとえば，褐色(7.5YR4/6)と表記する．土色は水分状態によって変わるので，湿土と乾土の双方について判定する．乾燥地で土壌断面が乾きやすい場合には，断面に霧吹き(スプレー)で水を吹きつけてから判定するとよい．

1.3.3. 腐植含量

腐植(humus)の含量の正確な測定は実験室での分析に頼らねばならないが，腐植が黒色味を呈することから，野外では，湿っているときの土の色の明度によって，おおよその腐植含量を推定することができる(表1.2)．とくに，黒ボク土では，土壌の命名に際して腐植含量が重視されるので，土色と化学分析による腐植(有機物)含量との関係が詳細に検討されている(表1.3)．

表1.2 土色からの腐植含量の推定

明度による判定の目安	基準(%)	区 分
5～7 (明色)	<2	あり Low
4～5 (やや暗色)	2～5	含む Medium
2～3 (黒色)	5～10	富む High
1～2 (著しく黒色)	10～20	すこぶる富む Very high
≦2 (軽しょうで眞黒色)	≧20	有機質土壌

表1.3 黒ボク土の有機物含量と土色

有機物含量	明 度	彩 度	土 色	色 相
2%前後	≧4	≧5	褐	
3%前後	4	3～4	褐	
5%前後	3	3～4	暗 褐	7.5YR～10YR
8%前後	3	2～3	黒褐～暗褐	
10%前後	2	2	黒～黒褐	
12%前後	≦2	1	黒	

1.3.4. 粒径組成と土性

土壌断面を構成している無機物は，大きさや形，化学組成などが異なった粒子からできている．土壌中ではこれらの粒子は単独の粒子として存在している

のではなく，植物根，有機物，遊離酸化物などで結合された集合体（aggregate）となっている．したがって，これらの粒子の大きさや含量を知るためには，土壌試料を実験室に持ち帰って粒径分析を行わなければならない．

(1) **粒径区分**

粒子の大きさの区分の仕方は，国によって，また専門分野によって異なっている．わが国の土壌学では図 1.3 に示した国際法と農学会法（農学会，1926）の二通りがあるが，後者は粘土画分の上限が 0.01 mm と大きすぎて，粘土の性質を示さない一次鉱物が粘土画分に多量に混入することがあるため，現在ではほとんど用いられず，国際法が広く使われている．また 0.002 mm (2 μm) 以下の粘土画分を 0.5 μm あるいは 0.2 μm を境として粗粘土と細粘土に区分する場合もある．この細粘土には一次鉱物はほとんど含まれない．一般に 2 mm 以上の大きさの粒子を礫（gravel）とよび，礫の部分を篩別して除いた部分を細土（fine earth）といい，細土について粒径組成を求める．

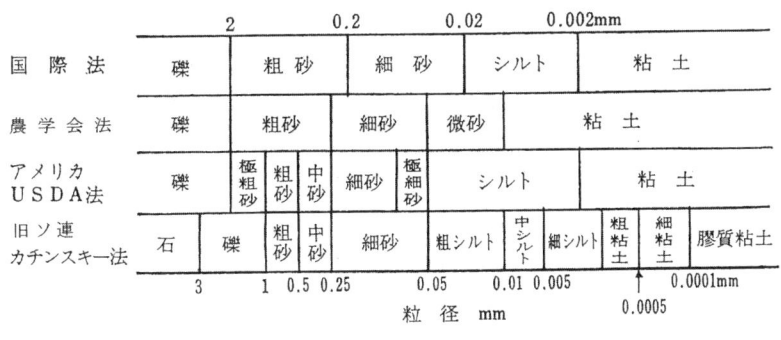

		2	0.2		0.02		0.002mm		
国 際 法	礫	粗 砂		細 砂		シルト		粘 土	
農 学 会 法	礫	粗 砂		細 砂	微 砂		粘 土		
アメリカ USDA法	礫	極粗砂	粗砂	中砂	細砂	極細砂	シルト		粘 土
旧ソ連 カチンスキー法	石	礫	粗砂	中砂	細砂	粗シルト	中シルト	細シルト	粗粘土	細粘土	膠質粘土
	3	1	0.5	0.25	0.05	0.01	0.005	0.0005	0.0001mm

図 1.3 土の粒径区分

(2) **土 性**

土性（soil texture）というのは，砂，シルト，粘土の混合割合によって示された粒径組成のことをいい，砂，シルト，粘土の重量%の違いによって 12 の土性クラスに分けられている（図 1.4）．

図 1.4 は土性三角図表とよばれるもので，図中の点線で示した例のように，粘土%の値から砂軸に平行に引いた線と，砂%の値からシルト軸に平行に引いた線との交点が位置する領域の土性名（例の場合は LiC）を読み取る．

(3) 野外土性

　土性は層位の区分，風化の程度，粘土の移動，異種母材の判定などの重要な手がかりになるので，現場で手ざわりや肉眼的観察によっておよその見当をつける必要がある．実験室での粒径分析によって正確に土性を決める前に，野外の現場で判定する土性を野外土性(field texture)という．野外土性を判定するには，土塊を湿らせて親指と人差指の間でこね，砂の感触の程度，粘り具合，どの程度まで細長く伸ばせるかなどを調べ，表1.4に示した基準にしたがって判定する．

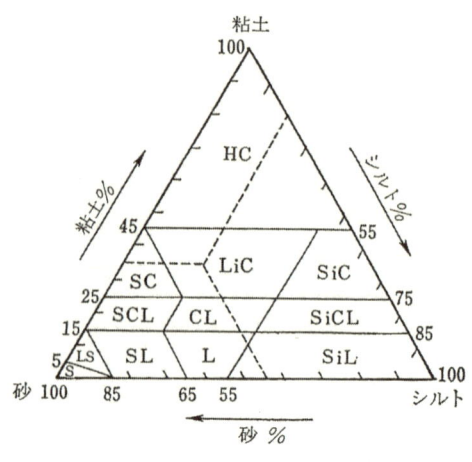

図1.4　土性三角図表と土性区分

表1.4　野外土性判定の目安

判　定　法	土性名と略号
ほとんど砂ばかりで，粘りけをまったく感じない．	砂土 (S)
砂の感じが強く，粘りけはわずかしかない．	砂壌土 (SL)
ある程度砂を感じ，粘りけもある．砂と粘土が同じくらいに感じられる．	壌土 (L)
砂はあまり感じないが，さらさらした小麦粉のような感触がある．	シルト質壌土 (SiL)
わずかに砂を感じるが，かなり粘る．	埴壌土 (CL)
ほとんど砂を感じないで，よく粘る．	重埴土 (HC)

(4) 礫

　礫は，岩質，風化の程度，大きさ，形状，含量をそれぞれ区分して，「花崗岩質風化中亜角礫富む」のように記載する(表1.5)．

1.3.5. 土壌構造

　土壌に含まれる粘土，シルト，砂，有機物などの単一粒子はお互いに結合して集合体(aggregate)を作っている．これらの集合体はペッド(ped)とよばれ，これら

表 1.5 礫の区分基準

風化の程度

区 分	記 号	基 準
未風化 Fresh	F	もとの岩石の堅硬度と色を保つもの.
半風化 Slightly weathered	SL	多少風化変質しているが, なお堅硬度を保つもの.
風化 Weathered	W	手でかろうじて圧砕できる程度まで風化変質しているもの.
腐朽 Strongly weathered	ST	スコップで容易に削れる程度に風化変質し, 石礫の形態だけ残しているもの(くさり礫).

大きさ

区 分	記 号	基 準 (長径)
細礫 Fine gravel	FG	0.2～1cm
小礫 Gravel	G	1～5cm
中礫 Stone	S	5～10cm
大礫 Large stone	LS	10～20cm
巨礫 Boulder	B	20～30cm
巨岩 Large boulder	LB	30cm以上

形 状

区 分	記 号	基 準
角礫 Angular	A	稜が鋭くとがっているもの.
亜角礫 Subangular	SA	稜が摩滅して丸みをおびているもの.
亜円礫 Subrounded	SR	稜がほとんどなくなっているもの.
円礫 Rounded	R	球形にちかいもの.

含 量

区 分	記 号	基 準
なし None	N	0
あり Few	F	0～5%
含む Common	C	5～10%
富む Many	M	10～20%
すこぶる富む Abundant	A	20～50%
礫土 Dominant	D	50%以上

が立体的に配列して土壌構造(soil structure)を形成している. 肉眼で観察できる大きさの土壌構造はマクロ構造(macro-structure)とよばれ, 顕微鏡で観察した場合の微細構造(micro-structure)と区別される. 土壌構造は土壌の生成環境を反映するとともに, 保水性や通気性と密接に関連する重要な性質である(第2章参照).

(1) **マクロ構造の観察**

土壌のマクロ構造を観察するには土塊をのせたスコップを地面に軽くたたき

18   1. 土壌断面形態

つけたときに，自然に崩壊してできたペッドの形状と大きさを図1.5および表1.6に示した基準により区別する．またペッドの分離のよさとその量によって発達程度を強，中，弱の3段階に区別する．無構造には，単一粒子全体が均質に連結している**壁状構造**(massive structure)と，すべてがばらばらに分離している**単粒状構造**(single grain structure)がある．

表1.6   土壌構造の形状と大きさ   (Soil Survey Staff, 1951)

形状および配列			大きさ(mm)	
板 状：水平二軸方向に発達し，ほぼ水平に配列.		板状 (Platy)	極薄	<1
^		^	薄	1〜2
^		^	中	2〜5
^		^	厚	5〜10
^		^	極厚	>10
柱 状：垂直軸の発達が，水平方向の二軸よりよく，垂直に配列，垂直面は明瞭で，稜角は角ばる．		角柱状 (Prismatic) 柱頭は丸くない	極小	<10
^		^	小	10〜20
^		^	中	20〜50
^		^	大	50〜100
^		^	極大	>100
^		円柱状 (Columnar) 柱頭が丸い	極小	<10
^		^	小	10〜20
^		^	中	20〜50
^		^	大	50〜100
^		^	極大	>100
塊 状：三軸方向の発達がほぼ等しい多角体ないし球体．	平らなあるいは湾曲した面をもつ，塊ないし多角体，隣り合うペッドの面が接し合う．	塊状* (Angular blocky) 面が平らで稜角がかどばっている．	極小	<5
^	^	^	小	5〜10
^	^	^	中	10〜20
^	^	^	大	20〜50
^	^	^	極大	>50
^	^	亜角塊状** (Subangular blocky) 面は平らないし丸味があり，稜角が角ばらない．	極小	<5
^	^	^	小	5〜10
^	^	^	中	10〜20
^	^	^	大	20〜50
^	^	^	極大	>50
^	平らなあるいは湾曲した面をもつ球体ないし多面体，隣接するペッドの面にすき間がある，あるいはペッドはほとんど接しない．	粒状 (Granular) ペッドが比較的緻密．	極小	<1
^	^	^	小	1〜2
^	^	^	中	2〜5
^	^	^	大	5〜10
^	^	^	極大	>10
^	^	屑粒状または団粒状 (Crumb) ペッドは多孔質．	極小	<1
^	^	^	小	1〜2
^	^	^	中	2〜5

*角塊状は，通常，単に塊状とよぶ．
**塊状，亜角塊状の代わりに果核状(nutty)，堅果状(nuciform)が使われることもあるが，これらの用語は大きさの概念をも内包するから避けた方がよい．

(2) 粘土被膜の有無

ペッドの表面，孔隙や亀裂などの壁面に粘土が沈着してできた被膜を粘土被膜(clay cutan)とよび，その表面は平滑で光沢がある．横断面をルーペで見ると，被膜とペッド内部との境界が急変している．被膜が表面をどの程度覆っているかによって斑点状，断片状，連続に区分し，被膜の厚さや方向性を記載するようになっている．

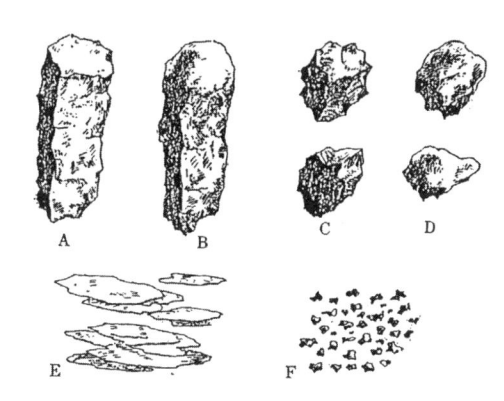

A：角柱状　B：円柱状　C：角塊状
D：亜角塊状　E：板　状　F：粒　状

図 1.5　土壌構造の形状
(Soil Survey Staff, 1951)

1.3.6. コンシステンシー

土壌の含水量の変化に応じた状態変化をコンシステンシー(consistency)といい，土壌水分状態に対応した物理的性質をコンシステンス(consistence)とよぶ．図 1.6 に示したように，飽和土壌水分以上では液性態として流動性を示すが，水分含量が減少するにつれて粘着性を示すようになり，さらに乾くと外力に応じて変形する可塑性を示す状態(塑性態)を経て，軟らかでもろい半固態になり，最後に硬い固態となる．それぞれの状態の転移点の含水比が液性限界(L.L.)，塑性限界(P.L.)，収縮限界(S.L.)となり，また塑性限界と液性限界の含水比の差を塑性指数(P.I.)とよび，この間の水分含量で土壌は可塑性を示す．土壌断面調査では，通常，コンシステンスは粘着性，可塑性，ち密度で示される．

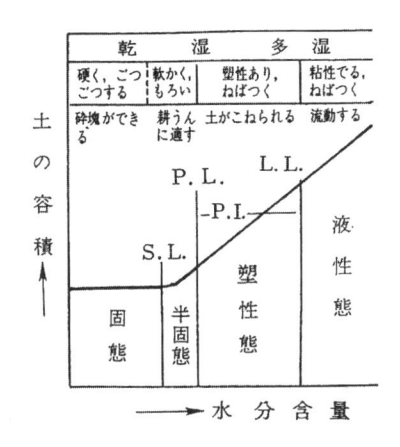

L.L. 液性限界　P.L. 塑性限界
S.L. 収縮限界　P.I. 塑性指数

図 1.6　水分含量とコンシステンシー

(1) 粘着性

粘着性(stickiness)は土に十分湿りを与えて親指と人差指の間で圧した後，引き離すときの付着性の強弱によって表1.7のように4段階に区分する．

表1.7　粘着性の区分　(Soil Survey Staff, 1951)

区分	基　準
なし	土がほとんど指に付着しない．
弱	土が一方の指に付着するが，他方の指には付着しない．指を離すとのびない．
中	両指頭に付着する．指を離すと多少のびる傾向をもつ．
強	指頭に強く付着する．指を離すとのびてくる．

(2) 可塑性

可塑性(plasticity)は，土を湿らせ，親指と人差指の間でこねて集合体を潰した後，粘着性をほぼ示さなくなった状態で棒状に伸ばし，その状態を表1.8に示した基準に基づいて5段階に区分する．

表1.8　可塑性の区分　(農水省農産課, 1979)

区分	基　準
なし	全然棒状にのばせないもの．
弱	辛うじて棒状になるが，すぐきれてしまうもの．
中	直径2mm内外の棒状にのばせて，こね直すのに力を要しないもの．
強	直径1mm内外の棒状にのばせて，こね直すのにやや力を要するもの．
極強	長さ1cm以上のきわめて細い糸状にのばせて，こね直すのにかなりの力を要するもの．

(3) ち密度または堅密度

ち密度(compactness)または堅密度(hardness)は，図1.7に示したような小型硬度計の円錐部を土壌断面に垂直に圧入し，そのときの抵抗を内部のスプリングの縮みの大きさとしてmm単位で表す．一般に，この数値が20〜25mm以上の場合には，植物根の侵入が困難である．硬度計がない場合には，土壌断面に親指を押し込んだときの貫入程度で区分する(表1.9)．

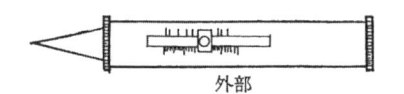

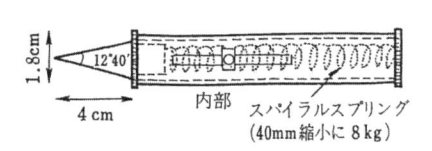

図1.7　山中式硬度計

表 1.9　ち密度の区分と親指の貫入程度の関係

区　　分	硬度計の読み(mm)	親指の貫入程度
極疎 Very loose	≦10	ほとんど抵抗なく指が貫入する.
疎 Loose	11～18	やや抵抗はあるが貫入する(11～15mm).
		かなりの抵抗はあるが, 第一関節以上は貫入する(15～18mm).
中 Medium	19～24	第一関節まで貫入する(19～20mm).
		かなり抵抗があり, 貫入せず, へこむ程度 (20～24mm)
密 Compact	25～28	指跡はつくが貫入しない.
極密 Very compact	≧29	指跡もつかない.

1.3.7. 斑紋・結核

ある成分が一部に濃縮, あるいは除去されることによって土色が周囲と異なったものを斑紋(mottling)という. またある成分が濃縮・硬化したものを結核(concretion)という. 含まれる成分が遊離の鉄やマンガンである場合には斑鉄(iron mottling), マンガン斑(manganese mottling)という. 斑紋や結核はいずれも土壌中で新たに生成したものであり, わが国ではとくに水田土壌などによく見出され, 土壌の酸化・還元状態を示す1つの指標になっている. 斑紋・結核は鮮明度, 形状, 色, 量, 大きさ, 硬さなどの性質で区分する.

(1) **鮮明度(contrast)**

周囲の基質の色にくらべてどのくらい際立っているかによって, 3段階に区分する(表1.10).

表 1.10　鮮明度の区分基準

区　分	記号	基　　準
不鮮明 Faint	F	色相, 彩度, 明度ともに基質のそれに近く, 注意して観察することにより見分けられる.
鮮明 Distinct	D	色相で1～2段階, 明度・彩度で数段階基質から離れている.
非常に鮮明 Prominent	P	色相, 彩度, 明度とも基質から数段階隔たって, 非常に目につく.

(2) 形状 (shape)

表 1.11 に示した基準に基づいて区分する.

表 1.11 斑紋・結核の形状の区分基準

区　分	記号	基　準
糸根状 Root-like	RO	イネの根の跡などに沿った条線状のもの. 主に作土に形成される.
膜状 Filmy	Fl	割れ目または構造体表面を被覆する薄膜状のもの. 主に作土やグライ層に形成される.
管状 Tubular	TU	根の孔に沿ってできる点は糸根状とおなじであるが, 肉厚のパイプ状のもの. 外縁部の輪郭が不鮮明なものをとくに暈管状とよぶことがある. 主にグライ層や地下水湿性な灰色の下層土に形成される.
不定形 Irregular	IR	作土やグライ層の上端付近にみられる不定形斑状のもの. 雲状と混同されやすいが, この斑鉄は, 雲状とは逆に, 孔隙や構造面から基質の方へ広がっていて, 両者は生成過程が全く異なる.
糸状 Threadlike	TH	細かい孔隙に沿った糸状のもの. 網状に広がっていることが多い. 灌漑水湿性水田土壌の鉄集積層を構成していることが多い.
点状 Speckled	SP	基質中に斑点状に析出したもの. ほとんどが黒褐色のマンガン斑.
雲状 Cloudy	CL	基質中にみられる輪郭不鮮明な不定形斑状のもの. ほとんどがオレンジ色の斑鉄で, 孔隙や構造面に近づくにつれ次第に薄れ, 灰色に変わる. 灌漑水湿性水田土壌の下層土や湿性な台地上の疑似グライ化層に形成される.

1.3.8. 孔隙性

孔隙性 (porosity) は, 土壌体内部にある空間の総称で, 孔隙 (pore : ペッド内部にある空間) と亀裂 (crack : ペッド相互間に生じた空間) に分けられる.

(1) 大きさ

孔隙の大きさ (size) は短径により, 亀裂の大きさは幅により, それぞれ表 1.12 に示したように区分される.

表 1.12 孔隙と亀裂の区分

孔隙の区分	孔隙の短径 (mm)	亀裂の区分	亀裂の幅 (mm)
細 Very fine	0.1〜0.5	狭小 Fine	< 1
小 Fine	0.5〜2	中幅 Medium	1〜2
中 Medium	2〜5	幅広 Wide	2〜5
粗 Coarse	≧5	極幅広 Very wide	≧5

(2) 形状

孔隙の形状 (type) は, 表 1.13 のように区分される.

表 1.13 孔隙の形状

区 分	基 準
小泡状 Vesicular	ほぼ球形, だ円形, 不連続
管状 Tubular	円筒状で一方向に伸びる
割れ目状 Interstitial	形は不規則
面状 Planar	構造面や亀裂面にできる平面上の空隙

(3) 量

孔隙の量(abundance)は, 孔隙の大きさごとに, 100 cm^2 当たりの孔隙数によって区分される(表 1.14).

表 1.14 孔隙の量の区分

区 分	100cm^2 当たりの孔隙数 (個)	
	細孔隙・小孔隙	中孔隙・粗孔隙
なし	0	0
あり	1〜50	1〜5
含む	50〜200	5〜20
富む	≧200	≧20

1.3.9. 植物根

植物の根は太さ, 分布量を下記のように区分して層位ごとに記載する.

(1) 太さ

根の太さ(size)は, 直径により以下のように区分する(表 1.15).

表 1.15 根の太さの区分

区 分	直径 (mm)
細 Very fine	<0.5
小 Fine	0.5〜2
中 Medium	2〜5
大 Large	≧5

(2) 量

根の量(abundance)は, 100cm^2 当たりの根数により, 表 1.16 のように区分する.

表 1.16 根の量の区分

区 分	100cm^2 当たりの根の数 (個)	
	細根・小根	中根・大根
なし None	0	0
まれにあり Very few	1〜20	1〜2
あり Few	20〜50	2〜5
含む Common	50〜200	5〜20
富む Many	≧200	≧20

1.3.10. 水分状況

(1) 乾湿

野外での土壌の乾湿(wetness)は, 土塊を手で握りしめたときの感触によって, 表 1.17 に示した基準に基づいて区分する.

表 1.17 乾湿の区分

区 分	基 準
乾 Dry	土塊を強く握っても手のひらに全く湿り気を感じない.
半乾 Moderately dry	湿った色をしているが, 土塊を強く握ったときに, 湿り気を感じない.
半湿 Moderately moist	土塊を強く握ると手のひらに湿り気が残る.
湿 Moist	土塊を強く握ると手のひらがぬれるが水滴が落ちない. 親指と人差し指で強く押すと水がにじみ出る.
多湿 Wet	土塊を強く握ると水滴が落ちる.
過湿 Very wet	土塊を手のひらにのせると自然に水滴が落ちる.

(2) 地下水面

地下水面(groundwater-table)は, 湧水の上昇がほぼ停止した位置までの深さを測り, 断面スケッチの相当する深さのところに $\frac{\triangledown}{68\mathrm{cm}}$ のように記載する. 数字は水面までの深さを表す.

1.3.11. 反応試験

(1) 活性二価鉄イオン

α-α'ジピリジルが二価鉄イオンと反応して赤色を呈することを利用して, 土壌の還元状態を判定するために行う. α-α'ジピリジル試薬(α-α'ジピリジル1gを10%酢酸溶液 500 ml に溶かしたもの)を土塊に滴下したときの呈色の程度から表 1.18 に示した基準に基づいて判定する.

表 1.18 α-α'ジピリジル反応による活性二価鉄イオンの判定

区分・記号	基 準
−	しばらく放置しても呈色しない.
±	しばらくたつと弱く呈色.
+	即時呈色するがその程度は弱い.
++	即時鮮明に呈色.
+++	即時非常に鮮明に呈色.

(2) マンガン酸化物

テトラメチルジアミノジフェニルメタン(TDDM)がマンガン酸化物と反応して紫黒色を呈することを利用して, マンガンの酸化沈積物の判定に用いる. 黒色に腐朽した有機物と区別するには, 試薬〔TDDM 5gを10%(V/V)酢酸溶液 1l に溶かし, 不溶物をろ過したもの〕を多めに加えてやると, マンガン斑の場合には, 斑紋の下方が藍色に染まるので見分けがつく.

(3) 活性アルミニウム

活性アルミニウム(active aluminium)が, フッ化ナトリウムと反応して OH 基を放出するために起こる pH の上昇を利用して, 活性アルミニウムの多少を

判定する.少量の土をフェノールフタレイン紙〔フェノールフタレイン液(フェノールフタレイン 1 g を 100 ml のエタノールに溶かしたもの)を浸み込ませて乾燥させたろ紙〕に指先で強くこすりつけ,ろ紙を軽くはたいて余分の土を払った後,フッ化ナトリウム液(NaF の 1 M 溶液)を滴下する.アロフェン,イモゴライト,遊離のアルミニウム,腐植と結合したアルミニウムが存在する場合にはフェノールフタレイン紙が赤変する.高山など気温が低いところでは,呈色反応が遅いので温める必要があることがある.活性アルミニウムの多少は,ジピリジル反応の場合に準じて定性的に判定する.

1.4. 土壌柱状標本(モノリス)

できるだけ自然状態に近い状態で採集・保存された土壌断面の標本を土壌柱状標本あるいは土壌モノリス(soil monolith)という.かつては土壌断面を厚く切り取ってそのまま木箱に納めていたが,重くて持ち運びに不便であり,乾燥すると収縮したり,色が変化してしまうといった難点があった.最近では合成樹脂で裏打ちして薄く剥ぎ取り,表面に特殊な樹脂処理をほどこして乾燥を防いだりして,自然状態がよく保存された薄層土壌標本(ラックフィルム)が造られている(永塚,1971;浜崎・三土,1983).土壌モノリスには,土壌断面をいつでも自由に自然状態で観察できるばかりでなく,遠く離れた地点の土壌断面を並べて比較検討できるというメリットがある.

オランダのワーゲニンゲンにある国際土壌博物館には世界中の土壌モノリスが展示されており,日本では筑波研究学園都市にある農業環境技術研究所の農業環境インベントリー展示館(旧土壌モノリス館)に,わが国の代表的な農耕地土壌断面のモノリス 140 点余ならびに海外の数十点のモノリスが収集されておりこれらの一部が常時展示・公開されている(中井ほか,2006).

2. 土壌構成成分

2.1. 土壌の三相四成分

　土壌体は固相，液相，気相の三相からなり，無機物，有機物，土壌水，土壌空気の四成分を含んでいる．図2.1に示したように，排水のよい土壌のA層では，全容積のほぼ半分が固相で占められ，残りの半分は固相間の隙間となっている孔隙や亀裂であり，比較的小さな孔隙には水が保持され，大きな孔隙や亀裂には空気が含まれている．これらの水と空気が占める割合は変化しやすく，強い降雨や灌漑の直後には大きな孔隙まで水

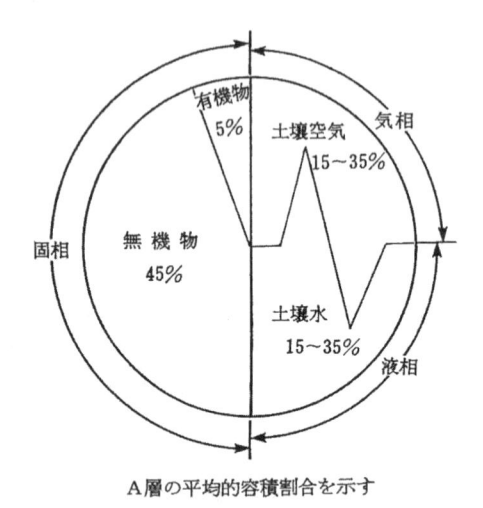

図2.1　土壌構成成分の模式図

が占めるが，このような水は徐々に排水されて空気と入れ替わる．固相部分が全体に占める割合(固相率)や固相中の無機物と有機物の比率は土壌の種類によってかなり異なっている．たとえば火山灰を母材とする黒ボク土のA層では，固相率が20～30%と低く，また固相中の有機物含量が重量で30%を超えることがある．この場合，有機物の比重は無機物の比重の半分以下なので，容積当たりにすると有機物が固相の50%以上を占めることになる．なお固相の有機物としては，腐植のほかに生きている植物根や大型の動物を除いた微生物や小動物が含まれている．これらの総量はきわめて少ないが，土壌中における有機物の分解を始め各種の重要な機能を果たしているので，生きている植物根や大型の動物を除いた微生物や小動物は土壌バイオマス(soil biomass)として特別に扱われるようになってきている．

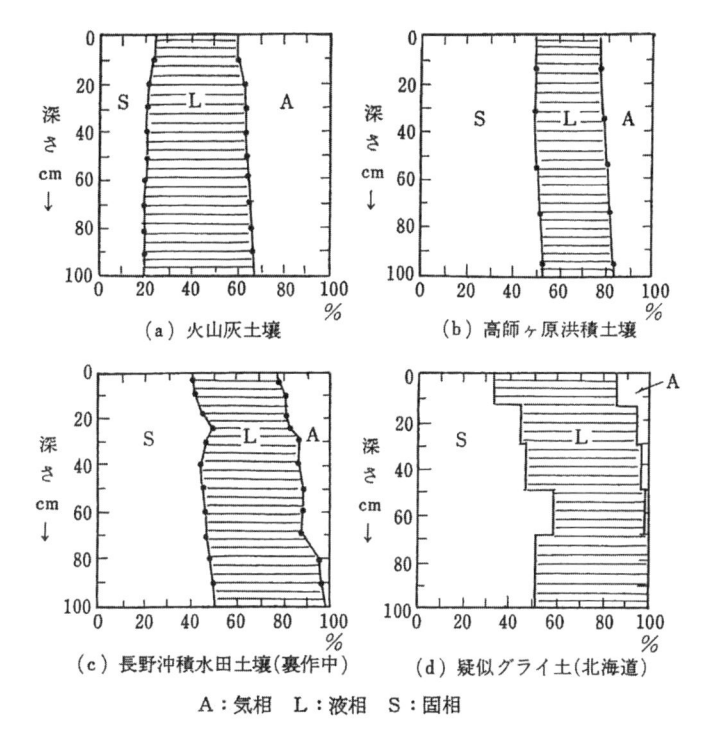

図 2.2　土壌断面の三相分布　（美園・佐久間より編成）

　固相，液相，気相の構成比率（三相分布）は，植物根の伸長の難易や根への酸素供給，あるいは水分や養分の保持などに関係した土壌の重要な性質の1つである．いくつかの土壌の三相分布の例を図2.2に示した．

2.2. 無機成分

　土壌の無機成分は，交換態イオンや土壌溶液中に溶けている成分を除けば，その大部分は鉱物であり，一次鉱物と二次鉱物に大別される．一次鉱物は母岩を構成していた造岩鉱物が細かく破砕されて土壌中に継承された鉱物粒子であり，大部分は「砂とシルト」の画分中に存在する．これに対して，二次鉱物は一次鉱物が化学的風化を受けて変質したり，溶解・再沈殿して新たに生成した粘土鉱物や遊離酸化物であり，細粒画分の主要部分を構成している．

2.2.1. 土壌中の一次鉱物

土壌中の一次鉱物組成は，母岩の種類，風化の程度や母材の堆積様式，植物養分の潜在的供給能などを判定するための重要な指標であり，それを知ることは土壌の生成を研究する際に欠かせない事項である．一次鉱物を同定するには，細砂の一部（粒径 0.2～0.05 mm）を土壌から取り出し，偏光顕微鏡を用いて光学性を判定して行い，鉱物組成を粒数％で表示する．具体的なやり方については，「日本の土壌型」（菅野一郎編，1964）の中で加藤芳朗氏が解説している方法が，土壌研究者にとってもっとも参考になる（加藤，1964）．

表2.1 主要な土壌一次鉱物

種類	英語名	比重	化学組成	備考
石英	quartz	2.6	SiO_2	風化に対する抵抗性強く，土壌中の含量は高い．
正長石	orthoclase	2.5～2.6	$KAlSi_3O_8$	カリウムの主な給源となる．
斜長石類	plagioclase	2.6～2.8	$NaAl_2Si_3O_8$と$CaAl_2Si_2O_8$の固溶体	岩石中の含量高く，土壌二次鉱物の主な材料となる．
白雲母	muscovite	2.8～3.1	$KH_2Al_3(SiO_4)_3$	風化しにくい．
黒雲母	biotite	2.7～3.2	$KH_2(Mg, Fe)_3Al(SiO_4)_3$	風化しやすく，カリウムやマグネシウムの給源となる．
角閃石	amphyboles	2.9～3.3	H_2SiO_3（メタ珪酸）のCa, Mg, Fe塩	比較的風化しやすく，カルシウム，マグネシウム，鉄などの給源となる．
輝石類	pyroxenes	3.1～3.6		
カンラン石	olivine	3.2～4.3	$(Mg, Fe)_2SiO_4$	風化されやすく，マグネシウム，鉄の給源となる．
方解石	calcite	2.7	$CaCO_3$	溶けやすいため，日本の土壌にはほとんど存在しない．
白雲石	dolomite	2.9	$CaMg(CO_3)_2$	
リン灰石	apatite	3.1～3.2	$Ca_5(F, Cl, OH)(PO_4)_3$	リンの給源となる．
緑レン石	epidote	3.2～3.5	$Ca_2(Al, Fe)_3OH(SiO_4)_5$	風化されにくいが土壌中の含量は少ない．
ジルコン	zircon	5.7	$ZrSiO_4$	いずれも風化に対する抵抗性はきわめて強い．
磁鉄鉱	magnetite	4.2	Fe_3O_4	
チタン鉄鉱	ilmenite	4.3～5.5	$FeO \cdot TiO_2$	
チタナイト	titanite	3.4～3.6	$CaTiOSiO_4$	
金紅石	rutile	4.2～4.3	TiO_2	
電気石	tourmaline	2.9～3.2	$(Na, Ca)(Li, Al)_3(Al, Fe, Mn)_6(O, H, F)_4(BO_3)_3(Si_6O_{18})$	ホウ素の給源となる．
火山ガラス	volcanic glass	2.3～2.8	非晶質珪酸塩	火山灰土壌に多量含まれ，風化されやすい．

一般に一次鉱物は比重2.8付近を境として，比重が大きく，鉄やマグネシウム含量の高い重鉱物群(有色のものが多い)と，石英・長石類・火山ガラスなどの比重の小さい軽鉱物群(無色のものが多い)に二大別される．一般に，比較的多量に含まれる鉱物は，石英・正長石・斜長石・シソ輝石・普通輝石・黒雲母・火山ガラス・磁鉄鉱などであり，白雲母・ジルコン・金紅石・緑レン石などの含量は少ないが分布は広く，またカンラン石・電気石・ザクロ石・チタナイト・リン灰石などは含量も少なく分布も狭い．表2.1に主要な土壌一次鉱物を示した．

2.2.2. 土壌中の二次鉱物

一次鉱物の変質・溶解・再沈殿によって生成した二次鉱物は，粒径が小さく，大部分が2μm以下の粘土画分に存在している．二次鉱物はアルミノ珪酸塩鉱物群(フィロ珪酸塩)と酸化物・水酸化物・リン酸塩・硫酸塩・炭酸塩鉱物などに二分され，前者を粘土鉱物とよんでいる．しかし，「粘土鉱物」という用語は，広義には粘土画分に含まれるすべての鉱物あるいは粘土画分中のすべての二次鉱物に対して用いられることもある．土壌中で生成した粘土鉱物は，地質学的作用で形成された堆積岩に含まれる粘土鉱物にくらべて結晶度が低く，不規則混合層鉱物を含んでいたり，一般に数種類の粘土鉱物が混在するなどの特徴が認められる．

(1) 粘土鉱物の基本構造

粘土鉱物は微晶質で，図2.3に示すようなケイ素四面体層とアルミニウム八面体層が規則的に重なり合ってできた層状珪酸塩鉱物(フィロ珪酸塩)である．ケイ素四面体層は，1個のケイ素原子が4個の酸素原子で囲まれた四面体の配置体〔図2.3(a)〕が3つの頂点の酸素原子を互いに共有し合って連結した層状体である〔図2.3(b)〕．またアルミニウム八面体層は，1個のアルミニウム原子が6個の陰イオン(OとOH，またはOHのみ)で囲まれた八面体の配置体〔図2.3(c)〕が二次元的に結合して作る層状体である〔図2.3(d)〕．また四面体層のケイ素が，ほぼ同じ大きさのアルミニウムに置き換わっていたり，八面体層のアルミニウムが鉄やマグネシウムと置き換わっている場合があるが，このような現象を同形置換(isomorphous substitution)という．

(2) 1:1型粘土鉱物

1:1型粘土鉱物は，ケイ素四面体層とアルミニウム八面体層が1:1で結合した

(a) ケイ素4面体
○および◌は酸素

(b) ケイ素4面体層
○および●はケイ素

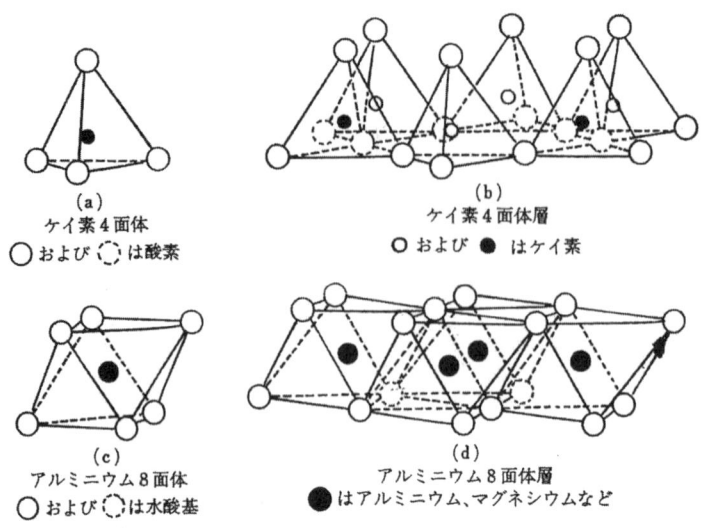

(c) アルミニウム8面体
○および◌は水酸基

(d) アルミニウム8面体層
●はアルミニウム、マグネシウムなど

図2.3 ケイ素四面体層とアルミニウム八面体層

単位層を基本としており〔図2.4(a)〕，化学組成は $Si_2Al_2O_5(OH)_4$ で，珪ばん比(SiO_2/Al_2O_3モル比)は2である．四面体層のケイ素および八面体層のアルミニウムの同形置換はほとんどなく，この型の粘土鉱物がもつ陰荷電は単位層末端の結晶破壊面に生じるだけなので陽イオン交換容量の値は小さく，またこの陰荷電は外液のpHに依存して変化する(変異荷電)．

1:1型粘土鉱物の中でカオリナイトは六角板状を示し，単位層間は水素結合をしているために水分子などが入ることができず，基準底面間隔は約0.7 nmである．これに対して水和型ハロイサイトは単位層間に一分子の水が入り，底面間隔が約1 nmになったものであり，管状ないしめくれた薄膜状を示す．また脱水型ハロイサイトは水和型ハロイサイトの単位層間の水分子がとれたもので，底面間隔は0.7 nmを示す．これら1:1型粘土鉱物は，一般に塩基類に乏しい酸性条件下で生成するといわれている．

(3) 2:1型粘土鉱物

この型の粘土鉱物の基本構造は，2つのケイ素四面体層が1つのアルミニウム八面体層をサンドイッチのように挟んで結合したものを単位層とするもので〔図2.4(b)〕，基本的化学組成は $Si_4Al_2O_{10}(OH)_2$ である．四面体層および八面体層における同形置換が行われているものが多く，置換の程度や種類の相違にしたがって，

2.2. 無機成分

多くの種類が存在する.

2八面体型(dioctahedral type)は，八面体層の最小構造単位中の可能な3ヶ所の陽イオン席のうち，2ヶ所が Al^{3+} イオンで占められているものである．これに対して3八面体型(trioctahedral type)は，3ヶ所の陽イオン席のすべてが二価の原子(一般に Mg^{2+})で占められている．

雲母型粘土鉱物は，ケイ素四面体層で生じた同型置換によって増加した陰荷電が，水和していない K^+ イオンを強力に固定して非交換態にするため，単位層同士は結合状態を保っており，一定の底面間隔(1 nm)を示す．

バーミキュライトは，雲母型粘土鉱物の層間に固定されていた K^+ イオンが除去されて層間が開裂し，K^+ イオンに代わって水和した Mg^{2+} イオンや Al^{3+} イオンが交換性陽イオンとして存在しているものであり，また水分子が層間に入っていることもある．単位層の厚さは 1.4～1.5 nm に達するがそれ以上にはならない．土壌溶液に K^+ イオンが加えられるとバーミキュライトの底面間隔は 1 nm に収縮する．このように雲母型粘土鉱物以外の2:1型粘土鉱物では，同型置換によって生じた陰荷電を中和するために単位層間に陽イオンが保持され，また水や有極性分子なども層間に入るので，底面間隔が膨張して大きくなる．

スメクタイトでは，同型置換が主に八面体層で生じているので単位層間の

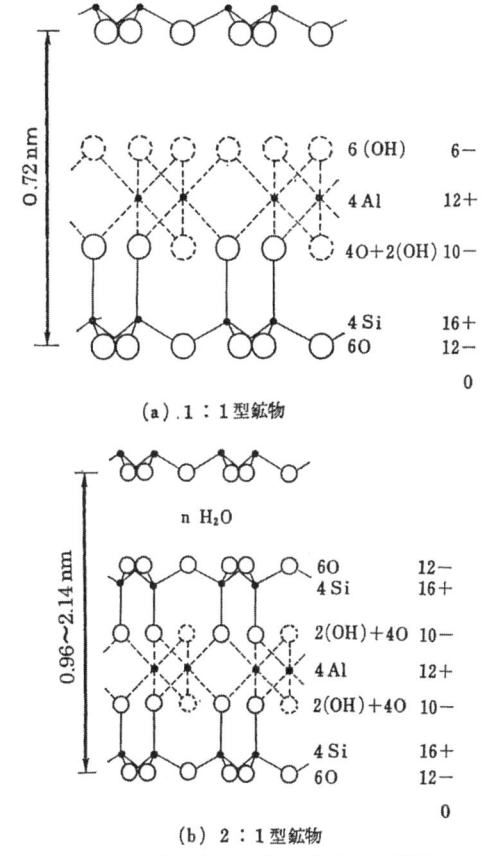

図 2.4 粘土鉱物の結晶模式図と荷電

陽イオンを引きつける力が弱く，したがって膨張性はもっとも著しい．とくに層間の陽イオンがナトリウムの場合には4nm以上に膨潤する．反対に乾燥した場合には，層間の水を失って1nmに収縮する．スメクタイトには，四面体層内の同型置換が全くないもの(モンモリロナイト)，四面体層内の同型置換が若干あり，アルミニウムに富んでいるもの(バイデライト)，鉄に富んだ八面体層をもつもの(ノントロナイト)などが含まれる．

(4) 2:1:1型粘土鉱物

2:1型粘土鉱物の単位層にさらにマグネシウム，アルミニウムあるいは鉄を含む八面体層が1つ結合したもので，緑泥石が代表的なものである．底面間隔は約1.4nmである．マグネシウム質の八面体層を「ブルサイト層」，アルミニウム質の八面体層を「ギブサイト層」という．

(5) 不規則混合層粘土鉱物

二種以上の異なった単位層が不規則に積み重なった構造をもつ粘土鉱物で，その性質は構成鉱物種の性質とその混合割合に依存する．バーミキュライトと雲母型粘土鉱物，あるいはスメクタイトと緑泥石といったように，2:1型粘土物相互の基本構造に類似性をもつものが混合層鉱物を構成しやすい．

(6) 非晶質・準晶質粘土鉱物

アロフェンは，Si−O−Al 結合を多数含む和水珪酸アルミニウムで，含まれる水分子の量は一定せず，SiO_2/Al_2O_3モル比も1〜2と化学組成にも幅がある．長い間，アロフェンは非晶質無定形とされてきたが，高分解能電子顕微鏡により直径3.5〜5.0nmの均一な微小中空球状粒子(ナノボール)の集合体であることが明らかになり(Henmi and Wada, 1976 ; Parfitt and Henmi, 1980)，図2.5(A)に示したような構造をもつものと考えられている(Abidin et al., 2004)．この中空球状粒子の厚さ0.7〜0.8nmほどの球壁には直径0.3〜0.5nmの穴が貫通している．微小中空球状粒子の集合体全体の形状は種々さまざまで一定していないことが，従来，無定形とされてきた原因と考えられている．アロフェンは原子配置が短距離規則性(short-range order)のみを有する微結晶であり，「低結晶質」とみなすのが妥当と考えられている(逸見，1988)．わが国では火山灰を母材とする黒ボク土の下層(Bw層)に多量含まれることがあり，とくに軽石が風化してできた鹿沼土や味噌土などの中にイモゴライトとともに多量に含まれている．

A. アロフェン
(Abidin et al., 2004)

B. イモゴライト
(MacKenzie et al., 1989)

3～5 nm

1.8～2.2 nm

0.9～1.1 nm

0.3～0.5 nm

● = Al
● = Si
● = O
● = H

Clay Minerals Society の好意による

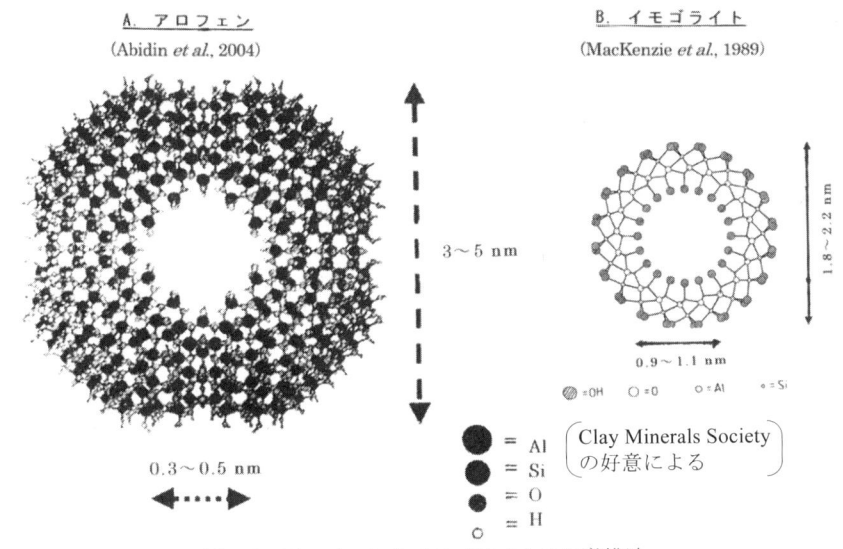

図2.5 アロフェンとイモゴライトの化学構造

イモゴライトは九州のイモゴとよばれるガラス質火山灰の風化層から発見・命名された準晶質の和水珪酸アルミニウムで，SiO_2/Al_2O_3モル比は 1 を示し，化学的性質はアロフェンに類似している(Yoshinaga and Aomine, 1962)．外径約2.0 nm, 内径約1.0 nmの中空管状のせんい状構造を示す(Cradwick et al., 1972)．図2.5(B)は管の軸方向から見た構造を示したものである(MacKenzie et al., 1989)．

イモゴライトの前駆体をなす，水溶性(低分子)のヒドロキシアルミニウムオルト珪酸錯体はプロト-イモゴライト(proto-imogolite)とよばれている(Farmer, 1981)．多数のプロト-イモゴライトが寄せ集まり連結して，管壁を構築すれば管状形態を有するイモゴライトが形成され，球壁を作り上げれば中空球状のプロトイモゴライトアロフェン(珪ばん比の低いアロフェン)になると考えられている(逸見, 1986)．この反応は共存する陽イオンの種類によって左右され，Mg^{2+}やCa^{2+}イオンの濃度が高い場合にはイモゴライトの形成が阻害され，アロフェンの形成が促進される．

(7) 酸化物・和水酸化物

土壌中には珪素，アルミニウムおよび鉄の酸化物や水酸化物が非晶質あるいは結晶質の形態で含まれている．

2. 土壌構成成分

表 2.2 土壌中に見られる主な二次鉱物

I. ケイ酸塩鉱物	英語名	化学組成（理想式または例）
1. 1:1型粘土鉱物	1:1 type clay mineral	
カオリナイト	kaolinite	$Si_2Al_2O_5(OH)_4$
水和型ハロイサイト(1.0nm)	halloysite (1.0nm)	$Si_2Al_2O_5(OH)_4 \cdot 2H_2O$
脱水型ハロイサイト(0.7nm)	halloysite (0.7nm)	$Si_2Al_2O_5(OH)_4$
2. 2:1型粘土鉱物	2:1 type clay mineral	
雲母粘土鉱物	mica clay mineral	$K(Si, Al)_4(Al, Fe, Mg)_2O_{10}(OH)_2$
イライト	illite	$K_{0.75}[Al_{1.75}(Mg, Fe^{2+})_{0.25}]$ $(Si_{3.50}, Al_{0.50})O_{10}(OH)_2$
バーミキュライト	vermiculite	$(Si, Al)_4Al_2O_{10}(OH)_2 \cdot nH_2O$
スメクタイト	smectite	$Si_4(Al, Mg)_2O_{10}(OH)_2 \cdot nH_2O$
モンモリロナイト	montmorillonite	$Na_{0.33}Si_4(Al_{1.67}Mg_{0.33})O_{10}(OH)_2$
バイデライト	beidellite	$(Si, Al)_4Al_2O_{10}(OH)_2 \cdot nH_2O$
ノントロナイト	nontronite	$(Si, Al)_4Fe_2O_{10}(OH)_2 \cdot nH_2O$
3. 2:1:1型粘土鉱物	2:1:1 type clay mineral	
緑泥石	chlorite	$(Mg_5Al)(Si_3Al)O_{10}(OH)_8$
4. 不規則混合層粘土鉱物	irregularly mixed -layer clay mineral	
5. 非晶質・準晶質鉱物	amorphous or semi -crystalline	
アロフェン	allophane	$1\sim2SiO_2 \cdot Al_2O_3 \cdot nH_2O$
イモゴライト	imogolite	$SiO_2 \cdot Al_2O_3 \cdot 2.5H_2O$
II. 酸化物・和水酸化物	oxide and hydrated oxide	
1. ケイ酸鉱物	silica	
タンパク石	opal	$SiO_2 \cdot nH_2O$
2. アルミニウム鉱物	aluminium mineral	
ギブサイト	gibbsite	$Al(OH)_3$
3. 鉄鉱物	iron mineral	
針鉄鉱（ゲーサイト）	goethite	$\alpha FeOOH$
レピドクロサイト	lepidocrocite	$\gamma FeOOH$
赤鉄鉱（ヘマタイト）	hematite	Fe_2O_3
フェリハイドライト	ferrihydrite	$5Fe_2O_3 \cdot 9H_2O$ または $Fe_2O_3 \cdot 2FeOOH \cdot 2.6H_2O$
III. リン酸塩・硫酸塩・炭酸塩鉱物	phosphate・sulfate・carbonate	
藍鉄鉱	vivianite	$Fe_3(PO_4)_2 \cdot 8H_2O$
リン鉄鉱	strengite	$FePO_4 \cdot 2H_2O$
ヴァリシア石	variscite	$AlPO_4 \cdot 2H_2O$
リン灰石	apatite	$Ca_5(PO_4)_3(F, Cl, OH)$
ジャロサイト	jarosite	$KFe_3(SO_4)_2(OH)_6$
方解石	calcite	$CaCO_3$

タンパク石は非晶質の二酸化珪素で，土壌溶液から沈殿・分離したものと植物体の珪化細胞に由来するものがある．後者は植物珪酸体(phytolith)ともよばれ，黒ボク土の腐植層に多量含まれている．近年その種類と量に基づいて，腐植層が形成された時期の植生を復元することが可能になっている(佐瀬・細野，2007)．

ギブサイトはもっとも広く見出される結晶質の水酸化アルミニウムであり，わが国では赤黄色土や酸性の黒ボク土に含まれている．

酸化鉄や和水酸化鉄は土色と関係の深い成分であり，とくに熱帯や亜熱帯の土壌では重要な二次鉱物である．鉄の二次鉱物は非晶質のものを含めて，一括して遊離鉄とよばれることもある．結晶質の和水酸化鉄として広く見られるのは針鉄鉱(ゲーサイト)で黄褐色を呈する．レピドクロサイトは可溶性 Fe^{2+} イオンが地下水変動帯で沈殿することによって生じ，橙色を呈する．赤鉄鉱(ヘマタイト)は赤色を呈する酸化鉄鉱物で熱帯や亜熱帯の赤色土壌に多量に含まれている．フェリハイドライトは赤褐色を呈する準晶質の和水酸化鉄鉱物で赤鉄鉱の先駆物質と考えられている(デュショフール，1988, p.35)．

(8) リン酸塩・硫酸塩・炭酸塩鉱物

藍鉄鉱は暗青〜暗緑色をした二価鉄のリン酸塩鉱物で，還元状態の水田土壌などに見出されることがある．また土壌に固定されたリンは難溶性のリン鉄鉱，ヴァリシア石，リン灰石に似た化合物となって存在する．ジャロサイトは水に不溶性の硫酸塩で淡黄色を呈し，酸性硫酸塩土壌に含まれている．菱鉄鉱は灰白色の炭酸鉄鉱物で，強い還元状態の土壌中に結核として存在することがある．また乾燥〜半乾燥地域の土壌には，方解石のような二次炭酸塩鉱物が見出される．とくに塩類土壌ではナトリウムやカリウムの炭酸塩，硫酸塩，塩化物などが土壌中や土壌表面に集積している．

2.3. 有機成分

2.3.1. 土壌有機物と腐植

土壌には，図2.6に示したように，さまざまな有機物が含まれている．土壌バイオマス(soil biomass)というのは，生きている土壌動物(アメーバよりも大型の動物を除く)，植物根，土壌微生物などを指す．微生物のバイオマスは，通常，

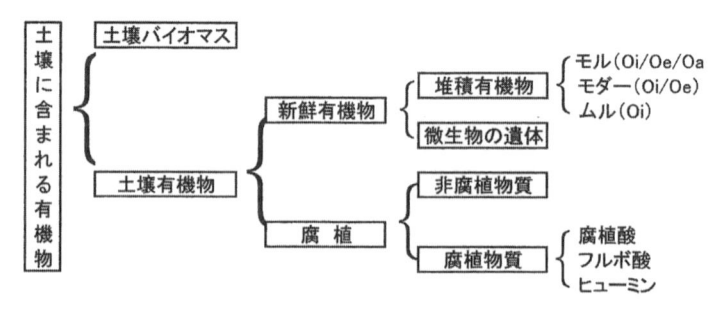

図 2.6 土壌に含まれる有機物の区分

土壌中の全有機物量の2〜5%を占めており，窒素に富む易分解性有機物の施用後には，一時的ではあるが，著しく増加する(デュショフール，1988，p.52)．土壌に含まれている有機物から土壌バイオマスを除いた部分が一般に土壌有機物(soil organic matter)とよばれているもので，新鮮有機物と腐植からなっている．新鮮有機物(fresh organic matter)は，森林土壌の落葉・落枝からなる堆積有機物層に見られるような，未分解ないし分解不十分な動植物の遺体や微生物の遺体を指している．土壌有機物から新鮮有機物を除いた部分が腐植であり，腐植は非腐植物質と腐植物質に分けられる．非腐植物質(non-humic substance)は，土壌中で新鮮有機物が分解される過程で生成する中間生成物のうち，炭水化物，タンパク質，ペプチド，アミノ酸，脂質，リグニンなど化学構造が既知の有機化合物として存在しているものの総称である．これらの非腐植物質は，一方では微生物によって分解されて二酸化炭素，水，アンモニアなどに変化するとともに，他方では再合成されて腐植物質に変化するので，土壌中の存在量は少ない．これに対して，腐植物質(humic substance)は，非腐植物質から化学的・生物的に再合成された，黒色ないし暗色を呈する，土壌固有の無定形高分子有機化合物の混合物であり，土壌有機物の大部分を占めている．

カール・シュプレンゲルは，土壌有機物の炭素含量がほぼ一定の値(58%)をとることを示した(Sprengel, 1826)．これは今日でもなお，土壌の全有機物含量を計算するために役立っている．すなわち，土壌有機物の全量は土壌の有機態炭素含量の1.724倍として計算されるが，この係数1.724は100/58から求められたものである(ブレーヌ，2011，p.100〜101)．

今日でも，一般的に「腐植」と「土壌有機物」はほぼ同じ意味で使われている場合が多いが，そもそも腐植(humus)という言葉は「土」を意味するラテン語に由来しており，現在でも土葬(inhumation)，発掘(exhumation)などの単語にその名残を留めている．学術用語としての「腐植」を最初に定義したのはスェーデンの化学者 I. G. ワレリウスである．彼は『Chemical Basis of Farming』(1761)の中で次のように述べている："腐植はルーズで，多くの場合黒色を呈し，水を吸収すると膨潤してスポンジ状になるが，乾燥すると塵埃状になる土である…腐植は植物の生育にきわめて重要であり，植物をとりまく媒質に含まれる「肥沃性」の吸収と保持を容易にするからである…腐植は植物の分解によって生じる"(Krupenikov, 1992, p. 91)．その後，A. テーアが植物栄養に関する腐植説(Humus Theory)を唱えるにおよんで，腐植という用語が農学分野で盛んに用いられるようになったが，そこでは「動植物の分解によって生じた，黒色の土壌成分」を意味していた(Thear, 1809)．これに対して P. E. ミュラーは森林土壌の落葉・落枝層を腐植層とよび，Mull, Mor, Mullartiger Torf といった腐植の形態分類を行った(Müller, 1889)．さらに W. L. クビエナはこのような腐植の形態を水面下腐植，半陸成腐植，陸成腐植に3大別し，17の腐植タイプに分類した(Kubiena, 1953)．

このように「腐植」という用語は種々異なった意味で用いられてきたが，現在では，先に述べたような意味で用いられている．

2.3.2. 腐植物質の化学的区分と実体

1786年，ドイツの化学者アシャールは，泥炭をアルカリで処理した溶液を酸性化することによって初めて暗色の非晶質沈殿を得た(Feller, 1997, p. 26)．それ以来，アルカリや酸に対する溶解性の相違に基づいて土壌有機物を区分する方法が多くの研究者によって検討されてきた．土壌にアルカリ性溶液を加えて抽出すると暗赤褐色の溶液が得られる．この溶液を pH1〜2 の酸性にしたときに黒褐色の沈殿となる部分が腐植酸，黄色の上澄液の部分がフルボ酸，土壌に残留する部分がヒューミンとされている(図 2.7)．しかし，この分画はあくまでも操作上の定義であって，腐植酸，フルボ酸のいずれも混合物であり，腐植酸，フルボ酸という純粋物質が存在しているわけではないことに注意する必要がある．

腐植酸，フルボ酸，ヒューミンの割合は，抽出法や土壌の種類および層位の違いなどによって異なるが，A層ではおよそ，腐植酸20～50%，フルボ酸20～50%，ヒューミン20～40%の範囲にある．

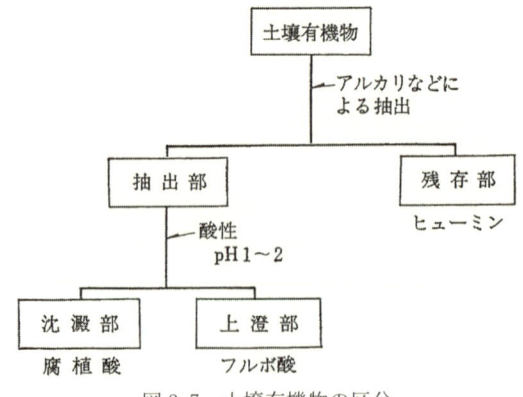

図2.7 土壌有機物の区分

(1) 腐植酸

ⅰ) RF-$\Delta \log K$ 図による腐植酸の分類

腐植物質が生成する過程（腐植化過程）を腐植酸の暗色化ないし黒色化を意味するものと考えたドイツのシュプリンガーやシモンは，腐植酸溶液の光吸収性を調べて腐植酸の区分を行ったが，わが国では第二次世界大戦後この研究法に改良が加えられ，現在では0.1 M 水酸化ナトリウム（NaOH）溶液（大羽，1964）あるいは0.1 M 水酸化ナトリウム（NaOH）溶液と0.1 M ピロリン酸ナトリウム（$Na_4P_2O_7$）溶液の混液による逐次抽出法（Kumada et al., 1967；日本第四紀学会，1993）を用いた腐植酸の光学的分類が発展している（熊田，1977）．

0.1%水酸化ナトリウム中の腐植酸溶液の波長 200～700 nm における吸収スペクトルを測定し，縦軸に吸光度（K）の対数を，横軸に波長をとって図示すると図2.8(a)のように，短波長から長波長側に向かってほぼ直線的に $\log K$ の値が減少する．そこで400 nm の $\log K$ と600 nm の $\log K$ の差をとって直線の傾きを表し，これを $\Delta \log K$（色調係数）とすれば，この値が小さいほど黒色の程度が大きく，腐植化が進んでいることになる．一方，図2.8の注に付記した式から算出された単位腐植酸当たりの600 nm の吸光度を RF（相対色度）として表現すると，この値が大きいほど腐植化が進んでいることになる．この $\Delta \log K$ と RF の値を用いて腐植酸を分類したのが図2.8(b)である．これによれば，腐植酸はA型，B型，Rp型，P_0型，P型の5つの型に区分される．P_0型は RF-$\Delta \log K$ 図においてP型域に位置するが，吸収帯を全く欠くもので，黒ボク土のA型腐植酸の始原形として重視されている（大塚，1974）．

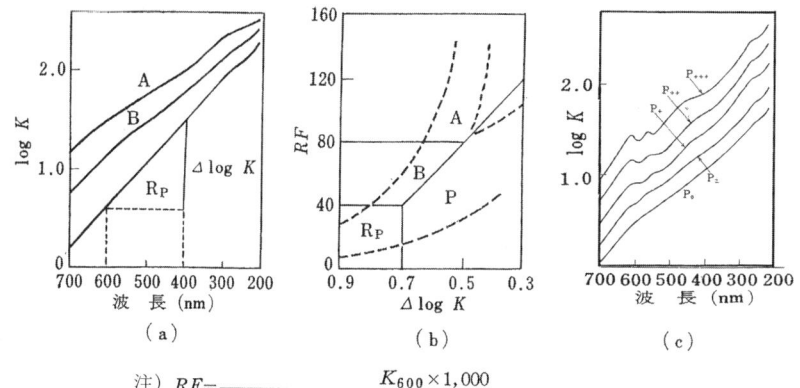

注) $RF = \dfrac{K_{600} \times 1{,}000}{腐植酸溶液\ 30m l\ 当たりの\ 0.1\mathrm{NKMnO_4}\ 消費量}$

$\Delta \log K = \log K_{400} - \log K_{600}$

K_{600}, K_{400}：それぞれ 600nm, 400nm における吸光度

図 2.8　腐植酸の吸収スペクトルおよび分類図
(熊田, 1977 より作成)

P 型は，その特有な吸光曲線の形状から，$P_\pm$, P_+, P_{++}, P_{+++} に細分されている．P 型腐植酸は可視部 615, 570, 450 nm 付近に吸収帯をもつ腐植酸であり，これらの吸収帯は DHPQ(4, 9-dihydroxyperylene-3, 10-quinone) によるものであり (佐藤・熊田, 1969)，*Cenecoccum graniforme* その他の糸状菌の菌核や菌糸に由来することが判明している (Vol'nova *et al*, 1972)．

腐植酸は多分散性を示し，溶液の条件によって大きさや形が変化する高分子電解質の集まりであるため，その分子量は測定法によって非常に異なった値をとり，数千～数十万の範囲にわたる幅広い分子量分布を示す (米林, 1989)．

ⅱ) 腐植酸の元素組成

表 2.3 は腐植酸の元素組成の例を示したものであるが，腐植酸の各型間の元素組成の相違は重量比よりも原子数比により明瞭に表れている．原子数比で見ると，炭素含量は A 型≧B 型≧Rp 型≒P 型の順を示し，水素含量は逆に A 型≦B 型≦Rp 型≒P 型の順になっている．また酸素含量は炭素含量と同様な傾向を示し，窒素含量は型間の相違は認められない．

ⅲ) 腐植酸の化学構造

表 2.4 に示したように，腐植酸にはカルボキシル基 (-COOH)，フェノール性水酸基 (PH-OH)，カルボニル基 (=CO)，アルコール性水酸基 (HC-OH)，

表 2.3　腐植酸の元素組成

試料	$\Delta \log K$	RF	型	重量比 (%) C	H	N	O	原子数比 (%) [C]	[H]	[N]	[O]	[C]/[H]	[C]/[N]
猪之頭	0.49	138	A	58.9	3.7	3.3	34.0	44.8	33.6	2.2	19.4	1.33	20.5
草研(黒)	0.56	114	A	58.7	3.4	3.4	34.5	45.7	31.8	2.3	20.2	1.44	20.3
宮原	0.58	90	A	56.1	4.4	3.9	35.6	40.4	37.9	2.4	19.3	1.06	16.7
草研(褐)	0.61	76	B	56.1	5.1	4.4	34.5	38.4	41.2	2.6	17.8	0.93	14.6
闇苅	0.63	61	B	57.9	4.9	4.3	33.0	40.2	40.2	2.5	17.2	1.00	16.1
猿投	0.71	32	Rp	56.1	5.6	5.8	32.5	36.8	43.9	3.2	16.0	0.84	11.4
岐阜	0.8	22	Rp	54.6	5.7	5.9	33.8	35.9	44.2	3.3	16.6	0.81	10.8
燕	0.49	69	P_+	56.9	5.3	3.7	34.1	38.2	42.5	2.2	17.2	0.90	17.5
獅子	0.52	42	P_{+++}	58.3	6.6	4.1	31.1	35.6	48.1	2.1	14.2	0.74	16.7

(熊田, 1977より引用)

表 2.4　腐植酸の官能基

(無水無灰分1g当たりme)

型	試料	全酸度	カルボキシル基	水酸基 フェノール性	アルコール性	カルボニル基	メトキシル基	CO/OCH₃
A	猪之頭	6.22	5.55	0.67	1.36	3.32	0.15	22.1
	霧峰	5.69	4.67	1.02	2.28	3.76	0.29	13.0
B	猿投	3.90	3.04	0.86	3.36	2.87	0.57	5.1
	闇苅B_D	4.75	3.46	1.29	2.61	2.39	0.35	6.8
Rp	厩肥	3.15	2.46	0.69	5.14	1.91	2.13	0.9
	堆肥	3.27	2.62	0.65	3.66	1.96	2.38	0.8
P	五色	3.88	2.50	1.38	2.49	2.31	0.24	9.6
	木曾駒	3.95	2.99	0.96	3.02	2.95	0.38	7.8

(熊田, 1977より引用)

メトキシル基($-OCH_3$)などの官能基が含まれており，これらの官能基が腐植酸の示す酸性や錯体形成あるいは陽イオン吸着に関与している．また表2.4によれば，腐植酸の陽イオン交換量(全酸度)の値は315～622 cmolckg^{-1}となり，腐植化の進行に伴って増加していることが分かる．この値は粘土鉱物にくらべて著しく大きいが，この荷電はpHの変動に依存しており，pHが低下すると急激に低下する．

腐植酸の化学構造については多くの構造モデルが提案されてきたが，複雑な高分子物質の混合物であるため，分解産物を同定して基本構造単位を再構築することは非常に困難である．近年，腐植物質を混合物のままでその平均的な化学構造を把握するといった，平均化学構造の解析法が開発され，この方法を

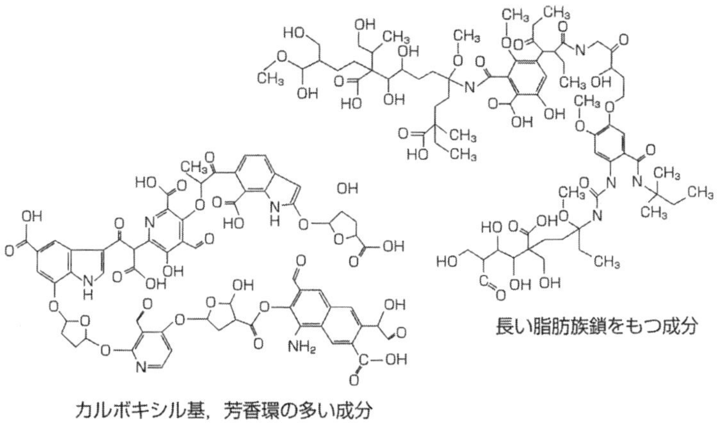

2.3. 有機成分

図 2.9 腐植酸の平均化学構造モデル （米林, 2002）

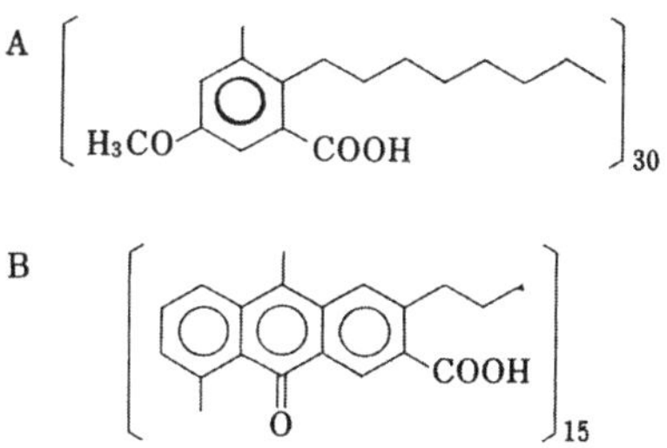

長い脂肪族鎖をもつ成分

カルボキシル基, 芳香環の多い成分

駆使して，図 2.9 に示したような平均化学構造モデルが考えられている（米林, 2002）．これによれば，腐植酸の化学構造はカルボキシル基および芳香環の多い成分と長い脂肪族鎖をもつ成分から構成されており，腐植酸の構造単位当たりの芳香族核数は黒ボク土壌では 2～4 個，沖積水田土壌では 1～2 個であり，脂肪族側鎖の長さは腐植化度が高いほど短くなると推定されている（図 2.9）（米林, 1993）．

A：沖積水田土壌, B：黒ボク土壌.
図 2.10 腐植酸の平均化学構造モデル （米林, 1993）

(2) フルボ酸

フルボ酸はアルカリにも酸にも溶ける腐植物質で，ラテン語の fulvo＝黄色に由来するその名が示すように，溶液の色は黄色を呈する．フルボ酸画分には腐植物質のほかに高分子多糖類，配糖体，フェノール性物質など多様な非腐植物質が多量に含まれており，黄色の腐植物質は一部にすぎない．この着色した腐植物質部分の重量平均分子量は腐植酸にくらべてかなり小さく，数千～1 万程度である．また $\Delta \log K$ の値は腐植酸よりも大きく，RF は 25～39 で Rp とほぼ

表 2.5 フルボ酸着色部の諸性質 (立川, 1962)

土壌	元素組成 (%)				窒素組成 (%)		光学的性質	
	C	H	N	C/H	アンモニア アミド態	α-アミノ態	$\Delta \log K$	RF
火山灰土	52.28	5.21	2.34	10.0	18.1	42.6	1.046	39
沖積水田	51.24	5.30	4.92	9.7	10.5	62.2	1.073	25
泥炭質水田	49.15	5.96	3.60	8.2	—	—	1.064	28

同じである(表 2.5). したがってフルボ酸は腐植化度の低い腐植酸に近い性質をもったものと考えられている. フルボ酸は腐植酸にくらべてカルボキシル基およびフェノール性水酸基の含量が高いため酸性が強く, したがって酸性溶液中で沈殿しない画分となる.

(3) ヒューミン

腐植物質のうち, いかなる pH においても水に不溶性の部分はヒューミンとよばれており, 通常, 土壌有機物の 20〜30%を占めている. ヒューミンには, 細胞膜を構成するリグニンから生成した継承ヒューミン, 微生物遺体に由来する脂肪族化合物(多糖類, タンパク質, アミノ酸など)から生成した微生物ヒューミン, 主としてタンパク質からなる微生物ヒューミンの一部が膨脹性粘土鉱物と結合して安定化された新生ヒューミンなど, きわめて性質の異なる, 多数の形態の存在が知られている(デュショフール, 1988).

(4) 非腐植物質

生物的に合成されるほとんどすべての有機物を含み, 炭水化物, タンパク質, ペプチド, アミノ酸, 油脂, ワックス, 有機酸などの化学的性質の知られている物質を意味する. これらは微生物によって容易に分解されるため, 寿命は短い.

i) 炭水化物

土壌中の炭水化物の大部分は多糖類の形で存在しており, 硫酸加水分解によってこれまでに確認された炭水化物は表 2.6 に示したとおりである. 炭水化物が土壌中の全有機物に占める割合は 5〜20%といわれ, 腐植酸, フルボ酸, ヒューミンのどの画分にも含まれるが, 前者ほど含有割合は少ない. 単糖類としてはグルコース, マンノース, ガラクトース, ラムノース, アラビノースなどが比較的多く, 土壌の加水分解液中には通常 6〜8 種類の単糖類が得られ, 生物体中の

表 2.6 土壌の加水分解液中に見出される炭水化物

グルコース　ガラクトース　マンノース　フラクトース
アラビノース　キシロース　リボース　フコース　ラムノース
シュクロース　セロビオース　ゲンチオビオース
セロトリオース
セルロース　ヘミセルロース
グルコサミン　ガラクトサミン　N-アセチル-D-グルコサミン
マンニトール　イノシトール
ガラクチュロン酸　グルクユロン酸
2-0-メチル-D-キシロース　3-0-メチル-キシロース　2-0-メチル-アラビノース
2-0-メチル-ラムノース　4-0-メチル-ガラクトース

多糖類を構成する単糖類の数よりも多く,土壌多糖類の構成は複雑である.土壌多糖類は土壌が異なってもその構成糖にはそれほど大きな差異は認められず,またその大部分は微生物起源と考えられている.

土壌の炭水化物は団粒構造形成の結合物質として重要な役割を果たしており,とくに多糖類がこれにあずかっているとされている.

ⅱ) 脂　質

土壌からアルコール,ベンゼン,エーテル,アセトンなどの有機溶媒によって抽出される部分には,パラフィン系炭化水素,脂肪,ワックス,脂肪酸,テルペノイド,リン脂質などが含まれ,普通のA層では全有機物の5%前後を占めている.酸性や嫌気条件下の土壌では含有割合が高まる傾向を示し,泥炭では20%に達することもある.土壌をアルカリ抽出すると脂質の大部分は腐植酸画分に入り,フルボ酸画分には少なく,この点は炭水化物と異なっている.肥沃度の高い土壌では脂質含量が少ないといわれるが,土壌中で果たしている脂質の役割についてはいまだ不明な点が多い.

ⅲ) 有機リン化合物

有機リン化合物としては,イノシトールリン酸,核酸,リン脂質,糖のリン酸塩が存在しており,これらの有機リンは土壌全リン中の1/3〜1/2を占めており,上記4者の中ではイノシトールリン酸の含有割合が高い.これらの有機リン化合物は主として植物遺体や微生物起源であり,その絶対量は土壌の腐植集積量に左右される.

(5) 腐植の窒素組成

土壌のA層では全窒素中に占める無機態のアンモニウム,亜硝酸,硝酸の合計量は数%にすぎず,大部分の窒素は有機態である.土壌を6M塩酸などにより加水分解して窒素組成を調べると,全窒素中70〜90%が加水分解され,この中の約半分がアミノ酸態であり,残りはアンモニア態,ヘキソサミン態および未同定窒素となっている.腐植を抽出して腐植酸とフルボ酸に分けて窒素組成をくらべると,腐植酸にはアミノ酸態が,フルボ酸にはアンモニア態として測定される部分が相対的に多い.また腐植酸について窒素組成を見ると,腐植酸の腐植化度が高まるほど加水分解率が低く50%程度まで下がり,アミノ酸態も減少する.この非加水分解性窒素はインドール核やピリジン核のような芳香族化合物あるいは複雑な重合物として含まれていると考えられ,腐植化度の進行に伴う腐植酸の構造中の芳香族核の相対的増加を反映している.

土壌の加水分解液中に見出されるアミノ酸は表2.7のように約30種が知られており,一般に土壌の種類によるアミノ酸の種類の差異は大きくない.通常,中性アミノ酸の窒素が全アミノ酸の半分以上を占め,リジン,ヒスチジン,アルギニンのほか,グルタミン酸,グリシンなどの含量が比較的高い.ヘキソサミンについては,D-グルコサミンとD-ガラクトサミンが見出されており,ヘキソサミン態の窒素はA層で全窒素の5〜10%である.

核酸の構成分であるプリンやピリミジン塩基も土壌中に存在するがその量は全窒素中の1%以下ときわめて少量である.

土壌有機体窒素は,微生物による有機物の分解過程で無機化されアンモニアや硝酸に変化するので,植物の窒素の給源としてもっとも重要なものである.

表2.7 土壌の加水分解液中に見出されるアミノ酸

アルギニン　ヒスチジン　メチルヒスチジン　リジン　オルニチン
アスパラギン酸　グルタミン酸　システイン酸　タウリン
グリシン　アラニン　バリン　ロイシン　イソロイシン　フェニルアラニン
3,4-ジヒドロキシフェニルアラニン　チロシン　セリン　スレオニン　プロリン
ハイドロキシプロリンメチオニン　メチオニン　メチオニンスルフォキサイド
メチオニンスルフォン　シスチン　α-アミノ-n-酪酸　γ-アミノ-n-酪酸
α-アミノ-n-カプロン酸　β-アラニン　α,ε-ジアミノピメリン酸

2.3.3. 土壌酵素

　土壌中における物質変換の大部分は，土壌生物の細胞内および細胞外の酵素が関与する生化学反応によって生じている．このうち土壌中の生体細胞外で作用している酵素を土壌酵素(soil enzymes)という．現在知られている酵素の種類は1,300以上に達するが，そのうち土壌酵素は50種類程度が検出されており，その大部分は加水分解酵素で炭素，窒素およびリン化合物の化学変化に関与している．

　これらの土壌酵素の中で炭素代謝に関与するものとしては，アミラーゼ，セルラーゼ，キシラナーゼ，ペクチナーゼ，インベルターゼ，リパーゼ，ポリフェノールオキシダーゼなどがある．とくにポリフェノールオキシダーゼは腐植の生成過程における有機物の酸化に重要な役割を果たしている．

　窒素代謝に関与するものとしては，プロテアーゼ，ウレアーゼ，グルタミナーゼなどがあり，またリン代謝に関与するものにはホスファターゼ，フィターゼ，ヌクレオチダーゼなどがある．土壌酵素は粘土―腐植物質―酵素の複合体として土壌中に存在し，とくに土壌酵素の安定化には腐植コロイドが深く関わっているといわれている(木村ほか，1994)．

2.3.4. 有機・無機複合体

　土壌中の腐植物質は，粘土から砂に至る粒径の異なった無機質粒子と結合して有機・無機複合体(organo-mineral complexes)を形成している．しかし，無機質粒子と結合している腐植物質の性質は，粒径に応じてきわめて異なっている．土壌を細粘土(0.2μm以下)，粗粘土(0.2～2μm)，シルト(2～20μm)，細砂(20～200μm)に分画して腐植物質の性質を調べると，有機炭素量は粒径が細かくなるにしたがって単調に増大するが，有機炭素の集積度(腐植酸の炭素量とカルボキシル基量)ならびに腐植酸の腐植化度(E_{600})は粒径が細かくなるにしたがって増大するが，細粘土複合体で減少する．C/N比は粒径が細かくなるほど減少する(図2.11)．これらのことから，粒径の粗い複合体にはC/N比の高い腐朽植物遺体が主に存在し，細粘土複合体には，微生物由来と考えられる腐植化度の低い腐植物質が存在すると考えられ．そして，もっとも腐植化度の高い腐植酸は粗粘土やシルトと複合体を形成している．シルト複合体では，おそらく2～5μmの細シルトに腐植化度の高い腐植酸が濃縮しているものと考えられている(米林，2002)．

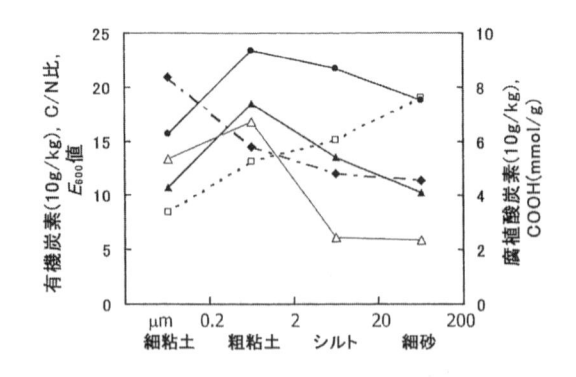

●E_{600}，▲腐植酸カルボキシル基量，△腐植酸炭素量，□C/N比，◆有機炭素量．

図 2.11　土壌の粒径別有機・無機複合体中の腐植酸
（米林，2002）

2.3.5. 腐植の機能

腐植は土壌生成過程に直接関係するだけでなく，植物の生育に対して，また土壌の物理性・化学性・生物性に対して重要な役割を果たしている．

(1) 無機物の分解と溶解

腐植物質は芳香族有機酸であるので鉱物の分解作用を促進する．またキレート作用をもつ部分をもち，このはたらきは腐植酸よりもフルボ酸で強く，ポドゾルの生成に際してフルボ酸を主体とした比較的低分子の酸性腐植がA層の鉄やアルミニウムと結合してB層に集積するのはよく知られている．また鉄やアルミニウムとキレートを形成するため，リンが鉄やアルミニウムと難溶性の塩を形成するのを妨げ，リンの有効性を高めるはたらきをしている．

(2) 腐植自体が植物におよぼす影響

腐植が微生物によって分解されると，腐植に含まれる窒素，リン，イオウが無機化して遊離し，植物の栄養分となる．また非腐植物質に含まれる炭水化物は窒素固定菌のエネルギー源として重要である．このように腐植は窒素，リン，イオウなどの必須元素の貯蔵庫の役割を果たしている．また腐植には直接植物の生育を促進させるはたらきもあるといわれるが，そのメカニズムは不明である．一方，バニリン，安息香酸あるいは酪酸など植物生育の阻害物質も存在する場合がある．

(3) 陽イオン交換能と緩衝能

腐植物質は多量のカルボキシル基やフェノール性水酸基をもつため，土壌の陽イオン交換容量を増大させ，養分保持能が高まり，その弱酸的性格のため pH 変化に対する緩衝能を高め，急激な土壌の pH の変動を防いでいる．

(4) 物理性の改善

腐植は腐植-粘土複合体を形成したり，鉱物粒子の接着剤として団粒形成を促進し，土壌の保水性・透水性・通気性を高めて根の伸長によい環境を作り，土壌侵食を低減させる〔6.3.2.(3)団粒形成過程を参照〕．

(5) 微生物の栄養源

土壌微生物の多くは従属栄養であり，そのエネルギー源，栄養源として有機物を不可欠とする．したがって土壌微生物活性を高めるには土壌に対する有機物の供給が必要であり，無機化学肥料などで代えることはできない．なお腐植を，微生物分解を受けやすい栄養腐植と分解されにくい耐久腐植に大別する考えもある．

2.4. 土壌生物

土壌中で生活している生物の種類や数は非常に多いが，個体が小さいためその総重量(バイオマス)は土壌有機物量にくらべて少なく，微生物に限って見れば土壌有機物中に占める割合は 1〜2% 程度といわれる．しかしながら，これらの生物は有機物の分解機能をもっており，陸域生態系の物質循環の主要な担い手として，また土壌生成過程の要因としても重視される．

2.4.1. 土壌生物の大きさと種類

土壌生物は大別すれば土壌動物と土壌微生物に二分されるが，大きさにより表 2.8 のように大型動物，中型動物，小型動物および微生物に分かれる．

(1) 大型動物(マクロファウナ)

2 mm 以上で野外の肉眼採取が可能な動物であり，ミミズ，アリ，ムカデ，クモ，甲虫などが代表的である．このうち大きさ 20 mm 以上のミミズは超大型動物(メガファウナ)に分けられ，もっとも重要視されている．ダーウィンの最後の著作「ミミズと土壌の形成」(1881)以来，ミミズは土壌撹拌反転，植物遺体の消化と土壌粒団形成などに大きな役割を演じていることが明らかにされている．

表 2.8　おもな土壌生物の大きさと食性

大きさ(グループ名)	生物名	食　性
0.2mm以下(ミクロフロラ)	細菌(Bacteria) ＜放線菌を含む＞	無機物のみのもの 無機物と有機物の両方のもの
	藻類(Algae)	無機物
	糸状菌(Fungi)	無機物と有機物
(ミクロファウナ)	原生動物(Protozoa)	細菌,藻類
0.2〜2mm(メソファウナ)	線虫類(Nematoda)	細菌,糸状菌,植物,藻類など
	ダニ目(Acari)	動物や植物への寄生,植物遺体,捕食
2〜20mm(マクロファウナ)	アリ科(Formicidae)	捕食,動物遺体,菌類,植物
	トビムシ類 (Collembola)*	菌類,植物遺体,動物遺体,植物根
20mm以上(メガファウナ)	ミミズ(Opisthopora)	植物遺体

*トビムシ類の中には2mm以下のものもあり,その場合には厳密にはメソファウナに類別することになろう.

また熱帯地域のシロアリは大きなアリ塚を築くことによって土壌の撹拌反転を行っており,この土壌撹拌反転作用は大型動物に特有なものである.

(2) **中型動物(メソファウナ)**

0.2〜2mmの大きさであり,ツルグレン装置などにより土壌から分離できる.この中で線虫,ダニ,トビムシの3者が種類や個体数が多い(図2.12参照).線虫には植物寄生性の種類,ダニには動物寄生性のものがあって,それぞれ植物や動物の病原となるので従来から関心がもたれてきた.しかし土壌中では自由生活する種類の方がはるかに多く,腐食性・菌食性・捕食性など多様な生活をしている.トビムシを含めて上記3者は植物遺体の初期分解に重要な役割を果たしている.とくに森林下の土壌では数が多く,トビムシとダニは"陸のプランクトン"ともよばれる.

(3) **小型動物(ミクロファウナ)**

0.2mm以下の動物で,原生動物が代表的であるが,形が小さいため微生物として一括して取り扱うこともある.原生動物は,べん毛虫,根足虫,せん毛虫の3綱に分かれるが,いずれも土壌中の微量な水の中に生息しており,植物遺体,細菌,糸状菌,藻類などを栄養源としているものが多い.

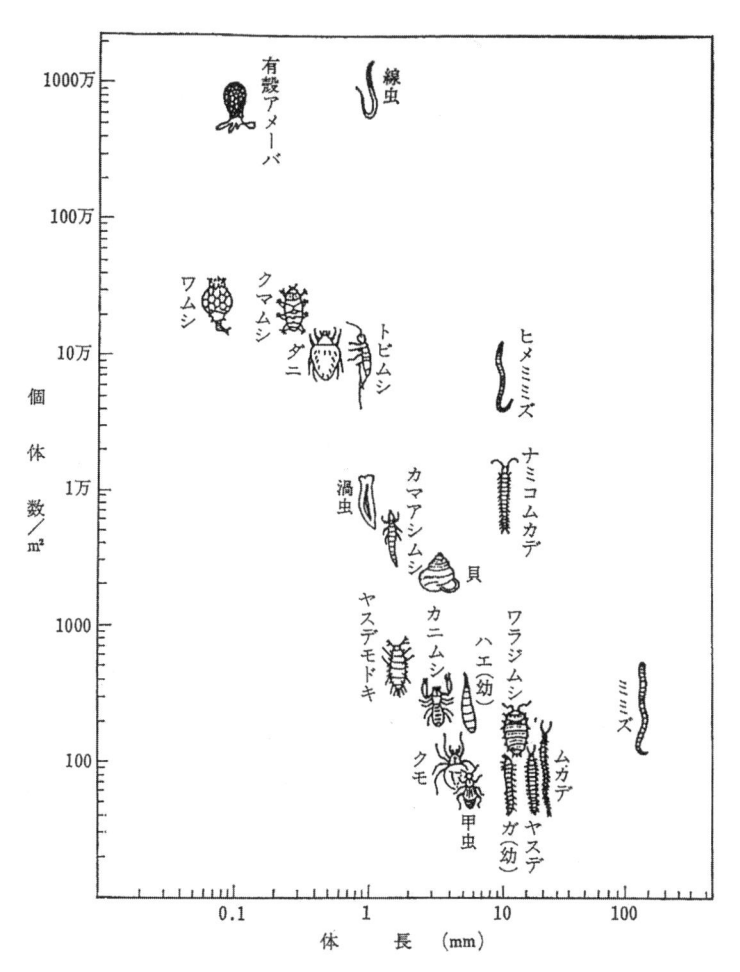

図 2.12 代表的な土壌無脊椎動物の大きさと生息密度(個体数/m^2)
(青木, 1978)

(4) 微生物(ミクロフロラ)

ほとんどが 0.01 mm 以下であり,細菌,糸状菌,放線菌,藻類その他に区分されるが,糸状菌は菌糸をもつので大きさの表示が難しい.

i) 細　菌

細菌(Bacteria)の多くは大きさ 1〜2 μm の単細胞生物で,短時間に分裂増殖し1世代時間は数十分程度のものが多い.細菌は土壌微生物中でもっとも数が多く,

作用も多岐にわたり，もっとも重要な土壌微生物である．細菌は形態的に桿菌，ラセン状菌，球菌に分けられるが，変形を行うものもあり，エネルギー獲得手段や栄養要求性あるいはグラム染色性などによる区分が行われている．細菌はエネルギー獲得手段から光の必要なものと化学的暗反応によるものに，栄養源として有機物を必要とする従属(有機)栄養(ヘテロトローフ)と有機物を必要としない独立(無機)栄養(オートトローフ)に，酸素要求性の差により好気性と嫌気性に，さらにグラム染色性によりグラム陽性菌とグラム陰性菌にそれぞれ二分される．これらを用いた細菌の区分を表2.9に示した．なお従属栄養細菌をアミノ酸やビタミン類などの特定の栄養要求により細分することもある．

ⅱ) 糸状菌

糸状菌(Fungi)は太さ数 μm の菌糸からなり，菌が生長すると糸状の長い多数の菌糸が集まって菌糸体を作るので，肉眼で認めることができる．有性世代の生殖法の型によってソウ菌類，子ノウ菌類，担子菌類に分けられているが，有性世代の不明なものは不完全菌類として一括されており，土壌中に多く見出される *Aspergillus*, *Penicillium*, *Tricoderma*, *Fusarium* などの多くは不完全菌に属している．糸状菌は好気性従属栄養生物であり，また一般に細菌よりも酸性条件で生育できるので，酸性土壌では有機物分解に果たす役割が大きい．また細菌にくらべ個体が大きく，有機物分解に際して菌体に取り込まれる炭素や窒素がより多くなる．なお担子菌類は担子を作ることを特徴としており，その子実体は通常キノコとよばれている．

ⅲ) 放線菌

放線菌(*Actinomycetes*)は，概観は糸状菌に似て菌糸で生育し，菌糸も分岐するが性質は細菌に近く，したがって細菌と放線菌の明確な区分は困難で，細菌に含めて取り扱うこともある．放線菌は従属栄養，好気性のグラム陽性菌であり，*Actinomycetaceae*, *Streptomycetaceae*, *Actinoplanaceae*, *Mycobacteriaceae* などの科に分かれている．添加有機物の分解後期にしばしば優勢となり，特徴ある香りや色素などを生産するものが多い．これらの中にはストレプトマイシンを始め種々な抗生物質を生産する菌があり，土壌中の微生物間の拮抗関係からも重視されている．

表2.9 エネルギー獲得手段と栄養要求性に基づく細菌の分類

エネルギー獲得手段	有機物の存在の必要性	好, 嫌気性	窒素源と被酸化物質	微生物名
光化学反応による (phototrophy)	有機物の存在を必要としない (photolithotrophy)	硫化物の存在を必要としない, 好気的	N_2を全窒素源とできる	ラン藻*
			窒素源として化合態の窒素を必要とする	緑藻*
		硫化物の存在を必要とする, 嫌気的	硫化物の濃度高	緑色イオウ細菌
			硫化物の濃度低	紅色イオウ細菌
	有機物の存在を必要とする (photoorganotrophy)	好気的	—	無硫紅色細菌
化学的暗反応による (chemotrophy)	有機物の存在を必要としない (chemolithotrophy)	好気的(酸化剤としてO₂が必要)	被酸化物としてNH_4^+を使用	*Nitrosomonas*
			被酸化物としてNO_2^-を使用	*Nitrobacter*
			被酸化物としてH_2を使用	Hydrogen bacteria
			被酸化物としてSまたは$S_2O_3^{2-}$を使用	*Thiobacillus*
		嫌気的(酸化剤としてNO₂を使用)	被酸化物としてSまたは$S_2O_3^{2-}$を使用	*Thiobacillus denitrificans*
	有機物の存在を必要とする (chemoorganotrophy)	好気的(発酵性基質はない方がよい)	N_2を全窒素源とすることができる	*Azotobacter*
			窒素源として化合態窒素を必要とする	多くの好気性酸化細菌 例: *Pseudomonas*
		嫌気的 発酵性基質はない方がよい	酸化剤としてNO_3^-を使用	脱窒菌
			酸化剤としてSO_4^{2-}を使用	硫酸還元菌
		嫌気的 発酵性基質を要求	N_2を全窒素源として使用	*Clostridium pasteurianum*
			化合態窒素を必要とする	多くの発酵性細菌 例: *Aerobacter*

* 細菌でないけれども比較のために入れた.

iv) 藻 類

　藻類(*Algae*)は光エネルギーを利用して二酸化炭素の同化を行う独立栄養生物であり，土壌に棲むものは緑藻，ラン藻，珪藻が主である．窒素源としてアンモニア，硝酸のほかにラン藻類は空気中の分子状窒素を利用することができる．藻類の生育には水分の多い条件が好ましく，水田土壌では緑藻やラン藻が生育して土壌に有機物と窒素を供給し肥沃化に貢献しているが，一般の土壌では比較的量が少なくその重要性は明らかではない．

　なお地衣類(Lichenes)は藻類と糸状菌が共生関係をもって生活している共生体で，岩石上に見られるイワタケや樹木に着生するサルオガセなどがよく知られており，地衣類はその分泌物(地衣酸)により岩石の化学的風化を促進する．

v) その他

　土壌中にはこのほか，特殊な微生物として粘菌類(*Myxomycetes*)があり，腐朽しつつある木材中に多く，また粘液細菌(*Myxobacteria*)は土壌中でキチンやセルロースの分解に関与するといわれ，これらは生育の一時期に多数集合して子実体を作ることがあり，長期間乾燥に耐える．ウイルス(Virus)は独立した生物ではないが土壌中に存在し，タバコモザイクウイルスは土壌中で数ヶ月間その生活を維持することが知られている．細菌および放線菌を宿主とするウイルス(バクテリオファージ)も土壌から検出され，とくに根粒菌に寄生して溶菌させるので関心がもたれている．

2.4.2. 土壌微生物の数と分布

(1) 生育と分布を規定する因子

　土壌中の微生物の生育は，水分・酸素分圧・温度・pH・栄養源の種類と量および生物間の相互作用など多くの因子によって規定されており，これらが土壌中で不均一な分布をするために微生物の土壌中における分布もきわめて変化に富んでいる．

i) 水分と酸素

　生物は水分なしで生活することはできない．2.1.で述べたように，土壌中の主として小孔隙にある水と主として大孔隙に存在する空気の割合は変化しやすいが，土壌微生物は主に小孔隙中の水(毛管水)に依存している．一般に土壌粒団では内部が小孔隙，粒団間が大孔隙となっているので，微生物は粒団内部に

棲んでいる場合が多く，とくに細菌類はその大きさが数 μm と小さいこともあってこの傾向が強い．土壌中の水分の量は空気量と逆の関係にあるので，土壌中の水分が増えれば空気量が減り，土壌空気の酸素分圧の低下を引き起こして好気性菌が減り，嫌気性菌の活動が高まる．一般に土壌微生物の生育に最適な水分含量は，孔隙量の 50〜60% が水で占められた状態であるとされ，この場合には好気性菌が活発に生育するとともに，粒団内部の限られた場所では嫌気性菌も生育している．水田土壌のように湛水によって大気と遮断されると，酸素の水中での拡散が遅いため，土壌は酸素不足となって好気性菌の活動が衰え，嫌気的条件下でも活動できる条件的嫌気性菌が増え，最後には嫌気的条件下でのみ生育する絶対嫌気性菌が活動するようになる．

ii) 温　度

生育の適温から，①低温性(20℃以下)，②中温性(20〜40℃)，③高温性(40℃以上)の 3 種に大別されるが，一般には中温性のものが多い．

土壌の温度は季節変化や日周変化を受けて変動するが，その変化は地表ほど大きく，深さとともに小さくなるため，真夏や真冬では地表よりも地中の方が微生物活動には適している．

iii) 栄養源

土壌微生物の多くは従属栄養性であるため，栄養源としての有機物の量と質は土壌微生物の生育を規定する重要因子である．土壌に加わる有機物を微視的に見れば，その土壌中の存在は不均質であり，生物遺体の内部や周辺で微生物が活発に活動しており，また植物根の周囲には，根の分泌物や根から脱落した古い細胞があるため，微生物が著しく多い．

iv) 土壌の pH

土壌中には pH1 付近の強酸性から pH9〜11 の強アルカリ性に耐えるものまで種々の微生物がいるが，一般には pH6〜8 でよく活動するものが多い．細菌は糸状菌にくらべて活動できる pH の範囲が比較的狭く，したがって酸性土壌では細菌よりも糸状菌の方が活動的である．

v) 生物間の相互作用

微生物は原生動物に摂取されてその栄養源となる．また生物相互間には根粒菌に代表される共生のようにお互いの生活を助け合っている一方で，栄養源や

酸素をめぐる競合，抗生物質や毒性物質による抗生作用，微生物同士の寄生や捕食，あるいはウイルスによる溶菌作用など多様な拮抗作用が存在している．土壌微生物の構成はきわめて多様なので，土壌中ではこれら相互作用のネットワークが多様にはたらいているものと考えられる．

(2) **土壌中の微生物数**

　前述のように土壌中の微生物は各種の因子によって生育と分布が規定されており，土壌の種類によっても異なる．一般に土壌微生物の数は細菌がもっとも多く，土壌1g当たり$10^6 \sim 10^8$，次いで放線菌が1桁少なく，糸状菌はさらに1桁少ないとされている．しかし糸状菌は数は少ないが1個体当たりの菌体が大きいので，重さで表現すればむしろ糸状菌の生体重の方が細菌や放線菌より多いといわれている．図2.13はわが国の土壌の微生物数の測定例を示したものである(古坂，1969)が，細菌・放線菌・糸状菌いずれも表層で数が多く，下層になるほど数が減少しており，この傾向は畑と水田で共通していることが分かる．これは栄養源としての有機物の存在量と微生物数の関連を示しているものと考えられる．

　水田土壌は畑土壌にくらべて細菌数は多いが糸状菌数は少なく，また水田土壌には嫌気性菌である硫酸還元菌や脱窒菌が多く，一方畑土壌では好気性の硝化菌が多いなど，この両土壌の酸化還元状態を反映した微生物の分布が明らかである．なお土壌群別の微生物数については 6.3.3.(2)を参照されたい．

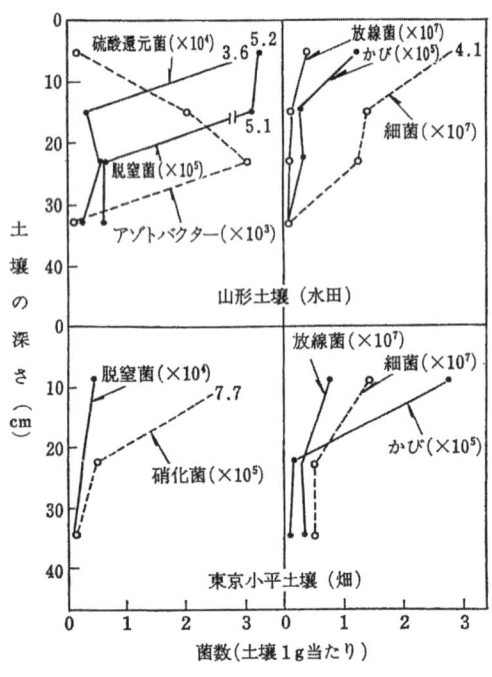

図2.13　土壌断面における微生物の分布(石沢ら)

3. 土壌の機能(はたらき)

3.1. 土壌圏

　土壌は，岩石・気候・生物・地形の間に生じる複雑な相互作用の進化過程によって地表に生成した歴史的自然体であり，土壌によって構成されている地表の領域は土壌圏(Pedosphere)とよばれている．自然界の中でこの土壌圏を際立たせている重要な特徴の1つは，太陽からの放射を源とするエネルギーとそれに伴う物質の流れにおいて，土壌圏が「特異な場」を形成していることである．図3.1は地表付近の温度勾配を模式的に示したものであるが，この図から大気圏や岩石圏にくらべて，土壌圏での温度勾配がきわめて大きいことが分かる．一般に大気中では，高度が100 m 上昇するごとに約 0.5℃の割合で気温が低下し，地殻内では深さ100 mごとに2〜3℃の割合で温度が上昇することはよく知られている．しかし土壌の表層付近では大気中や地殻内にくらべて数千倍〜数万倍の温度勾配が存在し，しかもこの勾配は昼と夜とでは方向が逆転している．温度勾配の大きさは物質とエネルギーの流れる量に比例するので，土壌圏ではきわめて大きなエネルギーと物質の流れが毎日周期的に繰り返されており，

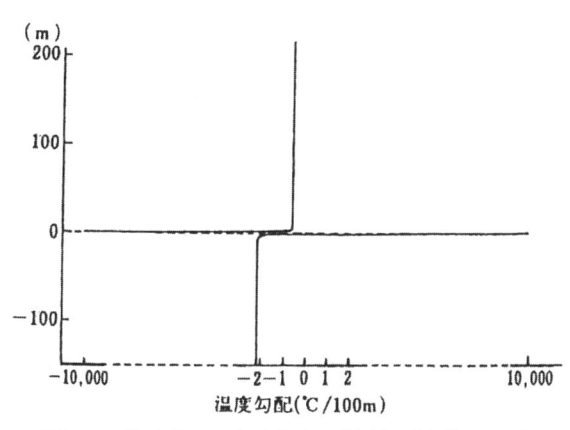

図3.1　地表周辺の温度勾配の模式図(粕淵，1983)

土壌中における物理的, 化学的, 生物的現象のすべてがこれに依存しているといっても過言ではない.

土壌圏においては岩石圏・水圏・大気圏・生物圏が重なり合い, 相互に影響をおよぼし合いながら密接不可分に結びついている. 図3.2 はこのような関係を模式的に示したものである. また土壌は大気や水とともに, 陸上に生息している生物の生活空間を満たしている基質(メディア)の1つであって, 陸上における自然の生態系——環境との間に物質の交換とエネルギーの転流が行われているシステム——の重要な構成要素の1つとなっている. こういった意味から, 土壌圏は「無生物界と生物界を結ぶ大きな架け橋」にたとえることができる.

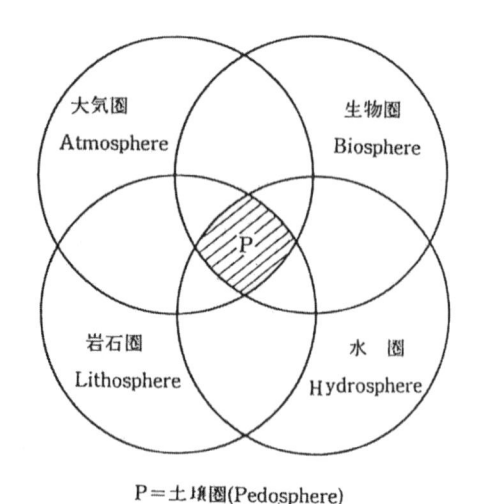

図 3.2 無生物界と生物界を結ぶ大きな橋としての土壌圏 (Mattson, 1938)

3.2. 土壌の4大機能(はたらき)

生態系の重要な構成要素としての土壌は, どのように機能しており, また土壌のはたらきは人間の生活とどのように結びついているのであろうか. このような観点から土壌の機能を見た場合, 生産機能, 分解機能, 保水・排水機能, 環境保全機能の4つに大別することができる.

3.2.1. 生産機能

「このような立派な人物を生んだ土壌」とか「この犯罪の温床となった土壌」といったように, 土壌は良きにつけ悪しきにつけ, 何かを育てるものの代名詞として使われることが多い. 人類は, 古くから農業や林業あるいは牧畜における生産手段として土壌を用いてきたが, これらはいずれも土壌がもっている「植物を育てるはたらき」を利用して, 生活に必要な食料, 建築材料, 衣服などの原料を得てきたのである. 原始時代の農耕民族は, 土に埋められた穀物の種子が

やがて芽を出し，花が咲き，実を結ぶのを見て，植物を育てる大地の神秘的な力(地力)の存在を感じとったに違いない．また，焼畑を中心とする原始農耕の段階では，数年も経てば収穫量が急に減るため，その土地を捨てて他所へ移動しなければならなかった．こうした農業生産活動を通して，原始農耕民が「地力」と「地力の低下」について認識していたことは，世界各地に残されている神話・伝説からうかがい知ることができる．たとえば，ギリシャ神話の中には次のような有名な話がある：

《豊穣の女神デーメーテールは，地底の大王ハーデースに誘拐された愛娘ペルセポネー(種子の象徴)を捜し求めて各地を放浪する．その間，大地は荒廃し草木は育たなかった．そこでゼウスはハーデースに命じてペルセポネーを母のもとへ返させた．ペルセポネーがデーメーテールのもとに帰ってくるやいなや，デーメーテールの大きな喜びによって，大地は再び豊かな稔りを取り戻すようになった…》

この話は，大地に播かれた穀物の種子が，豊穣の女神デーメーテールの助けによって再び芽を出し，実を結ぶことを表象的に示したものであり，豊穣の女神デーメーテールは「地力」を神格化したものと考えられている．植物が生育するためには太陽の光と土壌が必要なことは，すでにギリシャ時代に知られており，アナクサゴラス(紀元前500年頃)は，太陽を植物の父，土をその母とよんだ(ダンネマン，1977)．現在では，植物の生育には光・熱・養分・水が十分に与えられなければならないことは一般によく知られている．この4条件のうち，光と熱は宇宙空間から連続的かつ直接的に供給されるので，植物生育のための宇宙的条件群とよばれる．これに対して二酸化炭素以外の養分と水はその起源を地上にもち，土壌を媒介として植物の根から吸収されるので，地上的条件群といわれている(ウィリアムス，1954)．養分は，アンモニウムイオン(NH_4^+)，リン酸イオン($H_2PO_4^-$)，カリウムイオン(K^+)，カルシウムイオン(Ca^{2+})といったイオン(帯電粒子)の状態で水に溶けて根から吸収される．したがって，細かく砕けた岩石の破片や砂の粒子の場合には，大部分の養分が水に溶けて流れ去ってしまうので養分を貯えておくことができないが，土壌に含まれている腐植や粘土鉱物は，マイナスやプラスに帯電しているので，養分を吸着つまり静電気的な引力で引きつけておくことができる．そのため土壌にはイオン状態

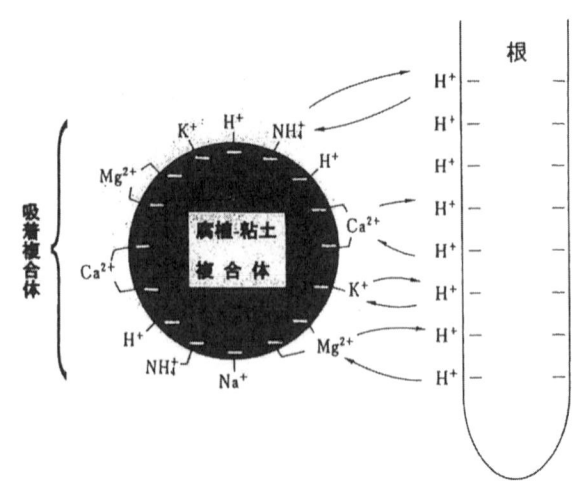

の養分を保持する能力があるのである（図3.3）。このような「植物の生育にとって必要十分な養分と水を供給することのできる土壌の能力」は，一般に土壌肥沃度（soil fertility）とよばれているが，これを土壌の機能として見た場合には「生産機能」とよんでいる．

図3.3 土壌粒子に吸着されている陽イオンが根の表面の水素イオンと交換して根から吸収される

3.2.2. 分解機能と生物学的小循環

植物が枯れると，地上部は落葉や落枝として土壌表面に堆積し，地下部は枯死した根として土壌内部に供給される．こうして土壌の表面や内部に入った新鮮有機物は，ダニ，トビムシ，線虫などの土壌動物によって細かく噛み砕かれたり，土壌微生物によって分解されたりして最終的には二酸化炭素，水，アンモニウムイオン，硝酸イオンなどの簡単な無機化合物に変化していく．この過程は無機化作用（mineralization）とよばれ，動物遺体の場合にも同様な変化が生じる．このように新鮮有機物を簡単な無機化合物に変化させる土壌のはたらきを土壌の分解機能とよんでいる．

新鮮有機物の分解によって生じた無機イオンは，腐植や粘土に吸着されて土壌中に貯えられ，再び植物の養分として根から吸収されていく．このように養分元素は植物体から土壌へ，そして土壌中から再び植物体へと循環している．この循環過程においては土壌中の小動物や微生物が非常に重要な役割を果たしているので，この循環は「生物学的小循環」とよばれている（図3.4および図3.5）．生物学的小循環は完全な閉鎖系ではなく，可溶性成分のかなりの部分は浸透水とともに系外に失われ，最終的には河川や海洋に流入したのち，水圏・岩石圏・大気圏をめぐる大規模な「地質学的大循環」とよばれる循環過程に入っていく．

3.2. 土壌の4大機能（はたらき）　59

(1) 窒素の循環（図3.4）

　大気中の窒素ガスは，土壌中に生息している窒素固定を行う微生物によって取り込まれタンパク質その他の窒素化合物に変化する（空中窒素固定）．これらの微生物が死ぬとその遺体もまた他の微生物によって分解されてアンモニウムイオンや硝酸イオンとなって生物学的小循環の中に入っていく．さらに大気中の窒素の一部は，雷などの空中放電や宇宙線の作用によって窒素酸化物に変化し，雨水に溶けて硝酸イオンとなって土壌中に供給されるが，その量はごくわずかなものである．水田の場合のように土壌内の孔隙が水で満たされて酸素不足になるような条件下では，嫌気性微生物のはたらきによって硝酸イオンは亜硝酸イオンを経て窒素ガスにまで還元されて大気中に揮散（脱窒作用）し，大気圏→岩石圏→水圏をめぐる「地質学的大循環」の過程に入っていく．この

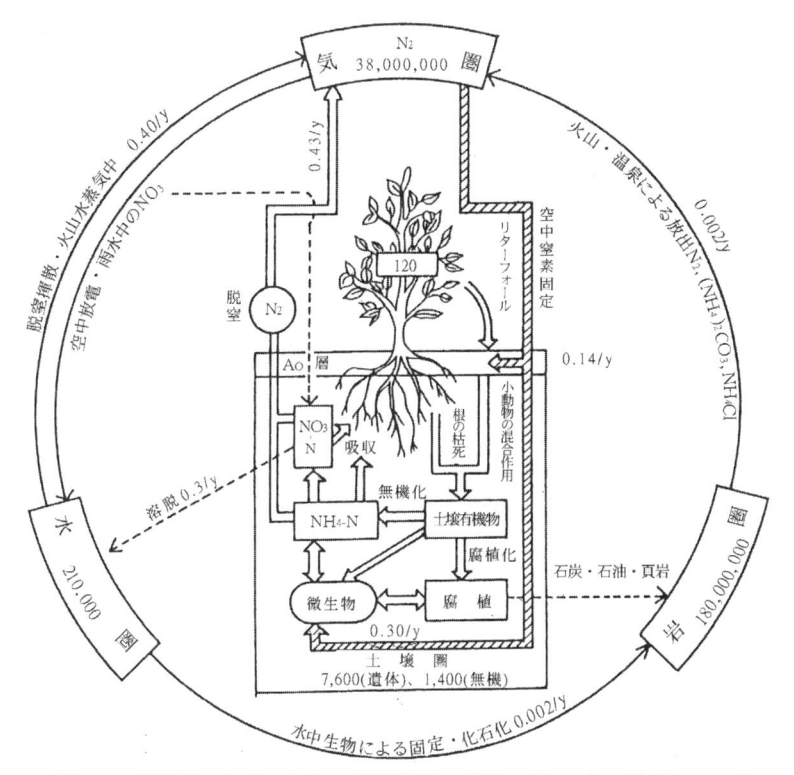

図3.4　自然界における窒素の循環（数字の単位は億 t N）　（永塚，1989）

ように自然界では，植物→土壌→植物とめぐる生物学的循環過程が存在するために，植物は常に生育し続けることが可能なのである．しかし農耕地の土壌では，植物体の大部分が収穫物として生物学的循環過程の外に持ち去られるため，その分を肥料として補給しない限り，植物の生育は衰え，ついには停止するに至るのである．

(2) 炭素の循環(図 3.5)

炭素の場合には，植物が光合成作用によって大気中の二酸化炭素を直接取り込むことができるという点で窒素の場合と異なっているが，その他の点ではほぼ同様な循環過程をとっている．また窒素以外の養分元素の場合にも同様な生物学的循環が行われている．

図 3.5 に示したように，大気中には体積で約 0.03%[注]の二酸化炭素が含まれているが，これは総量にするとおよそ2兆7,500億 t(炭素として7,500億 t)になる．

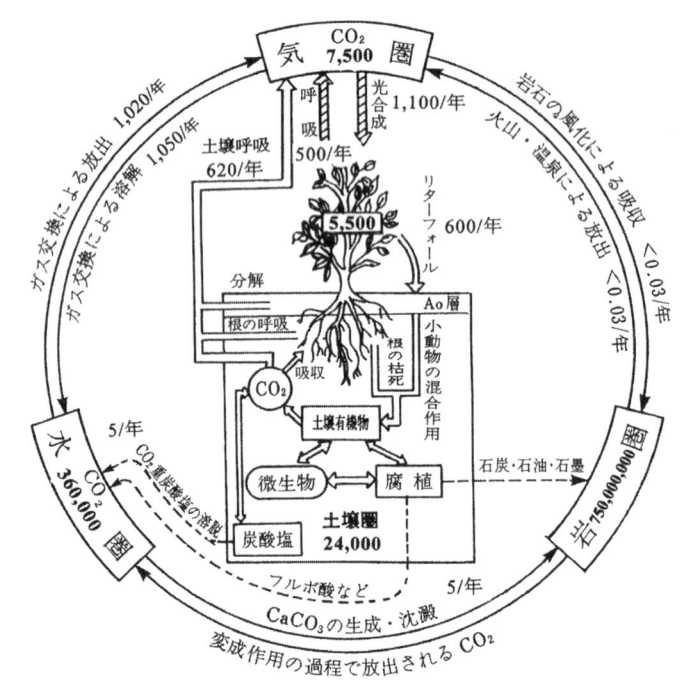

図 3.5 自然界における炭素の循環(数字の単位は億 t C) （大羽・永塚，1988）

注)IPCC 報告書によれば 2011 年には約 0.04% に増加している．

一方，地球全体の陸上植物が1年間に光合成によって固定する二酸化炭素の量は2,200億t(炭素として600億t)程度と見積もられている．したがって，もし世界中の土壌の分解機能が完全に停止してしまったとすると，ごくおおざっぱにいって，わずか12～13年で大気中の二酸化炭素がなくなってしまい，地球上の緑色植物の生育はストップしてしまうことになる．もちろん，海水中に溶けている二酸化炭素からの補給など多くの要因を考慮しなければならないが，土壌の分解機能が自然界の中でどれほど重要な役割を果たしているかを理解するための目安としては十分であろう．

(3) **炭素率(C/N比)**

土壌有機物の無機化と腐植化(有機化)のどちらが支配的に進行するかは，炭素率によってコントロールされている．炭素率というのは，有機物の炭素含量と窒素含量の重量比でC/N比ともいう．炭素率の値が大きい(C/N＞50)場合には，土壌微生物によって有機物が分解されるに伴い，エネルギー源としての多量の炭素化合物を利用して微生物自身が増殖する．そのため，菌体タンパク質を合成するための原料となる無機態窒素が不足してくる．そこで微生物は身近にある無機態窒素を利用して自身のタンパク質を合成するようになる．このため植物が養分として吸収する無機態窒素が欠乏して窒素飢餓を引き起こすことになる．逆に，炭素率の値が小さい(C/N＜10)場合には，腐植化は起こらず，微生物はあまり増殖しないで，その代わりに無機化が促進されるようになり，無機化によって生じた窒素化合物(NH_4^+, NO_3^-)が土壌中に遊離してくる．炭素率の値が中程度(C/N≒20)の場合には，無機化と有機化(腐植化)の両過程が進行する(表3.1)．園芸やガーデニングで使われるバーク堆肥は樹皮やおがくずに鶏糞，米ぬか，油粕，尿素，硫安などを混合して炭素率が低くなるように作られている．

表3.1 有機物の無機化・有機化と炭素率の関係

炭素率（C/N比）	無機化	有機化(腐植化)	具体例
高：C/N＞50	ほとんど起こらない	遅い	針葉，ツツジ科植物，麦わら，稲わら，おがくず
中：C/N≒20	進行する	進行する	広葉，堆厩肥，イネ科草本
低：C/N＜10	促進される	起こらない	乾燥血液，魚粕，ダイズ粕，鶏糞

62　3. 土壌の機能(はたらき)

3.2.3. 保水・排水機能と団粒構造

　土壌中では，砂・シルト・粘土・腐植などが鉄やアルミニウムの酸化物や珪酸などの非晶質物質によって結合された微小な集合体が作られ，これがダニ・ミミズ・ヤスデなどの土壌小動物の体内を通って糞粒として排出されたり，植物根の腐敗物や細菌が分泌する粘質物によって接着されて，より大きな集合体すなわち団粒を形成している．図3.6aはこのような団粒構造の顕微鏡写真であるが，白く見える部分は大小の隙間の部分で孔隙とよばれている．孔隙は大きさによって粗孔隙(直径>0.05 mm)，中孔隙(直径0.05〜0.01 mm)，細孔隙(直径<0.01 mm)に分けることができる．土壌中に入った水のうち，粗孔隙を通る水は速やかに排水され，中孔隙を通る水はゆっくりと排水され，細孔隙に入った水は毛管張力によって土壌中に保持され，植物の根から吸収されていく．このように団粒構造をもった土壌は，団粒内の毛管孔隙に水を貯えることができると同時に，団粒間の粗孔隙に空気が入ることができるので，植物の生育にとって必要な水と酸素を同時に根に供給できるとともに，保水と排水を同時に行うことができるという，きわめてすぐれた能力をもっているのである．

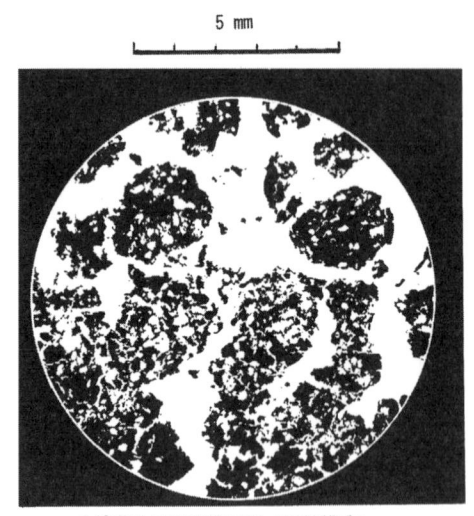

a. 土壌薄片の顕微鏡写真（団粒構造）

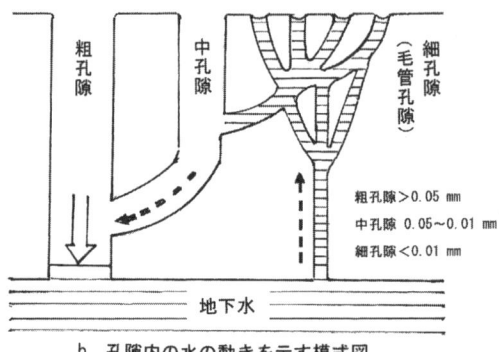

b. 孔隙内の水の動きを示す模式図

粗孔隙 >0.05 mm
中孔隙 0.05〜0.01 mm
細孔隙 <0.01 mm

図3.6　土壌構造と孔隙

3.2. 土壌の4大機能(はたらき)

ところで，森林がもつ水源涵養や洪水防止のはたらきは「緑のダム」として一般によく知られているが，それは樹木の繁茂した葉や幹の中に水が貯えられるためと誤解している人が非常に多いようである．実際に「ダム」のはたらきをしているのは，森林下の土壌の保水・排水機能であって，降雨水の大部分(70％前後)が土壌の孔隙に貯えられて徐々に排水されることによって水源涵養や洪水防止の役割を果たしているのであって，森林はこのような土壌を侵食から守っているということを忘れてはならない(有光, 1987)．

(1) 団粒構造と孔隙

土壌肥沃度が「植物の生育にとって必要十分な養分と水を供給することのできる土壌の能力」であることは先に述べたが，ではなぜ土壌は水を保持し，余分な水を排水することができるのだろうか．土壌が水もちと水はけといった，相反するはたらきを同時に発揮できるのは，土壌が構造をもっているためである．

土壌構造というのは，鉱物質の粒子や腐植が結合してできた集合体(粒団)の配列状態を示す用語である．鉱物粒子や粘土鉱物粒子が結合してできた微小な集合体(粒団)がミミズやヤスデなどの小動物の体内を通って糞粒として排出されたり，植物の根の腐敗物や細菌の分泌する粘質物によって接着されて，より大きな集合体になったものが「団粒構造」とよばれるものである．図 3.7(a)は砂粒のような単一の粒子が密につまっている状態を示している．この場合，粒子と粒子の間にできる空間(孔隙)の占める割合は全体の約26％にすぎない．図3.7(c)は粒団が密に配列した団粒構造を示しており，この場合の孔隙割合は

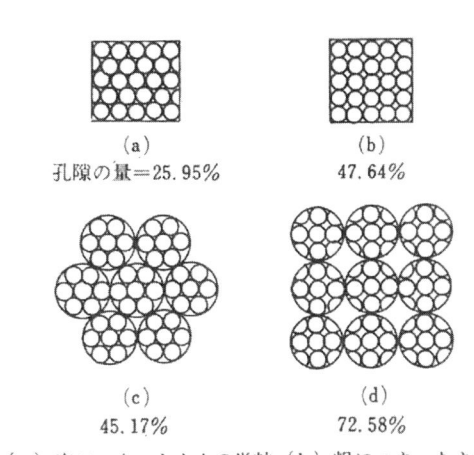

(a) 密につまったままの単粒　孔隙の量＝25.95％
(b) 粗につまったままの単粒　47.64％
(c) 密につまった粒団が密につまった場合　45.17％
(d) 粗につまった粒団が粗につまった場合　72.58％

図3.7　土壌粒子配列模式図(川口, 1974)

約45%になる．さらに図3.7(d)のように粒団が粗に配列した場合には，孔隙割合は著しく増大して73%にも達する．実際の土壌に含まれる鉱物粒子の大きさは種々異なっているので，孔隙の大きさも大小さまざまで，これらが網の目のように縦横に連結している(図3.6a)．そしてこれらの孔隙が土壌中における水と空気の動きを支配しているのである．

(2) 水の循環

自然界の水は，降水・浸透・流出・蒸発・蒸散などの過程を経て絶え間なく循環している．水の循環系は，大気系・河川系・土壌系・地下水系・灌漑系・社会系などの要素に区分されるが，図3.8は，植物－土壌系を中心として見た場合の水の循環を模式的に示したものである．

植物群落の上に降りそそぐ降雨水の一部は樹冠で阻止されて，そこから蒸発する(樹冠蒸発)．残りの部分は群落内雨(throughfall)と樹幹流(stemflow)となって地表面に到達する．地表面に達した雨水の一部は地表流出(surface run-off)となり，その他は土壌へ浸入(infiltration)する．土壌中に浸入した水は浸透水(percolation water)となって地下水に達するか，または結合水(bound water)や毛管水(capillary water)として土壌に保持される．この毛管水は地下水の毛管上昇

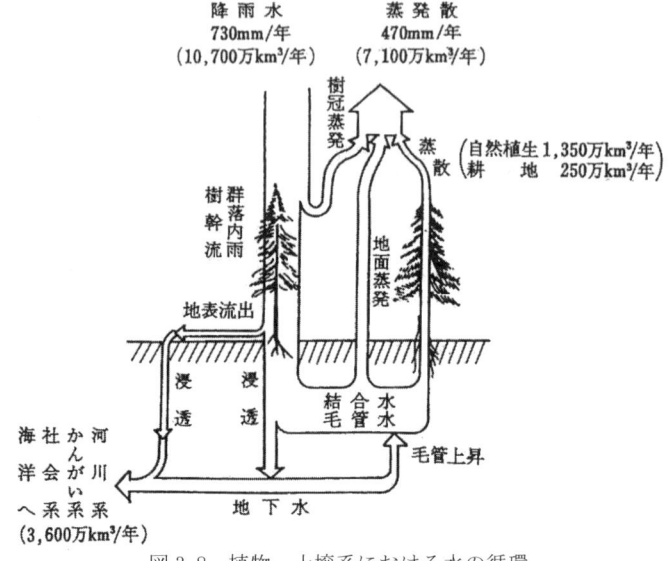

図3.8 植物－土壌系における水の循環

によっても供給される．このようにして土壌に保持された水は，地表面から蒸発するとともに，大部分は植物の蒸散作用によって大気中に放出されている．

このような水の循環を地球全体の平均的な値で見てみると次のようになる．陸地に降りそそぐ降水量は年間 730 mm で，総量にして 1 億 700 万 km^3 に達する．一方，地面からの蒸発量と植物による蒸散量の合計は 7,100 万 km^3，また海へ流出する量は 3,600 万 km^3 と計算されている．これらの水のうち植物による蒸散量は自然植生によるものが 1,350 万 km^3，耕地からのものが 250 万 km^3 で，両者を合わせると 1,600 万 km^3 になる．つまり全降水量のおよそ 15％が植物－土壌系の間を循環していることになる．土壌が水を貯えるはたらき，つまり土壌の保水機能は，このようにして陸上生態系における水の循環過程において中心的な役割を果たしているのである．

3.2.4. 環境保全機能

土壌は，家庭や産業から排出される汚水の処理，汚染された大気の浄化，土壌を利用した省エネルギーシステムの開発など，いろいろな環境問題の解決に利用されるようになってきており，また土壌の腐植含量の維持は炭素貯留機能として再評価されるようになってきたが，これらは土壌のもつ生産機能，分解機能，保水・排水機能の総合的なはたらきによって行われるものであり，このような土壌の機能をまとめて環境保全機能とよんでいる．

4. 土壌の吸着複合体とpH

4.1. 土壌のイオン交換現象

土壌がいくつかの元素を吸収して固定することは,19世紀の初めにイタリアの農学者ガッツェリ(Gazzeri)によって認められていたが,最初に陽イオン交換現象を観察したのは,イギリスの自作農 H. S. トンプソンとスペンスであった (1845). 彼らは円筒に土壌を詰めて作った土壌円柱に硫酸アンモニウム $[(NH_4)_2SO_4]$ 溶液を注ぐと,下から出てきた溶液には硫酸カルシウム($CaSO_4$)が含まれており,硫酸アンモニウムは流下してこないという驚くべき事実を発見した(Thompson, 1850)(図4.1).

これを聞いた化学者ウェイ(Thomas WAY)は,彼らの実験の正しいことを再確認するとともに,アンモニウムだけでなく,カリウムやマグネシウム,ナトリウムを含む他の水溶液を用いて同様の実験を繰り返し,アンモニウムやカリウム,マグネシウムなどは,円筒から出てくる浸透水中には含まれず,もとの溶液には含まれていなかったカルシウムが主に姿を現すことを見出した. 当時彼らは,アンモニウム,カリウム,マグネシウム,ナトリウムなどがカルシウム塩あるいは珪酸複塩の形で土壌に保持されると考えていた.

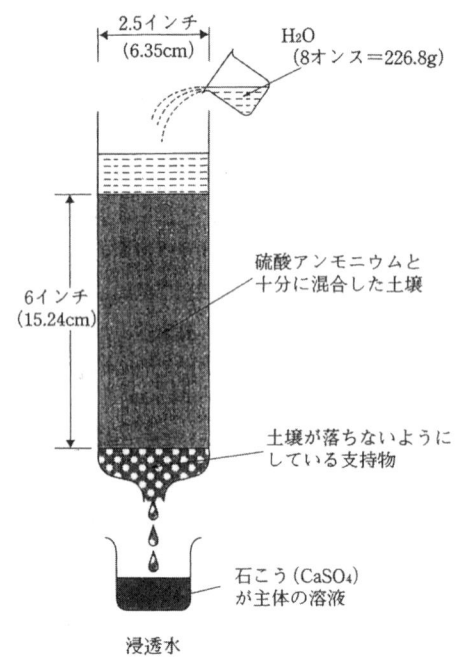

図4.1 トンプソンとスペンスの実験の概要
(松中,2003)

その後，ロシアのゲドロイツ(K. K. Gedroiz)やオランダのヒッシンク(D. J. Hissink)らによって土壌を用いたイオン交換にかかわる定量的な研究が進められ，今日では，このようなイオン交換現象が土壌中の粘土鉱物や腐植の表面で起こることが明らかになっている．土壌の陽イオン交換現象の発見から90年後の1935年にイオン交換樹脂が開発され，汚水浄化や純水製造，不純物除去，物質の精製などに広く用いられていることを考えると，トンプソンやスペンスさらにウェイらの発見がいかに重要なものであったかを理解することができよう．

4.1.1. 吸着複合体

露出した岩石の上や砂ばかりの所では，養分が雨水で洗い流されてしまうので，植物は育つことができない．それに対して，土壌が植物を育てることができるのは，土壌中に腐植－粘土複合体(humus-clay complex)という微細な粒子が含まれているためである．腐植－粘土複合体というのは，腐植と粘土鉱物が結びついて一体となった複雑な化合物で,その表面に陰荷電(－)をもっている．アンモニウムイオン(NH_4^+)，カリウムイオン(K^+)，カルシウムイオン(Ca^{2+})，マグネシウムイオン(Mg^{2+})といった陽イオン(プラスに帯電した粒子)は，静電気的な引力でその表面に引きつけられて吸着複合体(adsorption complex)を形成している．吸着複合体の表面に植物の根が近づくと，腐植－粘土複合体の表面に吸着されている陽イオンは，根の表面に吸着されている水素イオン(H^+)と入れ替わって根の表面に移動し，植物体内に吸収される(図3.3参照)．

このように，腐植－粘土複合体の表面に吸着されている陽イオンは他の陽イオンと交換することができるので，交換性陽イオン(exchangeable cation)とよばれる．土壌が吸着することのできる陽イオンの最大量を陽イオン交換容量(cation exchange capacity, CECと略す)といい，乾土100g当たりのミリグラム当量(SI単位では乾土1kg当たりのセンチモルチャージ $cmolckg^{-1}$)で示される．また CEC に対して交換性 Ca^{2+}，Mg^{2+}，K^+，Na^+ の合量が占める割合(％)を塩基飽和度(base saturation percentage)という．つまり，CECが大きく，塩基飽和度の高い土壌ほど多量の養分を保持していることになる．

このほかに，土壌中には，陰荷電ほど多くはないが(CEC の 1～5％程度)，陽荷電(＋)をもっている部分もある．これは，粘土鉱物の結晶構造末端にあるアルミニウム原子に結合した水酸基〔＝Al(OH)〕や腐植の構造末端あるいは

酸化物の表面にある水酸基(-OH)が，酸性条件下では水素イオン(H^+)を引きつけて$-OH_2^+$となって陽荷電を生じるためで，この反応は酸吸着(protonation)とよばれる(反応式1)．この陽荷電は硝酸イオン(NO_3^-)，硫酸イオン(SO_4^{2-})などの陰イオンの保持に関係している．

$$=Al(OH) + H^+ = =AlOH_2^+ \qquad (反応式1)$$

(1) 陰荷電(−)が生じる原因

粘土鉱物の結晶構造に含まれている珪素原子(Si^{4+})がほぼ同じ大きさのアルミニウム原子(Al^{3+})と置き換わったり，アルミニウム原子(Al^{3+})がマグネシウム原子(Mg^{2+})と置き換わると，それまで陰荷電と陽荷電が同数で電気的に釣り合っていたのが，1個の陰荷電が過剰となるため粘土鉱物粒子は陰荷電をもつようになる．これを同形置換(isomorphic substitution)によって生じる陰荷電という．この陰荷電は，粘土鉱物の結晶構造が変化しない限り消滅しないので永久荷電(permanent charge)ともよばれる．

粘土鉱物の結晶構造末端の結晶破壊面にある酸素原子がもつ2つの結合手のうち，1つは結晶内部の珪素原子と結合しているが，もう1つは余っており，ここに陰荷電が生じる．この陰荷電は露出末端結合手による陰荷電とよばれる．また，鉄やアルミニウムの酸化物の表面(M-OH)から水素原子が水素イオン(H^+)となって解離すると表面は($M-O^-$)となって陰荷電をもつようになる．さらに，腐植物質(腐植酸，フルボ酸，ヒューミン)の化学構造の末端にあるカルボキシル基(-COOH)やフェノール性水酸基(PH-OH)の水素原子が解離すると($-COO^-$)や($-O^-$)となって陰荷電が生じる．

(2) 陽荷電(＋)が生じる原因

粘土鉱物の結晶構造末端の結晶破壊面にあるアルミニウム原子に結合した水酸基(-OH)は，強酸性条件下では，増加した水素イオン(H^+)を引きつけて($-OH_2^+$)となり陽荷電が生じる．また腐植の構造末端結合手や酸化物の表面でも，強酸性条件下では，増加した水素イオン(H^+)が引きつけられて，いずれの場合も(-OH)が($-OH_2^+$)となって陽荷電が生じる．このように同形置換によって生じる陰荷電以外の場合は，いずれの荷電も土壌のpHの変化に伴って変化するので変異荷電(variable charge)とよばれる(表4.1)．

4.1. 土壌のイオン交換現象　69

表 4.1　腐植-粘土複合体が荷電をもつ原因

荷電の種類	荷電の性質	荷電が生じる原因	反 応 式
陰荷電(－)	永久荷電	同形置換	$SiO_2 \to AlO_2^-$,　$Al_2O_3 \to Mg_2O_3^{2-}$
	変異荷電	末端の露出結合手	$-Si(OH)_2 + 2OH^- \to SiO^{2-} + 2H_2O$
		腐植構造の末端結合手	$-COOH \to -COO^- + H^+$
		酸化物の表面	$MOH \to MO^- + H^+$
陽荷電(＋)	変異荷電	粘土鉱物の末端破壊面	$AlOH + H^+ \to AlOH_2^+$
		腐植構造の末端結合手	$-OH + H^+ \to OH_2^+$
		酸化物の表面	$MOH + H^+ \to MOH_2^+$

M：AlまたはFe原子

(3) 交換平衡式

　土壌の CEC が主として粘土鉱物に起因し，pH5〜7 の範囲で粘土鉱物の表面電荷量がほぼ一定の場合，溶液と交換複合体との間に生じるイオン a, b の分布は，以下の式で示される(Bolt and Bruggenwert, 1980, p.70-73).

　ⅰ) 等価イオンの場合：

$$\gamma_a/\gamma_b = K_{a/b} \cdot C_{o,a}/C_{o,b} \quad \cdots\cdots (\text{Kerr の平衡式})$$

　ⅱ) 1 価と 2 価の陽イオンの場合：

$$\gamma_1/\gamma_{2+} = K_G \cdot C_{o,+1}/\sqrt{C_{o,}^{2+}/2} \quad \cdots (\text{Gapon の式})$$

ここで，

　　γ：吸着された陽イオンの濃度(me/100 g)

　　C_o：外液の濃度(mol/l)

　　$K_{a/b}$：選択係数

　　K_G：ガポンの交換平衡定数，をそれぞれ表わしている.

　1 価陽イオンの粘土に対する吸着性には次のような順序があることが実験的に知られており，離液順列(lyotrophic series)とよばれている.

$$Cs > Rb > K \fallingdotseq NH_4 > Na > Li$$

この順序は結晶イオン半径の大きさの順の逆で，水和半径の大きさの順になっている．土壌中のイオンの挙動は，イオン半径，水和半径に大きく影響される場合が多く，水和半径はイオンの電荷数が大きいほど，また同一電荷では結晶イオン半径が小さいほど，大きくなると考えられるからである．

4.1.2. 土壌の陰イオン交換とリン酸固定

土壌が吸着することのできる陰イオン（マイナスに帯電した粒子）の最大量を陰イオン交換容量(anion exchange capacity, AECと略す)といい，陽イオン交換容量(CEC)の場合と同じ単位で示される．この陽荷電は硝酸イオン(NO_3^-)，硫酸イオン(SO_4^{2-})などの陰イオンの保持に関係している．陰イオンには多原子からなるものが多く，これらはイオン半径が大きく水和度が低いため，陰イオン吸着は選択性が大きく，$SiO_4^{4-} > PO_4^{3-} \gg SO_4^{2-} > NO_3^- \fallingdotseq Cl^-$ の順に吸着されやすくなり，PO_4^{3-}があるときにはSO_4^{2-}，NO_3^-，Cl^-はほとんど吸着されない．

リン酸イオン（土壌溶液には大部分がリン酸二水素イオン($H_2PO_4^-$)の形で溶けている）の場合には，鉱物表面のアルミニウムイオンや鉄イオンに配位した水分子や水酸化物イオンを置換し，直接アルミニウムイオンや鉄イオンに配位するように結合して不溶性になるため，植物はリンを吸収することができず，リン欠乏症を引き起こすようになる．この反応はリン酸固定(phosphate sorption)とよばれ，土壌がもつ生産機能のマイナスの面を示している（反応式2）．

$$\begin{array}{c}OH_2\\ \backslash | /\\ Al\\ / | \backslash\\ OH\end{array} + H_2PO_4^- \rightarrow \begin{array}{c}O \quad O\\ \backslash | / \backslash \!\!/\\ Al \quad\quad P\\ / | \backslash / \backslash\\ O \quad OH\end{array} + 2H_2O \quad\quad (反応式2)$$

土壌のリン酸固定の度合はリン酸保持容量(phosphate retention capacity)とよばれる．わが国では，pH7の2.5%リン酸二アンモニウム溶液を土壌1gに対し2 m*l* の割合で加えて24時間後，上澄液のリン酸を測定し，差し引き法により乾土100 gが吸収したP_2O_5のmg数で示した値をリン酸吸収係数としている．

アメリカのSoil Taxonomyなどでは，酢酸－酢酸ナトリウムでpH4.6に調整したリン酸カリウム溶液(1 mgP/m*l*)を用い，吸収されたリン酸をパーセントで示す方法が使われている．

わが国に広く分布する黒ボク土（いわゆる火山灰土壌）は，他の土壌と違ってリン酸固定力がきわめて大きく（リン酸吸収係数1,500以上あるいは，リン酸保持量85%以上），そのため通常の5倍から10倍のリン酸肥料を施用しなければ農作物がよく育たないことで有名であるが，その理由は前述の酸吸着（プロトネーション）を引き起こす Al-腐植複合体やヒドロキシアルミニウム〔$-Al(OH)_2$〕をもつアロフェンやイモゴライトといった粘土を多量に含んでいるためである．

4.1.3. 土壌の反応

　土壌の反応というのは，土壌溶液の酸性・アルカリ性の度合を示す尺度であり，pHで表わされる．pHが7未満は酸性土壌，pH7は中性土壌，pHが7より大きいときはアルカリ性土壌という（土壌分類群の名称としてのアルカリ土と混同しないこと）．土壌の反応は，植物の生育や土壌中に棲んでいる生物の活性を支配している非常に重要な性質である．

(1) 土壌の緩衝能

　土壌に酸，たとえば硫酸(H_2SO_4)が加えられても，腐植－粘土複合体に吸着されている交換性カルシウムイオン(Ca^{2+})やマグネシウムイオン(Mg^{2+})が硫酸と反応して中性の硫酸カルシウム($CaSO_4$)や硫酸マグネシウム($MgSO_4$)ができるため，pHはほとんど変化しない（反応式3）．

　反対に，水酸化ナトリウム(NaOH)のようなアルカリが加えられた場合には，腐植－粘土複合体に吸着されている交換性水素イオン(H^+)やアルミニウムイオン(Al^{3+})が水酸化ナトリウムと反応して水(H_2O)や不溶性の水酸化アルミニウム〔$Al(OH)_3$〕に変化するので，この場合にもpHはほとんど変化しない（反応式4）．

$$\boxed{\begin{array}{ccc} H & Ca & Ca \\ \text{腐植-粘土複合体} \\ Al & Mg & \end{array}} + 3H_2SO_4 = \boxed{\begin{array}{ccccc} H & H & H & H & H \\ \text{腐植-粘土複合体} \\ Al & & H & H & \end{array}} + 2CaSO_4 + MgSO_4 \quad \text{(反応式3)}$$

$$\boxed{\begin{array}{ccc} H & Ca & Ca \\ \text{腐植-粘土複合体} \\ Al & Mg & \end{array}} + 4NaOH = \boxed{\begin{array}{ccc} Na & Ca & Ca \\ \text{腐植-粘土複合体} \\ Na & Na & Mg \end{array}} + Al(OH)_3 + H_2O \quad \text{(反応式4)}$$

　このように，土壌は多少の酸やアルカリが加えられても，pHが大きく変化しないという性質をもっている．このように酸やアルカリが添加された場合に，pHが急激に変化するのを抑えるはたらきは，土壌の緩衝能(buffer capacity)とよばれている．植物根や土壌生物の活性は，このような土壌の緩衝能によって，急激なpHの変化から守られているのである．土壌の緩衝能は腐植質土壌やアロフェン質土壌で大きく，カオリン質土壌やモンモロロナイト質土壌で小さい（図4.2）．

(2) 土壌の酸性化

土壌は緩衝能をもっているために，多少の酸やアルカリが加えられても，pHが大きく変化することはないということを前項で述べた．ところが意外なことに，土壌に硫酸アンモニウム〔$(NH_4)_2SO_4$〕や塩化カリウム(KCl)のような中性塩を加えるとかえって酸性化するのである．

後に九州帝国大学総長となった大工原銀太郎博士がまだ若かりし頃，東京西ヶ原の農事試験場(現在，筑波にある農業環境技術研究所の前身)の技師として，

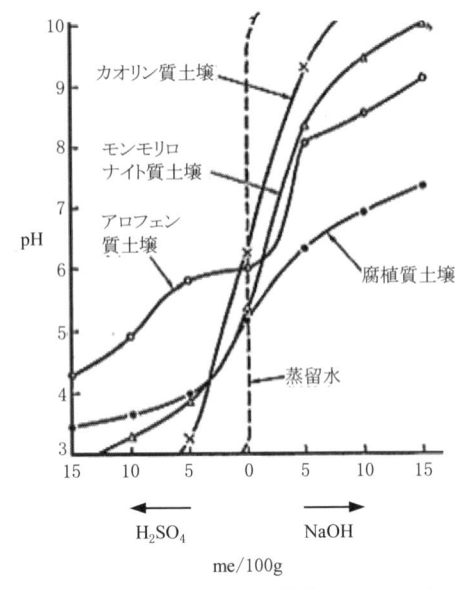

図 4.2　土壌の緩衝作用(青峰ほか，1989)

花崗岩に由来する土壌を用いて肥効試験を行っていたとき，土壌に塩化カリウムを添加すると土壌が強い酸性反応を示すことを見出した．それまでは，土壌の酸性は腐植酸が唯一の原因とみなされていたが，これは腐植酸以外に土壌酸性の原因となる物質の存在，すなわち鉱質酸性土壌の世界最初の発見であった(大工原・阪本，1910)．さらに酸度定量法として，以下に述べるような塩化カリウム法(大工原法として知られる)を提案した．

風乾細土 100 g を 600 ml 容の三角フラスコに採り，1M-KCl 溶液 250 ml を加え，ときどき振とうしつつ 5 日間放置した後，その上澄液 125 ml(供試土壌 100 g 中の含有水分量を定量し，その水分量と 250 ml との合量の 1/2 を採るのがよい)を内容約 300 ml の三角フラスコに採り，煮沸して液中の炭酸ガスを駆逐した後，フェノールフタレンを指示薬として 1/10 M-NaOH 溶液で滴定し，これに要した ml 数を供試土壌の酸度実験数(y_1)とする．全酸度は，ほぼ 3 y_1 で示される．今日国際的に広く用いられている交換酸度(exchange acidity)は酸度実験数(y_1)に相当する．

大工原は，土壌にKClのような中性塩を添加することによって生じる酸性は，「土壌コロイドに吸着されているAl^{3+}イオンがK$^+$イオンによって交換されて浸出液中に溶け出し，このAl^{3+}イオンが水と加水分解反応を起こして塩酸ができるためである」と説明した(直接置換説).

$$\boxed{土壌}\,Al + 3KCl + 3H_2O \rightarrow \boxed{土壌}\,3K + Al(OH)_3 + 3HCl$$

これに対して大杉　繁博士は，「土壌コロイドに吸着されているのはH$^+$であり，これがK$^+$イオンと交換してHClを生じ，このHClが直ちに土壌に作用して鉱物を溶解する結果，浸出液中に多量のAl^{3+}イオンが溶出し，その解離によって酸性反応を呈す」とする間接置換説を展開して大工原の直接置換説に反論した(大杉, 1913).

$$\boxed{土壌}3H + 3KCl + \boxed{鉱物}Al + 3H_2O \rightarrow \boxed{土壌}3K + \boxed{鉱物}3H + Al(OH)_3 + 3HCl$$

両者の論争は大工原・大杉論争としてよく知られており(熊澤, 1982)，直接置換説か間接置換説かをめぐっては長い間決着がつかなかったが，1976年にBoltとBruggenwertが，「H粘土は室温では数時間以内に速やかにH・Al粘土となる」ことを明らかにするに至って，決着がついたようである.

新しく調整したH粘土は自発的に"破壊"する．すなわち，プロトンが粘土鉱物の八面体層に侵入し，結晶格子破壊面沿いのAlイオン，ときにはMgイオンと置換する．このようにして遊離した3価のAlイオンは，粘土鉱物格子層面の対イオン層に優先的に吸着する．このため，H粘土は室温では数時間以内に速やかにH・Al粘土となるのである.

Al粘土は，凝集しやすい傾向をもつだけでなく，弱酸性交換体のような挙動を示す．これは，水溶液中では水和Al^{3+}イオンが次式のように弱酸としてはたらくからである(Bolt and Bruggenwert, 1980, p.84-85).

$$Al(H_2O)_6^{3+} \rightleftarrows Al(H_2O)_5OH^{2+} + H^+$$

(3) **活酸性と潜酸性**

土壌の反応を測定する場合，一般に，土壌に対して2.5倍量の蒸留水を加えてけんだく液の上澄液のpHを測定する方法と，蒸留水の代わりに1モルの塩化カリウム溶液を用いて同様にpHを測定する2つの方法が用いられる．前者は土壌溶液中に存在する水素イオン濃度に相当するもので活酸性(active acidity)とよばれ，pH(H$_2$O)と表記される．これに対して後者は，土壌溶液中に

存在する水素イオンのほかに，カリウムイオンとの交換によって土壌溶液中に解離してくる交換性水素イオンならびに交換性アルミニウムイオンの加水分解によって生じる水素イオンの合量の濃度を現しており，潜酸性(potential acidity)または交換酸性(exchange acidity)とよばれ，pH(KCl)と表記される．潜酸性は土壌に硫酸アンモニウムや塩化カリウムのような中性塩を化学肥料として施用するときに実際に生じる．このような化学肥料を施した後，炭酸カルシウムで土壌反応を矯正するのはそのためである．また窒素肥料として尿素(中性塩ではない)などが用いられるのは，潜酸性の発現による土壌の酸性化を防ぐためである．

5. 風化作用と土壌母材の形成

5.1. 風化作用と土壌生成作用

　岩石が変質して土壌が生成されるに至るまでの過程には，2 つの作用，すなわち風化作用と土壌生成作用がはたらいている．

　風化(weathering)という言葉は，気象(weather)から派生したもので，もともとその内容は，地表に露出した岩石が風雨にさらされてぼろぼろに破壊されていく過程を意味するものであった．しかし今日では，植物の根による岩石の破壊などのように，気象とは直接に関係のないような岩石の破壊過程も風化とみなされるようになってきている．

　したがって，風化作用(weathering process)とは，「地殻の表層にある岩石が，地表に作用するさまざまな営力によって，物理的・化学的に破壊されてルーズな含水物質を生じる作用である」と定義することができよう．風化作用は有機物がほとんど存在しない状況下で進行するのが特徴的である．また風化作用によって生じた生成物は土壌の無機的材料になるべきものであって，これをわれわれは土壌母材(soil parent material)とよんでいる．

　これに対して，土壌生成作用(pedogenic process または soil-forming process)というのは「生物および有機物の存在下において，母材から層位分化した一定の形態的特徴をそなえた土壌体が生成される過程」である．

　風化作用と土壌生成作用とは，その作用の場や変化の速度が異なっているので，概念的には上述のように区別した方が理解しやすいけれども，実際には両者は同時に進行している．したがって，岩石(母岩)が風化作用を受けて母材を生じ，母材に土壌生成作用が働いて土壌が生成するといったように 2 つの作用が段階的にはっきり区別される場合はきわめてまれである．風化作用と土壌生成作用のおよんでいる深さが等しい場合には，土壌生成作用は常に風化作用を伴っている．一方，風化作用は岩石の内部深くまでおよぶことができ(深層風化)，土層とは全く独立に岩石の破砕を引き起こすこともある．このような場合には，

岩石の深部では風化作用は進行しているが，土壌生成作用は進行していない．すなわち，風化作用は必ずしも土壌生成作用を伴うものとは限らないが，土壌生成作用は必ず風化作用と相互に関連しながら進行するものであって，風化作用よりも高次な運動形態である．図 5.1 は両者の関係を模式的に示したものである．風化作用の進行過程はきわめて複雑であるが，これを機械的風化作用と化学的風化作用に 2 大別して考察するのが理解しやすく，またそれぞれの役割を明瞭にすることができる．

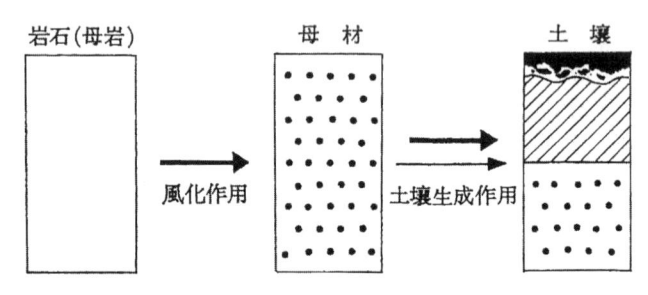

図 5.1　風化作用と土壌生成作用

5.1.1. 機械的風化作用（崩壊作用）

　機械的風化作用（mechanical weathering）というのは，岩石や鉱物が化学的変化を受けることなく，機械的方法によって，より小さい粒子に破壊されていく過程のことで崩壊作用（disintegration）ともいう．機械的風化によって生じたより小さい粒子は，もとの岩石や鉱物と同じ性質と組成をとどめていると同時に比表面積が増大[注]する結果，反応速度を増大させるという点で，化学的風化が進行するための重要な前提条件でもある．機械的風化作用は次のような過程を通じて進行する．

(1) **除荷作用**（unloading）

　隆起や侵食あるいは氷河の後退などによって表面物質の荷重が除去されると，岩塊にかかっていた拘束圧が小さくなり，そのとき生じる内部応力は弾性膨張によって除かれる．岩石は側方が拘束されているので，上方に膨張する．岩石

注）一稜の長さが 1 cm の立方体が，一稜の長さ 1 μm の立方体に分割されるときには，表面積は 6 cm^2 から 6 m^2 になり，初めの表面積の約 1 万倍となる．

の膨張は破裂を引き起こし，一連の割れ目が表面と平行に形成される．このような作用を除荷作用という．また除荷作用によって生じた，地表面に平行な節理状の割れ目によって岩石が薄板または層に分割される現象はシーティング(sheeting)あるいは地形節理作用(topographic jointing)ともよばれている．

(2) **温熱変化(thermal change)**

岩石の熱伝導率はきわめて低く($2\sim13\times10^{-3}$ kcal/cm^2・sec・℃)また熱容量も小さい($0.1627\sim0.2370$). そのうえ非晶質および等軸晶系以外の造岩鉱物では，結晶軸の方向によって線膨張係数が異なり，また鉱物の種類によっても体膨張係数が違う．そのため岩石が加熱されると表面と内部の温度差が大きくなり，熱膨張によって表面と垂直方向に張力が生じ，岩石は破壊される．実際に森林の火災などによって岩石が機械的に崩壊することが知られている．

従来，このような温熱変化による岩石の機械的風化作用は，昼夜の温度差が65℃にも達する沙漠地方や裸地の多い高山地方で著しいと考えられていた．しかし炉の中で岩石を加熱した場合には，これよりずっと高温でなければ破壊されず，また110℃の加熱と冷却を9万回ほどくり返しても何らの変化も生じなかったという実験結果もあり(Griggs, 1936)，太陽熱のみによる機械的風化は今日では疑問視されている．岩石は水分を可逆的に吸収して体積変化を生じる．このような水分膨張による膨張係数は熱膨張係数と同程度であり，温熱変化による風化には鉱物粒子に含まれる少量の水分が関係していると考えられている(Longwell *et al*., 1969, p.146-147).

(3) **凍結破砕作用(frost shattering)**

除荷作用に基づくシーティングや温熱変化で生じた割れ目の中に入った水が凍結するときには，割目の壁に大きな圧力が加わって岩石が崩壊する．水は0℃で氷結する際に体積が約9％増加し，そのとき生じる圧力は$1,600\sim2,200$ kg/cm^{2}にも達することが知られている．この圧力は花崗岩を破壊するのに必要な圧力の40倍にも相当する．極地や高山地方で岩石が崩壊するのは，主としてこの凍結破砕作用に基づいている．

(4) **スレーキング(slaking)**

シルト岩や泥岩のような細粒質岩石は急激に乾燥すると収縮し，水を吸収して湿ると膨張する．たとえば夜間に岩石の表面に結ぶ露によって湿り，昼間は

太陽に熱せられて乾燥すると収縮する．このような乾湿の繰り返しによって，岩石は多角形の細かい破片に崩壊する．第三紀層の黒色頁岩にはとくにこの作用によってサイコロ状の角ばった岩片に砕かれるものが多い．

(5) **塩類風化(salt weathering)**

暑熱の沙漠地方では，岩石の割れ目に入り込んだ溶液から水が蒸発するにつれて，溶解していた塩類の結晶生長が起こる．このような塩類の結晶生長は凍結破砕作用に似た効果を岩石におよぼし，岩石を崩壊させる．上エジプトのMa'aza石灰岩台地では，塩化ナトリウムの結晶生長によって石灰岩が粉々な薄片に崩壊されていることが知られている(Ollier, 1969, p. 17)．塩類風化の場合に生じる圧力は100 kg/cm^{2}以上に達するといわれている(Scheffer u. Schachtschabel, 1976)．

(6) **植物根の機械的作用(mechanical action of plant root)**

植物は根を岩石の割れ目に深く侵入させ，根圧によって岩石を細かく破砕する作用を行う．樹木の主根の到達距離は普通10フィート程度，細根は20フィートにも達するといわれる．これまでに観察された根の最深到達記録は，アメリカ合衆国のメスキート（メキシコ，北米南西部に産するマメ科の低木）の175フィートという報告がある(Ollier, 1969, p. 68)．

またブドウの強力な根は土壌中深く達し，場合によっては割れ目のある岩石中にも深く入り込むことはよく知られている．これらの例から，機械的風化作用における根の役割の重要性は明らかであろう．一般に根圧は 10～15 kg/cm^2 を超えない程度といわれている．

このほか地質学的営力，とくに水や氷が河川や氷河となって移動するときに行われる磨食作用(corrasion)や風で運ばれる砂の研磨作用(wind abrasion)によっても岩石は破砕されるが，このような作用による岩石の機械的破壊は，一般には地質学的侵食作用に属するものとみなされており，機械的風化作用とは区別して考えられている．

岩石が機械的風化作用を受けた結果生じる岩片の形や大きさは，岩石の構造や組織およびその発達密度によって支配される．また粒度の粗い岩石では，花崗岩由来のマサとよばれる風化生成物に見られるように，個々の粒子の結合が緩んでばらばらになりやすい．無構造の岩石では地表に平行な剥離（シーティング）が

起こりやすく，大まかな節理や層理で囲まれた岩塊に剥離構造が発達すると玉ネギ状構造が生じる．また半固結の塊状泥岩や細粒凝灰岩が，とくに日当たりのよい露頭面にさらされると小塊状に割れる（スレーキング）．表5.1は，このような岩石の構造（組織）と機械的風化様式の関係をまとめて示したものである．

表5.1 岩石の構造（組織）と機械的風化様式

構造・組織	発達密度	生じる岩石の形・大きさ	岩　石　例
層理，片理，板状節理，流理	大	扁平，小角礫	頁岩，粘板岩，結晶片岩，流紋岩，安山岩（板状節理），雲母片岩
同　上	小	角塊，大角礫	砂岩（フリッシュの互層以上の厚さの），礫岩，火成岩
粗粒状組織	—	構成単位に分かれる　砂状，礫状	深成岩（とくに花こう岩），片麻岩，礫岩，粗粒砂岩，大理石，粗粒凝灰岩
無構造	—	地表面，岩体境界面に平行に剥離，玉ねぎ状風化，扁平状岩片に割れる	各　種
同　上	—	不規則　細片に砕ける（脱水収縮）	泥質岩

機械的風化の進行に伴って，大きな塊から順次小さな塊に割れていくとは必ずしもいえず，花崗岩は基岩→岩塊→砂あるいは基岩→砂（マサ），安山岩は基岩→岩塊，頁岩は基岩→砂利→砂→粘土といったように決して順次小さく割れていかない．小出　博(1973, p.59-64)は，このような現象を機械的風化の「不連続性」とよんでいる．

5.1.2. 化学的風化作用（分解作用）

化学的風化作用(chemical weathering)は，大気中や地表の水およびその中に溶けている物質の作用によって岩石の化学組成が変化する過程であり，分解作用(decomposition)ともいわれる．化学的風化過程で作用する主な物質は，H_2O，CO_2，O_2，H^+イオンである．これらの物質と岩石あるいは造岩鉱物との間に起こる主な化学反応の形式には次のようなものがある．

(1) 溶解作用(solution)

塩化ナトリウム($NaCl$)や石こう($CaSO_4 \cdot 2H_2O$)のような安定度の低い水溶性塩類に限って，結晶格子を構成している陽イオンや陰イオンの周囲をH_2Oの双極子分子が取り囲むと，陽イオンと陰イオンとの結合力が弱められて，結晶格子からイオンが水中に離れていく．このようにして固体内部に間隙が生じると，そこへまたH_2Oの双極子分子が侵入していくというふうにして塩類は水に溶解する．溶解風化は海成粘土の脱塩過程や石灰岩，苦灰岩，石こうのような岩石から塩類が溶解除去される場合の重要な風化過程である．

(2) 加水分解作用(hydrolysis)

難溶性塩類が水の作用によって引き起こす分解反応で，水がH^+イオンとOH^-イオンに解離することによって生じる．珪酸塩の場合にも加水分解が起こるが，強固な Si-O 結合や Al-O 結合の数が多いため，反応は結晶の表面できわめてゆっくりと進行し，しかも結合のゆるい Na-O, K-O, Mg-O, Ca-O 結合との反応に限られている．

正長石の加水分解の例：

$$KAlSi_3O_8 + H_2O \rightleftarrows K^+ + OH^- + HAlSi_3O_8 \qquad (1.1)$$

長期間を経過すると加水分解はさらに進行して，コロイド大の非晶質な最終生成物が生じる．

$$HAlSi_3O_8 + 4H_2O \rightarrow Al(OH)_3 + 3H_2SiO_3 \qquad (1.2)$$

(3) 酸の作用(action of acids)

降雨水には空気中の二酸化炭素との反応(炭酸化合 carbonation)によって生じた炭酸が含まれている．また，水が土壌内に浸透するにつれて，土壌微生物の呼吸作用によって生じた二酸化炭素が加わって炭酸濃度が増大する．このようにして生じた炭酸は水中で解離してH^+イオンとHCO_3^-イオンを生じる．

$$CO_2 + H_2O = H_2CO_3 \rightarrow H^+ + HCO_3^- \qquad (1.3)$$

このほかH^+イオンは，有機酸(腐植酸，フルボ酸，低分子有機酸)や無機酸〔(4)酸化作用の項参照〕からも由来する．

灰長石に対する酸の作用の例：

$$CaAl_2Si_2O_8 + H_2CO_3 \rightarrow CaCO_3 + H_2Al_2Si_2O_8 \qquad (1.4)$$

H^+イオンは，灰長石の結晶格子から Ca を溶解し，Ca^{2+}イオンはCO_3^{2-}イオン

と反応してCaCO₃を生じる．CaCO₃は次式のように炭酸と反応して炭酸水素カルシウムとなり溶け去る．

$$CaCO_3 + H_2CO_3 = Ca(HCO_3)_2 \rightarrow Ca^{2+} + 2HCO_3^- \qquad (1.5)$$

(4) **酸化作用(oxidation)**

還元状態にある元素(Fe^{2+}，S^{2-}，Mn^{2+}など)は空気中のO_2によって，それぞれFe^{3+}，S^{6+}，Mn^{3+}ないしMn^{4+}に酸化される．そのときにH_2Oが存在すれば，OとOHが配位するために，体積の増加すなわち結晶格子の弛緩を引き起こす．また酸化鉄(Ⅲ)や水酸化鉄(Ⅲ)は濃赤色ないし赤褐色を呈し，酸化マンガンは黒褐色を呈するので，一般に着色の強度は風化の度合を示すおおまかな尺度となる．

普通輝石の酸化の例(加水分解と酸の作用を伴う)：

$$4CaFeSi_2O_6 + O_2 + 4H_2CO_3 + 6H_2O$$
$$\rightarrow 4CaCO_3 + 4FeOOH + 8H_2SiO_3 \qquad (1.6)$$

黄鉄鉱の酸化の例(強い無機酸の生成を伴う)：

$$4FeS_2 + 15O_2 + 10H_2O \rightarrow 4FeOOH + 8H_2SO_4 \qquad (1.7)$$

遊離した硫酸は，近くにある鉱物に対して酸の作用をおよぼす．たとえば，

$$H_2SO_4 + CaAl_2Si_2O_8 + 4H_2O$$
$$\rightarrow H_2Al_2Si_2O_8 \cdot 2H_2O + CaSO_4 \cdot 2H_2O \qquad (1.8)$$

(5) **水和作用(hydration)**

水の分子が無水鉱物に添加して，その鉱物を水和物に変える作用であり，もっとも普通に見られるのは，酸化鉱物とくに赤鉄鉱(Fe_2O_3)と磁鉄鉱(Fe_3O_4)の水和作用である．たとえば，赤鉄鉱が水和されると次のような鉱物ができる．

$$Fe_2O_3 + H_2O = 2FeO(OH) \quad 針鉄鉱(ゲータイト) \qquad (1.9)$$
$$2FeO(OH) + H_2O = Fe_2O(OH)_4 \quad 加水針鉄鉱 \qquad (1.10)$$
$$Fe_2O(OH)_4 + H_2O = 2Fe(OH)_3 \quad 褐鉄鉱 \qquad (1.11)$$

また黒曜石は火山ガラスのうちでも珪長質で，もともとの水分含量は低いのであるが〔$H_2O(+)<0.3\%$〕，地表や地中において長時間経過すると外部から水分を取り込んで水和し，水和層(含水量3～3.5%)を形成する．これは水和していない黒曜石と屈折率が異なるため顕微鏡下で識別することができるので，年代測定に利用されている．以上に述べてきた化学的風化作用に関係する諸反応

は同時に作用する場合が多く，とくに加水分解作用と酸の作用は相伴って生じる場合が多い．正長石の分解作用は，一般に次のように進行するものと考えられる：

化学的風化の初期段階では，炭酸の作用により正長石からカリウムの酸性アルミノ珪酸塩である二次雲母(絹雲母か二次白雲母)ができる．

$$2KAlSi_3O_8 + H_2CO_3 = KHAl_2Si_6O_{16} + KHCO_3 \qquad (1.12)$$
（正長石）　　　（炭酸）　　（絹雲母または　　（炭酸水素カリウム）
　　　　　　　　　　　　　二次白雲母）

二次雲母は，さらに酸の作用を受けて遊離のアルミノ珪酸塩を生じ，これがさらに加水分解を受けて急速に分解し，カオリン鉱物(ハロイサイト)と含水珪酸(オパール)を生じる．

$$KHAl_2Si_6O_{16} + H_2CO_3 = H_2Al_2Si_6O_{16} + KHCO_3$$
$$H_2Al_2Si_6O_{16} + nH_2O = H_2Al_2Si_2O_8 + 2H_2O + 4SiO_2 \cdot nH_2O \qquad (1.13)$$
　　　　　　　　　　　　　　（ハロイサイト）　　　　　　（オパール）

5.2. 鉱物の相対的安定度と風化系列

5.2.1. 粗粒画分(砂)の風化系列

鉱物が化学的風化作用によって分解変質していく速さは鉱物の種類によって異なり，また分解されやすさの順序は，鉱物が含まれている岩石の種類いかんによらず一定していることは，よく知られている事実である．そして，風化に対する相対的安定度の順番にならべた鉱物の系列を風化系列(weathering sequence)という．

Goldich(1938)は，風化に対する火成岩中の鉱物の順序が図5.2に示すように，玄武岩質マグマが冷却するにつれて分別晶出する鉱物の順序を示した Bowen (1928)の反応系列の順序の逆になることを指摘した．

しかし，雲母類は層状結晶構造の層間ぞいにイオン交換，水和，酸化が進みやすく，劈開面に沿って風化変質が進行するため，風化に対する抵抗性はGoldich の安定系列よりも実際は小さい．この点を考慮し，また堆積岩や変成岩中に含まれる鉱物をも加えて，Van der Marel(1948)は，次のような風化系列を提案した．

5.2. 鉱物の相対的安定度と風化系列

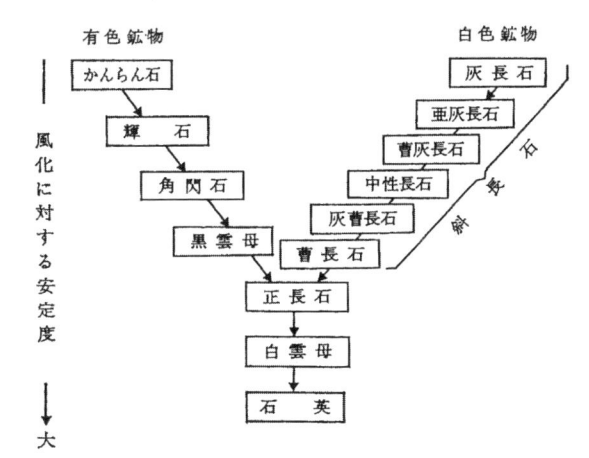

安定度の低いものから順に，塩基性火山ガラス－かんらん石－しそ輝石－黒雲母－普通輝石－角閃石－灰長石－緑れん石－亜灰長石－中性長石－灰曹長石－白雲母－ざくろ石－正長石－微斜長石－曹長石－褐れん石－ジルコン－十字石－金紅石－電気石－石英．

図5.2 造岩鉱物の風化に対する安定度 (Goldich, 1938)

一般に，火山ガラス，スコリア，有色鉱物(かんらん石・輝石・角閃石・黒雲母)，斜長石は風化されやすく，石英，正長石，磁鉄鉱その他副成分として含まれる，いわゆる安定鉱物(白雲母・ジルコン・電気石・金紅石・チタン鉄鉱・アナターゼ・チタナイトなど)は風化されにくい．図5.3は暖温帯における花崗岩の風化の進行に伴う鉱物組成の変化を示したものであるが，風化に対する抵抗性の低い鉱物ほど，含有率の極大値が風化の初期段階にあり，抵抗性のもっとも高い石英の含有率は，風化の進行とともに増大することを示している．

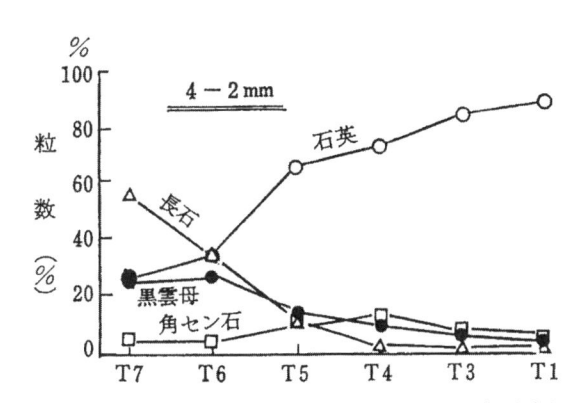

図5.3 花崗岩の風化断面(愛知県新城)における一次鉱物の消長 (加藤芳朗, 1976)

5.2.2. 細粒画分(粘土)の風化系列

鉱物粒子が細かくなるにつれて比表面積が大きくなるために，粗粒の場合に安定な鉱物の風化が促進されるため，風化系列の順序が粗粒の場合といくらか異なってくる．表 5.2 は直径 5 μm 以下の微細粒子の風化系列を示したものであるが，これは 13 段階からなり，後の段階ほど風化に対して安定な鉱物であることを示している．

表 5.2 粘土分粒子(5 μm 以下)の風化系列

風化指数と記号	典 型 的 鉱 物
1 Gp	石こう (岩塩, 硝石, 塩化アンモン, 硫酸ソーダ)
2 Ct	方解石 (ドロマイト, あられ石, リン灰石)
3 Hr	かんらん石－角せん石 (輝石類, 透輝石)
4 Bt	黒雲母 (海緑石, 苦鉄緑泥石, アンチゴライト, ノントロナイト)
5 Ab	曹長石 (微斜長石)
6 Qr	石英 (クリストバライト)
7 Il	イライト・セリサイト (白雲母, ほかの2八面体雲母)
8 Vr	バーミキュライト〔2:1型相互の混層鉱物または2:1型-2:2型(苦鉄質)中間型の膨張性格子の部分〕
9 Mt	モンモリロナイト (バイデライト)
9 Ig	土壌生成の2:1-2:2型モンモリロナイト-バーミキュライト-緑泥石中間鉱物
10 Kl	カオリナイト (ハロイサイト)
11 Gb	ギブサイト (ベーマイト)
11 Allo	アロフェン
12 Hm	ヘマタイト (ゲータイト, リモナイト)
13 An	鋭錐石 (ジルコン, 金紅石, チタン鉄鉱, 白チタン石, 鋼玉)

(Jackson, M. L., 1964)

5.2.3. 鉱物の安定度と結合エネルギー

では，これまで述べてきたような鉱物種による風化抵抗性の違いは，一体何に起因しているのであろうか．造岩鉱物の多くはアルミノ珪酸塩からなり，図 2.3 に見られるように，Na-O, K-O, Mg-O, Ca-O, Fe-O, Al-O, Si-O といった結合によって組み立てられている．これらの結合エネルギーは，電荷とイオン半径または配位数との比に関係しており，その大きさは表 5.3 に示したような値をもっている．この値の小さい結合ほど分解されやすい．したがって，

結合エネルギーの小さい K-O, Na-O, Ca-O, Mg-O などの結合に対して, 結合エネルギーの大きい Si-O 結合の比率(すなわち珪素含量)の高い鉱物ほど安定であり, また Si-O 四面体の重合度の大きい鉱物, 重合度が同程度の場合には密度の高いものほど安定であり, 風化されにくいことになる.

表5.3 Oに対する結合エネルギー

イオン種	結合エネルギー (kg・cal/mol)
K^+	229
Na^+	322
Ca^{++}	839
Mg^{++}	912
Fe^{++}	919
Al^{+++}	1,793
Si^{++++}	3,110〜3,142

(Keller, 1954)

以上をまとめると, 化学的風化作用に対する鉱物の安定度は, ①粒子の大きさ(大きいほど安定), ②結晶構造(層状構造および三次元網状構造がもっとも安定), ③珪素含量(高いほど安定), ④還元状態にある Fe^{2+}, S^{2-}, Mn^{2+} の含量いかんと関係している, ということができる.

一方, 風化作用に対する岩石の安定度は, 岩石に含まれる鉱物組成の安定度に依存していることはもちろんであるが, その他に①岩石の硬度(ち密であるかルーズであるか), ②組織(顕晶質よりも微晶質の方が安定), ③節理・層理・劈開(強度に発達しているほど不安定), 膠結物の種類(炭酸塩＜粘土質＜酸化物)などによって異なる.

5.3. 風化段階と風化指数

5.3.1. 風化サイクル

Polynov は, 火成岩の平均化学組成と河川に溶けている物質の平均化学組成を比較検討した結果, 風化によってもっとも移動しやすい成分は塩素イオンであることを見出し, これを基準として各元素の移動しやすさを計算し, 相対的可動性の大小に基づいて表 5.4 に示したような 4 つの相を区分した(Polynov, 1937). そして, このような元素の相対的可動性の差異が原因となって, 風化作用が進行するにつれて化学組成の異なる残留風化殻と集積風化殻への分化が段階的に進むことを示した.

第 1 段階は機械的風化作用と淘汰が起こる段階で, その結果, 岩屑質風化殻が形成される. 第 2 段階ではもっとも移動しやすい第 1 相の Cl や SO_4^{2-} が溶脱

表5.4 風化殻における諸成分の可動性

岩石の組成		河川水中の塩類組成	可動性 （Clを100とする）	
Cl'	0.05	6.57	100	第1相
SO_4''	0.15	11.6	57	
Ca	3.6	14.7	3	
Na	2.97	9.5	2.4	第2相
Mg	2.11	4.9	1.3	
K	2.57	4.4	1.25	
SiO_2	59.09	12.8	0.2	第3相
Fe_2O_3	7.29	0.4	0.04	第4相
Al_2O_3	15.35	0.9	0.02	
(CO_2'')	—	36.5	—	—

(Polynov, 1937)

され，乾燥地帯では塩化物や硫酸塩として低地に集積し，湿潤地帯では海や河川に集積する．そして残留物は炭酸塩に富む石灰質風化殻が形成される．次いで第3段階では，第2相の Ca, Na, Mg, K が失われるようになり，残留物の組成はアルミノ珪酸塩に近づき，珪酸アルミナ質風化殻となる．最後の第4段階では，アルミノ珪酸塩も分解され，第3相の SiO_2 までも溶脱されるようになると，残留物には第4相の Fe_2O_3 と Al_2O_3 に富むアルミナ質風化殻が形成されるようになる．図5.4は，火成岩が風化する場合の最終段階における風化殻の分布を模式的に示したものでる．

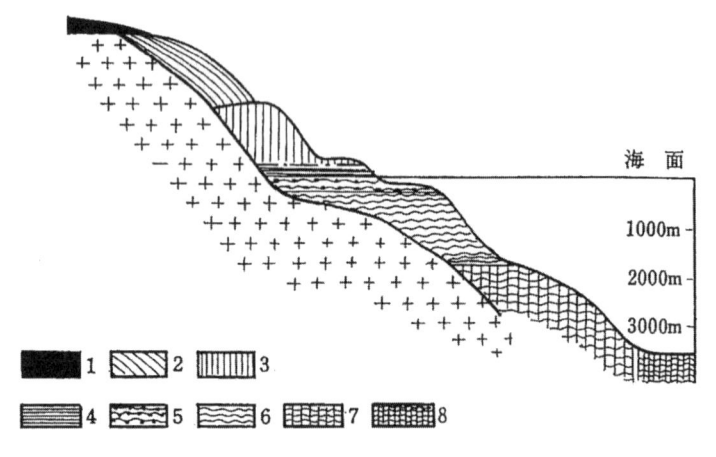

1.アルミナ質風化殻：2:珪酸アルミナ質堆積物：3.炭酸塩堆積物
4.塩化物－硫酸塩堆積物：5.沿岸堆積物：6.陸上起源の泥：
7.深海底泥：8.深海赤色粘土。　＋印は塊状火成岩

図5.4 風化の第1循環の終期における陸上堆積物と海成堆積物の分布
(Polynov, 1937)

Polynov は，上述のような火成岩からの第1風化サイクルによって生じる残留風化殻をオルソエルビウム(orthoeluvium)とよび，これに対して一度風化を受けてはいるが，なお初成一次鉱物を含んでいる，ほとんど変成されていない堆積岩から第2風化サイクルによって生じた残留風化物をパラエルビウム(paraeluvium)とよび，さらに洪積層(更新統)や沖積層(完新統)などの新しい地層からの第3風化サイクルにより，現在生成しつつある残留風化物をネオエルビウム(neoeluvium)とよんだ．そして，これら3つの風化サイクルの絶え間ない作用によって，地球上の風化生成物の分布の一般的傾向が決定されることを明らかにした．

Polynov の風化サイクル理論は，風化の一般的傾向と風化生成物の定性的性質を示してはいるが，個々の風化生成物の定量的な性質の差異を示していない．またこの理論は地球上における物質の地質学的大循環の概要を示したものであるが，個々の風化生成物(母材)の上で生じている生物学的小循環，すなわち土壌生成の様相を示すものではなかった．

5.3.2. 風化指数

風化指数(weathering index)というのは，鉱物または土壌物質の化学的風化の程度を表わす指数で，これまでに各種の風化指数が提案されているが，その主なものには以下のようなものがある．

(1) 分子比(molar ratio)

岩石・鉱物・土壌物質の各成分のモル比が，これらの風化の結果を要約するために用いられてきた．このような分子比を用いることは，風化過程において各元素が失われる量の相対比を評価するために有効な方法であり，とくにX線回折法による粘土鉱物の同定法や風化系列の研究が発達する以前には，これらの分子比がきわめて重要視されていた．従来用いられてきた分子比の主なものとして珪ばん比(SiO_2/Al_2O_3)，珪鉄ばん比($SiO_2/Al_2O_3+Fe_2O_3$)，アルカリ：アルミナ比(K_2O+Na_2O/Al_2O_3)などがある．

Harrassowitz(1926)は，土壌の完全分析値から得られる珪ばん比(SiO_2/Al_2O_3)の値(ki)によって風化殻を以下のような3種類に区分した；

1. 珪酸アルミナ質(Siallit) ・・・・・・・・・・・・ ki ≧ 2.0
2. 珪酸アルミナ-アルミナ質(Siallit-Allit) ・・・ 1.0 < ki < 2.0
3. アルミナ質(Allit) ・・・・・・・・・・・・・・・ ki ≦ 1.0

表 5.5 珪ばん比と色素率による火山灰土の区分 (関, 1934)

火山灰土	珪ばん比	色素率	反応
I 粘土質火山灰土	＞2.0	＜0.05	ほとんど中性～弱酸性(稀に明酸性)
II 准粘土質火山灰土	2.0～1.5	0.05～0.5	ほとんど中性～弱酸性
III 酸性准粘土質火山灰土	1.5～1.0	0.05～0.5	明酸性～弱酸性
IV 准礬土質火山灰土	1.5～1.0	0.5～1.0	ほとんど中性～弱酸性
V 礬土質火山灰土	＜1.0	＞1.0	中性～ほとんど中性

表 5.6 粘土部分の珪ばん比および珪鉄ばん比による風化殻の区分

風化殻の種類		珪ばん比および珪鉄ばん比	
珪酸アルミナ質風化殻 (siallit)		湿潤温帯条件下では通常3～5	2.5 以上
^		季節的に湿潤な熱帯条件下では 2.5から3.0～3.5	^
アルミナ質風化殻 (allit)	真正アルミナ質(allit)	Al_2O_3がFe_2O_3より多いもの.	2.5 以下
^	鉄アルミナ質(ferrallit)	Al_2O_3とFe_2O_3がほぼ同量かAl_2O_3がわずかに多いもの.	^
^	アルミナ鉄質 (allitferrit)	Fe_2O_3がAl_2O_3よりやや多いがAl_2O_3も十分にあるもの.	^
^	鉄質(ferrit)	Fe_2O_3が優勢で, SiO_2やAl_2O_3よりも多いもの. 蛇紋岩などの超塩基性岩に由来する場合が多い.	^

Zonn(1969)による

わが国の関豊太郎(1934)は色素率(吸収された酸性フクシンに対するメチレンブルーの重量比)と珪ばん比を用いて火山灰土を5種に区分した(表5.5参照).
また Zonn(1969)は, 土壌の無機質部分, とくに粘土部分(2～1μm以下)の珪ばん比および珪鉄ばん比に基づいて風化殻を表5.6に示したように区分した.
Reiche(1943, 1950)の風化ポテンシャル(weathering potential)や生成物指数(product index)も一種の分子比で, それぞれ次式で示される.

風化ポテンシャル

$$= \frac{100 \times モル数(CaO+Na_2O+MgO+K_2O-H_2O)}{モル数(結合SiO_2+TiO_2+Al_2O_3+Fe_2O_3+Cr_2O_3+CaO+Na_2O+MgO+K_2O)}$$

生成物指数

$$= \frac{100 \times モル数(結合SiO_2)}{モル数(結合SiO_2+TiO_2+R_2O_3)}$$

(2) 石英/長石 - 指数 (quartz/feldspar-index)

　未風化物質中の安定鉱物含量と不安定鉱物（あるいは鉱物群）含量比と，風化生成物中におけるその比を比較することによって風化段階を示すことができる．たとえば，

$$\text{石英/長石-指数} = \frac{\text{石英}/\Sigma\text{長石類(風化物質)}}{\text{石英}/\Sigma\text{長石類(未風化物質)}}$$

この指数の値が大きいほど化学的風化が進んでいることになる．

(3) 風化平均指数 (weathering mean)

　風化平均指数 (m) は次式で表わされる．

$$m = \Sigma(ps) / \Sigma(p)$$

ここで，p は土壌中の鉱物種の百分率，s はその鉱物種の風化系列における順位（表 5.2 参照）を示す数である．総和 (Σ) は一定の土壌について考慮されたすべての鉱物について，それぞれの p×s の値を加え合わせたものである．m は風化段階 (1～13) の次元をもち，値が大きいほど化学的風化が進んでいることを示す．

　これまでに述べてきたことから明らかなように，地表に露出した岩石にはたらく風化作用とオルソエルビウム・パラエルビウム・ネオエルビウムといった 3 つの風化サイクルを通じての不断の物質の運動によって，地表における風化生成物（風化殻）の分布の大まかな輪郭が形成されるのであるが，このようにして形成された風化殻の最表層においては，生物や有機物の作用によって風化殻内部における物質の変化と移動，外部からの物質の添加が生じる結果，そこに土壌が形成されるのである．しかも，このような風化殻の変化の様相はきわめて多様であり，したがって生成する土壌の種類もまたきわめて多種多様である．それではなぜ同じような風化殻を材料としながら，きわめて性質の異なる多様な土壌が生成するのであろうか．その要因については以下の第 6 章と第 7 章で詳しく解説することにする．

6. 土壌生成因子

ドクチャーエフが明らかにしたように,土壌は岩石(母材)とそれをとりまく生物,気候,地形(地表の起伏)との相互作用の発達過程(時間)の産物として地表に形成される歴史的自然体であり,H. Jenny(1941)は,この関係を次式のように表わした.

$$s = f(cl, o, r, p, t, \cdots\cdots)$$

ここでsは土壌,clは気候,oは生物,rは地形,pは母岩(母材),tは時間をそれぞれ示しており,母材,生物,気候,地形,時間は土壌生成因子(soil-forming factors)とよばれる.土壌の生成に対して人類がおよぼす影響は,一般的には生物因子に含まれるが,農業を始めとする人類の生産活動は土壌の自然的性質を大きく変化させるようになってきたため,人類の活動は「人為的因子」として他の生物因子から区別されるようになってきている.

ドクチャーエフの土壌成因説によれば,土壌のもっとも重要な性質の1つである土壌肥沃度もまた土壌生成過程が進行するにつれて発生,発展するものであり,したがって土壌肥沃度を維持・増進させるためには,土壌の組成と性質のいくつかの特性だけでなく,土壌と土壌生成因子に対する共役的なはたらきかけによって,一定の方向に変化させることが必要であることは明らかである.

土壌の生成に対してそれぞれの土壌生成因子が果たしている役割の価値は同等であり,どの1つの生成因子も欠くことができない.このことは土壌生成因子の同意義性とよばれる.またどの1つの生成因子も他の生成因子で代用することはできない.このことは土壌生成因子の非代替性といわれる.しかし,土壌生成因子の同意義性ということは,決して各因子がいつどこでも土壌生成過程に等しい影響をおよぼすということを意味するのではない.ある土壌では気候の影響を強く受けていたり,他の土壌では母材の影響が強く現れているといったように,それぞれの土壌生成因子の作用する強度あるいは土壌生成過程で果たしている相対的役割は根本的に変化しうる.このような差異はあるが,

すべての土壌生成因子はいつでも必ず作用しているのである．

それゆえ，土壌の組成や性質と土壌生成因子とを共役的に研究する際に，すべての土壌生成因子に対して総合的な考察が行われなければならない．自然界における土壌生成因子のありとあらゆる種類の組み合わせの数は一見無限のように思われるが，土壌生成因子は相互に密接な関係をもっているため，N. M. シビルツェフが指摘したように，「自然界における土壌生成因子の組み合わせは無限ではなく，数多いけれども有限な特定の組み合わせ（自然地理的景観）が存在し，その下で主要な土壌型が生成する」のである（ゲラーシモフ・グラーゾフスカヤ，1963）．

6.1. 母材（母岩）因子

岩石が風化作用を受けてできた，軟らかくて粗しょうな砕屑物（風化生成物）は土壌の無機的材料であり，かつ土壌生成の出発物質であって，これを土壌の母材（parent material）とよぶことは前章ですでに述べた．かつての土壌を構成していた土壌物質が侵食作用などにより移動再堆積して，新たに母材となることもある．

これに対して，母材を供給したもとの新鮮な岩石を母岩（parent rock）とよんで区別している．母岩や母材の物理的・化学的性質の違いによって，土壌とくに土壌生成過程があまり発達していない若い土壌の諸性質は，きわめて大きな影響を受ける．

6.1.1. 母岩・母材の物理的性質の影響

母岩や母材の粒度や組織の違いが通気性・透水性あるいは土壌溶液の移動速度，土壌の熱的性質におよぼす影響はきわめて重要である．

(1) 未固結岩の場合，母岩の粒度が母材に強く影響する．しかし，化学的風化作用が進行するにつれてその影響は小さくなり，次第に細粒化していく．

(2) 固結岩の場合には，母岩の機械的風化作用の様式が母材に影響する（5.2.参照）．たとえば，機械的風化作用によって花崗岩は細礫〜粗砂に，安山岩・砂岩は岩塊に，頁岩・結晶片岩は扁平な砕片に割れやすい．このようにしてできる岩片も化学的風化が激しいと，細粒化して粘土質な母材となっていく．

(3) きわめて砕屑質で礫の多い母材の場合は，土壌生成にとってあまり好適ではない．水はこのような母材中を急速に流亡するため化学反応が生じにくい．このような母材は透水性が大きく，保水性が小さいため，石礫の多い母材の分布地域は相対的に乾燥した土壌を形成する．

(4) 石礫に細粒物質が混合した母材は，土壌生成にとってより好適な条件を作り出す．雨水は不透水性の岩石と礫質部分との間を浸透して細粒部分に集中し，はるかに多量の水分を含むようになり，植物の生育にとってより好条件が生まれる．

(5) 細粒質母材は，十分な保水能と適度の透水性をもつため土壌生成過程にとって最適な条件を作り出す．このような母材中では生物活動が活発になり，土壌溶液が可動性であり，内部表面積が大きく化学反応が急速に進行するため土壌生成過程が完全に発達する．

(6) 粘土質母材は，透水性が小さく保水性が大きいため排水不良を引き起こし，湿潤地域では還元状態の発達を助長し，乾燥地域では塩類の集積を生じ，陽イオン交換容量の大きな粘土鉱物の生成が促進される．

6.1.2. 母岩・母材の化学的性質の影響

土壌の断面発達と化学組成におよぼす影響の特徴に基づいて，母岩は土壌学的見地から塊状結晶質岩，固結堆積岩，未固結堆積岩に三大別される．

(1) **塊状結晶質岩**(massive crystalline rocks)

塊状結晶質岩には火成岩と変成岩が含まれる．火成岩は高温・高圧下のマグマが冷えて固まってできたものであり，変成岩は既存の火成岩や堆積岩が高温・高圧下の熱変成作用や広域変成作用を受けてできたものである．したがって塊状結晶質岩を構成する鉱物は，石英，絹雲母や緑泥石などを除いて大部分は地表の常温・常圧条件下ではきわめて不安定であり，風化作用と土壌生成作用の影響で激しく変質されやすい．また，よく知られているように，火成岩は SiO_2 含量に基づいて酸性岩(SiO_2 66%以上)，中性岩(SiO_2 52〜66%)，塩基性岩(SiO_2 45〜52%)に区分されているが，SiO_2 含量で規定されたこのような区分は同時に他の元素の量をほぼ反映している．つまり SiO_2 の少ない岩石は鉄・カルシウム・マグネシウムに富み，アルカリが少ないのに対して，SiO_2 の多い岩石は，一般にアルカリが多いが，鉄・カルシウム・マグネシウムは少ない．

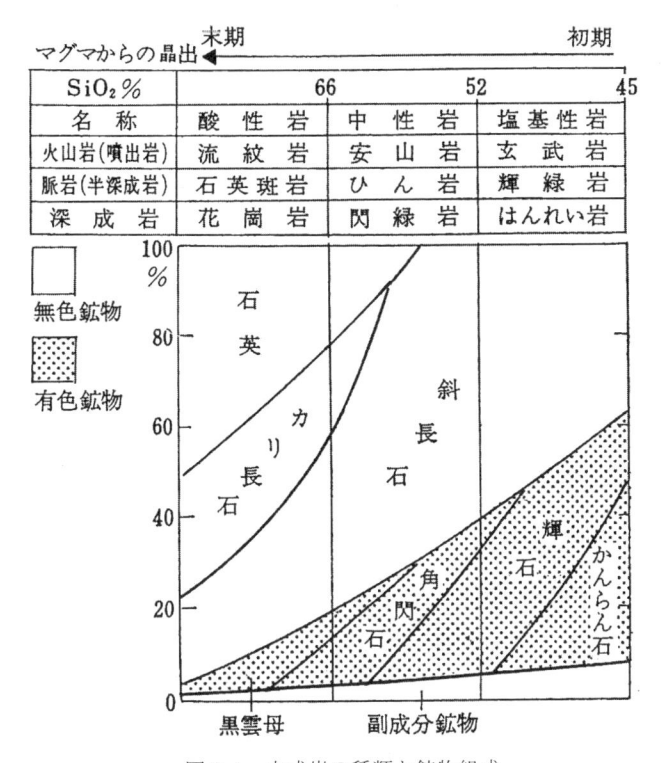

図 6.1　火成岩の種類と鉱物組成

　それゆえ，母岩の SiO_2 含量が土壌生成過程におよぼす影響はきわめて重要である．このような関係は変成岩や堆積岩についてもほぼ当てはまる．

　i）**酸性塊状結晶質岩**：花崗岩，石英斑岩，石英粗面岩（流紋岩）などの酸性火成岩や片麻岩，珪岩のような変成岩から生成する土壌は，カルシウムやマグネシウムのような植物養分が欠乏しており，また鉄が少ないのでその風化生成物は比較的淡色で黄色，褐色，淡紅色を帯びている．これらの岩石中には風化に対して安定な石英が多く含まれているので砂質の土壌が生成されやすく，したがって塩基の溶脱が進行して酸性反応を示しやすい．このような塩基の少ない酸性条件下ではカオリン鉱物やバーミキュライトのような粘土鉱物が生成される場合が多い．

ⅱ) **塩基性塊状結晶質岩**：はんれい岩，輝緑岩，玄武岩のような塩基性火成岩や角閃岩，緑泥片岩のような塩基性変成岩は，マグネシウムやカルシウムに富んでおり，これらの元素が保持されている限りでは，スメクタイトのような陽イオン交換容量の大きい粘土鉱物を生成する傾向がある．また鉄含量が高いため濃褐色あるいは暗赤色の風化生成物を生じる．植物養分は比較的富んでいるが，蛇紋岩やかんらん岩のような超塩基性岩ではマグネシウム含量がきわめて高いため，カルシウムとのバランスがくずれるので，一般に植物の生育はよくない．

ⅲ) **中性塊状結晶質岩**：閃緑岩，ひん岩，安山岩のような中性火成岩や中性変成岩のおよぼす影響は，酸性塊状結晶質岩と塩基性塊状結晶質岩の中間的な性質のもので，特別の影響は認められない．

(2) **固結堆積岩**(consolidated sedimentary rocks)

固結堆積岩に含まれる一次鉱物には石英のような風化に対してもっとも安定な鉱物が多く，また粘土鉱物は地表でも安定なものが含まれている．そのため固結堆積岩に由来する土壌の鉱物組成は，母岩の鉱物組成を直接的に反映している．したがって固結堆積岩が土壌の化学組成におよぼす影響は，母岩が炭酸塩質であったり，易溶性塩類の多い場合に顕著に現れる．

ⅰ) **炭酸塩質岩**：炭酸カルシウムや炭酸マグネシウムを多量に含む石灰岩や苦灰岩からの土壌生成の初期段階では，炭酸塩が水や無機酸により徐々に溶解されるため残留粘土が集積する．土壌生成が進んだ段階では，カルシウムやマグネシウムは腐植と結合して，きわめて安定な有機－無機複合体を形成し，土壌に濃い黒色を与えるとともに団粒構造を発達させる．レンジナ(腐植炭酸塩質土壌)やテラロッサのようなきわめて独自な土壌の生成はこの種の岩石と関係がある．

ⅱ) **塩類岩**：岩塩，石こうを母岩とする土壌は易溶性塩類含量が高くアルカリ性反応を示す．土壌生成が進行した段階でも，通常，ソロネッツ化作用とソロチ化作用が現れ，特異な土壌を形成する．

(3) **未固結堆積岩**(unconsolidated sedimentary rocks)

段丘の砂礫層，海岸の砂や砂丘砂，河川沖積地の堆積物，台地の火山灰などの未固結な堆積物では，植物の根は深くまで入りやすく，最初から土層の厚い土壌ができやすい．土壌の鉱物組成は固結堆積岩の場合と同様に，母岩の影響を直接的に反映している．土壌生成に特異な影響をおよぼすものには次のようなものがある．

ⅰ) **レス(黄土)**：ヨーロッパ，北アメリカ，中国にはレス(loess)(中国では黄土という)とよばれるシルト質の堆積物が広く地表を覆っている．これは氷河堆積物中の細かいものが，乾燥気候のため風で運ばれて再堆積したもので，粒径は均質で炭酸カルシウムに富んでいるため，土壌生成に対して炭酸塩質岩と同じような影響をおよぼしている．

ⅱ) **火山砕屑物**：わが国のように現在でも火山活動の活発なところでは，表6.1に示したような火山から放出された火山砕屑物(pyroclastic material)の影響がきわめて大きい．とくに火山灰から供給される非晶質アルミナは，リン酸を固定して植物のリン欠乏を生じやすく，腐植と固く結合して安定な有機-無機複合体を形成し，黒色味の強い腐植質層を発達させ，アンドソル(火山性黒ボク土)という特有な土壌を生成する．

表6.1 火山砕屑物の分類

直径 (mm)	未固結のもの	固結したもの
32	火山岩塊 (形の特殊なものに火山弾および溶岩餅がある)	火山岩塊 火山角礫岩(角礫50%以上) 凝灰角礫岩(角礫50%以下)
	火山礫	火山礫凝灰岩 スコリア凝灰岩(玄武岩質のもの) 軽石凝灰岩(流紋岩，安山岩質のもの)
4		
1/4	粗粒火山灰	粗粒凝灰岩
1/64	細粒火山灰 火山塵	細粒凝灰岩

ⅲ) **含硫化鉄泥層**：海底堆積物や湖底堆積物の中には多量の硫化鉄を含むものがあり，酸化状態になると硫黄が酸化されて遊離の硫酸を生じ，母材中にこれを中和するのに十分な炭酸カルシウムが含まれていないときには，Cat clay(酸性硫酸塩土壌)のようなきわめて酸性の強い土壌が生成する．

上に述べたような，土壌生成過程において母岩として果たしている役割の特徴からみた岩石の区分を示したのが表6.2である．

6.1.3. 母材の堆積様式による区分

母材は堆積様式の違いによって表6.3に示したように区分される．

6. 土壌生成因子

表 6.2 母岩の分類 (加藤芳朗, 1962)

―重要なもの, ----- 少, ══ 混在するもの

表 6.3 母材の堆積様式による区分 (松井 健, 1964C)

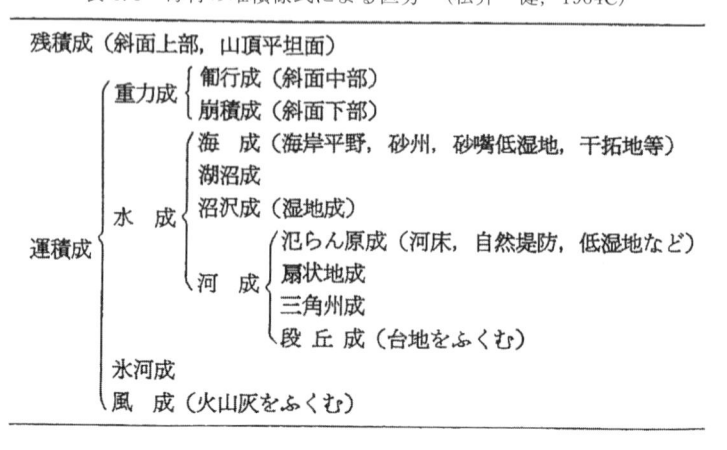

```
            ┌ 残積成 (斜面上部, 山頂平坦面)
            │         ┌ 重力成 ┌ 匍行成 (斜面中部)
            │         │        └ 崩積成 (斜面下部)
            │         │        ┌ 海 成 (海岸平野, 砂州, 砂嘴低湿地, 干拓地等)
            │ 運積成 │ 水 成 │ 湖沼成
            │         │        │ 沼沢成 (湿地成)
            │         │        │        ┌ 氾らん原成 (河床, 自然堤防, 低湿地など)
            │         │        └ 河 成 │ 扇状地成
            │         │                 │ 三角州成
            │         │                 └ 段丘成 (台地をふくむ)
            │         │ 氷河成
            └         └ 風 成 (火山灰をふくむ)
```

(1) **残積成母材**(residual parent material)は，母岩の風化砕屑物が原位置またはその近くに止まって堆積しているもので，山地・丘陵などの斜面上部や山頂平坦面などに見られる．火成岩・変成岩・固結堆積岩に由来している．

6.1. 母材(母岩)因子

(2) **運積成母材**(transported parent material)は，各種の地質学的営力によって風化砕屑物が原位置から別の場所に運ばれて堆積したもので，作用した営力の種類と堆積形態の違いによってさらに重力成(gravitational)・水成(aquatic)・風成(eolian)・氷河成(glacial)に分けられる．

ⅰ) **重力成**：山地・丘陵の斜面では，斜面上部の風化砕屑物が主に重力(および表面流去水)の作用で斜面下部に移動堆積し，不均質な角礫に富む崩積成母材(colluvial parent material)を生じる．崖錐堆積物・地すべりや山崩れによる堆積物も崩積成母材とみなされる．斜面中部では侵食と堆積がほぼ平衡を保つ匍行成母材(creep parent material)が形成される．

ⅱ) **水　成**：水成母材には海成(marine)・湖沼成(lacustrine)・沼沢成(telmatical)あるいは湿地成(bog)・河成(fluviatile)などが含まれる．

海成母材は海底の堆積物が陸化したもので，一般に層理が見られ，しばしば貝化石や底生生物の生痕を含むのが特色である．

湖沼成母材は湖沼底の堆積物が陸化したもので，旧湖岸付近のものは一般に粗粒で無層理のこともあるが，旧湖心部のものは層理がきわめてよく発達するのが特色である．珪藻や有機物を含むことが多い．プランクトンに由来する有機物に富むものを**骸泥**(Gyttja)，周辺の泥炭地から流入・凝固した腐植を主とするものを**腐植泥**(Dy)，硫化物に富み，黒色でシルト質の有機・無機混合物からなる泥を**腐泥**(Sapropel)という．近年，骸泥，腐植泥，腐泥を土壌とみなす傾向が強まっており，本書でも水面下土壌門として取り扱うことにした．

沼沢成あるいは湿地成母材は，湖沼が次第に埋積されていく過程で生成し，水生植物や湿地植物の遺体が堆積した**泥炭**(peat)，泥炭に無機質土砂を交えた**亜泥炭**(half-bog)，泥炭が分解して黒色均質の腐植質土壌物質となった**黒泥**(muck)などがある．

河成母材は河川が運搬する物質が流路に堆積したもので，現河川の氾らんによって土砂が堆積してできた**氾らん原堆積物**(flood-plain deposit)，山地と平野部の間などの傾斜が急変する場所にできる**扇状地堆積物**(alluvialfan deposit)，河口付近の**三角州堆積物**(deltaic deposit)，過去の沖積面とみなされる**段丘堆積物**(terrace deposit)などがこれに含まれる．

iii）氷河成：氷河成母材は氷河が運搬堆積した**氷堆石**(moraine)や氷河末端部付近の**融氷河流堆積物**(fluvio-glacial deposit)などがあるが，わが国では日本アルプスや日高山地に小規模な氷堆石が知られているにすぎない．

iv）**風　成**：風成母材は沙漠や砂丘の砂のように風で運搬されて堆積したもので，中国の黄土や欧米のレスは，前述したように氷河成堆積物が風で運搬されて再堆積したものである．アジア大陸起源の広域風成塵がわが国の土壌に著しい影響をおよぼしていることが明らかにされている（井上・成瀬，1990；井上，1996）．

火山灰は一種の風成堆積物で日本では分布が広く，重要な風成母材である．一般に風成の火山砕屑物は**テフラ**(tephra)とよばれ，日本列島に分布する広域火山灰の噴出源と分布を示すカタログが充実してきている（町田・荒井，2003）．

ここで注意しなければならないのは，従来わが国で広く用いられてきた残積土，運積土，崩積土，水積土，風積土といった名称は，母材の堆積様式を表現したものであって，土壌の分類学的名称ではないということである．したがって，これらを土壌の名称として用いることは避けるべきである．

土壌生成過程において，母岩ならびに母材が果している特有な役割は，次のように要約することができる．

① 母岩（母材）が土壌の性質におよぼす影響は，土壌生成の初期段階で大きく，土壌生成過程が進行するにつれて弱まり，外的因子－気候や植生－の意義が大きくなる．
② 母岩（母材）以外の土壌生成因子が異なる場合，全く同一の母岩から異なった土壌ができる．
③ 母岩（母材）以外の土壌生成因子が同じ場合，異なった母岩（母材）から全く同じ土壌ができる．
④ 岩石の化学組成や物理性が特殊な場合には，土壌の性質におよぼす母岩の影響が非常に長期にわたって認められる．

6.2. 気候因子

土壌生成過程において気候因子が果たしている役割には，気温や降水量が土壌の熱状況や水分状況におよぼす直接的作用のほかに，母材・地形・植生などの

他の土壌生成因子を介してはたらく間接的作用との2つの側面がある．土壌物質の周期的な加熱と冷却，湿潤化と乾燥は一体となって土壌の熱状況と水分状況を構成し，土壌中で生じるすべての物理的，化学的，生物学的反応に重要な影響をおよぼしている．たとえば，有機物の無機化速度は4.2℃で停止し，5℃では遅くなり，30℃までは徐々に増加し，35℃付近で最適となり，より高温では微生物の活動は著しく減少し，80℃で再び停止するといわれている(Bunting, 1965)．

したがって，熱状況と水分状況は土壌内で起こるすべての現象の変化過程の中で指導的役割を果たしているということができる．そして，このことが地球表面における気候帯の分布に対応した土壌の地理的分布，すなわち成帯性土壌を出現させる要因となっているのである．

6.2.1. 土壌温度

土壌の温度は，日射量・気温・風速・植物による被覆の程度・水分状況および土壌自身の熱的性質(熱伝導度と比熱)によって決定される．

完全透明大気下で地表面に入射する太陽エネルギー量は，赤道直下の322 kcal/cm^2 year から極点の133 kcal/cm^2 year にわたっている(ブディコ，1973)．したがって土壌温度は気候帯によって大きく異なり，湿潤熱帯の年平均土壌温度は25～30℃，乾燥熱帯では約35℃である．これに対して温帯での年平均土壌温度は18℃前後であり，また北極における7月の月平均土壌温度は約10℃である．土壌温度の最低値は永久凍土地帯で見られ，NWT(北緯75度，西経96度)のResoluteでは年平均土壌温度-40℃，12月の表層の平均温度-32℃，3月の深さ1mの平均温度-24℃という報告がある．

多くの土壌では，表面から数cmまでの表層は，それ以下の下層にくらべて温度勾配が大きく，温度変化の振幅も大きく，水分勾配が大きく蒸発面が予想されるといった特徴をもっている．このような熱的表層では，太陽の放射エネルギーの吸収，大気中への熱放射，大気との熱交換，蒸発と凝縮による熱の吸収や放出，より下層への熱の伝導といった複雑でダイナミックな熱現象が生じている．これに対して，熱的表層より下の土層での放射伝熱量は1.5×10^{-4} cal/cm^2 sec 程度，(強制)対流による熱輸送量は10^{-5} cal/cm^{2}sec 程度，熱伝導による熱輸送量は10^{-3} cal/cm^{2}sec のオーダーであり，したがって下層での熱現象は熱伝導が支配的であると考えられている(粕淵，1977)．

6. 土壌生成因子

土壌温度は上述のような複雑でダイナミックな熱現象を通じて，周期的な日変化や季節変化を繰り返している．

(1) 日変化

一般的にいって，土壌温度の日変化は，図 6.2 に示したように日の出から昼までは土壌の熱収支はプラスで土壌は暖まり，昼少しすぎから日没後，日が昇るまでは熱収支はマイナスで放熱が激しく土壌は冷える．通常，土壌中の熱の伝導速度は 25～75 mm/day 程度なので，下層土では温度変化の振幅は小さく，深さ 40 cm 付近では，ほとんど日変化を示さない．

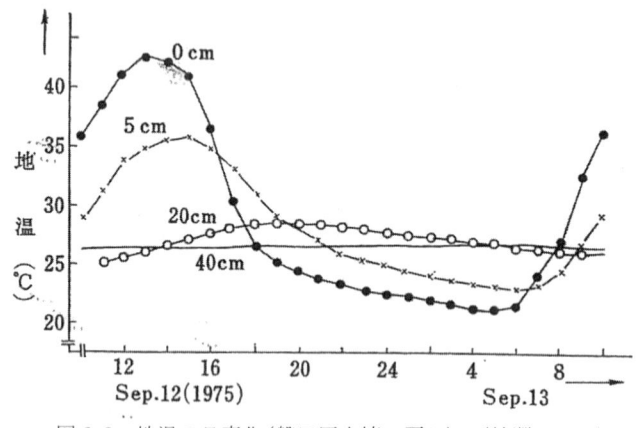

図 6.2　地温の日変化（磐田原土壌，夏日）　（粕淵，1978）

(2) 季節変化

土壌温度の年間を通じての変化のパターンには，地理的位置によって規制されるいくつかのタイプが認められる．一般に，乾燥した温帯，亜熱帯，熱帯では土層や大気接地層の年平均温度は年平均気温よりも低い(太陽性あるいは加熱型)．また冬が長く，長期間の積雪のある地域では，下層へ行くにつれ年平均地温が高まり，下層の年平均地温は年平均気温よりも高く，積雪の断熱効果が大きいので土壌凍結を緩和する(放熱性あるいは冷却多雪型)．湿潤温帯では，一般に土壌温度は秋・冬には気温よりも高く，春・夏は気温よりも低い(均等熱型)．

アメリカ合衆国の土壌分類体系では，表 6.4 に示したような土壌温度レジームを区別し，低位カテゴリーにおける土壌の区分基準として用いている．

表6.4 土壌温度レジーム （Soil Survey Staff, 1975, p.62-63 ）

年平均地温* (℃)	夏季平均地温(6〜8月)と冬季平均地温(12〜2月)の較差	
	5℃以上	5℃未満
22	極高温 (Hyperthermic)	等極高温 (Isohyperthermic)
15	高温 (Thermic)	等高温 (Isothermic)
8	中温 (Mesic)	等中温 (Isomesic)
	低温 (Frigid) 夏季平均地温は寒冷の場合より高い	等低温 (Isofrigid)
	寒冷 (Cryic) 水で不飽和な場合:夏季平均地温＜13〜15℃ 水で飽和している場合:夏季平均地温＜6〜8℃	
0	永久凍結 (Pergelic)	

*深さ50cmまたは土層の厚さが50cm以下のときは基岩接触部位の温度.

6.2.2. 土壌の水分状況

(1) 土壌中の水の運動形態

　土壌に含まれる水の主な供給源は降雨水と地下水である．土壌の表面に降る雨は図6.3に示したようにいろいろな部分に分かれる．激しい降雨の際には，土壌中に浸透した水で孔隙が満たされるので，降雨は地表面を流れ去る．このような水を表面流去水(ひょうめんりゅうきょすい)といい，表層の土層内を地表面に沿って流れるものを表面下流去水という．土壌の孔隙内に入った水は，水を流下させる方向にはたらく重力と水を土壌に引きつける方向にはたらく毛管力の作用を受ける．微細孔隙内の水は土壌粒子表面に薄い被膜を作ってきわめて強力に保持されているので結合水あるいは吸着水とよばれる．毛管水と結合水は，その様子があたかも土壌内部にぶらさがっているようなので両者を合わせて懸垂水(けんすいすい)とよばれる．宙水(ちゅうすい)というのは，水を通さない土層(不透水層)がある場合に，重力水が土壌内に溜まってできる水である，一般に雨季に存在するが乾季には干上がる．

　大量の降雨の後では，雨水は粗孔隙(直径0.05mm以上)の中を重力によって下方に移動し，大きな粗孔隙(直径0.5mm以上)のところでは数時間で，小さな粗孔隙(直径0.5〜0.05mm)のところでは数日から数週間かかって排水される．

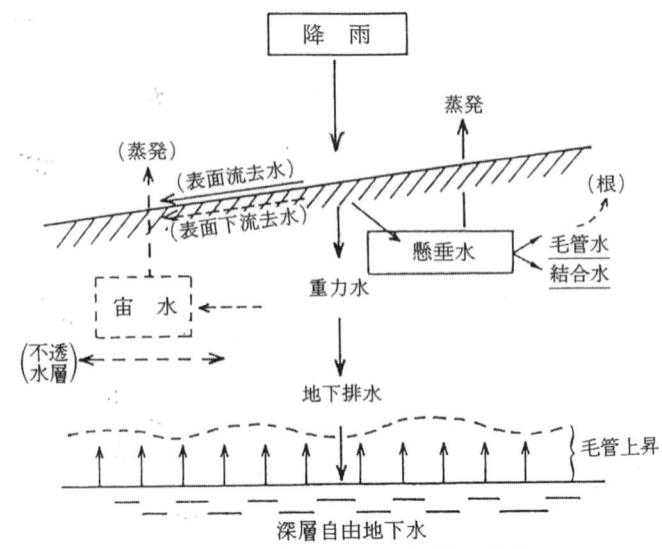

図 6.3 土壌中における降雨水の配分
(Duchaufour, Abrégé de pédologie, ©Dunod, 1983)

このように重力によって運び去られる水は重力水とよばれる．中孔隙(直径 0.05〜0.01 mm)や細孔隙(直径 0.01〜0.0002 mm)の中の水は重力より強い毛管力がはたらくので土壌内に保持される．このように毛管力によって保持されている水は毛管水とよばれる．さらに直径 0.0002 mm 以下の微細孔隙内の水は土壌粒子表面に薄い被膜を作る．このようにして土壌に保持された水は，地表面から蒸発するとともに，大部分は植物の蒸散作用によって大気中に放出されている．このような土壌の水収支は次式のように表わされる．

$$P = R_o + U_v + AE + \Delta U_{i,o}$$

ここで，P：降水量，R_o：地表流出量，U_v：垂直方向の浸透水量，AE：蒸発散量，$\Delta U_{i,o}$：横流れによる流出量と流入量の差である．

降雨水は土壌水の主要な給源であるが，上式から分かるように，土壌中に浸透したり，土壌に保持される水の量は降水量のみによって決まるのではなく，蒸発散量，地表流出量，横流れによる流入・流出によって影響される．一般に蒸散量は気温が高いほど増大し，相対湿度が高いほど低下する．このように土壌の水分状況は多くの要因の影響を受けるが，次のような5つの主要なタイプに要約することができる．

(a) 洗浄型：降水量が最大可能蒸発散量[注]を上回る場合に生じる．この場合には土壌中に下降する水流が生じ，土壌の洗脱作用が促進される．
(b) 非洗浄型：洗浄型の場合とは逆に降水量が最大可能蒸発散量より少なく，しかも地下水位が深い場合に生じる．洗脱作用はずっと弱くなり，土壌はある深さまでは湿るが，深部には完全に乾いた層ができて，ステップのチェルノーゼムのように炭酸塩や石こうの集積が生じる．
(c) 浸出または分泌型：蒸発散量が降水量を上回り，しかも地下水位が浅い場合には，塩化ナトリウム・硝酸ナトリウム・石こうなどの可溶性塩類が土壌の表層に集積し，塩類化を招く．
(d) 停滞型：湿潤気候下の排水不良な場所に生じる．水は土壌中に長期間停滞し，可動性は少ない．このような水分状況の結果は，通常，土壌の沼沢化を引き起こす．
(e) 氷成型または永久凍土型：土壌温度がきわめて低い極地やツンドラ地帯に見られる水分状況である．降水量が少ないにもかかわらず，低温のため蒸発散量も極端に少なく，土壌は長期的に過湿状態におかれる．普通，表層近くには永久凍土層があり，これが不透水層となるので，降水量が蒸発散量を上回る地域にありながら洗脱が弱く，土壌中に鉄，アルミニウムの化合物や炭酸カルシウムや硫酸カルシウムが集積することもある．

これらの土壌の水分状況型のほかに，たとえば融雪季や雨の多い春には洗浄型を示し，乾燥した暑い夏には非洗浄型や分泌型を示すといった中間的なタイプが認められることが多い．

(2) **マトリックポテンシャル**

土壌が水を引きつけて保持する力はマトリックポテンシャル（毛管ポテンシャルともいう）といい，圧力単位（パスカル，気圧，水柱の高さなど）で表わされる．マトリックポテンシャルの大きさは孔隙の大きさによって異なり，孔隙が小さいほど強く作用する．植物が利用することのできる水をどのくらい蓄えることができるかといった土壌の能力を評価するには，何％から何％までというように水分含量で表わすこともできるが，その場合には土壌の種類によって値が大きく変化するので実用上きわめて不便である．そこでこの難点を除くために R. K.

注）現在の気候状態のままで，地表面に十分に水を供給した場合に起こりうる最大限の蒸発散量．

6. 土壌生成因子

スコフィールドはpFという概念によって統一的に示す方法を提案した(Schofield, 1935). pFは水柱の高さをcm単位に換算し，その絶対値の常用対数で示される．これを用いると土壌の種類が異なってもほとんど変わらない特性値が得られる．このような理由から，湿潤な土壌試料に，測定しようと思う水の形態を特徴づけているpF値に相当する圧力(または吸引力)を加えて，過剰の水を排除する方法が広く用いられている. pFと他の圧力単位との間には以下のような関係がある．

　　1気圧＝1バール＝0.1 Mpa＝水柱 10^3 cm＝pF3
　　0.1気圧＝0.1バール＝0.01 Mpa＝水柱 10^2 cm＝pF2

(3) 土壌水分の特性値

植物の生育と関連する重要な水分特性値として圃場容水量(ほじょうようすいりょう)，永久しおれ点，有効水分などがある．圃場容水量は原理的には土壌によって保持される水の最大量(毛管水＋結合水)に相当する．実際にはある期間降り続いた雨が止んだ後，土壌からの水分蒸発を防ぎながら，24時間後に測定した24時間容水量(FC_{24})が用いられる．したがってこの測定値にはゆっくりと排水される重力水の一部が余分に含まれていることになる．圃場容水量は土性や地下水位の違いでいろいろ変わるが，わが国の畑地ではpF2程度の土壌が広く分布しているといわれている．土壌の乾燥が進むと毛管水のつながりが切れ，水分の連続した移動が困難になり植物の生育が衰え始める．このときの水分ポテンシャルはpF3付近で毛管連絡

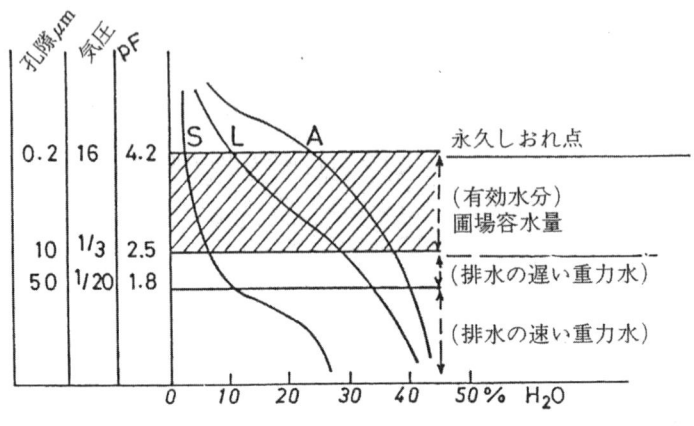

図6.4　毛管ポテンシャル曲線
(Duchaufour, Abrégé de pédologie, ©Dunod, 1983)

切断点とよぶ．さらに土壌が乾燥して pF3.8 程度になると植物の根は吸水が困難になって萎れ始めるが，ここで灌水してやると再び生き返るのでこの点を初期しおれ点という．さらに乾燥して pF4.2 になると植物は全く吸水できず枯死してしまうので pF4.2 を永久しおれ点とよぶ．pF2 と pF4.2 つまり圃場容水量と永久しおれ点の間の水分量は植物が利用可能な水分含量に相当し有効水分とよばれる．図 6.4 は 3 種類の異なる土壌における孔隙の大きさ，毛管ポテンシャルと各種形態の水分含量との関係を示した毛管ポテンシャル曲線である．

6.2.3. 気候と土壌分布の間にみられる規則性
(1) 土壌－気候分布圏

ヴォロブエフ(1972)は，世界土壌図・年降水量図・年平均気温図を組み合わせることによって，図 6.5 に示したように主要な生成的土壌型を土壌－気候

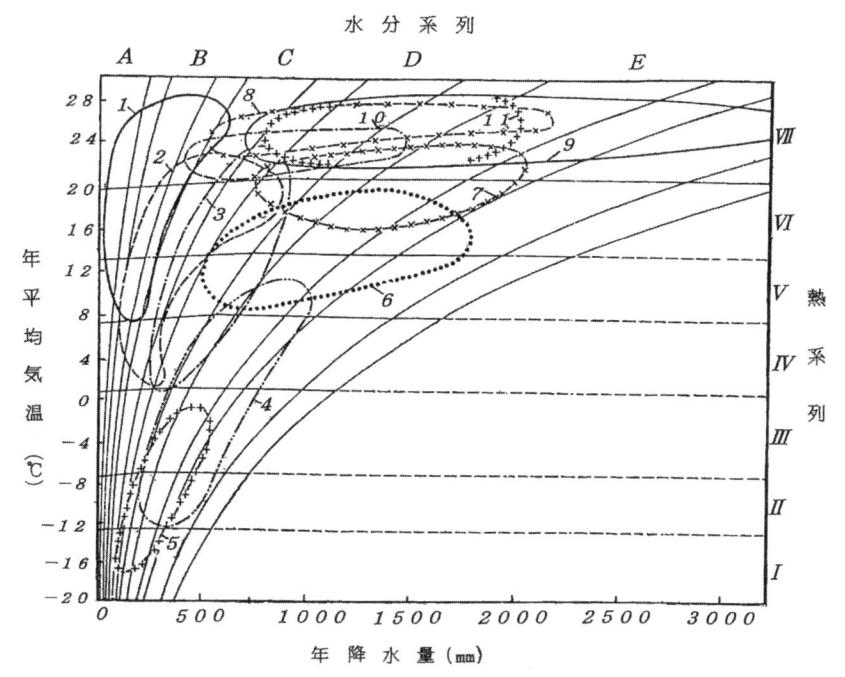

1－シエロジョームと沙漠土，2－栗色土，3－チェルノジョーム，4－ポドゾル性土，
5－ツンドラ土，6－褐色森林土，7－亜熱帯赤色土と黄色土，8－ラテライト，
9－熱帯赤色土，10－乾性林の弱溶脱土，11－サバンナの赤褐色土.

図 6.5　世界の主要土壌型の気候的分布圏と水熱系列
（ヴォロブエフ，1972）

分布圏とよぶ気候帯に配置した．ここで横軸に示されている水分系列は，年降水量と最大可能蒸発散量の比(Kn)によって示され，以下のように区分されている；A：沙漠(Kn＜0.19)，B：半沙漠(0.19＜Kn＜0.39)，C：乾燥ステップ(0.39＜Kn＜0.74)，D：中度湿潤(0.74＜Kn＜1.22)，E：湿潤(1.22＜Kn＜2.00)，F：きわめて湿潤(2.00＜Kn＜3.10)，G：極端に湿潤(3.10＜Kn)．

(2) 生態気候区分と土壌分布

吉良(1976)は，温度と乾湿度を両軸にとった座標上に世界の大生態系を位置づけるシステムとして，図6.6に示したような生態気候区分を提案した．縦軸の温度気候帯は暖かさの示数(warmth index, WI)と寒さの示数(coldness index, CI)によって7つの気候帯に区分されている．暖かさの示数(WI)とは，1年のうち月平均気温5℃以上の月のみを選び，各々の月平均気温から5℃を減じた値を総計したもので，次式で示される．

$$WI = \sum_{n=1}^{12}(t_n - 5) \quad (t_n \geqq 5℃)$$

ここでt_nは月平均気温(℃)である．
寒さの示数(CI)は，月平均気温が5℃より低い月について，月平均気温から5℃を減じた値を総計したもので，次式で示される．

$$CI = \sum_{n=1}^{12}(t_n - 5) \quad (t_n < 5℃)$$

また，横軸の乾湿度気候帯はケッペンの気候区分(河村，1990)で用いられている降水効率式による示数値(K)で次のように与えられる．

$$K = \begin{cases} P\,/\,2(T+7) & \cdots\cdots\cdot 1年中多雨の場合 \\ P\,/\,2(T+14) & \cdots\cdots\cdot 夏雨の場合 \\ P\,/\,2T & \cdots\cdots\cdot 冬雨の場合 \end{cases}$$

ここで，Pは年降水量(mm)，Tは年平均気温(℃)を表わしている．

図6.6には気候区分とそれに対応する植物群系が示されているが，各気候帯に示されている成帯性土壌型は，参考のために著者が書き加えたものである．

6.2. 気候因子　107

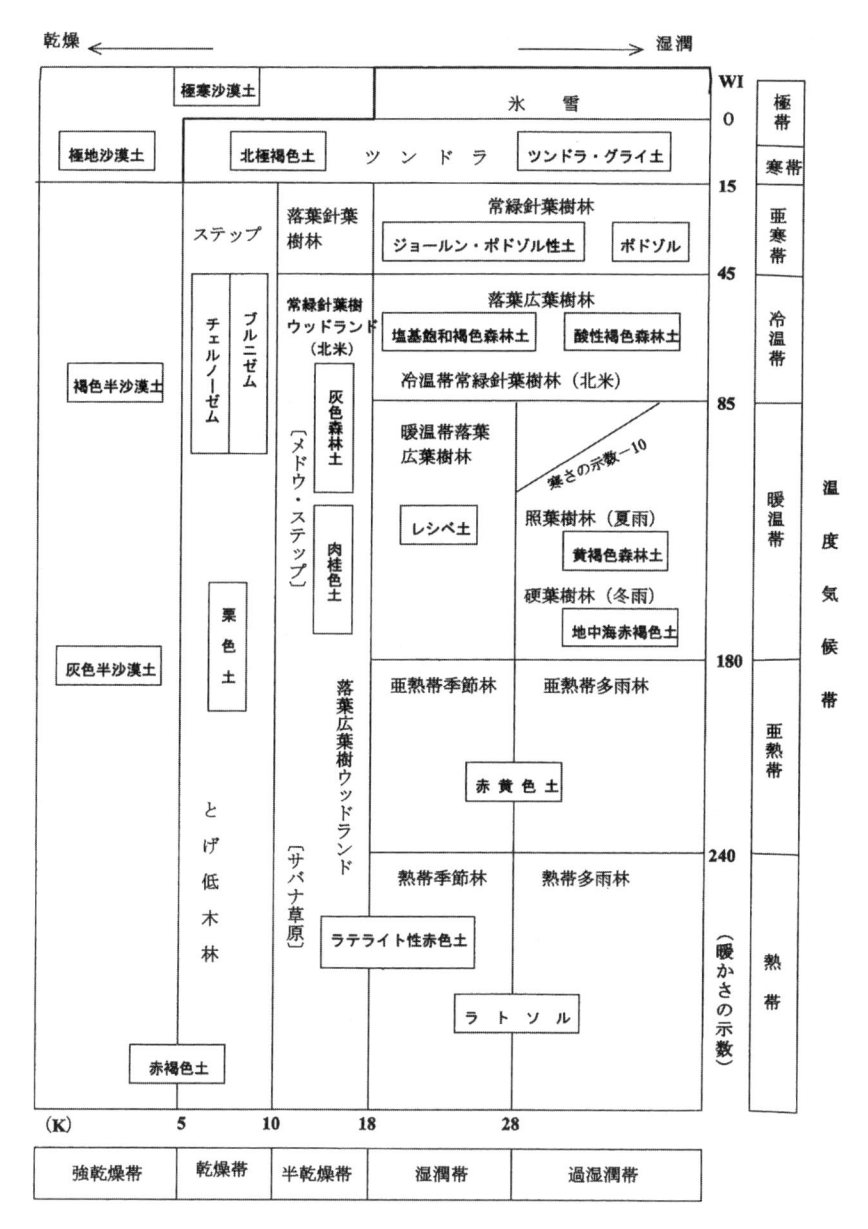

図 6.6　温度，乾湿度の組み合わせによる生態気候区分
（吉良，1945 により作成）

6.3. 生物因子

　自然的生物因子には,植物・土壌生物(土壌動物と土壌微生物)の作用が含まれる.土壌生成に対する人間の影響も広い意味では生物因子の1つに数えられるが,農林業を始めとする種々な人類の生産活動は,生産力の増大とともに土壌の自然的性質を広範囲かつ大規模に変化させるようになってきているので,人類の活動は「人為的因子」として他の生物因子から区別して取り扱われるようになってきている.

6.3.1. 植物の作用

　一地域に生育している植物の集団すなわち植生(vegetation)は,他の土壌生成因子や土壌と相互に影響をおよぼしあいながら,土壌生成過程において独特な役割を果たしている.その内容は次のようなものである.

(1) **土壌有機物の主要な供給源としての植生**

　植物が落葉落枝(litter)や根の枯死部などの形で年々土壌に還元する植物遺体の量,質(化学組成)ならびに供給様式は植物群系によって異なっており,このことが土壌生成の発達方向に重要な影響をおよぼしている.

　植物体の現存量は,表6.5に見られるように,一般に草本植生よりも木本植生の方がはるかに多い.しかし年々土壌に還元される落葉落枝や根の枯死部の量は,

表6.5* 旧世界北半球の主要な植生型の生産性** (コノノワ, 1976, P.158)

項　目	測定単位	ツンドラ 極地性	ツンドラ 灌木性	タイガのトウヒ林 北方	タイガのトウヒ林 中央	タイガのトウヒ林 南方	ナラ	乾燥中度のステップ	乾燥ステップ	亜灌木性砂漠	亜熱帯落葉樹林	亜熱帯サバンナ	乾燥サバンナ	湿潤熱帯林
生物量	100kg/ha	50	280	1,000〜2,600〜3,300			4,000	250	100	43	4,100	268	666	5,000
根　部	100kg/ha	35	231	220〜600〜735			960	205	85	38	820	113	39	900
根　部	全植物体中のパーセント	70	83	22〜23〜22			24	82	85	87	20	42	6	18
落葉枯死部(地上部と根部)	100kg/ha	10	24	35〜50〜55			65	112	42	12	210	72	115	250
同　上	全植物体中のパーセント	20	9	3.5〜2〜1.5			1.5	45	42	30	5	22	17	5
植物遺体とステップマット	100kg/ha	35	835	300〜450〜358			150	62	15	—	100	—	13	20
落葉枯死部:緑色部の植物遺体の比		14	92	17〜15〜10			4	1.5	1.0	—	0.7	—	0.2	0.1

* 補遺(1965)
** 本表は、L. E. ロージンとN. I. バジレヴィッチ(1964)により"旧世界の北半球の主要な植物型の生物生産性"
(ソ連科学アカデミー報告, 157巻, 1号)中で概括されたデータをもちいた

ステップの草本植生では現存量の約 50%にも達するが，サバンナ植生では 17〜22%，森林植生では 5%以下にすぎない．したがって乾燥中度のステップ草本植生が毎年土壌に供給する植物遺体の量は，トウヒ林やナラ林などの森林植生よりもはるかに多い．

土壌に植物遺体が還元される様式も，草本植生と木本植生とでは本質的に異なっている．多くの木本植生では，土壌中に存在する根の占める割合は現存量の 20%前後であるが，草本植生の場合には 82〜85%と地上部に匹敵する割合を占めており，地下部の割合が地上部のそれを大きく上回る場合もしばしば報告されている(表 6.5)．そのため木本植生の植物遺体の大部分は地表に堆積するので，土壌の腐植層は一般に薄い．これに対して，草本植生下では植物遺体が地表と土壌中にほぼ均質に集積されるので，厚い腐植層(A 層)が発達する．

落葉落枝の化学組成もまた植物の種類によって異なっている．表 6.6 が示すように，一般に樹木遺体にはリグニンが多く，草本植物，コケ類，地衣類，藻類にはヘミセルロースや可溶性炭水化物が多い．また針葉では蠟，脂肪，樹脂の含量が多く，灰分，窒素に乏しい傾向がある．そのため針葉樹の落葉落枝からは

表6.6 高等植物および下等植物体の近似的化学組成(乾物百分中)
(コノノワ，1976，P.65)

試 料	蝋,脂質,樹脂	蛋白質	セルロース	ヘミセルロースと可溶性炭水化物	リグニン
多年生マメ科草本:					
根	10〜12	10〜15	20〜25	25〜30	10〜15
葉	—	12〜20	15	10〜12	5
多年生イネ科草本，根	5〜12	5〜10	25〜30	25〜30	15〜20
広葉樹種:					
葉	3〜5	4〜10	15〜25	10〜20	10
木材	—	0.5〜1	40〜50	20〜30	20〜25
針葉樹種:					
針葉	20〜25	5〜7	20	15〜20	15
木材	—	0.1〜1	45〜50	15〜25	25〜30
コケ	—	5〜10	15〜25	30〜60	なし(?)
地衣類	—	3〜5	5〜10	60〜80	8〜10
藻類	—	10〜15	5〜10	50〜60	なし
バクテリア	—	40〜70	なし	粘液	なし

酸性の粗腐植が形成されやすく,土壌物質の溶解,浸透移動が促進されやすい.一方,広葉樹の落葉落枝からは安定なムル型の腐植が形成されやすい.

(2) **無機成分の循環量におよぼす植生の影響**

　植物の灰分含量とその元素組成は,土壌－植物系によって異なり,これによって土壌をめぐる無機成分の循環量に大きな差異が生じる.すでに述べたように,有機質ならびに無機質成分の土壌をめぐる循環においてもっとも大きな役割を果たしているのは,年々土壌に還元される落葉落枝であって,その中でもっとも重要なものは落葉であり,葉には灰分がもっとも多く集積している.表 6.7 はわが国に分布する主要樹種の落葉の無機組成を,また表 6.8 には主要な植物群の灰分組成を示した.

表 6.7　本邦主要樹種の落葉の無機組成(乾物中％)　(森田禧代子,1972)

樹　種	灰分	P_2O_5	K_2O	CaO	MgO	N
ス ギ	4.8	0.04	0.10	2.5	0.35	0.47
ヒノキ	4.1	0.05	0.24	2.0	0.45	0.50
アカマツ	2.3	0.03	0.14	0.8	0.20	0.36
カラマツ	7.0	0.24	0.56	1.1	0.50	1.00
ブ ナ	5.7	0.08	0.53	1.3	0.35	0.67
サワラ	4.8	0.16	0.26	2.3	0.36	0.47
シラカバ	4.0	0.14	0.50	1.5	0.80	0.82
コナラ	5.7	0.06	0.30	1.8	0.55	0.86
ツ ガ	4.6	0.08	0.28	2.0	0.36	0.44
モ ミ	3.0	0.08	0.44	1.1	0.35	0.58
ドイツトウヒ	6.3	0.08	0.27	1.7	0.40	0.75
ヒメコマツ	1.5	0.04	0.10	0.5	0.16	0.61
コウヤマキ	2.5	0.04	0.23	1.2	0.39	0.30
ミズナラ	4.4	0.06	0.24	1.4	0.52	0.89
ヒ バ	7.7	0.03	0.13	4.2	0.20	0.38
シラベ	2.7	0.07	0.18	1.1	0.61	0.60
ウダイカンバ	3.5	0.11	1.10	1.0	0.27	1.70
クヌギ	3.6	0.11	0.20	1.5	0.49	1.19
ク リ	5.4	0.07	0.45	2.5	0.74	0.77
ヤマグルマ	4.0	0.12	0.27	2.0	0.64	0.64
シロバナシャクナゲ	3.2	0.07	0.14	1.8	0.48	0.42
ト チ	4.8	0.17	0.50	2.2	0.47	0.96
カツラ	6.9	0.12	1.00	3.5	0.46	0.43
ススキ	6.6	0.03	0.56	0.3	0.37	0.26

表6.8 植物の灰分組成, 灰分中の% (Kovda, 1973)

植物群	灰分%	K	Na	Ca	Mg	Fe	P	S	Si	Cl
バクテリア(10種の平均)	7.3	14.7	0.6	6.0	4.8	0.6	1.0	1.2	0.6	—
藻類										
緑藻類(9種の平均)	25.3	5.0	12.2	23.1	1.7	0.5	1.5	8.3	2.6	10.3
褐藻類(56種の平均)	27.8	18.2	12.3	8.6	3.2	0.7	1.2	6.3	1.0	20.0
紅藻類(27種の平均)	20.0	11.0	14.8	7.0	4.2	0.6	1.6	12.7	0.7	6.7
真菌類	7.2	28.4	2.7	3.2	2.4	1.4	16.5	2.3	1.3	1.3
地衣類										
固着地衣(3種の平均)	8.7	0.98	0.5	77.6	2.1	0.9	0.09	0.8	8.2	—
葉状地衣(19種の平均)	4.5	10.0	1.9	16.0	2.8	3.5	2.6	4.0	6.7	—
樹枝状地衣(90種の平均)	2.6	9.3	3.5	12.0	2.4	3.0	2.3	2.9	16.8	0.4
蘚苔類(29種の平均)	4.6	8.0	2.5	16.0	4.0	5.3	2.1	2.3	12.2	4.0
シダ(9種の平均)	6.9	35.4	3.3	20.0	5.0	0.6	3.6	2.4	3.7	10.2
トクサ類(49種の平均)	19.0	11.2	1.5	8.1	1.6	0.6	1.8	2.2	29.3	4.1
ヒカゲノカズラ類(4種の平均)	5.1	13.7	0.9	4.3	2.4	0.8	1.7	1.6	6.3	1.4
裸子植物										
木全体(22種の平均)	3.8	15.4	—	26.4	4.5	2.0	6.2	6.2	4.2	—
針葉(5種の平均)	4.5	6.5	—	21.0	1.7	0.4	2.6	6.0	16.0	—
単子葉植物										
水生植物(12種の平均)	16.3	15.5	5.1	20.5	5.2	4.2	3.5	2.3	4.0	3.4
イネ科植物(260種の平均)	6.6	23.0	3.1	4.4	1.9	2.1	2.1	2.4	19.0	6.1
ユリ科植物(10種の平均)	8.1	30.7	4.8	11.2	3.5	1.1	4.6	2.4	2.7	7.3
双子葉植物										
タデ科植物(15種の平均)	9.5	25.0	5.0	20.0	7.5	1.4	2.6	1.9	1.5	2.9
アカザ科植物(290種の平均)	20.5	12.4	19.5	7.3	3.8	0.9	1.6	5.0	2.4	14.5
十字科植物(108種の平均)	9.6	23.0	7.7	17.0	2.3	1.5	4.0	4.0	3.0	7.9
マメ科植物(190種の平均)	7.9	27.0	3.4	18.0	3.4	1.0	4.7	1.7	5.1	4.1
セリ科植物(7種の平均)	13.0	28.4	—	18.6	4.1	—	3.1	2.0	—	7.8
ツツジ科植物(10種の平均)	2.1	16.0	4.0	16.8	6.3	1.9	3.7	2.3	5.9	2.5
キク科植物(28種の平均)	7.0	18.8	8.0	12.1	3.5	1.0	3.2	2.7	3.2	9.0
栽培植物										
イネ科(60種の平均)	7.0	31.8	1.8	4.8	2.0	0.4	3.2	2.6	15.0	5.5
マメ科(50種の平均)	10.4	27.0	3.2	11.8	3.2	1.7	3.4	2.4	6.6	5.8

　植物体の化学組成は, 同一植物でも採取時期, 共存する他の植物の種類, 土壌中の無機成分含量などによってかなり変動するが, 概括的に見るならば表6.8に示したように, 植物の種類によってかなり特徴的な差異が認められる. バクテリアでは灰分組成中とくにKの占める割合が多く, 藻類の灰分含量は

バクテリアの 3〜4 倍で，K とともに Na, S, Cl が多い．真菌類ではこれらの元素のほかに P と K の割合が増大し，地衣類や蘚苔類ではさらに Ca, Fe, および Si の割合が増大している．シダ類とヒカゲノカズラ類の灰分含量は多くはないが，灰分組成で注目すべき点は K と Cl の含量が著しく多いことである．トクサ類では灰分含量が高いだけでなく，Si 含量が非常に高い．

またイネ科植物の Si 含量も非常に高い．針葉樹類とくにマツ類の針葉は広葉樹の葉にくらべて灰分が少なく，またイネ科植物の Ca 含量は樹木類の葉にくらべてきわめて低い．広葉樹の中でもヒメヤシャブシ，コバノヤマハンノキなどのハンノキ類の落葉は著しく N に富んでおり，その分解がきわめて速いことが知られている．

年々土壌に供給される無機質成分の総量は，供給される植物遺体の量と灰分含量によって決まるわけであり，植物群系による差異の一例を表 6.9 に示した．表 6.9 から，湿草地チェルノーゼムステップで毎年土壌に還元される灰分の量は広葉樹林の 2 倍，針葉樹林の 10 倍にも達していることが分かる．

表 6.9 灰分と窒素の土壌中への年間の還元量

植物群系	灰 分 (kg/ha)	窒 素 (kg/ha)
針葉樹林	60〜120	20〜25
広葉樹林	400〜500	70〜75
湿草地性チェルノーゼムステップ	800〜1,000	100〜120
ソロネッツ性湿草地ステップ	800〜	150〜200
短命植物－ヨモギ沙漠	450〜500	100〜
多汁質アカザ沙漠	100〜400	15〜20
タキール	20〜	8〜10

(ヴォロブエフ，1972)

(3) 植物根による土壌の物理性の変化

岩石の風化過程において植物根が行う機械的作用については 5.1.1.(6) ですでに述べたとおりであるが，植物根は土壌生成過程においても種々重要な役割を果たしている．

まず第 1 に，枯死した根が分解された跡には導管系が形成されて，土壌中における水と空気の流通性を増大させる．導管系の数，大きさ，広がりは植物の種類によって異なり，マツ・スギ・ナラ・カシ・シデのような深根性樹木は太い導管を深部まで形成するが，ヒノキ・トウヒ・ブナなどの浅根性樹木の導管系

は浅い．またイネ科その他の草本植生は多数の小孔隙を作るが，1m以上の深さに達するのはまれである．これに対してマメ科草本類の一部であるアルファルファ，レンゲ，クローバなどでは根が数mの深さにまで達するので，導管系も土壌深部まで形成される．

さらに重要な点は，土壌の団粒形成に果たしている根の役割である．微生物が分泌する粘質物や鉄・アルミニウムの水酸化物などで鉱物粒子が接着されてできた微小団粒は，植物根によって締めつけられて安定な耐水性団粒構造が作られる．単粒構造の土壌では微生物が安定して棲める小孔隙に乏しいが，植物根の作用で作られた団粒構造は小孔隙に富み，微生物の「棲みか」として高度化しており，後述するように，土壌の中にさまざまな微生物が生存できる条件を作っているのである．

(4) 土壌の水分状況・温度状況におよぼす植生の影響

植生は，植物被による降水の遮断，表面流去水量の減少ならびに蒸散作用による水分消費などを通じて土壌の水分状況に影響をおよぼしている．トウヒ林に関するレメゾフ(1948)の研究によれば，一連続雨量が1～2mmの場合には降水量の68～82%が，2～10mmの降雨では40～50%が樹冠で遮断され，10mmを超す降雨の場合だけ大部分が樹冠の下に達する．岩手県のアカマツ林でも同様な結果が得られている(村井，1970)．草本植生の場合には，このような植物被による降水の遮断は比較的少ないと見られている．

表6.10は，各種森林における水分収支の例を示したものであるが，タイガ地帯

表6.10 各種森林下の土壌の総括的水分収支(%)
(ヴァシルエフ，1950 ； ゾン，1954)

消費項目	森林ポドゾル性土	広葉樹林下の土壌	ステップ帯の土壌	
			大森林地	林帯
樹冠による遮断量	30	20～25	<31	<20
表面流去	5	—	42	45
物理的蒸発と下草による消費	10	15	—	—
土壌内流去	10	25	—	—
林冠による消費	30	30	<31	<35
地下水への流出	15	5*	僅少	僅少

*一部表面流去をふくむ． (ヴォロブエフ，1972より引用)

の針葉樹林では降水量の約15%が地下水へと浸透し,それによって毎年土壌から可給態の養分元素の一部が運び去られている.一方,森林ステップ地帯の広葉樹林下における土壌水分状態の基本的な特性は,水分の深層への流出が毎年見られるとは限らないことである.さらにステップ地帯では,タイガ地帯や森林ステップ地帯にくらべて地表からの蒸発量が多く,深層への水分の流出はほとんど行われない.

　土壌の温度状況におよぼす植生の影響も土壌生成の点から見て重要である.一般に,よく閉鎖された森林では,日射量の80～90%が森林によって吸収され,約5%が林床に達する.そして吸収した日射エネルギーの約2/3が蒸発散に使用されている.したがって,森林は裸地や農耕地にくらべて,気温や地温の極端な変化を調節している(温度補償作用).図6.7は,全山森林で覆われた伊香保森林測候所と全山不毛地となった足尾測候所の最高・最低気温を比較したものであるが,前者では後者にくらべて最高気温が低く,最低気温は高くなっており,森林の温度補償作用を明らかに示している.また図6.8は林内と林外の地温の比較を示したものであるが,林内の地温は林外にくらべて,春から秋にかけて低く,冬季には逆に高く,季節的変動の幅が小さいことを示している.

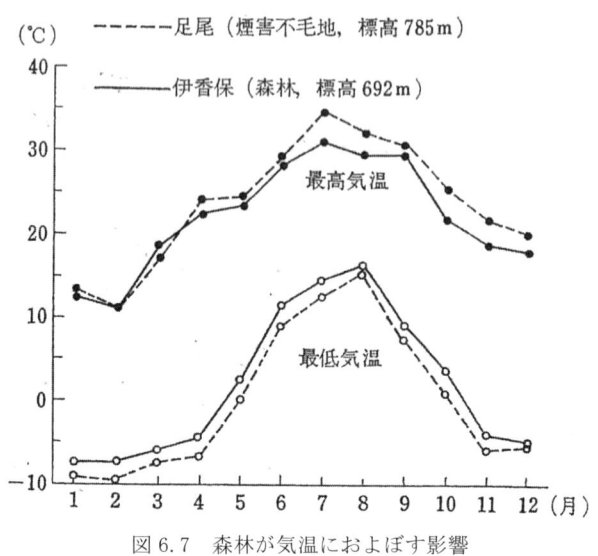

図6.7　森林が気温におよぼす影響
(伊香保森林測候所,1914)

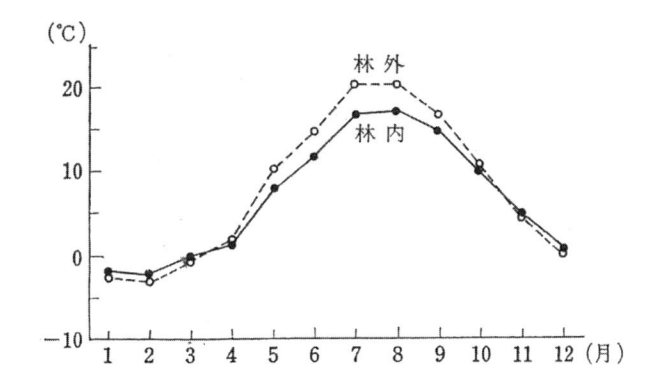

図 6.8 森林が地温におよぼす影響
広葉樹天然林内外の地温(地下 30 cm)の年変化
(日光森林測候所, 1918)

草本植生も同様な影響を地温におよぼすが，その度合ははるかに小さく，そのうえ局所的な特徴をもっと多く示す．

(5) **土壌侵食に対する植生の影響**

世界中で広く利用されている土壌侵食量の予測式として，USLE(Universal Soil Loss Equation)がある(Renard et al., 1997). USLEでは侵食量(A)は次式で表わされる：

侵食量(A)＝降雨(R)×土壌(K)×斜面長(L)×傾斜(S)×被覆(C)×管理(P)

この中で植生の違いによる被覆の影響はきわめて大きい．表 6.11 には地表の状態による表面侵食の程度が示されているが，裸地に比して林地では年侵食土量が圧倒的に少なくなることが分かる．また表 6.12 は，森林でも伐採区の面積割合が増すと年侵食土量が増え，伐根までも掘り取ると一段と激しい侵食を受けることを示している．とくに森林の管理方式に伴う林床植生の違いが土壌侵食におよぼす影響は顕著である．わが国では近年ヒノキ人工林における間伐遅れと土壌侵食の問題が指摘されているが，これは，間伐が

表 6.11 土地利用と土壌侵食量（金子, 1961）

土地利用	土壌侵食量 (kg/10a)
草生敷わら	100＞
普通畑，桑園，草地，林地	100〜500
清耕果樹園	1,000〜2,000
裸地（耕作跡地）	2,000〜2,500

(植物栄養土壌肥料大事典, 1976, p.815 より引用)

表 6.12　伐採区の位置・面積割合と年侵食量
(川口武雄他，1948)

伐採区の位置と 面積割合	年侵食土量 (t/ha)	年侵食土量の比較 (伐採せず:1)
全面伐採に伐根掘取	28.53	78
全面伐採	3.66	10
斜面上部3/4伐採	2.06	6
斜面上部1/2伐採	1.14	3
斜面上部1/4伐採	0.75	2
伐採せず	0.35	1

行われず林内が極端に暗くなると下層植生が消失し，しかもヒノキの落葉は細片化して流去しやすいため土壌を被覆する落葉層も消失しやすくなるためとされている(鳥居，2007)．

　植生によって十分に覆われている土壌は，風によって吹き飛ばされることはめったにないが，裸地または部分的に露出した土壌は，とくに乾燥している場合には風食を受けやすい．0.1～0.5 mm の砂粒子が 60％以上含まれている土壌がもっとも吹き飛ばされやすいといわれており，とくに細砂，石英質粘土(炭酸カルシウムがこの大きさの果粒を作りやすいため)，完熟腐植を含む泥炭土などが吹き飛ばされやすいといわれている．

6.3.2. 土壌動物の作用

　土壌動物というのは，大型植物遺体をも含めた土壌環境に永続的あるいは一時的に生息し，そこでなんらかの活動を行っている動物群である(青木, 1972)．土壌動物の存在は目立たないが，その種類と数はきわめて多く，日本に分布するものだけでも7門18綱79目505科(脊椎動物を除く)に達するといわれており，土壌微生物とともに生態系の分解者として土壌をめぐる物質循環とエネルギーの転流にとって不可欠な役割を果たしており，その土壌生成学的意義もきわめて大きい．

　図 2.12 (49 ページ)は，代表的な土壌無脊椎動物の大きさと生息密度を示したものである．もちろん種々の条件によって動物量は大いに変わってくるが，図2.12 から概略の様子を知ることができよう．土壌微生物の作用が主として化学的であるのに対して，土壌動物の作用は主として物理的である．その第1は地表や地中の植物遺体の機械的粉砕であり，第2は土壌中での摂食や移動などによる土壌の耕耘や有機物と無機物の混合である．

(1) 粉砕作用

　倒木・朽木・朽株・太い枯枝などの大型植物遺体の粉砕に際しては，材食性の動物とくに甲虫類の幼虫のはたらきが非常に大きい．無脊椎動物の多くは強力な大顎(ヤスデ・ワラジムシ・昆虫など)あるいは鋏角(ササラダニなど)をもっていて，これで落葉落枝などを噛み砕いて摂取する．彼等は非常に大食家であり，多数の糞粒を排せつし，腐植の形成に重要な役割を果たしている．肥沃な土壌では，植物遺体の大部分は動物の消化管を一度は通過するものであるという．

(2) 攪拌混合作用(均質化作用)

　土壌微生物のはたらきには含まれていない，土壌動物独自のはたらきとして攪拌混合作用があり，これは均質化作用ともいわれている．土壌の攪拌混合作用は大型で強力な掘穴性動物(ミミズ・アリ・シロアリ・哺乳類)によって行われる．

　ミミズの土壌攪拌混合作用を最初に明らかにしたのは，進化論で有名なチャールズ・ダーウィンである．彼は，土壌の表面に積み上げられるミミズの糞塚(cast)に注目し，毎年どのくらいの土壌がミミズの消化管を通って地表に出されるかを調査した結果，その量が8～18t／エーカー／年という驚くべき数値になることを明らかにした(ダーウィン，1979)．

　地表に排出された糞は，周囲の有機物を主体とする層よりも無機物に富み，地下に排出された糞は周囲の土よりも有機物に富んでいる(青木，1972)．このことは下層に向かうほど有機物が減少し，無機物が増加するという土壌の層位分化を反転する結果となり，ミミズが「自然界の鋤」といわれる理由もここにあるのである．ミミズの糞粒は団粒構造を形成し土壌の物理性をよくするとともに，その化学組成は炭素含量，窒素含量，交換性塩基，リン酸含量が高く，反応は中性に近いので土壌の肥沃性を増大させる役割を果たしている(表6.13参照)．

　熱帯地方では温帯地方のミミズに代わってシロアリの攪拌混合作用が盛んになる．シロアリの塚(termite mound)は，シロアリが口でくわえて地下から運び上げた土によって構成されているので，ここでも大反転作用が行われる．Lee & Wood(1971)によれば，1種類のシロアリだけが棲んでいるところでも，塚の建設に使用されている土の量は乾土で23,100～36,000 kg/ha，2種のシロアリが関与しているところでは46,500 kg/ha，4種のシロアリが棲むところでは実に62,500 kg/ha という量に達している．

表 6.13 表層中のヒナフトミミズ排せつ物および周囲の土壌の化学的性質
(有村, 1973)

	排せつ物				土 壌	
	F$_1$	F$_2$	F$_3$	F$_4$	IAOA	IB$_{21}$
pH (水)	5.7	5.7	5.8	5.7	4.8	4.8
有機炭素 (C) (%)	13.2	15.9	18.5	19.7	1.7	0.7
腐　植 (%)	22.7	27.4	31.8	34.0	3.0	1.2
全窒素 (N) (%)	0.5	0.5	0.6	0.8	0.1	0.04
C/N比	26.4	31.8	30.8	24.6	15.8	17.4
陽イオン交換容量 (me/100g)	42.1	41.9	51.7	55.5	14.5	14.1
交換性陽イオン量 (me/100g):						
Ca	13.2	16.1	22.5	22.8	1.7	1.0
Mg	5.1	5.1	4.4	4.3	0.6	0.7
K	3.5	3.3	3.6	3.3	0.5	0.3
Na	1.9	1.9	1.5	2.3	0.4	0.4
塩基飽和度 (%)	56	63	62	59	22	20
アンモニア態窒素 (mg/100g)	14.0	9.8	7.7	9.2	2.0	tr.
硝酸態窒素 (mg/100g)	5.7	3.6	4.2	12.2	1.0	tr.

　土壌の撹拌混合にとって小哺乳類の掘穴作用も重要である．モグラ，トガリネズミなどの食虫類は地中深いところに坑道を作り，その際に地表に多量の下層土を盛り上げて mole-hill とよばれるものを作る．草食性の齧歯類(ステップマーモットやプレリードッグなど)地上の植物質を地下の巣穴に運び込んで貯蔵するし，また巣を作るための植物質も搬入する．

　ステップ地帯のチェルノーゼムの厚い A 層(腐植層)の下方に特徴的に見られる，ステップマーモットによって作られた巣穴はクロトヴィナとしてよく知られている．またこれらの小哺乳類の地下への脱糞も同じような意味で重要である．

　その他干拓地などでは，ハゼ・ムツゴロウ・カニ・ゴカイ・アナジャコなどの巣や通路が土壌中の粗孔隙や管孔の形成に大きな役割を演じている．

(3) 団粒形成過程

　土壌粒子の基本単位は，粘土粒子の凝集体，粘土粒子に取り囲まれた細菌細胞，粘土粒子と腐植の複合体などからなる 20 μm 以下の 1 次凝集体からできている．板状の粘土鉱物粒子が凝集する仕方には，図 6.9 に示したように，粒子

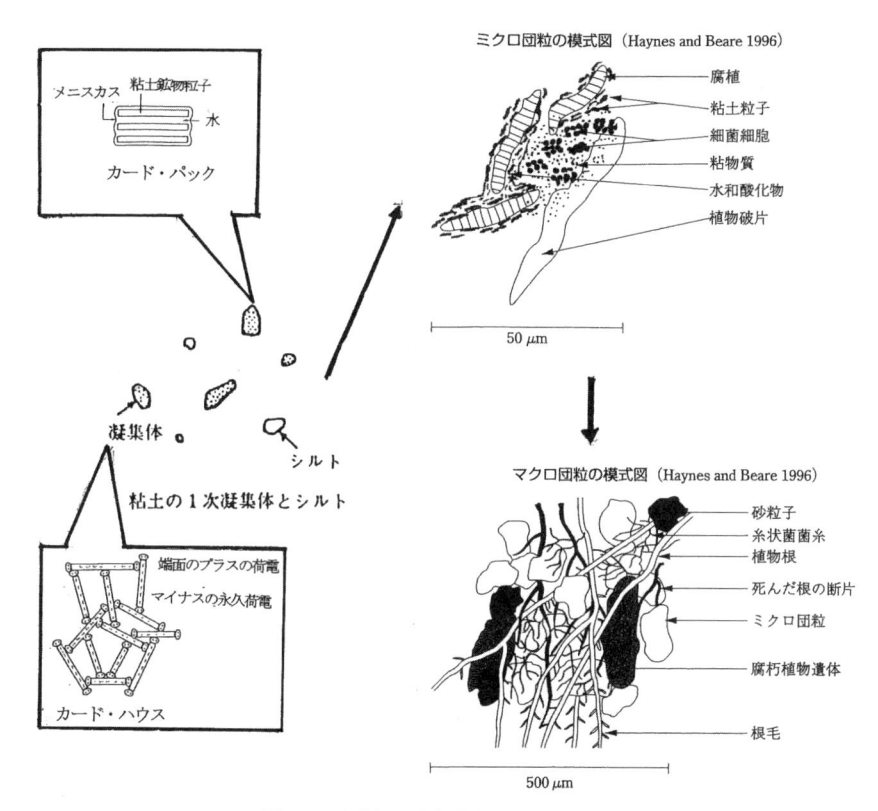

図 6.9　団粒の形成過程を示す模式図

が平行に並んだカード・パックとよばれるものと，粘土鉱物粒子の面と縁にあるマイナスの荷電がプラスの荷電もつ遊離酸化物を仲立ちとして静電気的に結合しているカード・ハウスとよばれるものとがある(岩田，1985)．これらの1次凝集体がミミズの体内に入って腸内を移動する間に粘土鉱物と有機物は十分に混合され，次いで粘液で覆われ，これを核として微細な粒子が接着されて20〜250 μm の大きさの集合体(ミクロ団粒)が形成される．こうしてできたミクロ団粒と植物遺体の断片が，植物根や糸状菌菌糸によって絡み合わされることによってマクロ団粒(>250 μm)が形成される．またミミズの体内を通った土壌粒子と有機物からなる糞塊は，それ自体が耐水性のマクロ団粒になっており，普通の土壌団粒よりも安定性が強く壊れにくいとされる(青山, 2010)．

6.3.3. 土壌微生物の作用
(1) 土壌微生物が関係する化学反応

土壌動物が,主として粉砕や攪拌混合といった物理的作用によって,動植物遺体の崩壊過程に関与しているのに対して,土壌微生物の作用の特徴は,その生活過程で作られる酵素の間断ないはたらきによって,物質の化学的分解を行う点にある.このような作用の詳細については「土壌微生物学」の参考書を見ていただくことにして,ここでは土壌生成過程と関係の深い点に限って簡単に説明することにする.

森林下の落葉落枝の微生物による分解に際しては,多くの場合,糸状菌(真菌類)が先行する.石井(1972)によれば,これらの真菌類の土壌断面内の分布型には3つのタイプが認められ,L層で最大を示すのはある種の不完全菌類に限られ,F層～H層で最大なのは接合菌類(*Mucor*),子のう菌類(*Chaetomium*),不完全菌類(*Penicillium, Bisporomyces*)であり,A層とその下部で最大を示すものは接合菌類(*Nortiella*),不完全菌類(*Oidiodendron, Dentaceae*)からなるといわれている.

また L, F, H 層に生息するバクテリアは,*Arthrobacter*, *Pseudomonas*, *coli-aerogenes*, *Achromobacter*, *Mycobacterium* など発酵型のものが多く,これに対して A 層では *Bacillus* が格段と多くなる.

リグニン含量の少ない落葉や1年生草本植物の遺体の分解においては,もっとも栄養分となりやすいデンプンやブドウ糖などの糖類が糖分解性の糸状菌・細菌によってまず分解され,ついでセルロースやヘミセルロースがセルロース分解菌によって分解され,最後に強力なリグニン分解能をもつ担子菌(キノコ)によってリグニンが分解されていく.これに対して細胞がリグニン組織の壁でとりまかれている木材の分解の場合には,まず担子菌類によってリグニンが分解されたのちに,糖分解菌,セルロース分解菌によって糖類,セルロース,ヘミセルロースが分解されていく.

このような微生物による有機物の分解過程で無機物の一部は遊離される.N,S,P その他の無機化合物が植物根へ再吸収される形に変化する過程は主として細菌のはたらきで行われる.

タンパク質分解能は細菌,放線菌,糸状菌に広く見出され,分解に際して生じたアミノ酸は,分解の初期段階では大部分が微生物体のタンパク質の再合成

に用いられる．C/N 比が 12 前後に低下すると，アミノ酸は脱アミノ作用を受けてケト酸あるいは脂肪酸とアンモニアに分解される(アンモニア化成作用 Ammonification)．アンモニアは亜硝酸菌(*Nitrosomonas*)のはたらきで亜硝酸に変えられ，さらに亜硝酸は硝酸菌(*Nitrobacter*)によって硝酸へと酸化される．このようにアンモニアから亜硝酸を経て硝酸に変化する生物的過程は硝酸化成作用(Nitrification)とよばれる．嫌気性微生物の大部分のものは硝酸を亜硝酸やアンモニアへ還元する能力をもつと考えられており，また少数のものは還元をさらに進めて亜酸化窒素(NO)あるいは分子状窒素(N_2)を作ることができ，この過程を脱窒作用(denitrification)という．

ある種の微生物は，空気中の窒素を固定して土壌を肥沃にしている．単独で窒素固定を行うもの(単生窒素固定菌)としては，好気性菌の *Azotobacter*, *Beijerinckia*，ラン藻(シアノバクテリア)ならびに嫌気性菌の *Clostridium*，緑色硫黄細菌(*Chromatium*)，紅色硫黄細菌(*Chlorobium*)などがある．これに対して共生的窒素固定を行うもの(共生窒素固定菌)はすべて好気性菌であり，マメ科植物と共生する根粒菌(*Rhizobium*)やハンノキ，ヤシャブシなどに根粒を形成する放線菌(*Frankia*)などがよく知られている．

硫黄も窒素と同じように土壌中で複雑な形態変化を行う．S や $S_2O_3^{2-}$ はチオ硫酸菌(*Thiobacillus*)によって SO_4^{2-} に変化し，硫化物は緑色硫黄細菌(*Chromatium*)や紅色硫黄細菌(*Chlorobium*)によって硫酸に変化する．また硫酸は *Vibrio desulphuricans*, *V. aesturii* などにより硫化物へ還元される．土壌中における硫黄，硫酸，硫化物間の変換は，すべて微生物だけが行うことのできるものである．ワクスマンとスターキーは *Thiobacillus thiooxydans* が土壌中で硫酸を作ることによって，不溶性のリン鉱石を過リン酸石灰に変える重要なはたらきをすることを証明した(Waksman and Starkey, 1924)．

このほか，Fe^{2+} を Fe^{3+} に酸化する鉄細菌(ベキアトア)や Mn^{2+} を Mn^{4+} に酸化するマンガン酸化菌(*Pseudomonas, Serratia, Aerobacter*)などは，土壌の斑紋や結核の生成という重要な土壌生成過程において大きな役割を果たしている．

(2) **土壌微生物の組成と土壌群の関係**

土壌微生物の組成は土壌の種類によって特徴的な差異を示す．表 6.14 は熱帯地域(タイ国)の雨季における耕地土壌の表土の微生物組成を示したものである．

6. 土壌生成因子

また表 6.15 は旧ソ連の北から南へと気候帯および土壌が変化するにつれて，細菌・細菌胞子・放線菌・糸状菌の組成が変化する様子を Mishustin(1956) がまとめたものである．

表 6.14 各大土壌群における微生物の数 (Araragi et al., 1979)

微生物 大土壌群	糸状菌 ($\times 10^5$)	放線菌 ($\times 10^5$)	好気性細菌 ($\times 10^5$)	アンモニア化成菌 ($\times 10^3$)	アンモニア酸化菌 ($\times 10^3$)	亜硝酸酸化菌 ($\times 10^3$)	脱窒菌 ($\times 10^3$)	アゾトバクター ($\times 10^3$)	窒素固定藍藻 ($\times 10^3$)
赤黄色ポドゾル性土	1.7	87	124	150	1.1	0.41	3,400	1.7	4.0
レゴソル	1.8	41	38	50	0.62	0.099	280	0.011	0.73
灰色ポドゾル性土	1.8	64	90	73	2.2	1.5	480	0.36	3.1
褐色森林土	4.0	108	320	75	6.0	2.0	1,070	4.9	0.13
非石灰質褐色土	1.7	56	110	144	6.9	0.63	270	5.5	2.4
赤褐色ラテライト性土	0.70	73	87	21	3.2	0.15	560	6.5	2.1
グルムソル	2.8	49	150	34	2.1	0.34	770	9.9	1.1
沖積土	1.8	54	61	37	2.5	0.26	710	1.8	10
レンジナ	5.6	210	270	53	0.26	0.25	1,200	0	0.048
低腐植質グライ土	1.4	28	81	44	0.36	0.37	600	0.036	0.88
平均	2.1	73	124	84	1.9	0.68	1,280	2.83	2.4
標準偏差	1.6	54	125	87	2.3	1.2	3,090	4.90	3.7

(乾土1g当たりの菌数) ©Japanese Society of Soil Science and Plant Nutrition

表 6.15 土壌群とミクロフロラ (Mishustin, 1956)

地帯 (Zone)	土壌 (Soils)	未既耕地の別	全菌数 10^3/g	細菌 %	細菌胞子 %	放線菌 %	糸状菌 %
ツンドラ (Tundra) タイガ (Taiga)	ツンドラグライ土 (Tundra gleys) およびグライ化ポドゾル (Gley podzolics)	未	2140	95.6	0.7	1.4	2.9
		既	4847	98.0	0.6	1.6	0.4
森林 (Forest) 湿草地 (Meadow)	ポドゾル (podzols) およびグライ化ポドゾル (Gley podzolics)	未	1086	89.3	12.0	8.1	2.7
		既	2620	70.7	14.9	28.2	1.1
湿草地草原 (Meadow steppe) および草原 (Steppe)	チェルノーゼム (Chernozems)	未	3630	63.8	21.4	35.4	0.8
		既	4533	64.4	24.5	35.1	0.5
乾燥草原 (Dry steppe)	栗色土 (Chestnuts)	未	3482	64.8	19.3	34.7	0.6
		既	6660	67.6	23.0	32.0	0.3
砂漠草原 (Desert steppe) および砂漠 (Desert)	褐色土 (Brown soils) および灰色土 (Serozems)	未	4490	63.4	17.7	36.1	0.5
		既	7378	66.1	19.8	33.6	0.3

一般に比較的乾燥した草地では好気性細菌や放線菌が活動し，植物遺体を急速に分解し，無機質の母材とよく混合したムル型の腐植が形成される．湿草地や泥炭地のような排水不良地では嫌気性細菌が活動し，植物遺体の分解が不完全で泥炭などの未熟な有機物が厚く集積し，また複雑な中間的分解産物を形成する．

　森林は一般に湿潤で糸状菌が生育しやすい．糸状菌は好気性細菌よりも植物遺体の分解作用が緩慢でモル型の粗腐植を形成しやすい．しかし温帯や暖帯の適潤性の森林下では好気性細菌の活動も活発になり，無機物とよく混合した細粒のムル型腐植が形成される．

　アカマツ・ツガ・シイなどでは根に糸状菌が共生して外生菌根(ectotrophic mycorrhiza)を生じる．とくに乾燥した地形状況ではその遺体がO層下部に厚く堆積して，灰白色海綿状の菌糸網層(mycelium layer)を形成し，雨水の浸透を妨げるので土壌はますます乾燥して，植物の生育を妨げるようになる．

6.4. 地形因子

　地形(topography, landform)すなわち地表面の形状は，平面または曲面の集合からなる立体とみなすことができる．地表面の起伏(relief)は，高所・低所・斜面の三要素で構成されている．したがって土壌生成因子として地形が果たしている役割は，これらの三要素との関係において，次のような3つの役割に大別することができる．

① 太陽放射エネルギーと降水量を地表面で再配分することによって局地気候の差異を生じる．
② 地表面の起伏は，降雨水の表面流去の度合を左右することによって土壌侵食(水食)に影響し，したがって土壌断面形態の発達程度に大きく影響する．
③ 地表面の起伏の差は，母材の透水性とあいまって，降雨水の浸透を左右し，したがって土壌の内部排水状況に影響する．

6.4.1. 斜面の方位(slope aspect)

　北半球では南向きの斜面は，北向きの斜面よりも暖かくなり，したがって北向きの斜面よりも乾燥しがちであることはよく知られている事実であり，この傾向は夏と春にとくに著しい．このような斜面の方位による局地気候の違いに

よって，異なった土壌が生成される場合が多い．たとえば，スイスの Engadin にある石灰岩からできた円錐丘の南斜面にはムルレンジナが，北斜面には針葉レンジナが生成している(ミュッケンハウゼン，1973, p.8).

またアメリカ，オハイオ州東部の丘陵地では，南斜面の好乾性ナラ林下に酸性褐色森林土ないし灰褐色ポドゾル性土が発達しているのに対して，北斜面の適潤性ブナ－カエデ－シナノキ林下には褐色森林土が存在している(ビュールほか，1977).

図6.10に示したように，一般に，日向斜面は相対的に温暖・乾燥で土壌動物相は変化に富み，有機物は無機物とよく混合されている．これに対して，日陰斜面は相対的に寒冷・湿潤で土壌動物相は限られ，酸性の有機物が表面に集積する傾向がある．

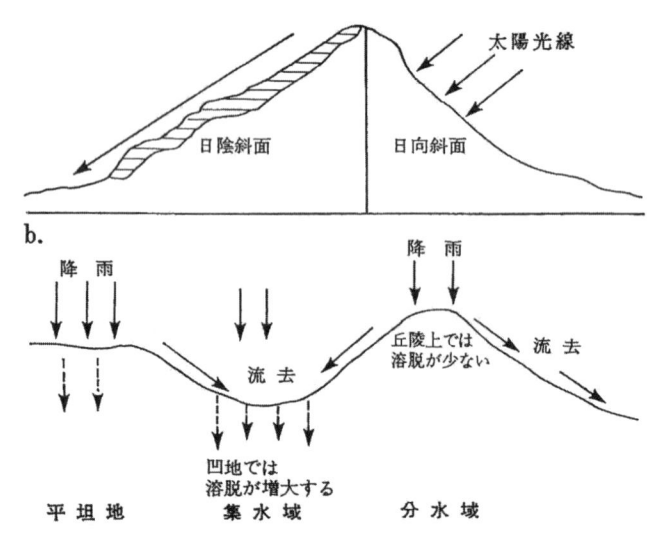

図6.10 斜面の向きと起伏の影響 (ブリッジズ，1990)
(a) 日陰斜面と日向斜面の土壌，(b) 平坦地，集水域，分水域

また風向に対する斜面の向きの関係も土壌の生成に対して大きな影響をおよぼすことが知られている．日本アルプスの高山帯(標高約2,400m以上)の稜線付近では，風向斜面は積雪量が少なく乾燥するためにハイマツ群落が成立し，風背斜面では積雪量が多いため地温はあまり低下せず，湿潤な水分環境のため高山草原(お花畑)が成立する(五百沢，1967)．北アルプスのこのようなハイマツ群落下にはポドゾルが発達し，高山草原(草本性お花畑)には腐植に富んだ高山草原土が，そして小潅木性お花畑にはポドゾルまたは高山草原土が分布している(熊田，1961)．

　わが国の落葉広葉樹林帯(ブナ帯)では，南ないし西向きの風衝地には堅果状構造の発達した弱乾性褐色森林土(Bc)が生成しやすく，さらに八甲田山の標高1,000m付近のブナ林下では，西向き斜面にしばしばポドゾル性土が見られる．その原因は，偏西風の風衝地であるため土壌が乾燥し，水分不足によって落葉の分解が遅れ，酸性腐植が集積するためポドゾル化作用(168ページ参照)が進行するためと考えられている(大政，1951)．

6.4.2. 斜面の形態

　一般に斜面上部には残積成母材が形成され，斜面下部には重力および表面流去水により風化砕屑物が移動して崩積成母材を堆積し，斜面中部では侵食と堆積が平衡を保っている匍行成母材が分布することはすでに述べたとおりである(p.95, 6.1.3.母材の堆積様式による区分を参照)．ここでは，斜面の形態と土壌の発達との関係という点から，もう少し詳しく説明しよう．

　斜面は縦断面の形態によって凸型斜面，平衡斜面(または等斉斜面)，凹型斜面に分けられる(図6.11)．

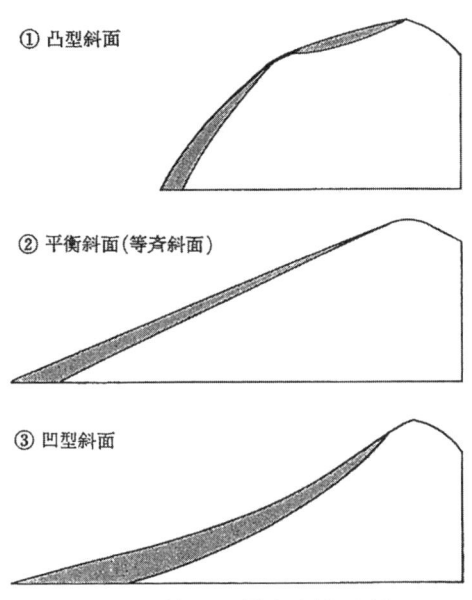

① 凸型斜面

② 平衡斜面(等斉斜面)

③ 凹型斜面

図6.11　斜面の形態と土層の厚さ

凸型斜面の尾根筋と肩部では，水や土壌物質が斜面下部へ流去しやすいため，土壌は常に薄く，また風や陽光の当たりがよいので土壌は乾燥しやすい．

凹型斜面では，尾根筋では水や土壌物質は下方へ移動しやすいが，斜面下部には水が集まりやすく，土壌物質も厚く堆積して土層は厚くなる．

平衡斜面の尾根筋では，凸型斜面や凹型斜面の尾根筋の場合と同様であるが，斜面中部と下部では常に上部から土壌物質が供給されるとともに下方へも移動していくので，一定の土層の厚さを保ちつつ土壌物質は交代している．つまり尾根筋と凸型斜面の肩部では，土層が薄くて堅く，養分や水分が少ない．平衡斜面の中・下部および凹型斜面の中部では，土層は適度に厚く，養水分も中庸で，しかも土壌は空隙に富んで膨軟である．凹型斜面の下部では土層は非常に厚く，養水分にも富んでいるという一般的傾向が認められている（松井，1976）．

6.4.3. 斜面の傾斜度（slope angles）

傾斜度が土壌の生成におよぼす一般的傾向は表 6.16 のように要約される．30°～32°の傾斜角は，多くの地域において安定な地表面と不安定な地表面の境界値となっている．50°以上の斜面は絶壁であり，40°以上の斜面上には連続した土壌被は見られない．40°～37°の斜面上には岩屑土〔(A)/C土壌〕しか発達しない．37°～

表 6.16 斜面の傾斜度が土壌の生成におよぼす一般的傾向
（Bunting, 1967 により作成）

傾斜度	斜面の状態と物質の動き	土 壌 生 成	
50°	不安定	絶壁	古土壌は削剥作用により破壊
40°		連続した土壌被をもたない	
37°		(A)/C断面	
32°	等斉斜面	C層の薄いA/C断面	
30°	やや凹型またはやや凸型	崖崩れ・土石流・泥流・崖錐匍行	C層の厚いA/C断面
27° 26°			
20°	安定	斜面流去	土壌断面発達
10° 7°		スランピング匍行	古土壌は大部分保存される
0°			

32°ではC層の薄いA/C土壌が発達するが，一般に等斉斜面であることが多く，土壌被がきわめて薄いため，他の斜面と鋭く交わっている．32°～26°の斜面はやや凹型またはやや凸型でC層の厚いA/C土壌をのせている場合が多い．このような斜面は相互に漸移して，傾斜の変換点は認められない．発達した土壌断面が認められるのは一般に26°以下の斜面上である．また27°～30°以上の斜面では，古土壌は削剥作用によって破壊されてしまっており，古土壌が保存されるのはこれ以下の傾斜度の場合に限られている．30°の傾斜付近では土石流(earthslides)，泥流(mudflows)，崖錐匍行(talus creep)，崖崩れ(debris avalanches)が生じやすく，26°～20°では斜面流去(slope wash)が盛んであり，10°～7°ではスランピング(slumping)や匍行(creep)が生じる．

6.4.4. カテナ(catena)

一定地域内において同一の母材に由来するけれども異なった断面形態をもつ土壌が，地形の変化に対応して規則的に遷移して出現する場合，これら一連の土壌をカテナ(catena)とよんでいる．カテナの概念はG. Milne(1936)が最初に提案したもので，その語源はラテン語の鎖(*catena*)に由来している．図6.12は北海道雄武町曙地区における，細粒質の凝灰質粘土からなる海岸段丘上の微地形

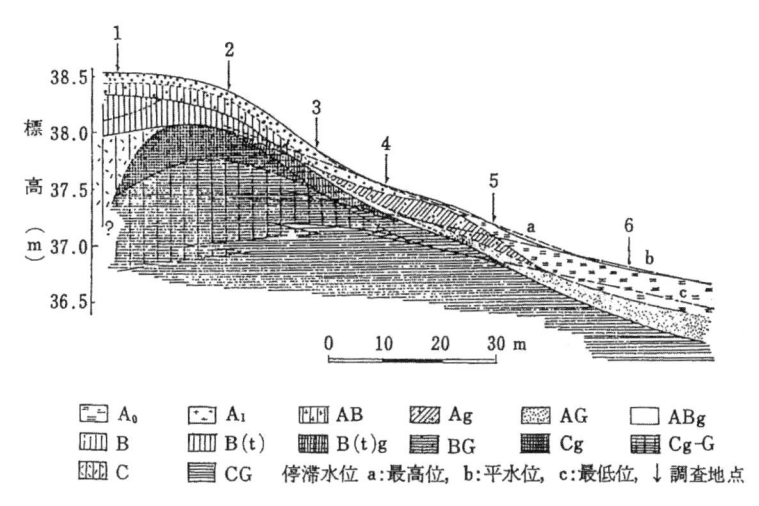

図6.12 ハイドロカテナの微地形と土層構成(北海道雄武町曙)
(佐久間, 1973)

の違いによる水分状態の変化によって形成されたハイドロカテナの例を示したものである．

6.5. 時間因子

6.5.1. 土壌の年代

　土壌の年代(age)という用語は二通りの意味で用いられてきた．第一の意味は，地質学的尺度から見た土壌の形成された時期を示すもので，更新世以前に形成された土壌を古土壌(paleosol)とよぶのに対して，現在(完新世)の自然環境下で形成されている土壌を現世土壌(recent soil)とよんでいる．第二の意味は，母材に土壌生成作用がはたらき始めた時点から定常状態に達するまでの土壌の相対的発達段階を示す場合で，層位分化あるいは特徴的層位の発達程度を指標として，これらがほとんど発達していないものを未熟土(immature soil または young soil)といい，十分に発達して環境と平衡状態に達し，定常状態を示す段階に達しているものを成熟土(mature soil)という．

　土壌生成過程が開始されてから定常状態に達するまでに要する時間，すなわち土壌の発達速度は土壌の種類によって異なり，数百年から百万年という値の間で変動している．また同じ土壌群でも，固結岩から発達する場合よりも火山灰・レスなどの非固結岩から発達する場合の方が速い．

6.5.2. 短期サイクル土壌と長期サイクル土壌

　土壌の生成と分類を考察する場合に，発達速度が数千年以下の短期サイクル土壌(short-cycle soils)と約一万年以上の長期サイクル土壌(long-cycle soils)を区別することが重要である(デュショフール，1988, p.141).

　最終氷期に氷河で覆われていた大部分の寒帯～温帯気候地域では，それ以前に生成した古土壌は氷河作用によって侵食され，後氷期になってから新たに生成した短期サイクル土壌が広範に分布している．これらの土壌は現在の生物－気候条件を反映しており，成因的土壌分類の基礎として役立っている．一方，亜熱帯～熱帯地域では，乾燥気候と湿潤気候の交代があったとしても，氷河作用によって土壌生成が中断されなかったことは明らかで，高温気候の特徴をもっともよく示す長期サイクルの古土壌と強度に風化されたきわめて古い母材がよく保存されている．亜熱帯～熱帯地域にも短期サイクルの土壌が存在するが，

その分布は，(強度の侵食を受けた斜面上や新しい火山灰上など)局所的に限られている．

しかし，寒帯〜温帯気候地域でも最後の氷河作用によっても侵食されずに取り残された古土壌や古い母材が局所的に分布しており，また亜熱帯の山麓でも古土壌が斜面上部からの新しい崩積成母材で覆われているような場所が局所的に分布している．このような場合，古い時代の風化あるいは土壌生成の痕跡は一般に深部の層位で顕著に認められ，上部の層位は後氷期の土壌生成の影響を受けている．このような土壌断面は多サイクル的(polycyclic)または多元的(polygenetic)とよばれている．

6.5.3. 土壌の年代測定法

現在のところ，土壌の発達速度を正確に測定する方法は残念ながら皆無であるが，以下に述べるようないくつかの方法を併用することによって近似値を求めることができる．

(1) **新しい母材上の植生遷移と土壌断面の観測**

Ugolini(1968)によれば，南東アラスカの氷河後退跡地において，氷河後退後の裸地状態の母材上に数年後にヤナギ，スギナなどの初期先駆植物が侵入し，時間の経過とともに母材の風化が進み，有機物の供給とともに A_1 層ができる．55年後には先駆的なポプラーハンノキ林が発達し，B層が分化し始め，90年後には針葉樹林に遷移する．250年後には極相的なトウヒーツガ林が発達し，20 cm程度のO層が発達して，溶脱層と集積層をもつポドゾルが形成される．図6.13は

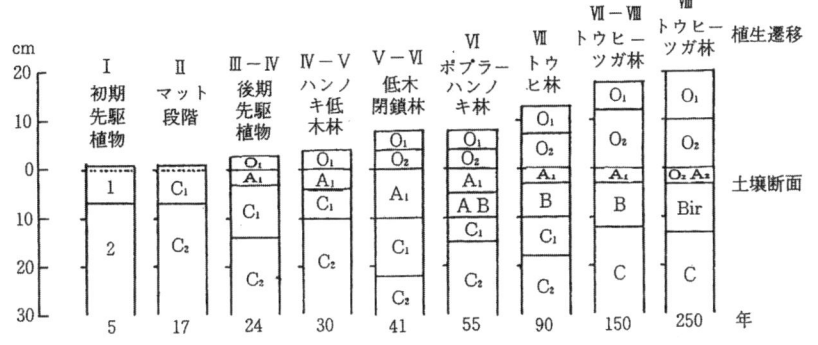

図6.13 アラスカの氷河後退跡地における時間系列と植生，土壌断面の発達過程
(Ugolini, 1968)

この過程を示す原図を簡略化したものである(山谷, 1993). 一般にポドゾル性土壌の発達速度は数百年のオーダーと考えられている. また西日本の花崗岩山地の褐色森林土については, A 層の形成速度が 0.10〜0.53 mm/yr, A 層の成熟には 288〜1,525 年を要すると推定されている(鳥居, 1989).

(2) **土地利用の歴史的記録と土壌断面の変化**

有明海干拓地における水田土壌の発達過程に関する菅野らの研究(Kanno, et al., 1964)によれば, グライ土(Gg/G 断面)から中間型グライ様水稲土(Apg/BgG/G 断面)への変化は比較的速やかに行われ(開田後 12 年以内), 開田後 88〜350 年間には鋤床層の形成過程と鉄・マンガンの混在する Bm 層の発達が進行する. さらに鋤床層が完全に発達し, かつ鉄とマンガンの集積層が分離した典型的な水田土壌の断面形態(Apg/A12 g/Bim/Bm/BmG/G 断面)が形成されるには 400 年以上の時間がかかるものと考えられている.

(3) **年代の異なる, 類似した母材上に形成された土壌の比較**

アイオワ州の風化レスから生成した灰褐色ポドゾル性土壌(Hapludalf)では A_1-A_2 層序の形成に 2,500 年(Parsons, et al., 1962), 粘土の集積した Bt 層を含むソーラムの形成に 4,000 年(Arnold and Riecken, 1964)かかるといわれている.

オーストラリアの赤黄色ポドゾル性土壌(Ultisol)の発達速度については 29,000 年という値が報告されている(Butler, 1958).

また熱帯地域の花崗岩から生成したラトソルの発達速度に関しては, 1 m の厚さをもつソーラムが形成されるのに, 降雨量 2,000 mm では 22,000〜77,000 年, 降雨量 1,500 mm では 53,000〜102,000 年かかるとされている(Leneuf and Aubert, 1960).

一方, 西南日本の太平洋岸に発達する更新世段丘地帯では上位の段丘ほど形成年代が古く, 図 6.14 に示したように, ここでは高位段丘上に限って赤色土が分布し, 中位・低位段丘上には分布していない. したがって, この赤色土は高位段丘形成以後から中位段丘堆積物の堆積中にかけての時期(下末吉海進期≒7〜14 万年前)に生成した古土壌と見なされている(松井・加藤, 1962).

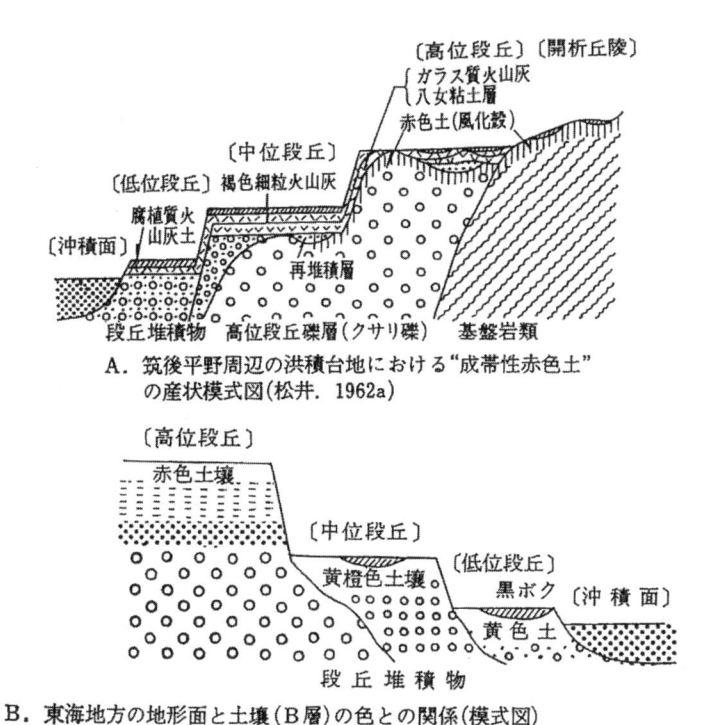

図 6.14 段丘地形と土壌の年代 (松井・加藤, 1962)
Ⓒ日本第四紀学会

　Nagatsuka and Maejima(2001)は，南西諸島の喜界島における氷河性海面変動曲線と平均隆起速度直線を組み合わせる方法によってサンゴ礁段丘の離水時期を求め，次のような土壌進化過程を示した：離水後約1,500年間は露岩地の状態が続くが，その後，固結岩屑土((A)/R断面)(約3,000年後)，初生レンジナ様土(Ah/R断面)(約3,500〜3,900年後)，レンジナ様土(Ah/C/R断面)(約35,000〜40,000年後)，褐色レンジナ様土(Ah/Bw/C断面)(約50,000〜55,000年後)，テラフスカ様土(A/Bt/C断面)(約70,000〜80,000年後)，テラロッサ様土(A/Bt/C断面)(約95,000〜100,000年後)を経て約120,000〜125,000年後にテラロッサ様土と赤黄色土の中間型が生成している．したがって，湿潤亜熱帯多雨林気候下の離水サンゴ礁上で赤黄色土が生成するには約125,000年が必要と推定している．これらの土壌の年齢は，^{10}Be年代測定法によってもほぼ同じ値が得られている(Maejima *et al.*, 2005)．

これらの土壌の絶対年代(x)と遊離酸化鉄の結晶化指数(y)との間には高い相関関係($y=0.0687x^{0.1857}$, $r=0.91$)が認められ，この式を外挿して南大東島の離水サンゴ礁上のラテライト性赤色土およびラテライト性黄色土の生成速度はそれぞれ50±6万年，63±11万年と推定されている(Maejima et al., 2002).

(4) テフロクロノロジーの応用

噴出年代既知のテフラを利用して，山田(1967)は火山灰土壌の発達速度について，①100年未満ではCまたは(A)/C断面，②100〜500年で(A)/C, A/Cまたは A/(B)/C 断面，③500〜1,500年で A/(B)/C または A/B/C 断面，④1,500年以上で A/B/C 断面(カッコをつけた層位は発達微弱なもの)が形成されることを報告した.

また赤木ほか(2002)は，九州南部における古赤色土の生成時期は，加久藤テフラ噴出(34万年前)以前にまでさかのぼり，阿多鳥浜テフラの噴出年代(20〜25万年前)を経て，阿多テフラの噴出前(9.5〜11万年前)まで続いていたと推定している.

(5) ^{14}C 年代測定

土壌有機物の ^{14}C 年代測定は，腐植を含む層位の平均滞留時間(MRT)を示すものであって，そこに含まれる有機物の代謝回転の速さについての情報を与えてくれる．それゆえ，腐植酸が Al や Ca と結合して微生物分解を受けにくい複合体を形成している場合には有効であるが，その他の場合には測定値の解釈に注意が必要である．チェルノーゼムの厚い腐植に富む A 層の発達速度は数千年のオーダーと考えられている(Gerasimov, 1971).

通常のポドゾル(モルの厚さ 10 cm，A_2 層の厚さ 10 cm，B 層の厚さ 25〜50 cm)の発達速度として 1,200 年という値の報告がある(Tamm and Östlund, 1960).

Buol(1965)は，赤色沙漠土の塩類皮殻(caliche)中の炭酸塩の ^{14}C 年代測定を行い，深さ 100 cm で 2,300 年，150 cm で 9,800 年，213 cm で 32,000 年の値を得ている.

図 6.15 は，各種の層位と主な土壌目の発達速度の概要を示したものであるが，定常状態に到達するまでの過程や発達速度については，まだ明らかでない点が多く，今後の研究に待つところが大きい．表 6.17 は，上述の主な土壌群の発達速度に関する情報をまとめて示したものである.

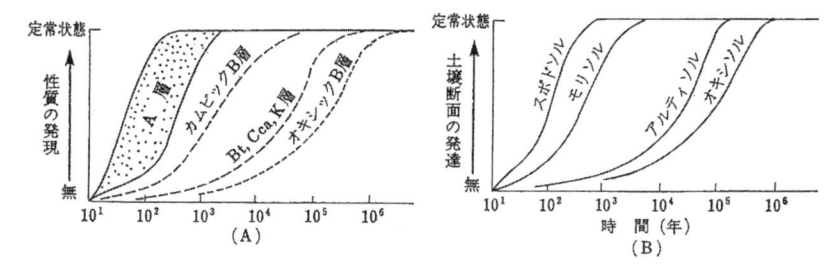

図 6.15 (A)土壌の種々な性質および(B)種々の土壌目が定常状態に達する時間の差異を示す模式図 (Birkeland, 1974)

表 6.17 主な土壌群の発達速度

	土 壌	発達速度(年)	文 献
短期サイクル土壌	ポドゾル	250	Ugolini, 1968
		1,200	Tamm and Östlund, 1960
	典型的な水田土壌	>400	Kanno, et al., 1964
	黒ボク土	>1500	山田, 1967
	チェルノーゼム	数千年	Gerasimov, 1971
	褐色森林土	288〜1,525	鳥居, 1989
	Hapludalf	2,500〜4,000	Parsons, et al., 1962 ; Arnold and Riecken, 1964
長期サイクル土壌	Ultisol	29,000	Butler, 1958
	赤黄色土	≒125,000	Nagatsuka and Maejima, 2001
	ラトソル	22,000〜77,000 /m (雨量2,000mm) 53,000〜102,000 /m (雨量1,500mm)	Leneuf and Aubert, 1960

6.6. 人為的因子

6.6.1. 自然土壌と人工土壌

人類が衣・食・住などの生活必需品の原料を直接または間接的に土壌から得るようになって以来,人類の生産活動も土壌生成過程に影響をおよぼしている.人類の影響を全く受けていなかった自然土壌(virgin soil)は,耕作・伐採・採草・下草刈り・放牧・火入れなどによって,それまでとは異なった土壌生成因子の組み合わせをもたらし,新しい土壌を生成する方向に土壌生成過程を変化させて

いく.このような人為的作用の種類や程度の差によって,土壌生成過程が促進されたり,遅滞したり,異なった方向に変化したり,あるいは極端な場合には,土壌が完全に破壊されてしまうことすらある.

土壌生成過程におよぼす人為的影響の度合いは,初めのうちはそれほど大きなものではなかった.しかし,石灰の施用や化学肥料の使用さらには深耕の導入などによって耕作による土壌の変化は増大し,とくに集約的農業地帯では人為的影響が顕著に現れるようになってきた.さらに機械化の発達によって大規模な農地造成が行われるようになってくると,土壌に対する人為的影響は多面的でしかも短期間に多大な土壌変化をもたらすようになり,自然土壌とは全く異なった人工土壌(anthropogenic soil)が形成されるようになる.したがって,今日では人為的作用は第6番目の土壌生成因子としてますます重要視されるようになってきている.

6.6.2. 人為的影響の種類

作物の栽培は,一般に養分や有機物の損失および土壌の酸性化を引き起こすが,施肥(堆厩肥・化学肥料)や石灰施用によってこれらが防止される.畑の耕起は溶脱作用を弱めるとともに土壌構造の変化を引き起こす.水稲栽培は水田化による土地の均平化を生じるとともに,年間を通じて湛水期の還元状態と落水期の酸化状態が交互に繰り返されるためにFe,Mnの移動が促進され,水田土壌特有の断面形態が形成される.

排水工事によって湿田が乾田化されると地下水位の低下とともにグライ層の出現位置が低下し,また泥炭地で排水・客土による土地改良が行われると泥炭の分解が急速に進み,泥炭土は黒泥土ないし湿草地土に変化する.

果樹園では混層耕や深耕(タコツボまたはざんごう式深耕)によって自然土壌の断面が撹乱された人工土壌(園地土)が形成される.ヨーロッパでは牧畜の目的で人為的に多量の有機物が数百年にわたって堆積された場所に,以前の土壌の上に1m以上の厚い腐植質のA層が形成されており,この土壌はプラッゲンエッシュ(plaggen esch)あるいはプラッゲン土壌(plaggen soil)とよばれている.わが国でも,竹林下にこれと類似した土壌が生成していることがあり,また堆厩肥の施用と深耕を40年以上も続けた結果,黄色土から厚さ40cmの腐植に富んだAp層をもつ園地土に変化している例が知られている(永塚,1997,p.189).

山地の森林が皆伐されると激しい土壌侵食や地すべりを引き起こし禿山を生じる．また平地の森林の皆伐は砂質土壌や軽しょうな土壌に対して風食を誘起する．人工植林によって落葉広葉樹林が針葉樹林に変化するとポドゾル化の傾向が助長される．

　わが国の草地の大半は，野火や森林伐採の人為的な影響で二次的にできたものといわれており，このような人為的作用による植生変化によって土壌生成過程が大きく変化することが知られている．

　工業用地や宅地造成は，自然の土壌断面を破壊するだけでなく，短期間に土壌を削剥して下部の母材や母岩を地表に露出させ，造成以前の自然環境と全く異なった状態に変化させるという点で，施工に際してとくに注意しなければならない．

　古代文明発祥地の1つであるメソポタミアにおいて，夏季の灌漑農耕が行われるようになって以来，毛管現象によって地下水中に溶けている塩類が地表に集積した結果，かつての「肥沃な三日月地帯」が，今日では塩類土壌の沙漠と化してしまっている．地中海沿岸地方の丘陵地帯では，耕地の開墾，牧草地化，薪の収集，建築材の伐採，ヤギの放牧などによる森林破壊によって土壌侵食が促進されたため，ギリシャ・ローマ時代にはすでに今日見るような禿山と化してしまったといわれている(カーター/デール，1975)．

　1930年代に何度も発生したアメリカ合衆国西部の大草原地帯からの砂嵐は3億5千万tにものぼる肥沃な表土を吹き飛ばしてしまったが，この原因は草原地帯を穀物栽培の目的のために耕地化してしまったことによるものであり，これをきっかけにアメリカ土壌保全局が設立(1935年)されたことは有名な話である．一方，オランダでは中世以来の干拓事業によって，国土の半分に近い莫大な肥沃な土地を数百年にわたる国家的な計画によって獲得してきたことも周知の事実である．

　これらの例は，人為的因子が土壌生成過程におよぼす影響がいかに大きなものであるかを示しているとともに，人類の土壌に対する作用いかんによっては，文明の滅亡を招いたり，あるいは文化の繁栄をもたらすという歴史的教訓をも示すものである．

6.6.3. 土壌劣化

土壌がもっている多様な機能が,正常にはたらかない状態に変化することを土壌劣化(soil degradation)という.国連環境計画(UNEP)の調査によれば,今日,世界の土壌のおよそ15%に当たる19億6,400万haが,人間活動によって引き起こされた土壌劣化の被害を受けていると推定され,極端な場合には土壌の消失さえ生じている.

(1) 土壌劣化の種類と現況

劣化した土壌の地理的分布は一様ではなく,また土壌劣化の種類や規模も表6.18に示したように地域によって異なっている.土壌劣化の中でもっとも多いのは水食(流水による侵食)で,世界の劣化土壌の56%(10億9,400万ha)を占めている.風食(風による侵食)は28%(5億4,800万ha)でこれに次ぐ.養分あるいは有機物含量の低下,塩類の集積,汚染,酸性化といった化学性の悪化による土壌劣化は12%(2億3,900万ha),圧密化,湿地化,泥炭地の沈下などの物理性の悪化による土壌劣化は4%(8,300万ha)となっている.

表6.18 人間活動によって引き起こされた土壌劣化 (単位:百万ha)

土壌劣化のタイプ		アジア	アフリカ	南アメリカ	中央アメリカ	北アメリカ	ヨーロッパ	オーストラレシア	合計
侵食	水食	439.6	227.4	123.2	46.3	59.8	114.5	82.8	1093.6
	風食	222.2	186.5	41.9	4.6	34.6	42.2	16.4	548.4
化学性の悪化	養分,有機物の損失	14.6	45.1	68.2	4.2	−	3.2	0.4	135.7
	塩類集積	52.7	14.8	2.1	2.3	−	3.8	0.9	76.6
	汚染	1.8	0.2	−	0.4	−	18.6	−	21.0
	酸性化	4.1	1.5	−	−	0.1	0.2	−	5.9
物理性の悪化	圧密化	9.8	18.2	4.0	0.1	0.9	33.0	2.3	68.3
	湿地化	0.4	0.5	3.9	4.9	−	0.8	−	10.5
	泥炭地の沈下	1.9	−	−	−	−	2.6	−	4.5
合計		747.1	494.2	243.3	62.8	95.4	218.9	102.8	1964.5

(Oldeman et al., 1991により作成)

(2) 土壌劣化の原因

土壌劣化の分布を原因別に見ると(表6.19),森林伐採による土壌劣化の50%以上がアジアに分布し,南アメリカがこれに次いでいる(17%).森林伐採はアジア,南アメリカにおける土壌劣化の主要な原因であるが,驚くべきことに

6.6. 人為的因子

表 6.19 土壌劣化の原因別面積と割合(単位:百万 ha)

	森林伐採	過放牧	不適切な農業管理	植生の過剰採取	産業活動	大陸別合計
アフリカ	67(12)	243(36)	121(22)	63(47)	＋	494
アジア	298(51)	197(29)	204(37)	46(35)	1(4)	746
南アメリカ	100(17)	68(10)	64(12)	12(9)	－	243
北・中央アメリカ	18(3)	38(6)	91(16)	11(8)	＋	158
ヨーロッパ	84(15)	50(7)	64(12)	1(0)	21(91)	219
オーストラレシア	12(2)	83(12)	8(1)	－	＋	103
世界合計	579(100)	679(100)	552(100)	133(100)	23(100)	1,964

＋:百万ha未満, ( ):各原因の大陸別分布割合%

(Oldeman *et al*. 1991より作成)

ヨーロッパ(主として東部と中部)においても主要な原因となっている.アフリカでは森林伐採は土壌劣化の原因としては比較的重要性が小さい.過放牧による土壌劣化は,過剰な家畜の飼養や不適切な家畜管理が原因で風食や水食に至るもので,アフリカやオーストラレシアでは森林伐採よりも過放牧による土壌劣化がはるかに重大である.アジアにおける過放牧による土壌劣化の全面積もきわめて広大なものである(1億9,700万ha).

不適切な農業管理による劣化には塩類集積などが含まれ,これによる劣化土壌の35%以上はアジアに分布し,北アメリカや中央アメリカではもっとも比率が高く,約60%に達している.植生の過剰採取による劣化の主なものは,燃料用に植生を過剰に利用するためで,その約半分はアフリカに分布している.

産業活動による土壌劣化は,工業活動に起因する土壌汚染や酸性化でヨーロッパに集中している(2,100万ha).

全体的に見て,アジア・アフリカ地域に土壌劣化が集中しているが,とくにアフリカは,植被に対して土壌劣化の割合が高く,農業生産性の低い地域でさらに土壌劣化が進んでいるということは,きわめて深刻な問題である.

7. 基礎的土壌生成作用

　第5章および第6章で風化作用や土壌生成因子について説明した際に，土壌中ではきわめて多くの理化学的，生化学的反応が進行していることを述べた．これらの個別的反応過程の間には密接な相互関連性があるため，ある1つの反応あるいは反応群が相対的に強まると，他の一連の反応群も強まったり弱まったりする．その結果，複雑多岐にわたる土壌生成過程の中に，一定の環境条件と一定の土壌発達段階において相互にきわめて密接に結びついた，諸反応過程の一定の組み合わせが区別される．このような**土壌生成過程を一定方向に導く，相互にきわめて密接に結びついた，物理的－化学的－生物学的諸反応の一定の組み合わせを基礎的土壌生成作用**(elementary soil-forming processes)という．表7.1は，現在一般に認められている主要な基礎的土壌生成作用とその特徴を要約したものである．これらの基礎的土壌生成作用は，土壌生成現象の基本的カテゴリーに応じて3主要群にまとめられる．すなわち，

　Ⅰ．土壌物質の無機成分の変化を主とする基礎的土壌生成作用．

　Ⅱ．土壌物質の有機成分の変化を主とする基礎的土壌生成作用．

　Ⅲ．無機および有機土壌生成物の変化と移動を主とする基礎的土壌生成作用．

　Ⅰは，高温・高圧条件下で安定な造岩鉱物(一次鉱物)が分解されて，地表の常温・常圧条件下で安定な二次鉱物や新生鉱物に再合成されていく過程であり，無機成分の変化を主とするものである．

　Ⅱは，地表付近に広範に存在する諸条件下における有機質植物遺体の変化過程であり，土壌に本質的な性質を与える有機－無機複合体の形成，有機物遺体が泥炭層として保存される過程を含んでいる．有機物が CO_2, H_2O および無機態窒素(NH_4^+, NO_3^- など)に変化する**無機化**(mineralization)の過程には，6.3.3.で述べたアンモニア化成作用，硝酸化成作用，脱窒作用などが含まれており，これらは土壌肥沃度および土壌中での物質循環とエネルギーの転流といった機能面できわめて重要な過程であるが，土壌断面形態の形成には直接関与して

表 7.1 基礎的土壌生成作用とその特徴

基礎的土壌生成作用		特徴
I もの無機成分の変化を主とする	初成土壌生成作用	土壌生成の初期段階で,堅い岩石の表面に最初に棲みついた微生物,地衣類,コケ類の働きによって進行する.
	土壌熟成作用	水面下の堆積物が干陸化する過程で生じる物理的,化学的,生物的変化.
	粘土化作用（シアリット化作用）	土壌中で一次鉱物が分解されて,新たにシリカやアルミナを含む結晶性粘土鉱物や非晶質粘土が生成される.
	褐色化作用	一次鉱物から遊離した鉄が酸化鉄の粒子となって土壌中に一様に分布する.
	鉄質化作用	粘土化作用（シアリット化作用）よりもさらに風化が進んだ段階で見られ,1:1型粘土鉱物が多くなる.
	鉄アルミナ富化作用（フェラリット化作用）	高温・多湿な熱帯気候条件下で,塩基類や珪酸の溶脱が進行し,鉄やアルミニウムの酸化物が残留富化する.
II もの主の有変機化成を分	腐植化と腐植集積作用	土壌表面に落葉などが堆積・分解し,腐植化して土壌に暗～黒色味を与える.
	泥炭集積作用	水面下において湿生植物の遺体が集積する.
III するもの無機および有機質土壌生成物の変化と移動を主と	グライ化作用	酸素不足のため還元状態となり,第一鉄化合物によって青緑灰色の土層が形成される.
	疑似グライ化作用	湿潤還元と乾燥酸化の反復によって,淡灰色の基質と黄褐色の斑鉄や黒褐色のマンガン斑からなる大理石紋様が形成される.
	塩基溶脱作用	可溶性塩類や交換性陽イオンが土壌水に溶けて失われていく過程.
	粘土の機械的移動（レシベ化作用）	表層の粘土が分解されずに,そのまま浸透水とともに下層に移動・集積する.
	ポドゾル化作用	表層に堆積した有機物の分解によって生じたフルボ酸によって,酸化鉄やアルミナが溶解して下方に移動・集積する.
	塩類化作用（ソロンチャーク化作用）	塩類に富む地下水が毛管上昇して蒸発し,土壌断面内や地表に塩類が沈殿析出する.
	脱塩化作用	塩類土壌の塩分が抜け始めると炭酸ナトリウムが優勢となって強アルカリ性になり,さらにアルカリがぬけると粘土が分解して,粘土・腐植・R_2O_3の移動が起こる.
	石灰集積作用	遊離した石灰と水中の炭酸とが結合して炭酸カルシウムとなって沈殿する.
	水成漂白作用	表層から鉄やマンガンが還元溶脱されて,表層が灰白色に漂白される.
IV 人為的	水田土壌化作用	灌漑水による湛水と落水の反復によって,作土から鉄やマンガンが還元溶脱されて下層土に沈殿・集積する.

いないので，通常，無機化過程は基礎的土壌生成作用とはみなされていない．

Ⅲは，土壌の無機および有機成分の土壌中における移動を主とするものであるが，ここで使用される用語の使い分けについて若干詳しく説明しておくことにする．

土壌中に浸透する水によって土壌構成物質が表層から下層へ移動したり，あるいは土壌断面から除去される過程を総称して**洗脱作用**(eluviation)といい，これに対して表層から移動した物質が下層に沈殿して富化される過程を**集積作用**(illuviation)という．洗脱作用は移動する成分の分散・溶解状態の違いによって次のように細分される(しかし洗脱される物質の形態，洗脱過程の物理化学的内容は多種多様であり，洗脱過程に含まれる諸過程は次のように類別されている(Antipov-Karataev and Tsyurupa, 1961)．

ⅰ)**溶脱**(leaching)：塩化物，硫酸塩，炭酸塩その他の水に溶けやすい塩類が土壌溶液に溶解して真性溶液として移動する場合．

ⅱ)**懸濁浸透**(suspension-infiltration)：土壌物質が肉眼または光学顕微鏡で見える程度の微粒子として土壌溶液中に分散し，懸濁液の状態で移動する場合．粗粒質な土壌で進行するが，微粒質の土壌では停止する．

ⅲ)**コロイド浸透**(colloid-infiltration)：微細粒子が分散したコロイド溶液として移動する場合で，解膠浸透(peptization-infiltration)ともいう．

ⅳ)**分子浸透**(molecular-infiltration)：鉄やアルミニウム(おそらく珪酸も)が有機－無機錯体を形成して移動する場合で，とくにキレート化合物となっているときはキレート洗脱(cheluviation)といわれる．

以下，順を追ってそれぞれの基礎的土壌生成作用について説明することにしよう．

7.1. 初成土壌生成作用

初成土壌生成作用(initial soil formation)は，いわば土壌生成過程の最初の発達段階である．現在の自然環境条件下で母岩(母材)からどのようにして土壌体が発生するかという問題，すなわち「土壌の個体発生」ともいうべき過程に関しては，かつては物理的，化学的ないしは生物学的風化作用として地質学の領域で取り扱われてきた．しかし，ゲラーシモフら(1963, p. 159-163)が指摘しているように，風化の際に生じる物理的，化学的，生物学的現象の本質に関する現在の研究成果によれば，この傾向は土壌生成過程の性質をもった現象とみなされるべき十分な根拠

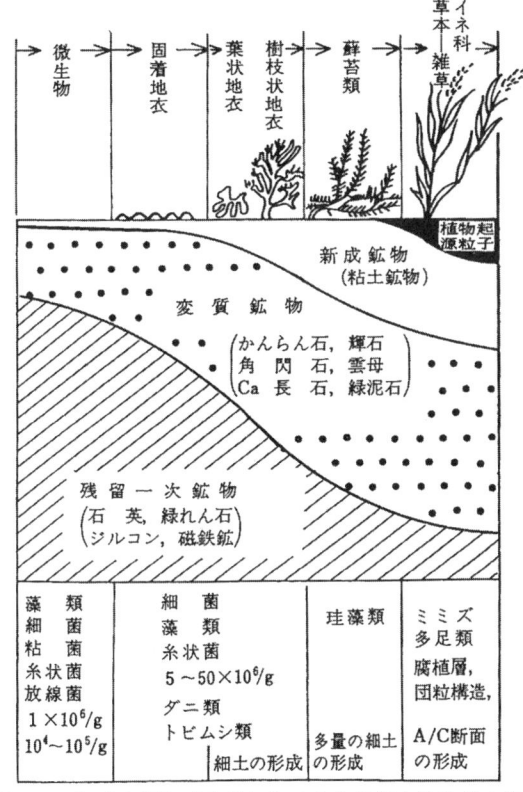

図 7.1 初成土壌生成作用における生物相と鉱物相の変化
(大羽・永塚, 1988)

をもっている. 初成土壌生成作用は図 7.1 に示したように段階的に進行する. 以下パルフェノーヴァとヤリローヴァ(1968)の記述に基づいて各段階の様相を説明することにする.

7.1.1. 岩石に対する微生物のはたらき

地表に露出した岩石にまず最初に棲みつくのは独立栄養の微生物である. これには緑藻・ラン藻・珪藻などの藻類ならびに, これらと共生する窒素固定微生物がある. これとならんで岩石表面や岩石のきわめて微細な割れ目には, いろいろな従属栄養の細菌・粘菌類・カビ・放線菌などが棲みついている. Glazovskaya(1950, 1952)は, 天山山脈の標高 4,200 m 以上の氷河地帯に露出している花崗岩の風化殻の中に, おびただしい数の微生物(約 1×10^6/g)が存在し, 長石が風化して粘土

化した薄膜部分に，多くの藻類・細菌類・菌類が存在していること，また風化の過程でモンモリロナイト群の粘土鉱物と方解石が生じ，後者の微細な結晶が緑藻を取り囲んでいることなどを明らかにした．また彼女は，風化した花崗岩から取り出した造岩鉱物を寒天培地で 10 日間培養した結果，石英・緑れん石・ジルコン・磁鉄鉱・新鮮な長石や黒雲母は無菌状態であったが，風化した長石と黒雲母の粒子の上には糸状菌類 (*Penicillium*, *Alternaria*, *Cephalosporium*) が生育していることを明らかにし，この段階で長石や黒雲母がきわめて容易に分解されると結論している．同様のことが北極の沙漠地帯にあるヒビンスキー山頂 (標高 1,000 m) の岩石について研究され，主として不完全菌類・緑藻類およびごく少数の菌類と放線菌類が生育しており，その数は $1 \times 10^4 \sim 1 \times 10^5$/g に達し，これらが分泌する酸によって鉱物が分解されていることが示された (Roizin, 1960)．

7.1.2. 岩石に対する地衣類のはたらき

微生物に続いて，露出した岩石上で肉眼的に認められる最初の移住者は地衣類 (lichens) である．まず始めにチャシブゴケ (*Lecanora*)，マンナゴケ (*Diplochistes*) などの固着地衣が棲みつき，ついでイワタケ (*Gyrophora*)，ウメノキゴケ (*Parmelia*) のような葉状地衣，さらにハナゴケ (*Cladonia*)，エイランタイ (*Cetraria*)，リトマスゴケ (*Roccella*)，サルオガセ (*Usnea*) などの樹枝状地衣の順に棲みついてくる．

地衣類は糸状菌と藻類の共生体で，地衣共生体を構成する藻類は光合成によって太陽エネルギーを吸収同化し，一方糸状菌は有機酸を分泌して岩石から無機成分を溶解して体内組成に取り入れる．このような地衣類が作り出す有機酸類を総称して地衣酸 (lichenic acids) とよんでいる．

地衣酸には高級脂肪酸と芳香族カルボン酸が含まれており，後者にはレカノール酸 (lecanoric acid)，ジロホール酸 (gyrophoric acid)，アトラノリン (atranorin) などのデプシド類 (depside) やウスニン酸 (usnic acid) およびデプシドン (depsidon) の誘導体などがあげられる (図 7.2)．

このような地衣酸は，鉱物成分に含まれている金属元素と激しく反応して水溶性の錯化合物 (キレート) を生成することが知られている (Schatz, 1955)．また地衣類は湿潤状態で膨張し，乾燥すると収縮するので，このような機械的作用によって岩石から細かい破片を掘り出して体内に取り入れることが実験によって確かめられている (Fry, 1924)．このような地衣類の作用の段階ですでに，

7.1. 初成土壌生成作用　143

図7.2　地衣酸に含まれる芳香族カルボン酸類

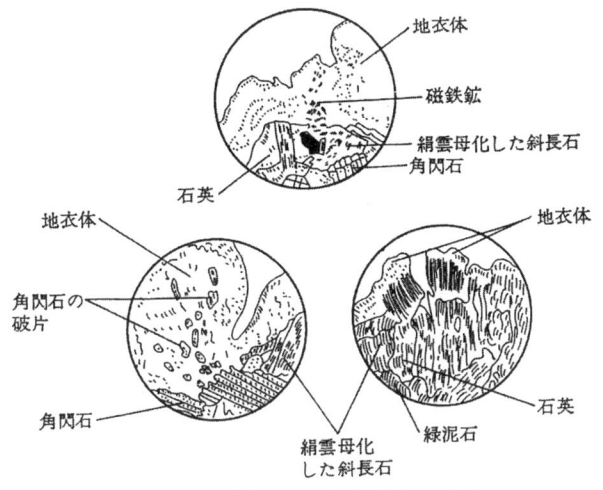

図7.3　地衣類による造岩鉱物の破壊
(パルフェノーヴァ・ヤリローヴァ, 1968, p.8)

かんらん石・輝石・角閃石・雲母類・灰長石は分解されて変質している(図7.3).固着地衣が葉状地衣や樹枝状地衣に交代する段階では，地衣類の遺体が微生物によって分解されて腐植化した非常に微細な暗色物質と比較的微細な岩片の2つの単位のみからなる薄い細土層が形成され－土壌の萌芽－この細土層中に

モンモリロナイトやイライトのような粘土鉱物が生成していることがX線分析で確認されている(パルフェノーヴァ・ヤリローヴァ, 1968, p. 15).

Krasilnikov(1949)は, 地衣類の下の未熟土にはすでに乾土1g当たり5〜50×10^{6}の微生物が生存しており, その大部分が細菌でその他少数の藻類と糸状菌が存在していたと報告している. またStebaev(1963)は, この未熟土にダニ類, トビムシ類およびその他の昆虫類がこの順に出現してくること, 地衣類の段階ではミミズなどの大型動物は存在しないと述べている.

7.1.3. 岩石上の蘚苔類粗腐植層

通常, 地衣類のすぐ後に, 分解した地衣類の遺体を養分として利用する苔類(*Grimmia*, *Timmia* など)の小群落が見られるようになる. この段階の特徴は, 表面における厚い粗腐植層(蘚苔類が絡み合ってマット状になったもの)の形成と多量の細土の生成である. 粗腐植層は相互に圧密された茎と仮根からなり, 微細な軟らかい淡褐色の細土と小岩片を含んでいる. その下には全体にひび割れした薄板状の岩石があり, 割れ目の中に仮根が押し固められた粗腐植層があり, 同様に細土が集積している. 北コーカサスの石英閃緑岩上の粗腐植層の例では, 斜長石や緑泥石の減少が著しく, 新たに生成された粘土部分(<2 μm)が細土の約1/4に達し, 雲母・加水雲母・石英・モンモリロナイト群からなっていた(パルフェノーヴァ・ヤリローヴァ, 1968, p. 16). また粗腐植層の細土には, 多量の珪藻類の骨格が見られ, これらの生物が活発にアルミノ珪酸塩を分解する能力があることも知られている(Vinogradov and Boichenko, 1942).

7.1.4. イネ科草本−雑草の粗腐植層

蘚苔類の粗腐植層の形成の次の段階は, イネ科草本−雑草の粗腐植層の生成である. この段階になると鉱物の分解はさらに進行し, 粘土部分の量は細土の1/4〜1/3に達するようになり, 主としてイネ科植物の珪化細胞による植物珪酸体(phytolith)が見られるようになる. Stebaev(1963)によれば, この段階になると土壌動物の構成に大きな変化が起こり, ミミズ・多足類などの大型動物群が, ダニ・トビムシなどの中型動物群を現存量の上で大きく上回るようになる.

この段階では, 土壌動物による植物遺体の摂食・消化・排せつ作用・土壌微生物による二次的分解などによって腐植の形成が著しく進行し, 腐植層が明瞭となり, A/C型の断面形態が認められるようになる. ここにおいて, 成熟した土壌

の骨格となる腐植－粘土複合体が作られ，土壌肥沃度の指標ともいえる団粒構造が発達し，高等植物生育の理想的培地が生成されるようになる．

以上を要約すれば，初成土壌生成作用というのは，固結岩の表面に対する微生物，地衣類，蘚苔類，小動物のはたらきによって鉱物が変質し，細土が形成される過程であるということができる．

7.2. 土壌熟成作用

土壌熟成作用(soil ripening)というのは，水面下に堆積した軟弱な沖積層(河成層および海成層)や泥炭が排水されるにしたがって物理的，化学的，生物学的に変化を受け，遊離鉄の生成(構造的 B 層の形成)，粘土の機械的移動(土性 B 層の形成)，ポドゾル化作用などの，より前進的な土壌生成作用の徴候が発達するようになるまでのごく初期の段階を表すものである．初成土壌生成作用が陸上における土壌発達の初期段階を示すのに対して，土壌熟成作用は水面下の堆積物が陸化する過程で生じる土壌発達の初期段階を示すものといえる．土壌熟成作用は干拓地における土壌生成過程においてもっとも典型的に認められ，ripening という用語は，熟成を意味するオランダ語の"rijping"に由来している．

7.2.1. 土壌熟成作用の種類

土壌熟成作用は物理的，化学的，生物学的過程を含んでおり，それぞれ次のような特徴をもっている．

(1) **物理的熟成作用**(physical ripening)：堆積物の脱水過程と直接関係する含水量，容積，コンシステンシー，土壌構造の変化などの物理的特徴の変化で表される．

(2) **化学的熟成作用**(chemical ripening)：吸着複合体を構成する交換性陽イオンの量的ならびに質的変化，炭酸カルシウムの挙動，鉄・マンガン・硫黄の還元と酸化，リンの挙動などといった堆積物が受ける化学的・物理的変化とともに，物理的熟成作用と化学的熟成作用の境界域で生じる有機物の収支などの変化として現れる．

(3) **生物学的熟成作用**(biologocal ripening)：これには，植物根が蒸散作用によって堆積物の含水量を低下させることによって物理的熟成作用を促進させたり，微生物が有機物の分解や硫黄・鉄化合物の結合の変化を引き起こしたり，大小の土壌動物が堆積物の構造を変化させたり,かき混ぜたりする作用(均質化作用

homogenization)などが含まれる．

7.2.2. 物理的熟成度と水因子

　Pons and Zonneveld(1965)は，物理的熟成過程を表現する尺度として**水因子**(water factor)という概念を導入した．水因子というのは，粘土フラクション1gによって，できるだけ純粋に吸着される水の量をg単位で表した値であり，次式で示される．

$$n = (A - p \cdot R)/(L + b \cdot H)$$

ここで，n：水因子
- A：乾土100g当たりの全水分含量(含水比)
- L：粘土含量(乾土当たり%)
- H：有機物含量(乾土当たり%)
- R：非コロイド無機成分含量(100－H－L)
- b：粘土フラクションの水分吸着容量に対する有機物の水分吸着量の比．よく分解し腐植化した，イライトを主とする無機質土壌の場合には，通常bの値は約3である．
- p：非コロイド部分の保水容量で実験的に定められる．通常の値は0.2である．

　表7.2には，土壌の物理的熟成度と水因子の値との関係を示した．一般的にいって水因子の値は，堆積したばかりの水中の沈泥で3.0〜5.0，沈積してから間もない堆積物で2〜3，平均高潮位付近の堆積物で1.0〜1.4，平均高潮位直下では2〜3から1.0〜1.4の中間の値を示す．

表7.2　物理的熟成度による土壌物質の区分　(Pons and Zonneveld, 1965)

熟成度	水因子(n)	記号	コンシステンシー（平均的粘土含量に対して有効）
成　熟	<0.7	r	堅硬，手に付着しないか，ごくわずかしか付着しない，指の間でこねることができない
ほぼ成熟	0.7〜1.0	Wα	かなり堅硬，手に付着するが，指の間でこねるのは容易でない
半　熟	1.0〜1.4	Wβ	かなり軟，手に付着し，容易に指の間でこねることができる
ほとんど未熟	1.4〜2.0	Wγ	軟，手にべったりと付着し，容易に指の間でこねることができる
未　熟	>2.0	Wδ	液状の泥，こねることができない

物理的に未熟な土壌を急激に排水すると，垂直方向に不均質な断面が形成され，表層は成熟しているが下層は成熟度が低く，その結果，表層に亀裂が生じるが下層土には亀裂が生じないので排水が悪くなる．これに対して，最初はゆっくりと排水し，表層が成熟してから急速に排水すると下層土にも亀裂ができて，排水のよい土壌ができる．

7.3. 粘土化作用

粘土化作用（argillation）というのは，土壌中において一次鉱物が分解されて，新たにアルミノ珪酸塩質の結晶性粘土鉱物や非晶質粘土が生成される過程を指している．この過程の特徴は，二次的に生成されるアルミノ珪酸塩や鉄珪酸塩の SiO_2/Al_2O_3 分子比および SiO_2/R_2O_3 分子比が 2.5 以上（3～4），すなわちシアリット（珪酸アルミナ質風化殻）の性質をもっていることであり，そのためシアリット化作用（siallitization）ともいわれる．

すでに述べたように，粘土化作用は初成土壌生成作用の段階ですでにある程度認められる．しかし，このような二次的粘土生成過程が最高に発達し，もっとも完全な形で現れるのは，下等植物だけでなく高等植物も参加するようになった，より発達した土壌生成過程の段階になってからである．

風化作用と土壌生成作用の強度や作用期間の長さに応じて，鉱物は多少ともその結晶構造を保持しつつ激しく分解されるか，あるいは完全に分解されてイオン状またはコロイド状の分解生成物を生じる．分解の程度によっては一次鉱物はきわめて激しく変質して新しい二次鉱物が生成される．またイオン状またはコロイド状の分解生成物から，このような二次鉱物が合成される場合もある．図 7.4 は，土壌中における一次鉱物の分解と二次鉱物（粘土鉱物）の生成過程を図式的に示したものである．

7.3.1. 雲母の分解による粘土鉱物の生成

雲母は層間に K^+ をもつ 2：1 型層状珪酸塩鉱物である．風化に際して雲母は細かな粒子に崩壊するとともに，層間の K^+ の一部は H_2O と入れ替わって加水雲母となり，さらに水和した水素イオンすなわち H_3O^+（オキソニウムイオン）と置き換えられてイライト（雲母型粘土鉱物）に変化する．土壌溶液中に Mg^{2+} や Al^{3+} が多くなると層間の K^+ や H_3O^+ はすべて Mg^{2+}，Al^{3+}，H_2O などで置き換えられて

図7.4 一次鉱物の分解と粘土鉱物の生成過程（大羽・永塚, 1988）

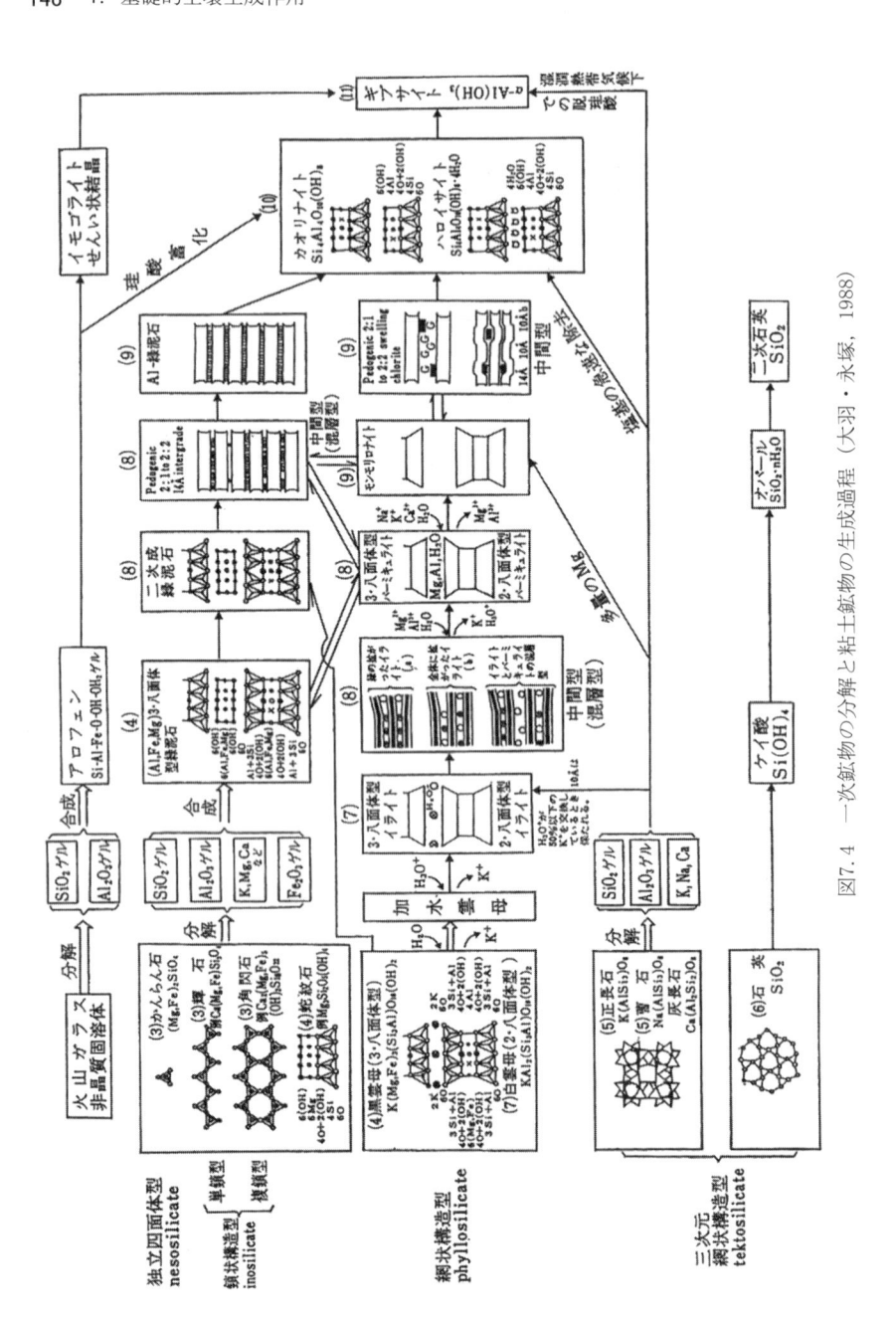

バーミキュライトへと変化する．このようにして雲母は，粒子の大きさと K 含量の減少ならびに比表面と H_2O 含量の増大を伴いながら，雲母と同様な基本構造をもった新しい鉱物(2：1型粘土鉱物)へと変化していく．

7.3.2. 珪酸塩の風化最終生成物からの粘土鉱物の合成

強度な珪酸塩風化の最終生成物は，主として K^+, Mg^{2+}, Ca^{2+}, OH^-ならびにアルカリ性反応下では珪酸塩イオン類(SiO_3^{2-}, SiO_4^{4-}など)とアルミネートイオン(AlO_2^-, AlO_3^{3-})である．中性または弱酸性反応下では，このほかに Al 化合物，Fe 化合物，Si 化合物のコロイド〔$Al(OH)_3$, $AlOOH$; $Fe(OH)_3$, $FeOOH$；各種のポリ珪酸〕が，また強酸性反応下では Al^{3+}, Fe^{3+} が生じる．

これらのイオンやコロイドの量，反応(pH)，化学組成に応じて，風化最終生成物から新しい化合物が生成される．火山ガラスの分解によって生じた珪酸ゲルやアルミナゲルからは，まず最初にアロフェンが合成され，さらにアロフェンは，せんい状結晶のイモゴライトを経て，ギブサイトに変化する．珪酸が多量に存在する場合には，アロフェンからハロイサイト(1.0nm)が生じる．かんらん石・輝石・角閃石・蛇紋石のような鉄マグネシウム鉱物の分解によって生じたイオン群やコロイド群からは，緑泥石のような2:1:1型粘土鉱物が形成される．また長石の分解生成物からはイライト(雲母型粘土鉱物)が形成され，多量の Mg が存在する場合にはモンモリロナイト(スメクタイト)が，酸性条件下ではハロイサイトやカオリナイトが生成する．

ゲラーシモフ・グラーゾフスカヤ(1963, p.163)は，粘土化作用が活発に進行する条件として，

① 土層のある層位が年間の大半を通じて 0℃以上(しかしそれほど高温でない)の温度条件と十分な水分条件にあること．

② 土層中を移動する溶液が炭酸で飽和され，コロイド状の風化生成物を凝固させる中性に近い反応(pH6.0〜7.5)をもつこと．

の二点をあげている．

7.4. 褐色化作用

褐色化作用(Braunification)というのは，化学的風化作用によって珪酸塩鉱物や酸化鉄鉱物から遊離した鉄イオンが酸素や水と結合して主として加水酸化鉄

となり，その結果，土壌断面を褐色に着色する過程をいう．このようにして生じた，珪酸塩鉱物の結晶格子の構成成分となっていない(非珪酸塩態)鉄化合物を一般に**遊離鉄**(free iron)とよんでいる．含鉄鉱物の風化によって遊離鉄が形成されることは，土壌断面の層位分化の程度を示す指標としてきわめて重要である．多くの場合，土壌の pH 値が 7 より低いときに，初めて遊離鉄の生成が盛んに行われるようになる．

湿潤・温帯地域では，遊離した鉄イオンの沈殿によって，始めに褐色の非晶質加水酸化鉄が生じるが，湿潤と乾燥の繰り返しによって徐々にこれが老化して，褐色ないし赤褐色をした結晶質のゲータイト(α-FeOOH)に変化する．またまれではあるが湿潤条件下では橙色をした結晶質のレピドクロサイト(γ-FeOOH)が生成することもある．また暖温帯や亜熱帯では，粘土と結合している加水酸化鉄の部分的脱水によって土壌が赤色を呈するようになるが，この過程は**赤色化作用**(rubefaction)とよばれている．さらに熱帯や亜熱帯地域では加水酸化鉄の脱水過程がいっそう進行して，鮮赤色のヘマタイト(α-Fe$_2$O$_3$)が生成される．FeCO$_3$ を含む炭酸塩質岩石からしばしばヘマタイトが生成することもある．

7.4.1. 土壌中の遊離酸化鉄

土壌中の遊離鉄化合物は，非晶質，準晶質および結晶質の 3 つの異なった形態で存在しており，これらの間には漸移的な変化が認められている．土壌中に存在する主な遊離鉄化合物は表 7.3 に示したごとくである．

これらの遊離鉄化合物は，決して土壌中に単独で存在することはなく，常に混合物として存在する．このような遊離鉄化合物の混合物を一般に**遊離酸化鉄**(free ion-oxides)とよんでいる．遊離酸化鉄は風化を受けている鉱物粒子の外側を外皮状に被覆したり，あるいは小片状の集合体を形成している．

土壌断面における遊離酸化鉄の存在量と相対的分布は，土壌の理化学的性質，土壌生成過程の解明と土壌分類，風化強度や風化条件などの研究にとって，きわめて重要な役割を果たしている．たとえば，酸性シュウ酸塩可溶の遊離酸化鉄含量とその断面分布は，ポドゾル性土と褐色森林土の相異を明瞭に特徴づけていることは古くからよく知られている事実である(Lundblad, 1936)．またレシベ化作用(粘土の機械的移動)は，ジチオナイト可溶の遊離酸化鉄と粘土含量との

表7.3 おもな遊離鉄化合物の形態

形態および鉱物名		化学式	備 考
非晶質	吸着態	Fe^{2+}, Fe^{3+}	
	腐植との結合態	有機無機錯体	
	珪酸鉄	Fe_2SiO_4, $FeSiO_3$	
	水酸化鉄	$Fe(OH)_2$, $Fe(OH)_3$	白色, 赤褐色
準晶質	フェリハイドライト	$5Fe_2O_3 \cdot 9H_2O$ または $Fe_2O_3 \cdot 2FeOOH \cdot 2.6H_2O$	赤褐色
結晶質	針鉄鉱（ゲータイト）	$\alpha\text{-}FeO(OH)$	黄褐・赤褐・黒褐色
	鱗繊石（レピドクロサイト）	$\gamma\text{-}FeO(OH)$	橙色
	赤鉄鉱（ヘマタイト）	$\alpha\text{-}Fe_2O_3$	鮮赤色
	磁赤鉄鉱（マグヘマイト）	$\gamma\text{-}Fe_2O_3$	褐色, 強磁性
	菱鉄鉱（シデライト）	$FeCO_3$	暗灰色
	藍鉄鉱（ビビアナイト）	$Fe_3(PO_4)_2 \cdot 8H_2O$	暗赤色
	磁鉄鉱（マグネタイト）	Fe_3O_4	黒色, 強磁性

*褐鉄鉱（limonite）というのは，主としてゲータイトからなる微細粒ないし土状の鉄鉱物で一定の組成をもたない．

間にきわめて高い正の相関を示すことによって特徴づけられており，これは遊離酸化鉄が粘土鉱物と結合した状態で移動していることを示している (Schlichting und Blume, 1962 ; Blume and Schwertmann, 1969)．

7.4.2. 遊離酸化鉄の活性度と結晶化指数

鉄化合物の諸形態といろいろな抽出剤に対するそれらの溶解性との関係については，これまでに多くの研究が行われてきたが，現在までのところ，それぞれの鉄化合物を土壌中から選択的に溶解する方法は未だ確立されていない．しかし，これまでの研究結果を通じて，Tamm 試薬および類似の酸性シュウ酸塩溶液は，暗所で非晶質ないし準晶質の遊離鉄化合物ならびに磁鉄鉱，リン酸鉄などの大部分を溶解するほかに，ゲータイトの一部も溶解すると考えられている．これに対して，Mehra-Jackson 法その他のジチオナイト還元法は，上記の鉄化合物に加えて，大部分のゲータイトおよびヘマタイトを溶解することが知られている．また 0.1 M-ピロリン酸塩溶液に溶けてくる遊離鉄が，ほぼ腐植と結合している鉄に相当することも明らかにされている (Bascomb, 1968)．

7. 基礎的土壌生成作用

Schwertmann(1964)は,遊離酸化鉄の熟成度または結晶化度を表わす相対的尺度としてシュウ酸塩可溶鉄(Fe_o)とジチオナイト可溶鉄(Fe_d)の比,すなわち Fe_o/Fe_d の値がきわめて有効であることを示し,これを遊離酸化鉄の活性度 (Aktivitätsgrad) とよぶことを提案するとともに,湿潤温帯の主要な土壌層位について,活性度の値の範囲を図7.5 のように示した (Blume and Schwertmann, 1969).

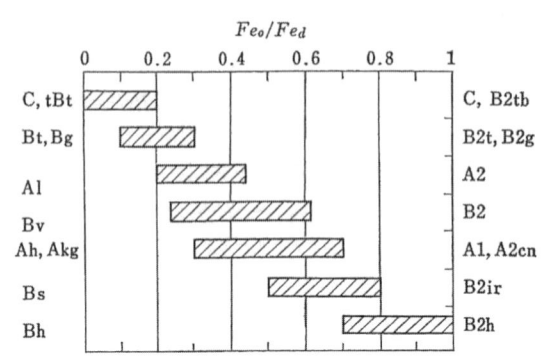

図 7.5 おもな土壌層位に対するシュウ酸塩可溶鉄(Fe_o)とジチオナイト可溶鉄(Fe_d)の比の値(Fe_o/Fe_d)の分布範囲 (Blume and Schwertmann, 1969)

一方,永塚(1973)は,遊離酸化鉄の熟成ないしは結晶化を伴った風化の程度を示す相対的尺度として Fe_d-Fe_o と全鉄含量(Fe_t)との比,すなわち $(Fe_d-Fe_o)/Fe_t$ を遊離酸化鉄の結晶化指数 (crystallinity ratio of free iron oxides) とよぶことを提案し,遊離酸化鉄の活性度と結晶化指数を用いることによって,図 7.6 に示したように褐色森林土,黄褐色森林土,赤色土が相互に識別できること

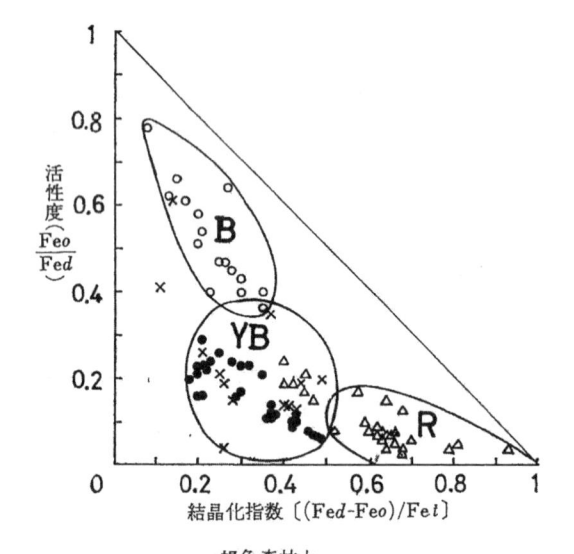

○ 褐色森林土
● 黄褐色森林土(低山・丘陵)
× 黄褐色森林土(段丘)
△ 赤色土

図 7.6. 褐色森林土,黄褐色森林土,赤色土の遊離酸化鉄の活性度と結晶化指数の分布領域 (A 層, B 層) (永塚, 1973)

を明らかにした．図から明らかなように，褐色森林土は活性度≥0.4，結晶化指数≤0.5の領域に，黄褐色森林土は活性度≤0.4，結晶化指数≤0.5の領域に，赤色土は活性度≤0.4，結晶化指数≥0.5の領域にそれぞれ分離して分布している．

7.5. 鉄質化作用

鉄質化作用(ferrugination)は，粘土化作用(シアリット化作用)よりもさらに風化が進んだ段階で見られる過程である．この段階では，ある種の一次鉱物(正長石，白雲母)はなお存続しているが，脱珪酸と塩基の溶脱は一層明瞭になり，2：1型粘土鉱物は，新たに生成した1：1型粘土鉱物(カオリナイト)よりも少なくなっている．一般に遊離のギブサイトはあまり生成されていない．多少とも乾湿の交代する土壌気候に応じて，遊離酸化鉄は乾燥状態が長く続く場合には赤色化しているが，湿潤状態が長く続く場合には赤色化せず黄色を保っている．塩基飽和度は一般に粘土化作用の場合よりも低く，湿潤度および乾季の程度によって変化している．粘土の機械的移動はあまり特徴的ではなく，必ずしも構造表面に典型的な粘土被膜(アルジラン)ができるとは限らない(デュショフール，1988, p.176)．

7.6. 鉄アルミナ富化作用

7.6.1. ラテライトとプリンサイト

鉄アルミナ富化作用(ferrallitization)の同義語として「ラテライト化作用」という用語が誤用される場合が多いので，始めにこの点を明らかにしておく必要がある．

「ラテライト(laterite)」という用語を最初に用いたのは，地質学者のBuchanan(1807)である．彼は，インド南部のマラバール海岸地域に分布する，赤黄色をした鉄含量の高い，しかも特徴的な凹みや孔隙に富んだ，厚い風化生成物の呼び名としてラテライトという用語を用いた．この物質は露出したばかりのときはチーズのように柔らかいが，日光に照射されて乾燥すると不可逆的に硬化して，レンガのように固まるので，現地ではレンガ石(brick-stone)とよばれ，古代から重要な建築材料として利用されてきた．そのためBuchananは，レンガを意味するラテン語の *later* にちなんでlateriteという術語を提案したのである(Mohr *et al.*, 1972, p.192)．

この「ラテライト」は，熱帯の多くの地方で農業上の障害となったり，また ある種のものは鉄鉱石やアルミニウム鉱石あるいは建築資材としての経済的価値があるため，多くの土壌学者や地質学者によって研究されるようになったが，それと同時に「ラテライト」の概念に混乱が生じるようになった．古い文献に見られる「ラテライト」という用語は，大体次のような異なった意味で用いられてきた．

① 熱帯や亜熱帯地域に発達する珪酸の少ない，鉄やアルミニウムの含水酸化物に富む残積成赤色土壌(ラテライト土壌)．
② カオリナイト，酸化鉄，酸化アルミニウムに富む，熱帯の風化生成物で，日光に当たって乾燥すると不可逆的に硬化する物質(Buchanan のラテライト)．
③ 熱帯気候地域に分布する硬化した含鉄質風化殻すなわち硬盤層で，主としてボーキサイトや含水酸化鉄を含有している場合に，これを典型的なラテライトとみなす．

しかし，今日では，大部分の土壌学者はラテライトそのものは土壌ではなく風化殻の一種とみなしており，また上述のような概念の混乱を避けるために，Buchanan が最初に「ラテライト」とよんだ物質はプリンサイトとして再定義され(Soil Survey Staff, 1960)，一方，ラテライトという術語は「硬化したプリンサイト」に限定して用いられるようになった(Mohr et al., 1972)．

プリンサイト(plinthite，レンガを意味するギリシャ語 plinthos に由来)は三二酸化物(Fe_2O_3, Al_2O_3)に富み，腐植が少なく，強度に風化した粘土と石英およびその他の稀釈物との混合物で，一般に赤色斑紋，通常は板状・多角形状または網状パターンとして生じる．プリンサイトは硬化していない．

ラテライト(laterite)：プリンサイトが露出して乾湿を繰り返し，不可逆的に硬化して鉄石硬盤または不規則な凝集体となったものである．ラテライトはその硬化の程度によって carapace (手でこわれる程度の硬さのもの) と cuirasse (ツルハシでやっと砕けるほどに硬化したもの)に区別されている(Aubert, 1950)．

したがって**ラテライト化作用**(laterization)という用語も，今日では，土壌生成作用を表わす用語としては用いられず，プリンサイトが硬化してラテライトが形成される過程に限定して用いられるようになってきている．それに代わって，

高温・多湿な熱帯気候条件下で進行する土壌生成作用を表現する用語として鉄アルミナ富化作用が用いられるようになった．

7.6.2. 鉄アルミナ富化作用

鉄アルミナ富化作用(ferrallitization)というのは，高温・多湿な熱帯気候条件下において，塩基類や珪酸の洗脱が進行し，鉄やアルミニウムの酸化物が残留して相対的に富化する過程をいう．

高温・多湿な熱帯気候条件下では，生物の活発な活動によって有機物は急速に無機化される．その結果，風化帯は表層で生じる酸性有機成分の影響外におかれ，深部に到達する浸透水中には CO_2 や可溶性有機酸がほとんど含まれていない．一方，石英以外のすべての珪酸塩鉱物は激しく風化分解されて塩基類が急速に放出されるため，浸透水の pH は 7 付近にとどまり，弱酸性ないし弱アルカリ性条件下での加水分解が進行する．複雑な珪酸塩は次式に示すように，完全な加水分解と酸化を受け，水酸化鉄のみならず珪酸や水酸化アルミニウムも遊離される．

$$4CaFeSi_2O_6 + 18H_2O + O_2 \rightarrow 4Fe(OH)_3 + 8H_2SiO_3 + 4Ca(OH)_2$$
　　普通輝石　　　　　　　　　　水酸化第二鉄　メタ珪酸

$$KAlSi_3O_8 + 5H_2O \rightarrow Al(OH)_3 + 3H_2SiO_3 + KOH$$
　　正長石　　　　　　　　水酸化アルミニウム

浸透水に溶解した Ca，Mg，K などの塩基類は排水によって除去されるが(塩基溶脱作用)，遊離したメタ珪酸も弱酸性ないし弱アルカリ性の環境では図 7.7 に示したように溶解度が著しく増大し，塩基類とともに排水によって溶脱される(脱珪酸作用 desilication)．他方，鉄やアルミニウムは，このような pH 範囲では等電点付近にあるため不溶性となり，その場に沈殿して残留する．このような Fe や Al の**相対的集積**(relative accumulation)に対して，他の場所で溶脱された鉄イオンやアルミニウムイオン，とくに可溶態の Fe^{2+} が地下水によって移動濃縮することによって，Fe や Al が富化する場合もあり，これを**絶対的集積**(absolute accumulation)とよんでいる．この絶対的集積過程は，先に述べたプリンサイトの形成と密接な関係があるものと考えられている(図 9.14 参照)．

鉄アルミナ富化作用の進行，つまり塩基の溶脱と水素イオン濃度の増大，脱珪酸による珪酸濃度の減少に伴って，土壌中でどのような鉱物が安定に存在することができるかという問題は，熱力学的計算によって明らかにすることができる．図7.8 はその結果を示したものである．この図から，カリウムイオン濃度の減少と水素イオン濃度の増大ならびに珪酸濃度の減少に伴って，カオリナイトやギブサイトが安定に存在するようになることが理解されよう．

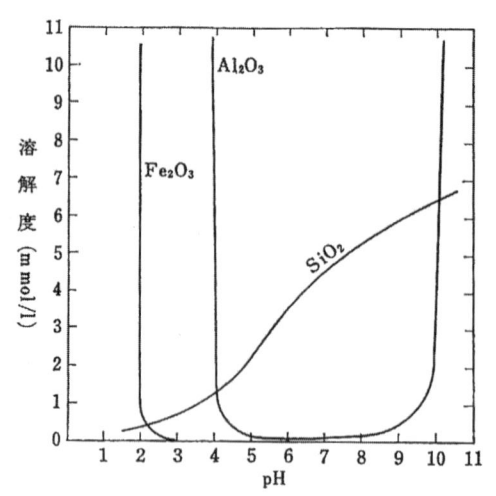

図 7.7 pH による珪酸，酸化鉄，アルミナの溶解度の変化 (Correns, 1949)

7.6.3. 鉄アルミナ富化作用の発現様式と生成物の種類

鉄アルミナ富化作用によってできる生成物の性質は，母岩の種類と排水条件によって異なり，3 つの異なった種類の生成物を区別することができる．

(1) **フェラリット**：塩基すなわち Ca と Mg に富む塩基性岩は珪酸含量が少なく，立地条件とくに排水条件によって全く異なった性質の生成物を生じる．排水の良い斜面上部では，塩基が斜面に沿って溶脱されるため急速に酸性化し，同時に珪酸も溶脱されて一層減少する．土壌中の珪酸含量

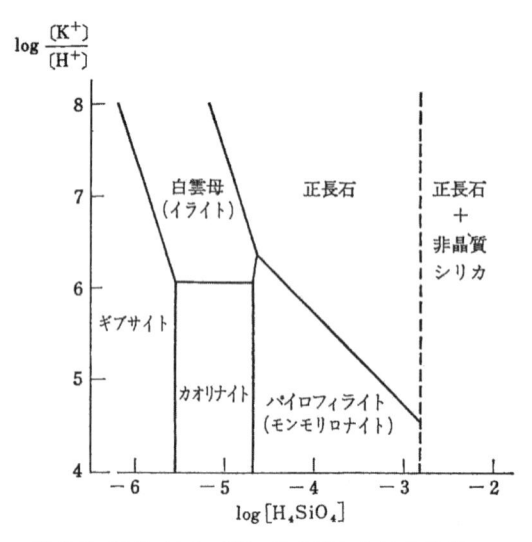

図 7.8 $K_2O\text{-}Al_2O_3\text{-}SiO_2\text{-}H_2O$ 系における諸相の安定度の関係 (Mohr et al., 1972)

が急激に低下するため粘土鉱物はほとんど生成されず，その代わり Al_2O_3 や Fe_2O_3 といった三二酸化物が多量に集積する．これをフェラリット（ferrallite）という．

(2) **鉄アルミナ質粘土**（ferrallitic clay）：塩基性岩上の斜面中部では，塩基や珪酸は斜面下部へ溶脱される一方，斜面上部からの供給があるため，鉄アルミナ富化作用はそれほど激しくなく，三二酸化物が集積すると同時にカオリナイトが生成され，その生成量は三二酸化物よりも多くなる．これを鉄アルミナ質粘土という．塩基性岩地帯の斜面下部や排水不良の低地では，斜面上部から溶脱されてくる塩基や珪酸が集積し，pHの高い，スメクタイトの生成に適した環境が形成されるので，塩基に富んだ熱帯褐色土壌やバーティソルが生成する．ここでは土壌生成過程は全く異なったものとなっている．

(3) **軽度鉄アルミナ質粘土**（weakly ferrallitic clay）：酸性火成岩上に生成する土壌は，排水良好地帯と不良地帯とで対照的な差異を示すことが少ない．酸性火成岩は塩基含量が少ないため，土壌の酸性化はきわめて急速に進行し，反対に珪酸含量が高いために珪酸の完全な除去は妨げられている．このような条件下では，珪酸とアルミナが再結合して新たに粘土鉱物が生成される．培地は酸性で，カオリナイトの等電点付近のpHにあるため，カオリナイトが多量に生成される．一方，ごく少量のアルミナだけが余分なものとして遊離されギブサイトが生成する．このような生成物を軽度鉄アルミナ質粘土とよんでいる．

7.6.4. 硬化現象と皮殻の形成（ラテライト化作用）

鉄アルミナ質土壌のある部分（プリンサイト）が硬化する現象は皮殻形成（crust formation）ともよばれ，またラテライト化作用とはこのような硬化過程を表わす術語として用いられるようになったことは前述のとおりである．このような皮殻形成（ラテライト化作用）は，次のような反応過程を経て進行する．

① 前述した鉄やアルミニウムの絶対的集積または相対的集積によって遊離の三二酸化物（Al_2O_3 と Fe_2O_3）が濃縮する．

② 濃縮された遊離三二酸化物，とくに遊離酸化鉄が強い日射を受けると脱水反応が起こり，結晶化してゲータイトやヘマタイトに変化し，これらが連続した集合体や網状構造を形成して粗粒な粒子を接合する．

7.7. グライ化作用

　土壌孔隙が恒常的に水で飽和されて過湿状態になると，その部分への空気の流入が遮断されるとともに，孔隙に封入された空気中の酸素は微生物による有機物分解過程で消費されてしまうため酸素不足となり，還元状態が発達する．その結果，Fe(III)や Mn(III, IV)は還元されて Fe(II)や Mn(II)に変化し，多量に生成された第一鉄化合物によって青緑灰色に着色された土層が生成する．このような過程を**グライ化作用**(gleization または gleying)という．グライ化作用によって形成された第一鉄化合物に富む青緑灰色の層位は**グライ層**(gley horizon)とよばれるが，わが国の土壌調査事業においては，湿土の土色が 10Y またはそれよりも青く，α・α' ジピリジル反応が即時鮮明な土層をグライ層と定義している(松坂, 1969)．

　グライ層を特徴づけている青緑灰色の原因は水酸化鉄(II)や亜酸化鉄のような第一鉄化合物であろうと推定されているが未確定である．事実，水酸化鉄(II)〔$Fe(OH)_2$〕は白色沈殿であるから青緑灰色の主体とは考えられない．むしろ次のような反応で生じる暗オリーブ緑色のフェロジック水酸化鉄 $Fe_3(OH)_8$ がグライ層の本体であろうと考えられている．

$$2Fe(OH)_3 + Fe^{2+} + 2OH^- = Fe_3(OH)_8$$

　その他グライ層中には，暗灰色のシデライト($FeCO_3$)，白色で酸化されると青くなる藍鉄鉱〔$Fe_3(PO_4)_2 \cdot 8H_2O$〕，黒色の硫化鉄(FeS)のような難溶性の第一鉄化合物が存在することもある．

7.7.1. グライ化作用の進行に伴う物質変化の様相

　グライ化作用に伴う還元化は段階的に進行する．たとえば，水田に灌漑水が張られた場合には，作土層での微生物相とそれによる物質変化の形式は表 7.4 に示したように規則的に変化していく．この還元状態の発達過程は，表7.4 に示したように，分子状酸素の消失から始まり，メタンの生成に至るまでの7段階に細分することができる(渡辺, 1971)．

(1) 還元化第一期

　湛水によって空気が遮断されると，好気性細菌の呼吸作用で土壌中の分子状酸素は数日で消費されて消失してしまう．水田に棲む好気性細菌の大部分は，

表7.4 水田土壌の還元化の過程（渡辺 巌，1971）

湛水後の経過	大きな区分け	還元化過程の段階（物質変化の形）	開始時の土のEh ボルト	有機物からのアンモニア生成	炭酸ガス発生	有機酸の生成
前期　↓　後期	第一期（好気-半嫌気段階）	(1)分子状酸素の消失 (2)硝酸の還元 (3)マンガンの還元 (4)鉄の還元	+0.6〜+0.5 +0.6〜+0.5 +0.6〜+0.4 +0.5〜+0.3	活発にすすむ	活発にすすむ	はじめはあまり集積しない，後期になるにしたがって集積し始める
	第二期（嫌気段階）	(5)硫酸の還元 (6)水素ガスの発生 (7)メタンの生成	0〜-0.19 -0.15〜-0.22 -0.15〜-0.19	ゆっくりすすむ	ゆっくりすすむか停滞あるいは減少する	はじめに集積顕著，後期に減少する

酸素なしでも生活できる条件的嫌気性菌なので，分子状酸素がなくなると硝酸を酸化剤として有機物分解を行うようになる．この段階では硝酸(NO_3^-)は還元されて亜硝酸(NO_2^-)に変わり，さらに亜酸化窒素(N_2O)または窒素ガス(N_2)まで還元されて大気中に放出される．この過程は**脱窒作用**(denitrification)としてよく知られている．硝酸がなくなると土壌中に存在する黒紫色の二酸化マンガン(MnO_2)が微生物によって還元されて無色のMn^{2+}に変化する．この還元反応はpH7.0付近で進行し，有機物の存在によって促進される．さらに還元状態が進行して，酸化還元電位(Eh)が+0.5〜+0.3ボルトに低下すると Clostridium 属のような鉄還元菌のはたらきによってFe^{3+}は還元されてFe^{2+}に変化し，グライ層が形成されるようになる．ここまでは主として好気性菌・条件的嫌気性菌が活躍する舞台で，Ehの値はすべてプラスの範囲にある．

(2) **還元化第二期**

鉄の還元が起こる頃から，発酵の結果として酢酸や酪酸などの有機酸が土壌中に多量に生成する．絶対的嫌気性菌である硫酸還元菌(Desulfovibro sp.)は，これらの有機酸を利用して硫酸イオン(SO_4^{2-})を硫化水素(H_2S)にまで還元する．硫化水素はまた，条件的嫌気性菌によるシスチン，メチオニンなどの硫黄(S)を含む有機物の還元によっても生成する．こうしてできた硫化水素はFe^{2+}と反応して黒色の硫化鉄(FeS)が土壌内に生成されるようになる．この段階では硫化水素や酪酸による不快な腐敗臭が感じられるようになる．一般にこの段階に進むと，絶対的嫌気性菌に広く見られる酵素ヒドロゲナーゼのはたらきで有機物

が分解されて水素ガス(H₂)が発生するが，発生した水素ガスは硫化水素やメタン生成のために使われるので，やがて減ってしまう．還元がもっとも進んだ段階になるとメタン発酵菌(*Methanomonas* sp.)の作用で炭酸ガスや有機酸が還元されてメタンガス(CH₄)が発生するようになる．

7.8. 疑似グライ化作用

疑似グライ化作用(Pseudogleization)というのは，停滞水によって土壌孔隙が一時的に飽和されて還元状態になるが，停滞水の消失によって孔隙に空気が流入して再び酸化的状態が回復されるといった，湿潤(還元)と乾燥(酸化)が季節的に反復して行われる条件下で，淡灰色の基質と黄褐色の斑鉄や黒褐色のマンガン斑からなる大理石紋様をもった土壌断面が形成される過程をいう．

7.8.1. 疑似グライ層の形態的特徴

融雪時や季節的な長雨の後に土壌が水で飽和されると，まず多くの植物根が貫通している大孔隙の中で還元性有機物が生成され，表層の可溶性有機物とともに孔隙内部に浸透する．これらの還元性物質によって孔隙周辺の Fe や Mn の酸化物が還元されて溶解性となり，Fe^{2+} や Mn^{2+} が土壌構造単位の内部へ拡散する．その後の乾燥によって停滞水が消失すると，まず最初に大孔隙が排水され，この孔隙を通って酸素が土壌構造単位の内部に侵入して Fe^{2+} や Mn^{2+} を酸化する．この酸化過程の一部は土壌構造単位の中に閉じ込められた酸素によっても生じる．その結果，植物根や大孔隙の周辺部は Fe^{2+} や Mn^{2+} が抜けて淡灰色となり，黄褐色～赤褐色の斑鉄や黒褐色のマンガン斑は土壌構造単位の内部に優先的にできる．この点はグライ層に局部的に見られる斑鉄が大孔隙や亀裂の表面に形成されているのときわめて対照的であり，土壌断面調査に際して留意すべき特徴である．疑似グライ化作用は，平坦地に分布するシルト質の緻密な母材に由来する土壌で起こりやすい．

7.8.2. 酸化還元電位と Eh-pH ダイアグラム

疑似グライ化作用や前述のグライ化作用においては，酸化還元反応が主要な役割を果たしていることを説明したが，これらの酸化還元状態を示す尺度である酸化還元電位(Eh)について簡単に説明しよう．なお Eh-pH ダイアグラムの詳細については，Garrels and Christ(1965)を参照されたい．

いま酸化還元反応の方程式を,
$$bB + cC \rightleftarrows dD + eE \tag{1}$$
とすると，この反応系の酸化還元電位は次式で示される．
$$Eh = E_0 + \frac{RT}{nF} \times \ln K \tag{2}$$
ただし，

Eh：酸化還元電位，

E_0：すべての成分の活量 a が 1 のとき（標準状態）の酸化還元電位，

n：酸化還元反応における荷電の変化数，

F：ファラデー定数(96,500 クーロン＝23.06 キロカロリー/ボルト・グラム当量)，

R：気体定数(0.001987 キロカロリー/度)，

T：絶対温度，

K：反応式(1)の平衡定数で，成分 B，C，D，E の活量を a_B，a_C，a_D，a_E とすれば $a_D^d \cdot a_E^e / a_B^b \cdot a_C^c$ で与えられる．

25℃（絶対温度 298.15°K)において，上記の具体的数値を代入し，自然対数を常用対数に直せば，
$$\frac{RT}{nF} \times \ln K = \frac{0.001978 \times 298.15 \times 2.303}{n \times 23.06} \times \log K = \frac{0.05916}{n} \times \log K$$
したがって，
$$Eh = E_0 + \frac{0.05916}{n} \log K \quad (\text{ボルト}) \tag{3}$$
という一般式(3)が得られる．

一方，(1)式の反応の標準自由エネルギー変化を ΔF_r^0 とし，各成分の標準生成自由エネルギー変化を ΔF_f^0 とすれば，熱力学の理論から次の関係が成立する．
$$\ln K = \frac{-\Delta F_r^0}{RT} \text{ または } \log K = \frac{-\Delta F_r^0}{1.364} \quad (\text{但し, 25℃, 1 気圧}) \tag{4}$$
$$\Delta F_r^0 = \Sigma \Delta F_f^0 (\text{生成系}) - \Sigma \Delta F_f^0 (\text{反応系}) \tag{5}$$
$$E_0 = \Delta F_r^0 / nF \tag{6}$$

したがって，酸化還元反応にあずかる各成分の標準生成自由エネルギー変化が分かれば，酸化還元電位(Eh)を具体的に計算することができる．

具体例として，次の酸化還元系の Eh を求める方法を示そう．

$$Fe^{2+} + 2H_2O \rightleftarrows FeOOH + 3H^+ + e \tag{7}$$

【計算】

反応式(7)の標準自由エネルギー変化を $\varDelta F_{r\ (7)}^0$ とすれば，

$\varDelta F_{r\ (7)}^0 = (\varDelta F_{f\ (FeOOH)}^0 + 3\varDelta F_{f\ (H^+)}^0) - (\varDelta F_{f\ (Fe^{2+})}^0 + 2\varDelta F_{f\ (H_2O)}^0)$

$= (-117.0) + 3(0) - (-20.3) - 2(-56.7) = 16.7$ キロカロリー

(6)式より $E_0 = 16.7 / 1 \times 23.06 = 0.72$ ボルト

(3)式より $Eh = 0.72 + \dfrac{0.05916}{1} \times \log \dfrac{[FeOOH][H^+]^3}{[Fe^{2+}][H_2O]^2}$

$= 0.72 + 3 \times 0.05916 \log[H^+] - 0.05916 \log[Fe^{2+}]$

（∵ 固体および H_2O の活量は 1 である）

∴ $Eh = 0.72 - 0.177 pH - 0.05916 \log[Fe^{2+}]$ \tag{8}

(8)式から，この場合の酸化還元電位は pH と $[Fe^{2+}]$ の関数であることが分かる．いま $[Fe^{2+}] = 10^{-5}$ モルとすれば，(8)式は

$Eh = 0.72 - 0.177 pH + 0.05916 \times 5 = 1.015 - 0.177 pH$

となり，Eh は pH のみの関数となる．

図 7.9 は，このような計算方法に基づいて求められた鉄およびマンガン化合物の Eh‐pH ダイアグラムである．この図から，Eh と pH が分かればその条件下で鉄とマンガンがどのような形態で安定に存在しているかを推定することができる．

たとえば，pH=6.5 付近では，Eh が +0.3 ボルト以上の酸化的状態では $Fe(OH)_3$ と MnO_2 や Mn_2O_3 が安定に存在するが，Eh が +0.3〜+0.05 ボルトに低下すると MnO_2 や Mn_2O_3 は Mn^{2+} に変化し，さらに +0.05〜-0.15 ボルトに低下すると $Fe(OH)_3$ は $Fe_3(OH)_8$ に変化して青緑灰色を呈するようになり，-0.15 ボルト以下の強還元状態になると Fe^{2+} と Mn^{2+} が優勢になることが分かる．

また強酸性条件下では Eh の広範囲にわたって Fe^{2+} や Mn^{2+} が安定であるのに対して．アルカリ性条件下では鉄やマンガンの酸化物や水酸化物が安定に存在することも分かる．とくにグライ層の主体と考えられるフェロジック水酸化鉄

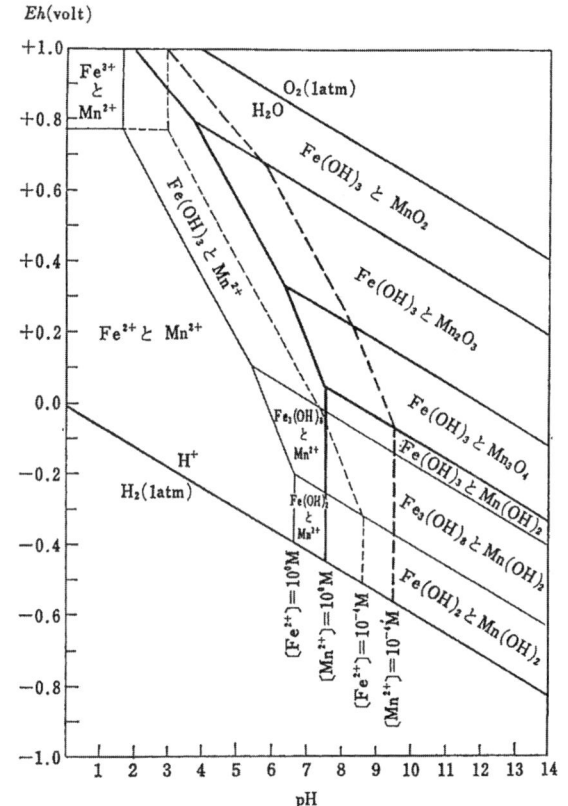

図 7.9 鉄およびマンガン化合物の Eh-pH ダイアグラム

$Fe_3(OH)_8$ は,酸性側では Eh＝+0.1 ボルト付近から生成されるのに対して,アルカリ側では Eh がマイナスになってようやく生成するという点は注目に値する.地中海地域ではグライ土壌がきわめてまれで,河川の沖積土でもグライ化されていないといわれているが(ブリッジズ,1990,p. 98),これらの土壌はアルカリ性のため $Fe_3(OH)_8$ が生成されにくいためと推定される.

7.9. 塩基溶脱作用

岩石や土壌から塩基類(アルカリ元素・アルカリ土類元素)が溶脱される過程を塩基溶脱作用(leaching of bases)あるいは脱塩基作用(base desaturation)という.降水量が蒸発散量を上回る洗浄型の水分状況下では,どのような気候条件下

でも雨水の一部は地下に浸透する．このような土壌水の下降流や側方流によって可溶性成分が地下へ運び去られる可能性がある．水に溶けやすいカリウム塩やナトリウム塩がまず溶脱される．次いで多少可溶性のアルカリ土類(カルシウムやマグネシウム)の塩化物・炭酸塩・硫酸塩が溶脱され，さらに塩類ばかりでなく，土壌の吸着複合体から交換性陽イオンまでも溶脱されるようになる．

塩基溶脱作用は降水量が多く蒸発散量の少ない，したがって土壌中を浸透する水の量が多いほど，また土壌に本来含まれる塩基類の含量が少ないほど速やかに進行する．交換性陽イオンが溶脱される段階になると，土壌の塩基飽和度が低下し，pH は酸性側に向かうようになる．

7.9.1. 炭酸塩の溶解度と CO_2 分圧の関係

炭酸カルシウム($CaCO_3$)は純粋の水にはあまり溶けないが，炭酸を含む水には炭酸水素カルシウム〔$Ca(HCO_3)_2$〕となって溶解する．このときの炭酸カルシウムの溶解度は CO_2 分圧(容量%に比例する)によって変化する．表 7.5 は CO_2 の容量%とそれに対する $CaCO_3$ の溶解度の関係を示したものである．

表7.5　CO_2 濃度と $CaCO_3$ の溶解度との関係

CO_2濃度 (vol.%)	$CaCO_3$の溶解度 (mg/l)	温度 (℃)	出典
0	12.5	25	Garrels & Christ (1965)
0	15	18	化学便覧(応用篇)p.380
大気 { 0.03	39.8	25	Garrels & Christ (1965)
0.03	58	20	D.Schroeder (1969)
0.3	127	20	〃
3.0	219	25	—

一方，土壌空気中の二酸化炭素濃度は，有機物の分解や土壌生物の呼吸作用の結果，一般に大気中の二酸化炭素濃度(約 0.03 容量%)[注]より数十倍ないし数百倍も高い．土壌中の CO_2 濃度については，熱帯では 0.2〜11%，温帯では 0.1〜3.5%(まれに 10%)，北極ツンドラ(ロッキー)では 0.04〜0.5%といった値が知られている(漆原，1996)．表 7.6 は，わが国の農耕地土壌の例を示したものである．

注) 化石燃料の燃焼によって現在では約 0.035 容量%に増大している．

表 7.6 土壌空気組成の測定例(容量%)

測定時期土壌	1968年6月平均赤黄色土 (武豊)*				1973年1月31日アンド土壌 (伊勢原)**				
深さ(cm)	対照区		堆肥 1t/a		深さ(cm)	対照区		家畜尿汚水浸透区	
	O_2	CO_2	O_2	CO_2		O_2	CO_2	O_2	CO_2
5	20.7	0.43	20.4	0.87	20	20.3	0.14	19.8	0.71
10	20.0	0.44	19.9	0.67	50	20.1	0.30	16.4	3.14
20	19.9	0.60	17.6	4.11	100	19.5	0.51	11.7	5.94
30	14.9	5.89	14.1	6.62	150	18.1	1.11	3.2	10.00
40	17.3	4.07	18.9	3.08					

*小川らによる測定値　**福士らによる測定値

したがって，土壌中では大気に接している水に溶解する場合にくらべて 2〜2.5 倍の炭酸カルシウムが土壌溶液に溶解することになる．このようにして，土壌空気中の二酸化炭素ガス濃度の増大はカルシウムの溶脱作用を促進する．

7.10. 粘土の機械的移動(レシベ化作用)

微細な粘土粒子(遊離鉄を含む)が強度の物理化学的変化や分解を受けずに，そのまま土壌断面上部の層位から下部の層位へ機械的に移動・集積する過程は**粘土の機械的移動**(illimerization)といわれている．粘土洗脱作用あるいはレシベ化作用(lessivage)という用語が同じ意味で用いられることもある．

粘土の機械的移動を引き起こす要因として，
① 浸透水による運搬作用．
② 粘土－有機物複合体の形成による可動化と下層における微生物による有機物分解による再沈殿．
③ 珪酸の保護コロイド作用による粘土粒子の分散．
④ Ca イオンの減少に伴うζ-電位(ゼータ・ポテンシャル)の増大による粘土粒子の分散と強酸性領域における Fe の分散抑制．

などがあげられている．

7.10.1. 粘土の機械的移動のメカニズム

粘土の機械的移動・集積のメカニズムは，粘土粒子の分散，移動運搬，沈積という3つの部分的過程から成り立っている．

(1) **粘土粒子の分散**

粘土粒子は多くの場合，相互に結合して集合体となっているので，粘土の機械的移動が可能となるためには，まず最初に集合体を個々の粘土粒子に分離するための分散過程が必要である．粘土集合体の分散は次のような要因によって影響される．

ⅰ) **土壌溶液の塩類濃度**：低い塩類濃度はコロイド粒子の電気的二重層の厚さを増大させ，それとともに粘土粒子を取り囲んでいる水の層を厚くして親水性を高めるため，粘土粒子が分散する．したがって，粘土の機械的移動は塩基溶脱作用を前提とする．

ⅱ) **粘土集合体の安定度**：粘土集合体の安定度は交換性陽イオンの種類によって大きく影響される．ソロネッツに特徴的に見られるような Na-飽和度の高い粘土鉱物は移動しやすいが，Ca-飽和度の高い土壌(pH＞7)では粘土鉱物は移動しにくい(塩類効果)．Ca-飽和度が低下するとともに分散性が増すが，強酸性領域になって交換性 Al イオンや遊離の Al イオンが増えてくると，集合体の安定度は再び増大するようになって粘土は分散しにくくなる．粘土にアルミナや酸化鉄が付着することも分散を困難にする．したがって粘土の移動に先行して，ポドゾル化作用の場合に類似したアルミナや酸化鉄の溶解と移動が生じるものと考えられる．このような点から，粘土の機械的移動は，表層の pH が 6.5 から 5.5 の間の値を保っているような場合にもっとも強度に進行する．

ⅲ) **粘土鉱物の種類**：スメクタイトやバーミキュライトのような膨潤性の大きい粘土粒子の方が，カオリナイトや雲母型粘土鉱物のような膨潤性の小さい粘土粒子よりも分散しやすい．しかし，スメクタイトやバーミキュライトでも層間に $Al(OH)^{2+}$ が配位するようになると分散性が低下する．

ⅳ) **保護コロイド**：粘土粒子の凝集の一部は，粘土鉱物の表面の陰荷電と側面に存在する正荷電とが静電的に結合して網状に連結することによって起こる(図 6.9 参照)．ポリフェノール類のような親水性有機化合物が吸着されると，粘土鉱物の側面に　存在する正荷電が中和されるため，粘土の分散が促進される．このような保護コロイド作用は低分子の珪酸によっても生じる．

(2) 粘土粒子の移動運搬

　分散した微細な粘土粒子の移動運搬には速やかな浸透水の運動が必要である．また孔隙の大きさも関係する．微細な孔隙では孔隙壁の表面張力が強いため粘土粒子の移動が妨げられる．したがって粘土粒子が遠くまで移動するのは中孔隙や粗孔隙の場合に限られる．土壌が長期間乾燥する場合には多数の亀裂ができ，収縮で生じた亀裂の中ではとくに粘土粒子が移動しやすい．その結果，年間を通じて降水量が平均的に分布している地域よりも，乾湿の交代が明瞭な気候下の方が，粘土の機械的移動が起こりやすい．

(3) 粘土粒子の沈積

　粘土粒子の沈積は，分散または移動運搬の原因となっている要因のいずれかが作用しなくなったところで生じる．具体的には次のような場合がある．

ⅰ) **浸透水の停滞と孔隙の減少**：浸透水がある深さで停滞する場合には，その場で粘土粒子の沈積が生じる．浸透水の運動がある場合でも，下層で粗孔隙や中孔隙がなくなると，細孔隙をもった構造体内部へ水が侵入する際に，粘土粒子は「濾別」されて孔隙壁に沈積する．

ⅱ) **下層での塩類濃度の増大**：下層に $CaCO_3$ が含まれる場合に，その場で粘土粒子は凝析して沈積する．このような場合には，$CaCO_3$ の溶脱作用が進行するにつれて，粘土の移動が断面の下方に向かって進行する．

ⅲ) **エアークッション説**(B. Meyer)：閉じ込められた土壌空気が浸透水の前線を停止させるために浸透水の停滞が生じる結果，粘土が沈積する(Scheffer u. Schachttschabel, 1976, p.293)．

7.10.2. 粘土被膜の形成

　均質な母材から発達した土壌に粘土の機械的移動が作用すると，A層位における粘土含量の減少とB層位における粘土含量および微細粘土/全粘土の比率の増大が認められるようになる．このような土壌の粘土集積層(Bt)では，孔隙・亀裂・根の導管などの壁や構造単位(ペッド)の表面に薄い**粘土被膜**(clay cutan)が形成されている．この粘土被膜の部分を偏光顕微鏡で観察すると複屈折を示すので，粘土鉱物粒子が底面に平行に一定方向に配向していることが分かる(図7.10)．

母材の粒径組成が不均質で，粘土含量の断面分布からは粘土の機械的移動が確認できない場合でも，このような定配向性粘土被膜の存在によってそれを確認することができる．粘土の機械的移動が発達すると下層土が緻密になり，周期的な水の停滞を引き起こす結果，疑似グライ化作用が発達するようになる．

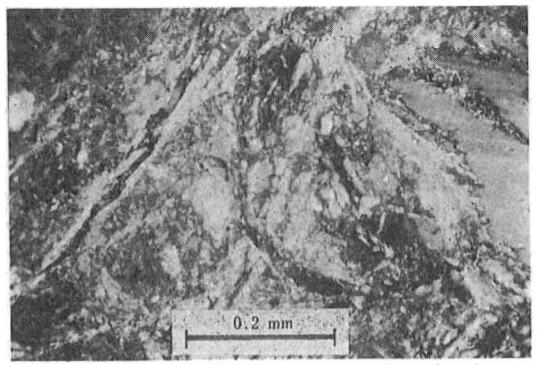

図7.10 粘土被膜(clay cutan)を示す顕微鏡写真，クロスニコル （三土正則氏撮影）

7.11. ポドゾル化作用

水溶性低分子腐植物質(フルボ酸など)を含む強酸性土壌水の下降運動によって塩基類が強度に溶脱されるとともに，鉄やアルミニウムがこれらの低分子腐植物質と結合した水溶性の有機－金属錯体(たとえばキレート化合物)の形で土壌の表層から洗脱され(キレート洗脱)，下層に移動集積する過程を**ポドゾル化作用**(podzolization)という．

ポドゾル化作用を受けると，土壌の無機質部分の表層から鉄やマンガンが抜けるために色があせて灰白色の漂白層(E層)が形成され，その下方には腐植の集積層(Bh層)や鉄の集積層(Bs層)が形成されて，黒褐色ないし赤褐色を呈するようになり，層位分化の明瞭な土壌断面が形成される．ポドゾルという名称は，このような土壌断面形態の特徴を表現したロシア語(ポド＝下に，ゾル＝灰)に由来している．

7.11.1. ポドゾル化作用に関する諸説

ポドゾル化作用のメカニズムに関しては，19世紀中頃からきわめて多くの研究者によってさまざまな説明が与えられてきたが，近年，多くの研究者によって支持されてきた説として①フルボ酸説と②プロト－イモゴライト説をあげることができる．

(1) フルボ酸説

この説を代表するPonomareva(1969)の所説は以下のとおりである．

7.11. ポドゾル化作用

湿潤寒冷な亜寒帯針葉樹林下のリターは，リグニン・ろう・樹脂に富み，微生物の養分となるべきNやCaの含量が少なく，また微生物の活動を抑制するタンニンやテルペン類を含んでいる．このようなリターの特性と低温条件が相まって細菌類や放線菌類の活動が抑えられるため，植物遺体の分解速度はきわめて遅く，その結果，地表に厚く粗腐植層(モル)が堆積する．このような環境では糸状菌による発酵過程が支配的となり，粗腐植層で多量の遊離フルボ酸を主とする水溶性低分子腐植物質が生成する．

フルボ酸は $0.005 \sim 0.006N$ 程度の濃度で pH2.6〜2.8 を示し，塩酸や硫酸に匹敵する多塩基性の強有機酸であって，鉱物を激しく分解し，遊離した Fe や Al と有機－無機錯体ないしキレート化合物を形成する．土壌中における Fe や Al の行動は図7.11に示したように，R_2O_3 とフルボ酸の量比および溶液の稀釈度に大きく影響される．

粗腐植層で形成されたフルボ酸の一部は，植物遺体の分解によって生じた Fe や Al と水溶性錯体(キレート)を形成するが，この段階では R_2O_3 とフルボ酸の比が低く(腐植物質 100 g 当たり R_2O_3 が 700 m.e. 以下)また R_2O_3 の濃度もきわめて薄いので，この錯体は可動性を示し，大部分のフルボ酸は鉱物を激しく分解しながら下層へ移動する(E層の形成)．流下するにしたがってフルボ酸は鉱物を分解し，R_2O_3 が増してくるが，溶液中に多量のフルボ酸が存在し，しかも R_2O_3 が比較的少ない場合(腐植物質 100 g 当たり R_2O_3 が 700〜800 m.e.)には，Al 含量が高く Fe 含量の低い錯体が沈殿する(Bh層の形成)．溶液中の R_2O_3 含量がさらに増加すると(腐植物質

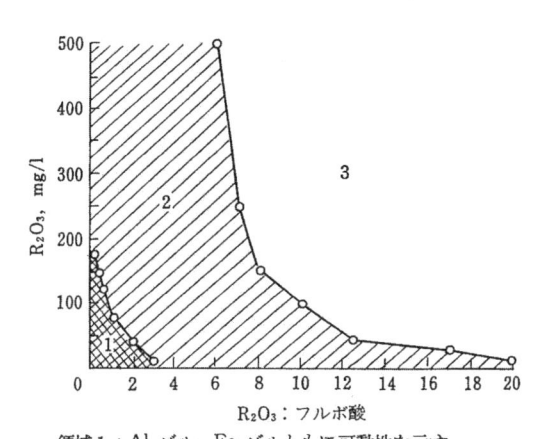

領域1：Al ゾル，Fe ゾルともに可動性を示す
領域2：Al ゾルは沈殿するが，Fe ゾルは可動性を示す
領域3：Al ゾル，Fe ゾルともに沈殿する

図7.11　R_2O_3 とフルボ酸の量比および R_2O_3 の濃度に依存する Al ゾルと Fe ゾルの存在状態　(Ponomareva, 1969)

100 g 当たり R_2O_3 が 800 m. e. 以上），沈殿物中の Al 含量は著しく減少して，Fe の増加が認められるようになる（Bs 層の形成）．

(2) プロトーイモゴライト説

ファーマーら（Farmer *et al.*, 1980 ; Farmer, 1981 ; Farmer, 1982)によって提唱された説で，ポドゾル化は連続的に生じる 2 つの段階を通じて生じるとする．最初の段階では，E 層において陽荷電をもつ可溶性のアルミノ珪酸塩（プロトーイモゴライト）のゾルが形成され，これが E 層と Bh 層を通過した後，pH の増大に応じて，あるいは陰イオンの表面にとらえられて沈殿し Bs 層を形成する．第二段階では生成したフルボ酸が E 層および Bhs 層を移動し，Bs 層のイモゴライトの表面に沈殿する．

上記 2 つの説は，いずれも過去に生じた反応のレリックとしての土壌成分の分析結果に基づいているのに対して，現在の土壌溶液の分析データに基づいた最新の炭酸風化説（Ugolini and Dahlgren, 1987)が提案されている．

(3) 炭酸風化説

ポドゾル化は同時に起こる 2 つの過程によって生じる．第 1 の過程には，有機物の分解と微生物ならびに根の呼吸によって生じた CO_2 と H_2O が反応して高濃度の H_2CO_3 が生じる反応が含まれる．H_2CO_3 は鉱物を分解して Al に富んだ

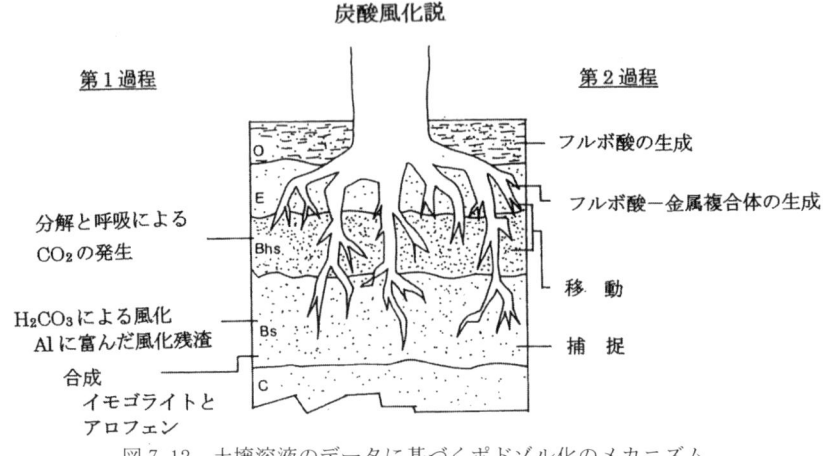

図 7.12 土壌溶液のデータに基づくポドゾル化のメカニズム
（Ugolini and Dahlgren, 1987)

非晶質の残渣を残し，炭酸風化によって放出された Al と SiO_2 が結合するにつれて，その場でイモゴライト/アロフェンが生じる．第2の過程は，フルボ酸説の場合と同様に，O層で生成したフルボ酸が E 層と Bhs 層で Fe や Al と有機－金属複合体を生成し，これらの有機－金属複合体が E 層と Bhs 層を移動して，Bs 層の非晶質物質と結合して捕捉される．

7.11.2. ポドゾル化が生じる特殊な場合

以上の説明から明らかなように，特殊な条件下で，Fe や Al と錯体を形成することのできる水溶性低分子腐植物質が多量に生成される場合には，亜寒帯針葉樹林以外のところでもポドゾル化作用が進行する可能性がある．

ヨーロッパの湿潤冷温帯地域のハイデ植生下に見られるハイデ・ポドゾル，暖温帯に属するニュージーランド北島のカウリの木 (*Agathis australis*) の下に生成するカウリ・ポドゾル，東北地方のヒバ林下や四国の面河渓付近のコウヤマキ林下のポドゾルなどは特殊な植生の影響によるものであり，6.4.1. で述べた八甲田山のポドゾル性土は特殊な環境における乾燥の影響と考えられている．熱帯地方の古い海岸砂丘などの上にはジャイアント・ポドゾルとよばれる E 層のきわめて厚い(数 m に達する)ポドゾルが生成している．これらの熱帯ポドゾルは，アマゾン流域では低木カーティンガ (caatinga)，バナ (bana)，カンピーナ (campina)，東南アジアではクランガス (kerangas) などとよばれる熱帯ヒース林植生と結びついているといわれている(久馬編，2001, p. 268-269)．

7.12. 腐植化と腐植集積作用

動植物の遺体が土壌生物によって消費されてできる代謝産物を出発物質として，土壌中で腐植が再合成されていく過程を**腐植化** (humification) といい，また腐植が土壌中で安定化して多量に集積する過程を**腐植集積作用** (humus accumulation) という．

腐植化の過程は，土壌生成とともに始まり，多かれ少なかれあらゆる種類の土壌に見られる共通の現象である．しかし，生成される腐植の組成・集積量・集積形態は土壌生成環境の違いによって異なり，ある特定な条件下ではとくに多量の腐植が集積して，土壌の物理性や土壌中の無機化合物の変化の特性を規制する重要な役割を果たしている．

7.12.1. 腐植化のメカニズム

動植物の遺体が土壌中で腐敗する過程で腐植物質が形成される場合にはいくつかの経路が存在する．古典的な説としては，植物成分の中でもっとも難分解性のリグニンがタンパク質あるいはアンモニアと結合して生成するというリグニン－タンパク複合体説(Waksman, 1932)が支配的な時代もあったが，今日では，リグニンやタンニンのような難分解性の物質であってもこれらがそのまま腐植物質になるのではなく，図 7.13 に示したように，微生物による分解を受けて比較的低分子のポリフェノールやキノンになり，これらと炭水化物やタンパク質が微生物によって分解・再合成された代謝産物としてのアミノ酸やタンパク質およびキノイド性物質などが重縮合することにより，次第に複雑な高分子重合物として腐植物質が形成されるとする考え方が広く支持されている．これらの経路は(リグニン－タンパク複合体説を含めて)すべての土壌中で作用しているが，土壌の種類によって程度や重要性が異なっている．たとえば，排水不良な土壌や湿地の堆積物中ではリグニンからの経路が支配的であるのに対して，ある種の森林土壌では堆積有機物層からの浸透水中のポリフェノール類からの合成がかなりの重要性をもっている(Stevenson, 1994)．

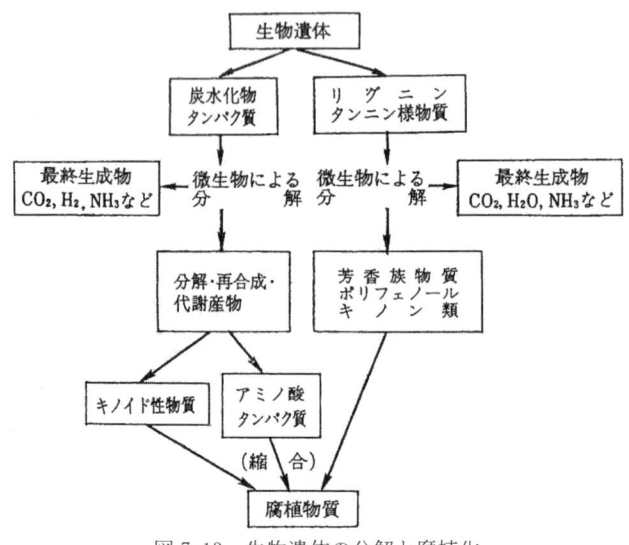

図 7.13 生物遺体の分解と腐植化
(コノノワ，1976 より作成)

腐植物質は土壌中で数百年以上の長い年月をかけて部分的な分解と重縮合を重ねながら，共役二重結合の増大と縮合環の形成によってその暗色化が進行して腐植化度が高くなっていく．

7.12.2. 腐植の集積量を規定する要因

土壌中の腐植の集積量は，①土壌への有機物の供給量，②有機物の無機化速度，③有機物の易分解性，④生成した腐植の安定化，などによって決まってくる．

(1) 有機物の供給量と無機化速度

土壌中の腐植の量は，土壌に加わる有機物量とその有機物が分解される量との差であり，有機物の分解量は，有機物の質や土壌の諸条件に支配される微生物活性の強弱によって異なってくる．一般的にいえば，図7.14に示すように，有機物の生産量と分解量は温度と水分条件に支配される．地球上の有機物生産量は平均気温25℃付近で最高となるが，分解量は微生物の生育適温である30～35℃まで増加するため，25℃付近ではほとんどすべての有機物が分解することになる．また乾燥あるいは過湿の水分条件下では微生物の活動が抑えられるために，有機物の分解は減少して土壌中の残存量が多くなる．わが国のような湿潤温帯では有機物生産量が比較的多く，過湿地を除いて微生物活動が中程度であるため，熱帯地域や有機物生産量の少ない乾燥地帯にくらべて土壌中に残留する腐植含量は多くなる．

いま，ある時点tにおける土壌有機物の量をX，土壌に毎年供給される有機物量をA，土壌有機物がすべて同じ割合で分解されるとしたときの平均分解係数をrとすれば，有機物の集積あるいは減少過程は次の微分方程式で表わされる：

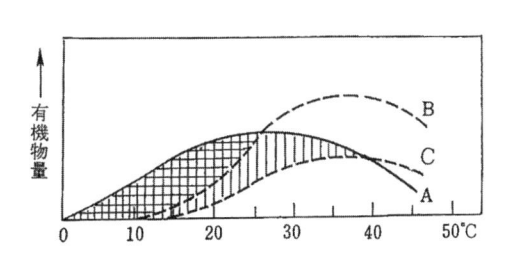

≡ 通気良好の畑地土壌における腐植の集積
▥ 湛水下の土壌における腐植の集積
A 植物による有機物生産
B 好気的条件下下の有機物の分解
C 湛水下の有機物の嫌気的分解

図7.14 腐植の集積と温度・水分条件
(Mohr and Van Baren, 1954)

$$dX/dt = A - rX \quad (1)$$

(1)式を解いて，X を t の関数として表わせば，次式が得られる(和田，1967).

$$X = A/r + (X_0 - A/r)e^{-rt} \quad (2)$$

ここで，X_0 は t=0(最初の時点)における土壌有機物量を示す.
(2)式から，時間が十分経過したとき(t→∞)には，X は一定の値 A/r に近づくことが分かる．通常 r は，定常状態における X と A を実測し，r=A/X によって求められている．

図 7.15 は，世界最古の農業試験場として有名なイギリスのロザムステッド農業試験場において，1852 年以来 150 年以上にわたって続けられている長期堆厩肥連用試験の結果を示したものである．ha 当たり 30t の炭素に相当する堆厩肥を毎年施用した春播きオオムギ畑では，土壌中の有機態炭素含量は堆厩肥施用後急速に増え始め，60 年後には約 2 倍に増加し，それ以後はゆっくりと増え続けている．一方，1872 年以後堆厩肥の施用を止めた畑では，土壌中の有機態炭素含量は急速に減り始め，約 70 年後には堆厩肥を全く施用していない畑と同じ程度まで減少している．

(2) **有機物の易分解性**

土壌中における有機物の分解速度はその化学成分によって異なり，炭水化物・

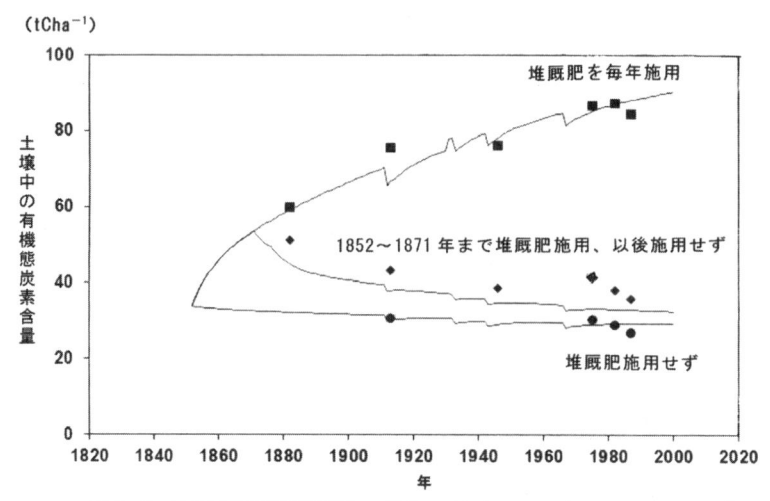

図 7.15 長期堆厩肥連用試験の結果　(Coleman and Jenkinson, 2008)
Copyright©Rothamsted Research Ltd.

タンパク質・脂肪などの易分解性有機物は1～2年以内に大部分が分解されるが，リグニン・タンニンなどの難分解性有機物はその分解に数年～数十年かかるといわれる．また腐植物質はさらに分解に対して安定で，数千年にわたって土壌中に残留する場合もある．

(3) **腐植の安定化**

良質の腐植が多量に集積し，団粒構造のよく発達した肥沃な土壌として名高いチェルノーゼムでは，湿潤温暖な春にイネ科草本植生による多量の有機物生産が行われるが，夏季の乾燥によってこれらの植物遺体の微生物的分解が抑制されるとともに，生成された腐植酸がCa^{2+}と結合することによって安定化されるために，腐植化度の高い腐植が土壌中に多量に集積すると考えられている．

一方，わが国に広く分布する黒ボク土も多量の腐植を集積している土壌の代表の1つであるが，この場合には，ススキ草原下における多量の有機物の供給と活性アルミニウムによる微生物的分解の抑制(山根，1973)ならびに生成された腐植が母材中に含まれるアロフェンおよび非アロフェン態非晶質アルミニウムと結合して安定化するためと考えられている(弘法・大羽，1974b)．

以上のことから明らかなように，土壌中に多量の腐植が集積するための条件として，次の3点があげられる．

① 土壌に多量の有機物が年々供給されること(草本植生のもつ特徴)．
② 母材中にCa^{2+}や非晶質アルミニウム化合物などの塩基が多いこと．
③ 適潤季と乾燥季が交代するような気候条件．

これらの三条件がそろうと，土壌中にもっとも安定な形態の腐植が多量に集積するようになる．

7.12.3. 堆積有機物層の形態と微細形態学的特徴

地表面に堆積した有機物の分解状態は，堆積有機物層(O層)の形態によく現れており，一般に腐植(有機物)と無機質部分の混合状態に基づいてモル型(粗腐植型)，モダー型，ムル型の三基本型に区分される(図 7.16)．これらの基本型のほかに，ムル様モダーのような中間型も多数存在している．また，これらの有機物の集積形態の微細構造は，①植物遺体の分解程度，②糞粒の種類，③鉱物粒子，④植物遺体・糞粒・鉱物粒子の割合と混合状態，などによって特徴づけられている．

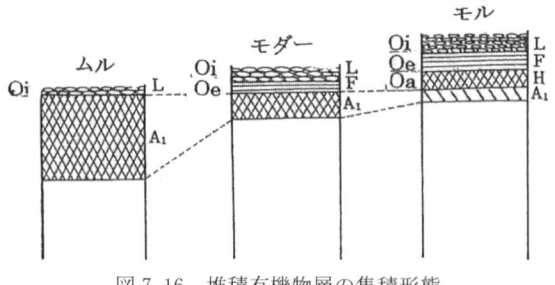

図 7.16 堆積有機物層の集積形態

(1) モル(Mor)または粗腐植(Raw humus)

有機物の分解が不良で，Oi(またはL)層，Oe(またはF)層，Oa(またはH)層からなる厚い未分解の有機物層が堆積し，堆積有機物層と無機質土層が明瞭に分かれている．粗大な未分解の植物遺体が大部分を占め，糞粒はきわめて少ない．鉱物粒子はごくわずかで，全く含まれないこともある．植物遺体はフェルト状にからみ合い，糞粒起源の黒褐色の細かく分散した泥状の腐植物質が弱く付着していることがある(図7.17(1))．

(2) モダー(Moder)

モルと後述するムルの特徴を兼ね備えた中間的形態を示し，未分解の有機物を堆積している点ではモルに似ているが，分解した有機物が無機質土壌と混和しているところはムルに似ている．一般に，細胞組織を残している植物遺体，土壌動物の糞粒，あまり風化していない鉱物粒子の3つの構成単位がルーズに集合した状態を示す．モダーは，上記3つの構成単位をほぼ同じ割合で含む珪質モダー(silicate moder)(図7.17(2))，粗大な植物遺体が大部分を占めている

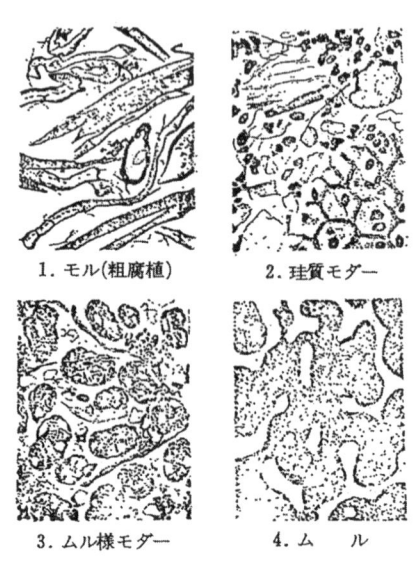

1. モル(粗腐植)　2. 珪質モダー
3. ムル様モダー　4. ム　ル

図 7.17 腐植の微細構造
(Kubiena, 1953)

貧栄養粗モダー(dystrophic coarse moder), 糞粒が卓越する貧栄養細モダー(dystrophic fine moder)に細分される. モダーに含まれる糞粒は非常に小さく(直径50 μm程度), ササラダニ(*Oribatide*)やトビムシ(*Collembole*)のものが多い.

(3) **ムル様モダー(Mull-like moder)**

有機物の堆積状態はムルに似ているが, 微細形態学的には, 細かく破砕されているが細胞組織を残している植物遺体, 比較的大きな糞粒またはその破片, ばらばらの鉱物粒子がほぼ同じ割合で含まれ, やや凝集性を示している. 糞粒はヒメヤスデ(*Julide*), タマヤスデ(*Glomeride*), 昆虫の幼虫, ミミズのものが多く, 糞粒内部に鉱物粒子が埋め込まれている(図7.17(3)).

(4) **ムル(Mull)**

有機物の分解が良好で, 堆積有機物層が薄く, 腐植と無機質土壌とがよく混和されている. 大部分が糞粒(ミミズのものが多い)からなり, 糞粒は相互にくっつき合って網状になり海綿状構造(spongy fabric)を作っている(図7.17(4)).

7.12.4. 腐植組成と土壌型

腐植を構成する腐植酸, フルボ酸, ヒューミンが腐植中に占める割合は, 土壌生成条件と密接な関係をもっている. とくに腐植酸の炭素含量とフルボ酸の炭素含量との比(Ch/Cf)は, 表7.7に示したように, 土壌の地理的分布と関連して規則的に変化していることが認められる.

7.13. 泥炭集積作用

土層中に降水がやや長く停滞するか, あるいは地下水面が地表近くにあるために嫌気的条件が作られ, 有機物の腐植化や無機化が緩慢になる結果, 分解不完全な植物遺体が土壌表面あるいは植物の繁茂した湿地に集積する過程を**泥炭集積作用**(peat accumulation)という.

このようにして集積した分解不完全な植物遺体を主とする堆積物を**泥炭**(peat)といい, 泥炭の堆積している土地を**泥炭地**(peatland)という. 植物学あるいは地理学の立場から湿原植物の生育している場所を「湿原」または「湿地」とよび, 湿原は生態学的観点から降水栄養湿原(bog)と鉱物質栄養湿原(fen)に二分される. 湿原に泥炭が堆積している場合にはbog peatland(またはpeat bog), fen peatlandというように表現されている.

表7.7 旧ソ連土壌の腐植組成(腐植化した表層について) (コノノワ, 1976)

土壌	腐植含量(%)	脱石灰処理抽出物	腐植酸(Ch)	フルボ酸(Cf)	Ch/Cf比	遊離および可動性R_2O_3と結合した腐植酸*	残渣の炭素
	1	2	3	4	5	6	7
ツンドラ土	約1.0	20〜30	10	30	0.3	75〜100	30〜40
強ポドゾル性土	2.5〜3.0	10〜20	12〜15	25〜28	0.6	75〜95	30〜35
ジョールンポドゾル性土	3.0〜4.0	約10	20	25	0.8	90〜95	30〜35
灰色森林土	4.0〜6.0	5〜10	25〜30	25〜27	1.0	20〜30	30〜35
チェルノジョーム:							
厚層	9.0〜10.0	5〜10	35	20	1.7	20〜15	30〜35
普通	7.0〜8.0	2〜5	40	16〜20	2.0〜2.5	10〜15	30〜35
南方および前コーカサス	5.5〜6.0	3〜5	30〜35	20	1.5〜1.7		約30
暗栗色土	3.0〜4.0	2〜5	30〜35	20	1.5〜1.7	10〜15	30〜35
淡栗色土	1.5〜2.0	8〜10	25〜29	20〜25	1.2〜1.5	<10	30〜38
褐色砂漠ステップ土	1.0〜1.2	3〜5	15〜18	20〜23	0.5〜0.7	約10	
シイロジョーム(典型的)	1.5〜2.0	約10	20〜30	25〜30	0.8〜1.0	≤10	25〜35
シイロジョーム(淡色)	0.8〜1.0		17〜23	25〜35	0.7	≤10	25〜35
タキール	約1.0	5〜10	7〜10	20〜25	0.3〜0.4	約5	
赤色土	4.0〜6.0	10〜20	15〜20	22〜28	0.6〜0.8	90〜100	35〜38
山岳湿草地土	6〜15	10	15〜30	28〜35	0.4〜0.8	—	20〜40
山岳褐色森林土	4.0〜8.0	—	25〜30	30〜35	0.7〜0.9	10〜20	30〜35

*全腐植酸量中のパーセント(第3欄の値参照)

　泥炭多産地域は亜寒帯と温帯の一部に多く,北半球における分布の南限は,7月の平均気温20℃の等温線とほぼ一致し,北限は1月の平均気温が-10〜-15℃である.しかし,20世紀初頭になって熱帯泥炭の存在が広く知られるようになり,とくに東南アジア島嶼部沿海地域の湿地林地帯には熱帯泥炭が広く分布している(久馬編,2001, p.227〜263).これらの熱帯泥炭の大部分は樹木に由来する**木質泥炭**(wood peat)である.

7.13.1. 泥炭地の成因

　泥炭地はその成因によって,陸化型泥炭地と沼沢化型泥炭地に二大別される.陸化型泥炭地は湖盆の埋積によって湛水深が浅くなり,湖底の至る所に抽水植物が繁茂して泥炭地が形成される場合をいい,小規模な湖盆から発達するのが普通である.

これに対して沼沢化型泥炭地というのは，河川の氾らん，排水不良，湧水，泥炭地の拡大，大気中の水分(霧，飛沫)などによる沼沢化によって泥炭地が形成される場合をいう．沼沢化型泥炭地は浅い凹地，平坦地，緩傾斜地に形成されるが，その層序学的特色は一般に，ユッチャ，腐植泥などの湖性堆積物が欠如していることである．

7.13.2. 泥炭の堆積過程と泥炭の種類

陸化型の場合を例として泥炭の堆積過程を説明することにしよう．湖沼の底に泥が堆積して埋積化が進み，抽水植物が十分生育できるような水深になると泥炭の集積が始まる．この段階では地下水位が高いため，一般に富栄養条件下でヨシ，スゲ，マコモ，ハンノキ，ヤチダモなどが生育し，これらの植物遺体の堆積物が水面に達するまで続く．このようにして生成した，ヨシ，スゲ，マコモ，ハンノキ，ヤチダモなどの植物遺体を主とする泥炭を**低位泥炭**(low moor)という．低位泥炭の表面は，周囲の地下水面よりやや低いか，ほぼ一致している(図7.18，(B))．

泥炭の表面が水面からわずかに上昇すると養分の供給量が少なくなるために植生が変化し，ワタスゲ，ヌマガヤ，ホロムイソウ，エゾマツ，ヤチヤナギ，シラカンバなどの遺体からなる**中間泥炭**(transitional moor)が堆積するようになる(図7.18，(C))．さらに泥炭の表面から地下水面

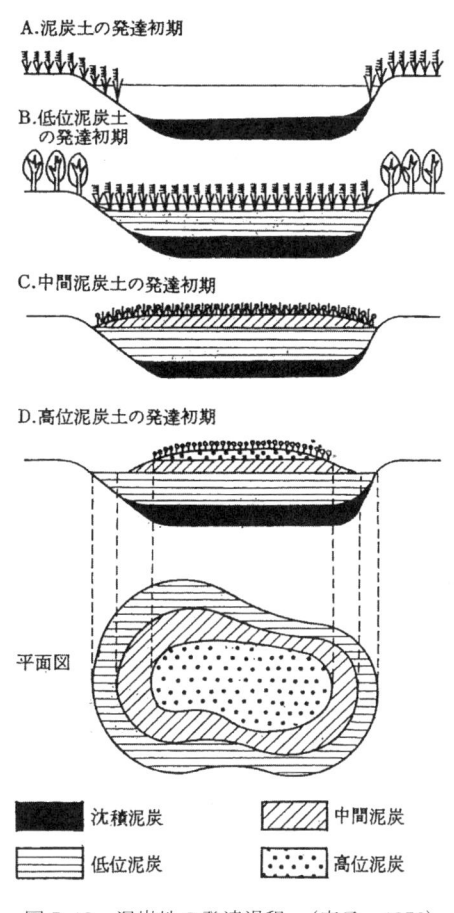

図7.18 泥炭地の発達過程 （庄子，1976）

までの距離が増大して貧栄養条件になると，ほとんど雨水だけで繁殖できるミズゴケ，ホロムイスゲ，ツルコケモモ，ミカズキグサなどの遺体からなる**高位泥炭**(high moor)が形成されるようになり，表面が周囲の地下水面よりも高く盛り上がってくる(図7.18，(D))．このように「低位」・「高位」というのは，地下水面に対する泥炭表面の相対的位置関係を示すものであって，決して低地にあるとか高地にあるとかいうような地理的高度を意味するものではないことに注意しなければならない．したがって，生態学で用いられる「高層湿原」・「中層湿原」・「低層湿原」という用語は，それぞれ，「高位泥炭の分布する湿原」，「中間泥炭の分布する湿原」，「低位泥炭の分布する湿原」を意味している．

7.13.3. 泥炭の堆積速度

泥炭の堆積速度は，気候，地形，泥炭構成植物の種類，泥炭の分解度，堆積後の物理的化学的変化，圧密などによって，空間的にも時間的にも異なっている．泥炭の堆積速度の測定は，植物の生長を利用する直接的方法，泥炭層中に埋没している年代の明らかな遺物・遺構あるいは火山噴出物などから推定する方法，^{14}C年代測定法などによって行われている．

山田 忍(1958)は，降下年代の分かっている泥炭層中の火山灰を利用して，北海道の低位泥炭地で 0.9～1.0 mm/年という値を得ている．また本州各地の泥炭地における^{14}C年代測定法による値として0.5～1.5mm/年が得られている(阪口，1974)．

一方，植物生産量の非常に大きい熱帯では 3.4 mm/年という値が得られており(Colinvaux, 1968)，これは日本の値の 2～7 倍の速さである．また泥炭の堆積速度は地質時代の気候変化の影響を強く受けており,完新世後期(サブアトランテイック期)の堆積速度がもっとも速く，完新世中期(climatic optimum)のそれがもっとも遅く，完新世前期(プレボレアル，ボレアル期)はその中間にあるという傾向が世界各地で知られている．

7.14. 塩類化作用(ソロンチャーク化作用)

最大可能蒸発散量が降水量を上回るような滲出型または分泌型水分状況下では，地下水が毛管上昇によって土壌表面から強度に蒸発される結果，地下水に溶解している水溶性塩類($NaCl$, $NaNO_3$, $CaSO_4$, $CaCl_2$ など)が沈殿として

析出する．このようにして土壌表面と土壌断面上部に多量の水溶性塩類が集積する過程を**塩類化作用**(salinization)または**ソロンチャーク化作用**という．

塩類化作用がとくに発達するのは，半乾燥ないし乾燥気候地域の塩分含量の高い地下水が地表から浅いところにある，微粒質ないし細粒質の土壌母材からなる凹地である．塩類が地表面に析出すると，地表面全体を覆って白色の**塩類皮殻**(saline crust)が形成される．

このような塩類皮殻の厚さは通常3～5cmであるが，ときには50～100cmにもなり，数mに達することさえある(シリン・ベクチューリン，1963)．集積する塩類はカルシウム，マグネシウム，ナトリウムの塩化物と硫酸塩が主で，塩類皮殻ではこれらの塩類の含量は数10%以上に達する．またこれらの可溶性塩類が二次的に富化して可溶性塩類含量が2～3%以上となった土壌層位を**サリック層**(Salic horizon)という．

塩類の集積している土壌では，土壌溶液の高い浸透圧に耐えうる少数の塩生植物(アカザ科 Chenopoidiaceae，オカヒジキ属 Salsola sp.)しか生育できないが，これらの植物が土壌中から塩類を多量に吸収し，地表に還元するはたらきによって塩類化が促進されていることも重要である．

上記のような自然的な土壌の塩類化作用のほかに，塩分含量の高い水を灌漑水として使用するとか，高所にある灌漑地域からの含塩水の流入などのような不適切な灌漑方法によって人為的に引き起こされる塩類化もある．古代文明が栄えたチグリス・ユーフラテス流域が今日，塩類沙漠と化している原因の1つとして，この人為的塩類化作用があげられている．半乾燥ないし乾燥地域における灌漑技術の基本は，用水路と排水路を分離することであるが，海から遠く離れた地域では排水路を海まで導くのが困難で，途中で二次的な塩類化が生じている場合が多い．

わが国のような湿潤気候下では，自然の塩類化作用はほとんど問題にならないが，近年盛んになっている多肥を伴ったハウス蔬菜園芸では，人為的な塩類化による障害を防ぐために，数年おきに湛水して集積した塩類を洗い流したり，新しい土と入れ替えたりしなければならず，大きな問題になっている．また露地栽培の場合には，ビニールマルチによって降雨水の土壌中への浸透が妨げられるため，徐々に塩類化が進行している．

7.15. 脱塩化作用

　気候変化による降水量の増加，あるいは地下水面の低下または人為的灌漑などによって，土壌水分の毛管上昇よりも浸透水による溶脱作用の方が上回るようになると，可溶性塩類の集積している土壌から可溶性塩類が除去されていくようになる．この過程を一般に**脱塩化作用**(desalinization)という．脱塩化の過程は，可溶性塩類ならびに交換性陽イオンの量的変化に応じて，化学的にも土壌断面形態的にも異なった2つの段階，すなわちソロニェーツ化作用(アルカリ化作用)とソーロチ化作用(脱アルカリ化作用)に分けられる．

7.15.1. ソロニェーツ化作用(アルカリ化作用)

　土壌吸着複合体の交換座の大部分が Na$^+$ で占められるようになると，土壌コロイドが分散性を増してゾル化するとともに，土壌反応が強アルカリ性となるため，腐植物質が溶解されて土層が暗色に変化する過程を**ソロニェーツ化作用**(solonization)あるいは**アルカリ化作用**(alkalization)という．

　可溶性塩類が集積している土壌では，次式で示されるように，吸着複合体はすでに Na$^+$ で飽和されているが，過剰の塩類の存在と強度の乾燥のため，Na$^+$ で飽和された土壌コロイドは凝集状態に保たれている．

$$(吸着複合体)\genfrac{}{}{0pt}{}{\diagup Ca}{\diagdown Mg} + 4NaCl = (吸着複合体)4Na + CaCl_2 + MgCl_2$$

　このような土壌が脱塩化作用を受けて，過剰の可溶性塩類($CaCl_2$ と $MgCl_2$)が除去されると，Na$^+$ で飽和された土壌コロイドは分散して，浸透水とともに下方に移動し始める(粘土の機械的移動)．一方，土壌中に交換性 Na$^+$ があると，次式のような水溶性の炭酸や酸性炭酸塩との交換反応を通じて，土壌溶液が強アルカリ性になる．

$$(吸着複合体)2Na + H_2CO_3 = (吸着複合体)2H + Na_2CO_3$$
$$(吸着複合体)2Na + Ca(HCO_3)_2 = (吸着複合体)Ca + 2NaHCO_3$$

　このようにして生成した炭酸ナトリウムや炭酸水素ナトリウムの加水分解によって，土壌は強アルカリ性反応(pH10〜11)を呈するようになる．また強アルカリ性反応の出現によって腐植物質は溶解され，珪酸塩の分解によって水溶性

の珪酸ナトリウムが生じ，これらは浸透水によってNa‐粘土とともに下方に移動するが，下層にはまだ多量の塩類が存在するために，そこで再び凝固して沈殿する．その結果，土壌断面の上部は，コロイドの大部分を失った板状構造の淡色の表層(ソーロチ化洗脱層)と粘土・酸化鉄・腐植物質などが集積した，暗色できわめて緻密かつ特徴的な円柱状ないし角柱状構造の発達した集積層(ソロニェーツ性集積層)の2つの層位に明瞭に分化する．交換性イオンのうちNa^+が15%以上を占める粘土の集積層は**ナトリック層**(Natric horizon)とよばれている．ソロニェーツ性集積層の下部には，塩類の溶解度に応じて塩類析出の分化が生じており，一般に上から炭酸塩層(ソロニェーツ性Bt層の直下)，石こう層，塩化ナトリウム－硫酸ナトリウム層の順に塩類集積層が認められる．

7.15.2. ソーロチ化作用(脱アルカリ化作用)

土壌吸着複合体の交換座の大部分を占めているNa^+が溶脱されて除去されていく過程を一般に**脱アルカリ化作用**(dealkalization)という．脱塩化過程がソロニェーツ化の段階よりもさらに進行すると，炭酸ナトリウムや炭酸水素ナトリウムは土壌中から除去され，Na‐粘土は分散・移動するだけでなく，H‐粘土に変化して加水分解され，その結果生じたFe_2O_3やAl_2O_3は下層に洗脱され，表層にはSiO_2に富む，板状構造の発達した漂白層(E層)ができる．下層の旧ソロニェーツ性Bt層の特徴的な円柱状～角柱状構造は破壊され，しばしばグライ化して上部に鉄の結核が生じるようになる．

塩分含量の少ないアルカリ性溶液の影響を受けて生じるこのような過程を**ソーロチ化作用**(solodization)という．ソーロチ化の段階になると植生は，ソロニェーツ化段階の好アルカリ性植物から湿草地の草本植生に遷移し，表層のSiO_2の富化には珪藻やイネ科草本類の代謝作用(植物珪酸体の形成)が大きな役割を果たしているといわれている(ゲラーシモフ・グラーゾフスカヤ，1963，p. 178)．

7.16. 石灰集積作用

乾燥～半乾燥気候下の非洗浄型水分状況においては，年平均降水量が年平均蒸発量よりも少ないため，年間を通じて土壌溶液は上昇運動の方向をとるが，雨季には下降運動による溶脱作用もある程度進行する．そのため溶解度の大きい水溶性塩類(塩化物や硫酸塩)は大部分溶脱されているが，空気中のCO_2と

反応して生じた $CaCO_3$ や $MgCO_3$ は溶解度が低いため土壌中に集積していく．このようにしてCaやMgの炭酸塩が土壌体中や土壌表面に集積する過程を**石灰集積作用**(calcification)という．

石灰集積作用におけるCaやMgの供給源としては，石灰岩や苦灰岩のように母岩そのものにCaやMgの炭酸塩が多い場合に限らず，乾燥～半乾燥大陸性気候下に発達する草本植生が珪酸塩の風化によって生じたCaやMgを生物学的循環の中に絶えず取り入れて，土壌の表層に保持していることが大きく関係していることも見のがせない．

CaやMgの炭酸塩の集積形態はきわめて多様である．地表に多量の炭酸塩が集積して皮殻を形成している場合には**カリーチ**(caliche)とよばれ，乾燥地域にしばしば見られる．またレス（黄土）中に特徴的に見られる不規則な形の炭酸カルシウムの結塊は**黄土人形**または**黄土小僧**(Lösskinder)とよばれている．チェルノーゼムの炭酸塩集積層(Bca層)に見られる炭酸カルシウムの白色の小結核は**ビエログラースカ**(белоглазка)という愛称をつけられている[注]．しばしばカビの菌糸と間違えやすい菌糸状に発達した炭酸塩の析出は**偽菌糸状脈**(pseudomycelium)といわれるが，これは発達の新しいもので，炭酸塩の季節的移動の結果生成されるものである．このほかにCaやMg含量の高い硬質地下水の影響のある土壌に見られる石灰集積層は**湿草地石灰**(Wiesenkalk)とよばれている．

一般に，CaあるいはMgの炭酸塩が二次的に集積した，厚さ15 cm以上の層で，炭酸カルシウム相当量としての含量が15%以上のものを**カルシック層**(Calcic horizon)と定義し，モースの硬度3以上の硬化したカルシック層を**ペトロカルシック層**(Petrocalcic horizon)と定義している．

カリーチや湿草地石灰を除く多くの石灰集積層では，表層から溶脱されたCaが下層で析出したものとみなされるが，これは表 7.5 に示したように，炭酸カルシウムの溶解度が空気中の CO_2 分圧によって大きく影響されていることと関係がある．すなわち，土壌生物の活動が盛んな表層では，呼吸作用の結果，土壌空気中の CO_2 分圧が高まるため，下記の反応式が右向きに進行し，$CaCO_3$ は可溶性の $Ca(HCO_3)_2$ の形で下層に溶脱される．

$$CaCO_3 + H_2O + CO_2 \rightleftarrows Ca(HCO_3)_2$$

注) белоглазка＝「白くて小さな可愛い眼」を意味するロシア語．

逆に，生物活性の低い下層では，土壌空気中のCO₂分圧が低いため，上記の反応式が左向きに進行して，再びCaCO₃として沈殿・析出するものと考えられる．

7.17. 水成漂白作用

　土壌の表層が水で飽和されつつ，しかも土壌水がゆっくりと降下浸透するような水分状況下では，表層の間隙が水で満たされて大気と遮断されるために，閉じ込められた土壌空気中のO₂が好気性微生物によって速やかに消費される．その結果，嫌気的状態が発達してFe(Ⅲ)化合物やMn(Ⅳ)化合物は還元されて可溶性のFe²⁺やMn²⁺に変化し，浸透水とともに下方に溶脱される．土壌の表層は，鉄やマンガンが還元溶脱によって除去されるため，灰白色に漂白される．このようにして土壌の表層から鉄やマンガンが還元溶脱されて，表層が灰白色に漂白される過程を**水成漂白作用**(wet bleaching)といい，生成した漂白層を**水成漂白層**(hydromorphous bleached horizon)という．

　グライ化作用や疑似グライ化作用の場合には，還元過程で生じたFe²⁺やMn²⁺がほとんど移動しないか，移動するとしてもごく短い距離にすぎないのに対して，水成漂白作用の場合には，Fe²⁺やMn²⁺が浸透水によって溶脱されて表層から下層へ移動していく点が異なっている．水成漂白作用は，積雪量の多い日本海側の森林地帯において，春の融雪季に土壌の表層が多量の融雪水で飽和される場合などにも認められているが，もっとも典型的に発達するのは人為的に灌漑される地下水位の低い水田土壌においてである．戦前から戦後にかけてわが国で大問題になった**老朽化水田土壌**は，長期にわたる水成漂白作用によって鉄やマンガンに欠乏するようになったもので，夏季に発生する硫化水素(H_2S)を硫化鉄(FeS)として除去することができないため，水稲根がH_2Sによる直接の被害を受けて根腐れを引き起こすものであった．含鉄資材の客土による土壌改良が全国的に実施された結果，今日では老朽化水田は全く見られなくなった．

　一般に水田土壌中の湛水下における第2鉄の還元過程は，そのすべてまたは大部分が微生物の代謝作用に起因していることが明らかにされており，図7.19に示したように，

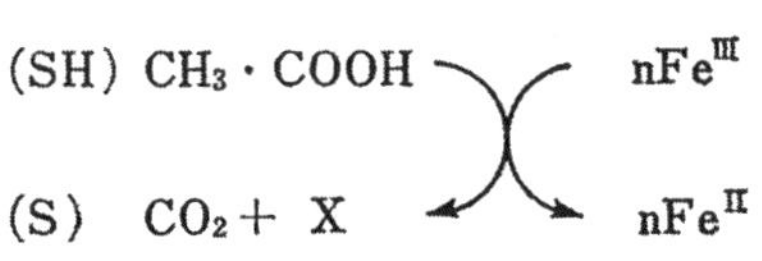

(SH) CH₃・COOH ╲╱ nFe^Ⅲ
(S) CO₂ + X ╱╲ nFe^Ⅱ

図7.19 電子伝達系の末端電子受容体としてのFe^Ⅲ （加村・高井, 1961）

Fe^{3+}(図中では Fe^{Ⅲ})は易分解性有機物の微生物による分解過程において,電子伝達系の末端電子受容体として作用しているものと推定されている(加村・高井,1960；1961). したがって,水田土壌における第1鉄(Fe^{2+})の生成は易分解性有機物と遊離鉄の含量および両者の相対的割合によって規制されている(浅見,1970).

第2鉄の還元過程が硝酸や硫酸の還元と同じように,その大部分あるいは全部が微生物の代謝系と共役して行われる,いわゆる直接還元であるのに対して,マンガンの還元機構はこれらとはやや異なっている. 水田土壌中におけるマンガンの還元は大部分(70～80%)が微生物活動に起因しているが,その機構は微生物代謝系と共役することなく,微生物代謝によって生成した還元物質によって行われる間接的還元であると考えられている(加村・吉田,1971). また微生物的還元と同時に化学的還元も進行しており,次式に示したように,第2鉄の還元によって生成した第1鉄によってもマンガンの還元が行われるものと推測されている(吉田・加村,1972a,1972b).

$$2Fe^{2+} + Mn^{Ⅳ} \rightarrow 2Fe^{Ⅲ} + Mn^{2+}$$

また鉄の還元の場合と同様に,マンガンの還元は易分解性有機物が多いほど促進される. 微生物の代謝産物によるマンガンの還元は pH 依存性があり,pH4.0付近でもっとも強い還元能が示されるといわれている.

7.18. 水田土壌化作用

水田土壌では,灌漑水によって約3ヶ月にわたる夏季の水稲栽培期間を通じて表面水と浸透水が存在し続け,収穫の約1ヶ月前に行われる落水乾燥と規則的に交替する. これは他のいかなる自然水成土壌にも見られない水田土壌独特な水の運動形態である. このような灌漑水の直接的影響によって生じる土壌生成過程は地下水位の低い立地条件下で明瞭に現われ,しかも水田耕作に特有なものであるため,とくに**水田土壌化作用**(paddy-soil forming process)とよばれている. 水田土壌化作用には次のようないくつかの基本的過程が含まれている(三土,1976,1978).

7.18.1. 水田土壌化作用に含まれる基本的過程
(1) 季節的逆グライ化作用

　稲作期間の大部分を通じて，土壌は湛水状態におかれ，とくに表層土の孔隙は水で飽和され，グライ化作用(7.7.参照)が進行し，表層土の色は青灰色に変わる．自然土壌ではグライ化作用はもっぱら地下水によって生じ，土壌断面の下部から上部に向かって進行するのに対して，土壌の表層部から始まる水田のグライ化は逆立ちしているように見えるので「逆グライ化」(inverted gleying)とよばれている．落水期には逆グライ化層は一般に乾燥酸化が進み，孔隙に沿って鉄の酸化沈積を起こしつつ，土色は青味を失って灰色にもどる．

(2)「疑似グライ化」作用

　一般に粗粒質な土壌や孔隙の多い土壌では，湛水下でも下層土は酸化的で土色も褐色のままで，水田耕作の影響はあまり認められない．しかし下層土が細粒質であるか充填が密なときは，水による孔隙の飽和は逆グライ化層のさらに下方までおよぶ．

　このような下層土では，根や地中動物の孔，構造体のすき間などに沿って上部から易分解性有機物が供給され，弱い還元状態になる．湛水期の弱い還元と落水期の酸化の繰り返しのもとで，孔隙に沿う部分が灰色化し，灰色の網目模様が発達する．孔隙から離れた基質部分では，鉄がその場で還元・再酸化されてオレンジ色の輪郭のぼけた雲状斑となるか，または水田にする前の褐色がそのまま残っている．この紋様構造は，疑似グライ化作用(7.8.参照)によってできる大理石紋様と基本的に一致しているのでカッコつきの「疑似グライ化」作用とよばれている(三土，1976)．逆グライ化層の鉄の斑紋が根や動物の孔に沿って，糸根状や管状あるいはペッド表面の膜状として形成されるのに対して，「疑似グライ化」層では，孔隙に沿う部分が灰色で，斑鉄は基質の部分にあるといったように位置関係が逆になっており，この点が両者を識別する際の重要な手がかりである．

(3) 還元溶脱・酸化集積作用

　逆グライ層や「疑似グライ化」層を満たしている水は静止しておらず，重力によって降下浸透している．還元されて溶解性を増した鉄やマンガン(Fe^{2+}, Mn^{2+})は，図7.20に示すように水の降下とともに溶脱される．逆グライ化した

表層から溶脱する鉄，マンガンは，その直下で全部または一部が集積する．粗粒質な土壌や孔隙に富む土壌では，下層土は湛水下でも水で飽和されていないので，表層から溶脱した Fe^{2+}，Mn^{2+}は下層土に含まれている分子状酸素によってことごとく酸化沈殿し，鉄やマンガンの斑紋に富む，よく発達した集積層ができる．

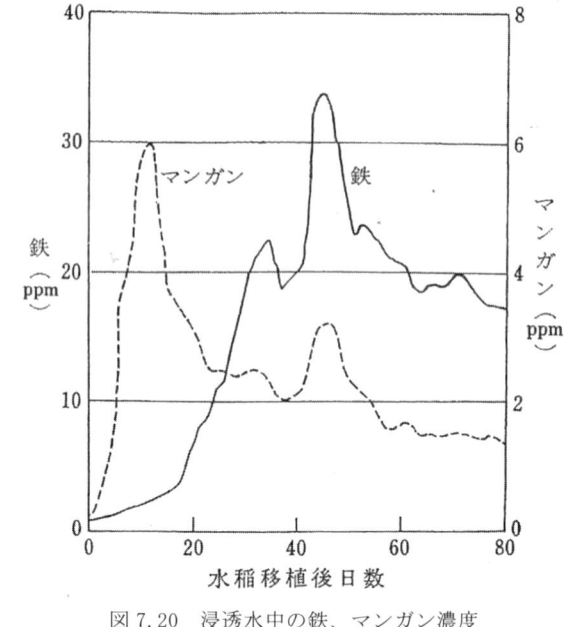

図7.20 浸透水中の鉄，マンガン濃度
(松浦・福永・坂上，1972)

一方，細粒質または緻密なために下層土が水で飽和されて「疑似グライ化」する場合にも，逆グライ化層と「疑似グライ化」層との漸移部に集積層ができる．この場合は，表層からの Fe^{2+} を捕捉するのは分子状酸素ではなく，陽イオン交換能をもつ粘土である．粘土に吸着された Fe^{2+} は，落水後空気が侵入した後粘土を離れて酸化沈殿する(松本ら，1973)．「疑似グライ化」層も湛水下では当然，水が降下浸透しているから，鉄・マンガンは溶脱されるが，この層からの溶脱は表層の逆グライ層よりは弱く，主として孔隙に沿って局部的に起こるにすぎない．

(4) **塩基再編成作用**

水田耕作が土壌の塩基状態に与える影響は，灌漑水に含まれる塩基が供給される面と，生成する多量の Fe^{2+} が塩基を交換浸出して塩基の溶脱を進める面との相反する作用のバランスに依存している．塩基に乏しい沖積堆積物や溶脱の進んだ台地上の水田土壌では，前者の作用が勝っており，Ca^{2+}，Mg^{2+}，Na^+などの塩基が増える．塩基に富む母材からできた土壌が水田化される場合には，後者の作用が勝って塩基が減少し，とくに Ca^{2+} が減少する．このようにして多くの

水田土壌では，塩基飽和度40〜70%，pH5台という比較的狭い範囲に落ち着くようになる（図7.21）．水田土壌が，一般に無肥料でもイネの一定の生育を保証し，逆に多肥による塩類障害を引き起こさないのは，このような塩基再編成作用がはたらいているためである．

(5) **クロライト化作用**

還元と乾燥酸化が反復される水田の表層土で，膨張性2:1型粘土鉱物のクロライト化が進行することが認められている（Mitsuchi, 1974）．湛水下で優勢な交換性 Fe^{2+} が落水後，粘土を離れて酸化沈殿する際に，Fe^{2+} に代わって交換座を占める H^+ が粘土の一部を破壊し，Al^{3+} が交換座に現れることが知られている．次の湛水期の pH の上昇に伴って起こる Al^{3+} の部分中和と重合によってクロライト化が進むと考えられている（吉田・伊藤，1974）．粘土の破壊を伴うクロライト化（交換容量の低下を招く）は，長い将来にわたる生産力の維持という点から見て，無視できない現象であると考えられている．

図7.21 水田耕作による表層土のpH変化
(三土正則，1976)

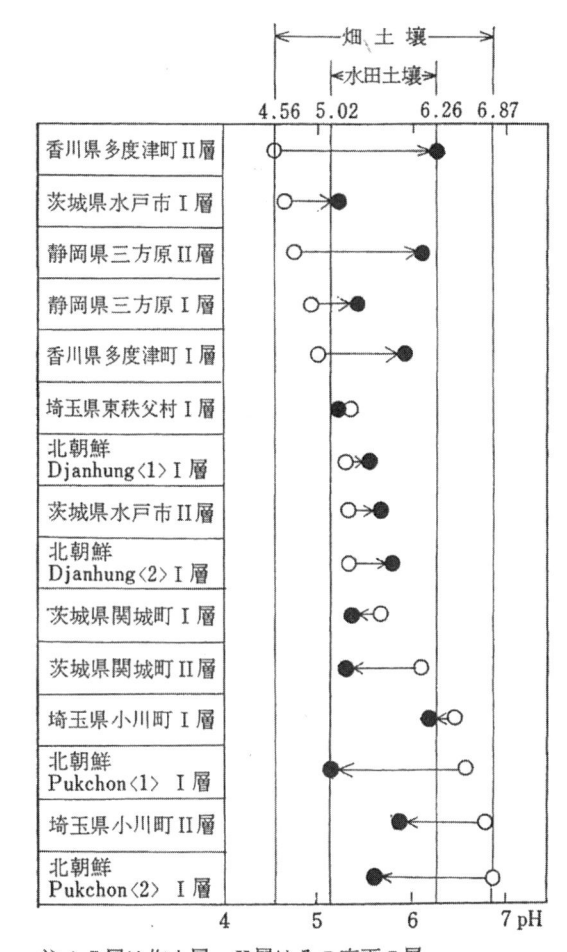

注：I層は作土層，II層はその直下の層。

7.18.2. 干拓地における水田化過程

わが国には有明海，児島湾，伊勢湾北部などの海面干拓地や八郎潟，宍道湖・中海などの湖面干拓地など合わせて約31万haに達する干拓地があり，多くは水田として利用されてきた．このような干拓地では，干陸直後から水面下土壌やマーシュ土壌に対して，新たに土壌熟成作用(7.2.参照)がはたらき始め，全く新しい土壌生成過程が進行する．その際，堆積物中にパイライト(FeS_2)があるか否かによって，理化学性の変化はきわめて異なった過程をたどる(久保田，1961)．

(1) パイライト(FeS_2)がない場合の変化過程

ⅰ) **脱塩化過程**：一般に干陸直後の土壌は海水の影響を受けて多量の水溶性塩類を含み，塩化ナトリウムとして1%内外，多い場合には表層で5〜10%に達することもあり，電気伝導度が高く(EC_{25}で10 dSm^{-1}前後)，土壌反応は中性〜微アルカリ性を示す(塩類マーシュ土)．塩類の組成は，陽イオンではNa^+がもっとも多く，ついでMg^{2+}, Ca^{2+}, K^+の順に少なくなる．陰イオンではCl^-が圧倒的に多く，SO_4^{2-}も多く含まれている．これらの水溶性塩類は降雨水や灌漑水によって急速に溶脱(除塩)されるが，Cl^-の方がNa^+より早く溶脱されるため，Na_2CO_3や$NaHCO_3$が生成して強アルカリ性反応(pH9前後)を示すようになる．粘土の交換性陽イオンの大部分がNa^+とMg^{2+}で占められているため，塩類濃度の低下に伴って粘土は分散してゾル化し，浸透水とともに下方に移動するようになる．この過程はアルカリ化作用またはソロニェーツ化作用とよばれるものと同じである(7.15.1.参照)．

ⅱ) **アルカリ溶脱期**：アルカリ性反応下では腐植が溶解されるとともに，珪酸塩が分解されて水溶性の珪酸ナトリウムを生じ，これらは浸透水とともに溶脱される．この時期にはとくに易溶性珪酸の減少が激しい．

ⅲ) **酸性溶脱期**：水田化後約10年を経過すると，作土から水溶性塩類がほとんど溶脱されて塩素含量は0.1%以下となり，交換性陽イオンの組成はNa^+とMg^{2+}の割合が低下してCa^{2+}とH^+の割合が高くなり，反応は微酸性に傾くようになる．この段階になると鉄やマンガンの還元溶脱が始まり，鉄やマンガンの斑紋が見られるようになり，その生成位置も年とともに次第に低下する．また作土には亀裂が入り，粒状ないし塊状構造が形成される．

干拓後約50年を経過すると脱塩化と酸性化は深さ60cm位まで進行し，亀裂は次第に下層土まで達し，下層土に角稜の塊状構造が見られるようになる．また脱水・収縮および圧密によって鋤床層が形成されるようになり，その下部に鉄・マンガンの集積層が認められるようになる．この段階に達すると低地土壌起源の水田土壌とほとんど同じようになり，両者の区別はなくなる．以上の過程は脱アルカリ化作用またはソーロチ化作用とよばれるものと類似している(7.15.2.参照)．

(2) パイライト(FeS_2)が含まれている場合の変化過程

　干拓化される以前の堆積物中に多量のパイライト(FeS_2)が含まれている場合には，干拓地水田土壌の発達過程は上記の場合と全く異なる経過をとる．パイライトなどの可酸化性硫黄化合物を多量に含むマーシュ土壌が干拓されて水田化される場合には，水稲作付け後の好気的条件下で，酸性硫酸塩土壌(331ページ参照)のところで説明するような反応過程によって，多量の硫酸が生成されるために土壌は強酸性となり，水稲の葉は灰黒色化または黄白化して枯死に至る．開田第1作後の冬季間の落水状態下で第1段階の反応が進行し，第2作目の春から夏にかけて気温の上昇とともに第2段階の反応が進行して強酸性化する．したがって開田2年目に酸性障害を受けることが多い．

8. 土壌の分類

　分類学(taxonomy)という用語は，一般的には「ものごとを分類する原理とその実際について研究する学問」と定義することができる．したがって**土壌分類学**(soil taxonomy)というのは「土壌を分類する原理とその実際について研究する土壌学の1分科」と定義することができよう．しかし，研究対象である土壌の特殊性によって，分類学一般の普遍的，基礎的方法のほかに，土壌学的な研究方法を必要とする．

　長い歴史をもつ生物分類学にくらべて，土壌学そのものが独立した学問として成立してから百数十年しか経っていないので，土壌分類学はまだきわめて若い学問である．そのため土壌を研究する人々の間でも，まだ類別や分類あるいは系統分類といった諸概念が明確に区別して用いられているとは必ずしもいえない状況にあり，このことが土壌の分類に関する論議において無益な混乱と誤解を生じる原因となっている場合が多いように思われる．とくにわが国では，土壌の「分類」という用語が分類と類別の両方の意味で使用されている場合が多いため一層この傾向が強い．

8.1. 類別と区分

　一般に，同等と不等の二面をもつのが事物の本性であり，分類学というのは同質な事物の間の比較認識論であるといえよう．比較の第一歩は2つのものの比較から始まる．いまAとBという2つの対象があるときは，不等の面で両者を区別することができる．さらに第3番目のCという対象がこれに加わるときは，CがAとBのどちらによりよく類似しているかによって，CをAかBのどちらかに帰属させることができるし，あるいはCがA，Bいずれとも似ていなければ，これを独立させることもできる．このようにして多くの同質な対象を共通の性質に基づいていくつかの群(グループ)に分けることを**類別**(grouping または classing)といい，このようにして分けられたそれぞれのグループを**類型**(type)と

いう．言い換えれば，類別とは，ある集合を共通部分をもたない部分集合の和として表わすことであり，そのおのおのの部分集合が1つ1つの類型である．

たとえば，多種多様な土壌は，その反応という性質に着目して，酸性土壌とアルカリ性土壌という2つの類型に類別することができる．また粒径組成に基づいて砂質土壌，壌質土壌，埴質土壌といった3つの類型に類別することもできる．さらに，火山灰母材に由来するか否かで火山灰土壌と非火山灰土壌に，有機物含量に基づいて有機質土壌と無機質土壌に類別することも可能である．森林土壌，果樹園土壌，草地土壌，桑園土壌，畑土壌，水田土壌といった区別は土地利用に基づく土壌の類別である．

これらの例から明らかなように，類別に際しては，類別の基準として対象のもっている性質はもちろん，その他に対象がもっていない性質をも含めて，任意の性質を選び出すことが可能であり，それに応じて類別の仕方は無数にある．しかも，ここで注意すべきことは，類別においては区別された各類型間の相互関係，類縁関係は全く考慮されていないという点である．どのようにして類型ができあがるか，またどのような性質を類別の基準として選択すればある特定の目的にかなった類型化が行えるかを研究する学問分野は**類型学**(typology)とよばれている．

ところで，対象の性質がただ1つという場合はきわめてまれであるから，類別された各類型は，さらに別の性質を基準にして，いくつかの類型に細分することができる．前にあげた例の酸性土壌とアルカリ性土壌という2つの類型は，粒径組成を基準にしてそれぞれ砂質土壌，壌質土壌，埴質土壌に細分することができる．このように類概念をそれに従属する種概念に細分することを**区分**(division)といい，区分の際の基準の取り方を**区分原理**(principle of division)という．

8.2. 分　　類

分類(classification)というのは，類別や区分とは異なり，多くの個別的な対象の類似性による総合化と相違性に基づく区分を段階的に行うことによって，整合的・総合的かつ(可能ならば)自然なグループ分けを行うことである(Manil, 1959)．このようにして得られた分類の結果が**分類体系**(classification system)とよばれるものである．

8. 土壌の分類

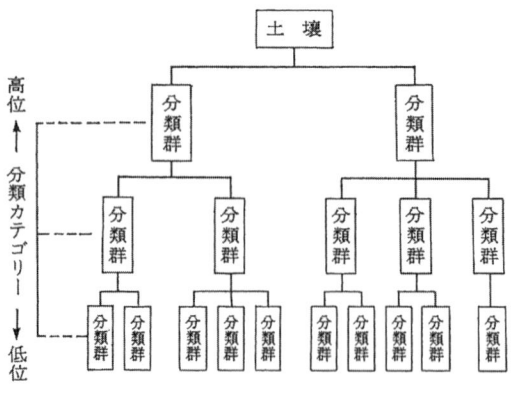

図8.1 分類体系の階層序列

　一般に分類体系は図8.1に示したように，1つの階層の各群がそれぞれ下位の階層のいくつかの群をまとめてもつといった，いわゆるピラミッド型の**階層序列**(taxonomic hierarchy)で表現される．そして分類体系における各階層を示す分類単位を**分類カテゴリー**(taxonomic category)という．また高位あるいは低位の分類カテゴリーのいずれに属するかにかかわらず，分類された各群はすべて**分類群**(taxon)とよばれる．

　このような分類体系においては，対象は著しい差異を示すいくつかの特徴によって少数の高位カテゴリーに配列され，これはきわめて概括的な区分を示している．低位の分類カテゴリーになるほどそれだけ区分が細かくなり，したがって各分類群の間の変異は小さくなる．その結果，対象の大きな差異が問題となる場合には高位カテゴリーにおける分類群が用いられ，一方，対象間の小さな変異が問題になるときには低位カテゴリーの分類群が利用される．

　分類カテゴリーの数は，分類すべき対象の性質によって決められるべきものであって，対象の性質によって多くもなれば少なくもなる．世界的に統一した土壌分類体系が確立されていない現段階においては，土壌分類における分類カテゴリーの数も名称も表8.1に示したように各国の分類体系ごとに異なっている．分類体系を組み立てるにあたって，どのような区分原理を採用するか，つまり分類の基準としてどのような性質を選択するかによって，分類の仕方は①実用的分類，②人為的分類，③自然分類または系統分類といった3つの方法に類別することができる．

表 8.1　各国の土壌分類体系で用いられている分類カテゴリー

分類カテゴリー	旧ソ連 (1958)	USA (1960)	旧西ドイツ (1962)	オランダ (1966)	フランス (1967)	N.Z. (1968)	イギリス (1973)	カナダ (1974)	ロシア (2001)
門	Группа		Abteilumg						
綱	Класс		Klass		Classe	Category I	Major group		Trunk
亜綱	Под-класс				Sous-classe	Category II			
目		Order		Order				Order	Order
亜目		Suborder		Suborder					
土壌型 (土壌群)	Тип	Great group	Typ	Group	Groupe	Category III	Group	Great group	Type
亜型 (亜群)	Под-тип	Subgroup	Subtyp	Subgroup	Sous-groupe		Subgroup	Subgroup	Subtype
科		Family			Famille			Family	
属	Род								Genus
種	Вид		Varietät						Species
亜種 (変種)	Разновидность		Sub-varietät						Variety
統		Series			Série	Category IV		Series	
タイプ (品種)	Разрхд				Type	Category V		Type	Phase
						Category VI			

8.2.1. 実用的分類

実用的分類(effective classification)というのは，対象がもっている諸性質のうちで，主として人間生活の特定の実用的目的に対する有効性をもっとも強く決定している特徴を基準とする分類である．実用的分類においては，ある特定の利用上の目的に対して，最大数の，もっとも詳細な，もっとも重要な提言が行えるような分類体系が，その目的に対してもっとも役に立つ分類体系であるということができる(Cline, 1949)．しかし，ある目的にとって重要な事柄が，同時に別の目的に対しても有効であるという場合はまれである．したがって，実用的分類は対象の利用目的に応じて個々別々になされなければならないという不便さをもっている．

8.2.2. 人為的分類

人為的分類(artificial classification)というのは，未知の対象の同定に役立つことを主眼とした分類であって，リンネの雌雄ずい体系に基づく24綱からなる植物分類体系がその代表的な例である．人為的分類においては，対象がもっているすべての属性を考慮し，それらの中から随伴して変化する特性を選び出して，種々の分類群を定義して区別するための基準とするという点では総合的である

ということができる．またある程度，対象の相互関係が人為的に与えられてはいるが，ここでは自然的な相互関係，すなわち対象の類縁関係は必ずしも考慮されているとは限らない．

8.2.3. 自然分類または系統分類

対象間の真の相互関係，すなわち自然の類縁関係を表現できる分類を**自然分類**(natural classification)あるいは**系統分類**(systematics)という．

土壌系統分類(soil systematics)すなわち土壌の自然分類は，土壌の類別，実用的分類，人為的分類などとは異なり，多くの種々様々な土壌が示す多様性とこれらの土壌の相互関係の度合いを概観することができるように，土壌それ自体の「自然的類縁関係」の種々な程度に応じて，同等の面で統合し，不等の面で区分することによって，土壌固有の順序に基づいた1つの分類体系の中に土壌を段階的に配列し総括することである．したがって土壌系統分類体系というものは認識発見されるべき真理であって，それを解明することが土壌生成分類学の目的なのである．

生物の自然的類縁関係が生物進化の系統関係によって示されるのに対して，「土壌の自然的類縁関係」というのは，一体何によって示されるのであろうか？この問いに解答を与えたのがドクチャーエフによって発展させられた土壌生成論である．

8.3. 成因的土壌分類に関する諸概念の発展

現代土壌学の創始者 V. V. ドクチャーエフ(1846～1903)が，名著「ロシアの黒土」(1883)において，土壌が「……現地の気候，動植物，母岩の組成と組織，地形とそれから最後に地方の年齢が行う実に複雑な相互作用……」の結果として地表に生成する独自な自然体であることを指摘し，土壌生成の主要な法則を明らかにして以来，初めて成因的原理に基づく土壌分類すなわち土壌系統分類の端緒が切り開かれた．ドクチャーエフは，1876年にすでにこのような考え方に基づいた成因的土壌分類体系を発表しており，その後1886年および1900年に改定している．1900年に「土壌学」誌，No.2で公にされた彼の土壌分類体系は表8.2に示すようなものであった．

表 8.2 V. V. ドクチャーエフの世界土壌の分類(1900)

地　帯	土　壌　型
クラスA．正常土壌（陸成植物土壌または成帯土壌）	
Ⅰ．ボレアル	ツンドラ（暗褐色）土
Ⅱ．タイガ	淡灰色ポドゾル化土
Ⅲ．森林ステップ	灰色土および暗灰色土
Ⅳ．ステップ	チェルノーゼム
Ⅴ．沙漠ステップ	栗色および褐色土
Ⅵ．気生または沙漠	気生土，黄色土，白色土
Ⅶ．亜熱帯および熱帯の森林帯	ラテライトまたは赤色土
クラスB．中間土壌	
Ⅷ．陸成沼沢土または沼沢－湿草地土	
Ⅸ．炭酸塩質土（レンジナ）	
Ⅹ．二次的アルカリ性土	
クラスC．非正常土壌	
ⅩⅠ．沼沢土	
ⅩⅡ．沖積土	
ⅧⅡ．風積土	

* Почвоведение, 1900, No. 2

8.3.1. 土壌の成帯性の概念と地理－環境的分類

ドクチャーエフは，土壌は土壌生成因子の複雑な相互作用の結果，地表に形成される独立した自然体であるという土壌生成因子論の論理的帰結として，「もしも，もっとも重要な土壌生成因子が，すべて地表で多少とも緯度に平行に伸びた帯をなしているとするならば，土壌もまた当然，気候・植生その他に厳密に左右されながら，地表で帯状に存在すべきことはさけられぬことである」という土壌成帯論を展開した.

表 8.2 に示した彼の土壌分類体系における正常土壌クラス(normal soil class)は，その土壌帯の気候的環境や植生，地理的位置の普通な，いわば正常な結合に完全に対応している土壌を包括したものである．中間土壌クラス(transitional soil class)は，土壌生成因子のうちのいずれか 1 つ，たとえば地形因子あるいは母岩因子が卓越してその地理的位置に特徴的な他の土壌生成因子の影響が覆い隠されている土壌であり，最後の非正常土壌クラス(abnormal soil class)は，主として異地性，風成の土壌または発達初期の土壌を総括したものである.

ドクチャーエフの直弟子の一人である N. M. シヴィルツェフ(1895)は，土壌の成帯性の概念をさらに発展させ，ドクチャーエフの正常土壌，中間土壌，非正常土壌を，それぞれ成帯性土壌，成帯内性土壌，非成帯性土壌の3つのクラスとして，次のように定義した(Finkl, Jnr., 1982)．
1. **成帯性土壌クラス**(zonal soil class)：すでに極相の発達段階に達していて，地理的位置とりわけ気候に完全に対応している土壌を包括するもの．
2. **成帯内性土壌クラス**(intrazonal soil class)：気候によって形成されるのではなくて，その他の卓越した土壌生成因子によって形成される土壌．
3. **非成帯性土壌クラス**(azonal soil class)：未発達の土壌．

シビルツェフは，これら3つのクラスをさらに13の成因的土壌型に区分し，これらの主要土壌型をさらに亜型に細分している．

アメリカ合衆国の Hilgard(1893)は，ドクチャーエフとは独立に，同じ気候条件下では類似した土壌が発達するという見解に達し，彼は乾燥型土壌(arid soils)，湿潤型土壌(humid soils)といった気候帯による土壌の区分を行った．この考え方はドイツの Ramann(1928)によっても受け入れられている．

Afanasiev(1922, 1927)は，5つの気候帯(寒帯，冷帯，温帯，亜熱帯，熱帯)のそれぞれを海洋性気候帯と大陸性気候帯に区分し，さらに森林，森林－ステップ，ステップといった植生帯による細分を行った．

これらはいずれも生物気候的条件(bioclimatic conditions)に基づいた土壌分類体系であって，地理－環境的分類(geographic-environmental classification)とよばれるものである．

8.3.2. 生成因子による分類

土壌生成因子と土壌の性質との関係についての研究が発展するとともに，個々の土壌生成因子またはそれらの組み合わせに基づいた土壌分類が行われるようになった．このような方法を最初に採用したのは Glinka(1914)で，彼は土壌生成因子のうちで外部的因子(主として気候)の影響によって生成する**外動的土壌**(ectodynamomorphic soils)と内部的因子(主として母材)によってその性質が作り出されている**内動的土壌**(endodynamomorphic soils)の2つの主群に区分し，これらをさらに水収支にしたがって細分している．

Vilenskii(1925)は成帯性土壌を 5 つの温度帯に区分し，それぞれをさらに水成土壌(hydrogenic)，植物・水成土壌(phyto-hydrogenic)，植物成土壌(phytogenic)，熱・植物成土壌(thermo-phytogenic)，熱成土壌(thermogenic)に分け，成帯内性土壌の場合には塩成土壌(halogenic)，植物・塩成土壌(phyto-halogenic)，水・塩成土壌(hydro-hologenic)，熱・塩成土壌(thermo-halogenic)，熱・水成土壌(thermo-hydrogenic)に区分している．Vysotskii(1906)やZakharov(1927)さらにはВолобуев(1956)の分類体系も本質的には同様に土壌生成因子に立脚している．

このような生成因子による分類(Factorial classification)のもっとも典型的な例は Stremme(1936)の分類体系で，彼は土壌断面形態に直接的に影響をおよぼしている土壌生成因子の中でもっとも顕著に認められる因子に基づいて，植物土壌型，地下水土壌型，地形土壌型，岩石土壌型・人力土壌型に類別している．このような多数の土壌生成因子のうちで，もっともきわだった因子を選び出して分類体系全体の基礎とするというやり方が何度も繰り返された結果，土壌生成因子間の相互関係という観点が見失われると同時に，以前の土壌固有の性質に立脚していない区分原理に立ち返ってしまった．

8.3.3. 生成過程に基づく分類

Kossovitch(1910)は，現在作用している土壌生成因子とその作用程度のみに立脚した，生成因子による土壌分類が多くの欠陥をもっていることを指摘するとともに，土壌をとりまく環境条件と土壌物質との関係に基づいた**土壌生成型**(formationtype)の概念を提起し，沙漠型，半沙漠(ソロネッツ)型，ステップ(チェルノーゼム)型，湿潤寒冷(ポドゾル)型，湿潤熱帯(ラテライト)型，極地(ツンドラ)型という 6 つの土壌生成型を区別した．彼はとくに有機物の変化ならびに**洗脱過程**(eluvial process)と**集積過程**(illuvial process)に注目した．

次いで Glinka(1922，1924)は，土壌生成過程が無機質および有機質の土壌物質の変化および土壌中におけるこれらの変化生成物の移動であること，そして土壌の性質はこのような土壌生成過程によって生じるものであり，したがって土壌生成過程は土壌の成因的分類に対しても決定的な意義をもっていることを明確に示した．彼はこの考えに基づいて，ラテライト化過程，ポドゾル化過程，チェルノーゼム化過程，ソロネッツ化過程，沼沢化過程の 5 つの基本的な土壌生成過程を認めている(Basinski, 1959)．

8.3.4. 生態-成因的分類

生態-成因的分類(ecologic-genetical classification)というのは，上述の地理-環境的分類，生成因子による分類，生成過程に基づく分類を総合したもので，表8.3に示したIvanovaおよびRozov(1960)の分類体系が代表的な例である．

表8.3(A)　旧ソ連の土壌分類体系　（Ivanova and Rozov, 1960)

極地帯的土壌生成群	風化型式，生育期間短く，微生物活動緩慢，凍結期きわめて長く，初期的	海洋型土壌生成		自動的 溶脱的水分状況，フルボ酸がきわめて可動性の腐植	半水成的 半沼沢地的水分状況	水成的 沼沢地的水分状況	大陸型土壌生成	
		綱（クラス）I デルノ・腐植質土（亜極地性	亜綱（サブクラス）1 生物成土	型1 デルノ・腐植質土（亜極地性）	型2 デルノ・腐植質半沼沢地土（亜極地性）		綱II ツンドラ土（永年凍結はない）	亜綱1 生物成土
			亜綱（サブクラス）2 生物・岩石成土	型3 ?	型4 ?			亜綱2 生物・岩石成土
			亜綱（サブクラス）3 生物・水成土			型5 草本性沼沢地土		亜綱3 生物・水成土
寒冷帯的土壌生成群	シアリチック風化緩慢，生育期間やや短く，凍結期長く，	綱（クラス）IV ゾル性土ノ非ポドゾル化土およびデルノ・非ポドゾル化土，表層ポドゾル化土，酸性森	亜綱（サブクラス）1 生物成土	型1 デルノ・森林土 型2 酸性森林非ポドゾル化土および表層ポドゾル性土	型3 デルノ・森林半沼沢地土 型4 酸性森林半沼沢地土		綱V ポドゾル化タイガ森林非ポドゾル化土および	亜綱1 生物成土
			亜綱（サブクラス）2 生物・岩石成土	型5 ?	型6 ?			亜綱2 生物・岩石成土
			亜綱（サブクラス）3 生物・水成土			型7 中間泥炭質沼沢地土		亜綱3 生物・水成土

8.3. 成因的土壌分類に関する諸概念の発展

これは第7回国際土壌学会議(Madison, USA)で報告されたもので，土壌地理的地域区分の枠組みの中に土壌分類群を位置づけている．分類カテゴリーは以下のように設定されている．

土壌生成群(groups)：土壌生成を温度気候帯的に類別したもので，旧ソ連

極地帯的〜寒冷帯的土壌生成群

自動的	半水成的	水成的	大陸圏外型土壌生成	自動的	半水成的	水成的
溶脱的水分状況，フルボ酸の可動性の腐植	半沼沢地的水分状況，季節により凍結層が長期に存在	沼沢地的水分状況，季節により凍結層が長期に存在		凍結的水分状況，フルボ酸質の腐植	半沼沢地・凍結的水分状況	沼沢地・凍結的水分状況
型1 ツンドラ土	型2 ツンドラ質半沼沢地土		亜綱1 生物成土	型1 極地土 型2 ツンドラ質凍結土	型3 極地性半沼沢地土 型4 ツンドラ質凍結性半沼沢地土	
型3 ?	型4 ?		綱Ⅲ ツンドラ質凍結土	亜綱2 生物・岩石成土および塩成土	型5 ?	型6 ?	型7 ツンドラ質ソロンチャク(低湿地)
		型5 ツンドラ質沼沢地土	亜綱3 生物・水成土			型8 ツンドラ質凍結性沼沢地土 型9 小丘状泥炭土
型1 ポドゾル性土 型2 灰色森林土	型3 ポドゾル性半沼沢地土 型4 灰色森林グライ土		亜綱1 生物成土	型1 凍結性タイガ土 型2 淡黄色凍結土	型3 凍結性タイガ質半沼沢地土 型4 淡黄色凍結性グライ土	
型5 デルノ・炭酸塩質土	型6 デルノ・グライ性飽和土	型7 沼沢地土性低位泥炭質飽和土	綱Ⅵ 凍結性タイガ土 亜綱2 生物・岩石成土および塩成土	型5 腐植・炭酸塩質凍結土 型9 凍結性ソロチ	型7 腐植・炭酸塩質凍結性グライ土 型8 凍結性グライ性ソロチ	
		型8 沼沢地土性高位泥炭質土	亜綱3 生物・水成土			型9 沼沢地土性凍結土

202   8. 土壌の分類

領内では極地帯的, 寒冷帯的, 亜寒冷帯的, 亜熱帯的土壌生成群の4つに大別されている.

土壌綱(classes): 乾湿的気候条件に基づいて, 極地帯的および寒冷帯的の2つの土壌生成群は, それぞれ海洋型・大陸型・大陸圏外型へと変化するI〜VI

表8.3(B)　旧ソ連の土壌分類体系(Ivanova and Rozov, 1960)

		湿潤型土壌生成	自動的		半水成的	水成的		亜湿潤および半乾燥型土壌生成	
			溶脱的水分状況. フルボ酸が可動性の腐植		半沼沢地的水分状況	沼沢地的水分状況			
亜寒冷帯的土壌生成群	生育期間中程度、凍結期短し、シアリチック風化型式	綱(クラス)VII 褐色森林土	亜綱(サブクラス)1 生物成土	型1 褐色森林土(褐色土) 型2 チェルノジョーム様土(プレイリー)	型3 褐色土様グライ土 型4 チェルノジョーム様グライ土		綱VIII チェルノジョーム――ステップ土	亜綱1 生物成土	
			亜綱(サブクラス)2 生物・岩石成土	型5 レンジナ	型6 レンジナ質グライ土			亜綱2 生物・塩成土	
			亜綱(サブクラス)3 生物・水成土			型7 沼沢地土性低位泥炭土		亜綱3 生物・水成土	
亜熱帯的土壌生成群	内での粘土生成を伴うク風化とシアリチック風化、生育期間長く、二季節は暑い、これに土壌アリチッ	綱(クラス)X 黄色土――森林土	亜綱(サブクラス)1 生物成土	型1 黄色土 型2 赤色土	型3 黄色土的グライ土 型4 赤色土的グライ土		綱XI 肉桂褐色乾性林灌木林土	亜綱1 生物成土	
			亜綱(サブクラス)2 生物・岩石成土	型5 ?	型6 ?			亜綱2 生物・岩石成土および塩成土	
			亜綱(サブクラス)3 生物・水成土			型7 沼沢地土性低位泥炭質亜熱帯土		亜綱3 生物・水成土	

8.3. 成因的土壌分類に関する諸概念の発展　203

の土壌綱に区分される．一方，亜寒冷帯的および亜熱帯的土壌生成群は湿潤型・亜湿潤および半乾燥型・乾燥型へと変化するⅦ～ⅩⅡの土壌綱に区分される．

土壌亜綱(subclasses)：土壌の出現条件，母岩の岩石学的特殊性および局地的な水文学的特徴によって決定される生成過程の影響を反映しているもので，

亜寒冷帯的～亜熱帯的土壌生成群

自動的	半水成的	水成的	乾燥型土壌生成	自動的	半水成的	水成的
非溶脱的水分状況，腐植酸が安定な腐植	非溶脱的湿草地様水分状況	湧水的湿草地様水分状況		非溶脱的水分状況，腐植酸塩・フルボ酸が安定な腐植	非溶脱的湿草地様水分状況	湧水的湿草地様水分状況
型1 チェルノジョーム 型2 栗色土	型3 湿草地性チェルノジョーム性土 型4 湿草地性栗色土		亜綱1 生物成土	型1 褐色半砂漠土 型2 灰色褐色砂漠土	型3 湿草地性褐色半砂漠土 型4 タキール土	
型5 ステップ性ソロネッツ	型6 湿草地性ソロネッツ 型7 ソロチ	型8 ステップ性ソロンチャク	亜綱2 生物・塩成土	型5 砂漠性ソロネッツ	型6 湿草地・砂漠性ソロネッツ	型7 砂漠性ソロンチャク
		型9 湿草地性暗色土（チェルノジョーム様） 型10 湿草地性沼沢地土	綱Ⅸ 褐色砂漠土 亜綱3 生物・水成土			型8 湿草地性淡色土
型1 肉桂褐色土 型2 灰色肉桂褐色土	型3 湿草地性肉桂褐色土 型4 湿草地性灰色肉桂褐色土		亜綱1 生物成土	型1 シイエロジョーム 型2 赤褐色砂漠土	型3 湿草地性シイエロジョーム	
型5 スモルニッツ（ソ連に存在せず）			綱Ⅻ 灰色土ー砂漠土 亜綱2 生物・塩成土	型4 シイエロジョーム様ソロネッツ		型5 ソロンチャク
		型6 湿草地性暗色土（肉桂褐色土様）	亜綱3 生物・水成土			型6 湿草地性淡色土（シイエロジョーム様）

ツンドラ質凍結土(Ⅲ)，凍結性タイガ土(Ⅵ)，肉桂褐色乾生林潅木林土(ⅩⅠ)の3土壌綱は生物成土，生物－岩石成土および塩成土，生物－水成土の3亜綱に，チェルノーゼム－ステップ土(Ⅷ)，褐色砂漠土(Ⅸ)，灰色土－砂漠土(ⅩⅡ)の3土壌綱は生物成土，生物－塩成土，生物－水成土の3亜綱に，その他の土壌綱は生物成土，生物－岩石成土，生物－水成土の3亜綱にそれぞれ区分されている．

　土壌型(types)：以下の土壌型決定の5原則に基づいて決定される．
　ⅰ）有機物の集積・変質・分解過程が同形であること．
　ⅱ）無機物の分解と新たに生成された無機化合物および有機－無機化合物の合成との組み合わせが同型であること．
　ⅲ）物質の移動と集積の特徴が同型であること．
　ⅳ）土壌断面の構成が同型であること．
　ⅴ）土壌肥沃度の増進・維持に対する手段が同じ方向であること．
旧ソ連領内では110の土壌型が確認されている．

　土壌亜型(subtypes)：1つの土壌型の範囲内の土壌の群で，基本的およびそれに重複した土壌生成過程の現れ方が質的に違うもの，すなわち他の土壌型への移行型のものをさす．亜型を区別する際には自然条件の土壌亜帯的変化や経度的地域性(facies)の変化と関連した過程が考慮される．土壌肥沃度の増進・維持に対する手段は土壌型にくらべて亜型においては一層均質なものとなる．

　土壌属(genera)：土壌亜型内の一群の土壌をさし，母岩の組成・地下水の化学組成・過去の風化過程や土壌生成過程で生じた母材の性質などの複雑な局地的条件の影響によって規定される成因的特性の質的な違いによって細分される．

　土壌種(species)：土壌属内の一群の土壌をさすもので，共存する土壌生成諸過程の強度(ポドゾル化の程度，腐植浸透の深さと程度，塩類集積の程度など)によって区分される．

　土壌変種(varieties)：同一土壌種内において，土性の違いによって区分される．

　土壌品種(ranks)：母岩の起源，組織，鉱物組成といった岩石学的特性によって区別される．ここで用いられる母岩の特性は，土壌属として区別するほど大きな差異を生じるものではないが，土壌生成にとって本質的に重要なものである．通常，土壌品種には母岩(母材)の岩石名を付す．

8.3.5. 進化論的分類

W. L. Kubiena は，土壌の進化過程に基づいて，断面形態のもっとも単純なものからもっとも複雑なものへと配列すべきことを提案し，最高位の分類カテゴリーにおいて水面下土壌門，半陸成土壌門，陸成土壌門を区別し，断面の発達程度に基づいて(A)C土壌，AC土壌，A(B)C土壌，ABC土壌，B/ABC土壌によって土壌型を設定する方式を提案した(Kubiena, 1953, p.25-27). その後，この体系に泥炭土壌門が加えられ(Mückenhausen, 1962；ミュッケンハウゼン，1973, p.251-253), さらに半陸成土壌門という名称は水成土壌門に変更されるとともに，いくつかの土壌綱が付け加えられたが(Mückenhausen, 1975, p.415-418), 現在では，陸成土壌門・半陸成土壌門・半水面下および水面下土壌門・泥炭土壌門が区別されている(Working Group on Soil Systematics of the German Society of Soil Science, 1985).

8.4. 既往の土壌分類諸体系に対する批判

8.4.1. アメリカの土壌分類体系

アメリカ合衆国の土壌分類体系は，ロシア学派の影響を受けつつ，Marbut(1935), Baldwin, Kellog and Thorp(1938), Thorp and Smith(1949)の分類体系へと発展してきたが，1960年の包括的土壌分類体系第7次試案(Soil Survey Staff, 1960)によって一新され，その後度重なる補遺・改訂(1964, 1967, 1968)を経て「Soil Taxonomy」(Soil Survey Staff, 1975)として完成され，その後さらにいくつかの修正が加えられている。

このアメリカの新しい土壌分類体系は，既往の分類体系に対する以下に述べるような批判に基づいている．

すなわち，既往のアメリカの分類体系を含めて，従来の各国の土壌分類体系の区分原理は，判断基準(criteria)として土壌自身の属性以外の性質(生成因子など)が用いられており，しかも定義の大部分が定性的に述べられているため，主観的判断が入りやすいという難点をもっている．したがって，<u>土壌は，土壌自身がもっている測定可能な性質に基づいて，定量的に定義されなければならない</u>．こうした考え方に基づいて，土壌断面を特徴づけて分類するための詳細・定量的かつ操作的用語で規定された**特徴層位**(diagnostic horizon)や**診断特性**

(diagnostic soil characteristics)が定義され，主としてギリシャ・ラテン語起源の用語を用いた土壌命名法を採用している．特徴層位は特徴的表層と特徴的次表層に大別される．

(1) **特徴的表層（epipedon）**

表層に生成される特徴層位であるが A 層と同義語ではなく，A 層より薄いこともあれば，B 層の一部を含むこともある．耕作によって分類が変わるのを避けるため，深さ 18 cm までが混合された後の性質（構造を除く）に基づいて決められる．以下の 8 種類が定義されている：

人工表層（Anthropic epipedon），ヒスティック表層（Histic epipedon），フォリスティック表層（Folistic epipedon），メラニック表層（Melanic epipedon），モリック表層（Mollic epipedon），オクリック表層（Ochric epipedon），プラッゲン表層（Plaggen epipedon），アムブリック表層（Umbric epipedon）．

各特徴的表層の定義の概要は表 8.4 に示したとおりである．

(2) **特徴的次表層（diagnostic subsurface horizons）**

表層下に生成された特徴層位で，以下のように定義されている．

アグリック層（Agric horizon）：耕作によって生じたシルト，粘土および腐植の集積層．作土層の直下にあってシルト，粘土および腐植が厚い暗色薄片または構造体表面や虫孔の壁を被覆し，それが容積で少なくとも 5% 以上を占めている層．

アルビック層（Albic horizon）：遊離鉄で被覆されていない砂やシルト粒子が 85 vol% 以上を占める，厚さ 1.0 cm 以上の漂白層．風積成や水積成の砂や火山灰層は除く．

アルジリック層（Argillic horizon）：洗脱層下に形成される層格子粘土の集積層で下記の諸条件を満たすもの；

① 洗脱層の粘土含量が 15% 以下の場合は洗脱層よりも 3% 以上高い粘土含量（たとえば 10% に対して 13%），15～40% の場合は洗脱層の 1.2 倍以上の粘土含量，40～60% の場合は洗脱層よりも 8% 以上高い粘土含量（たとえば 42% に対して 50%），60% 以上の場合は洗脱層よりも 8% 以上高い細粘土を含む．

② 粘土含量の増加は垂直距離 30 cm 以内で達せられる．

表 8.4 特徴的表層 (epipedons) の定義 (Soil Survey Staff, 1994)

特徴表層	土壌構造	土 色	塩基飽和度	有機物	厚 さ	P_2O_5含量	その他
Melanic		湿土の明度・彩度≦2 M.I.≦1.70* (A型腐植酸)		O.C.≧6 wt% (加重平均) かつO.C.≧4 wt% (全層)	積算して30cm以上 (厚さ40cm以内で)		全層を通じて火山灰土壌特性**をもつ
Mollic	マッシブなことも,乾のとき硬または極硬のこともない.	湿土の明度・彩度≦3, 乾土の明度≦5, IC層よりも明度は1単位以上低いか,彩度は少なくとも2単位低い.	≧50% (NH_4Ac法)	O.C.≧0.6 wt% (全層), 細土が40%以上の$CaCO_3$を含み,湿度の明度が4または5の場合はO.C.≧2.5 wt%	≧25cm 例外,下記参照	<250ppm (1%クエン酸可溶)	n値<0.7
Umbric	同上	同上	<50% (NH_4Ac法)	同上	同上	同上	n値<0.7
Anthropic						≧250ppm (1%クエン酸可溶)	
Plaggen		土器, レンガ, 陶器の破片, シャベルの跡, シャベルで運び込まれた砂の塊などがある. 周囲より高い.			≧50cm		
Histic		通常水で飽和されているか, 人為的に排水されている. a. 厚さ20~60cm:ミズゴケ繊維≧75 vol%または仮比重(湿)<0.1g/cm³, b. 厚さ20~40cm:O.C.≧18 wt%(粘土含量≧60 wt%) O.C.≧12 wt%(粘土含量=0%) O.C.≧12 + (粘土含量 × 0.1 wt%)(粘土含量<60 wt%) Ap層の場合:深さ25cmまで混合したとき O.C.≧16 wt%(粘土含量≧60 wt%) O.C.≧ 8 wt%(粘土含量=0%) O.C.≧8 + (粘土含量 / 7.5) wt%(粘土含量<60 wt%)				
Folistic		平年の水飽和期間(人為的排水なし)<30日で, 以下の1または2の要件を満たす: 1. a. 厚さ≧20cm, かつ, ミズゴケ繊維≧75 vol%または仮比重(湿)<0.1g/cm³, あるいは, b. 厚さ≧15cm. 2. Histic層のAp層の場合と同じ.					
Ochric		Melanic, Mollic, Umbric, Anthropic, Plaggenn, Ochric, Histic, Folisticのいずれにも入らないもの.					

*M.I.(メラニック・インデックス)は, 水酸化ナトリウム溶液で土壌腐植を抽出し, この溶液の520nmの吸光度に対する450nmの吸光度の比 (K_{450}/K_{520}) をいう (Honna et al., 1988)

**火山灰土壌特性(Andic soil properties): 有機炭素含量が25%(重量)未満で, 次の条件の1つまたは両方を満たすもの:
1. 細土は以下の条件のすべてを満たす:
    a. $Al_o + 1/2Fe_o \geq 2\%$
    b. 容積重(33kPa)≦0.90g/cm³
    c. リン酸保持量≧85%
2. a. 細土の30%以上が0.02~2.0mmで, かつ,
    b. リン酸保持量 ≧ 25%, かつ,
    c. $Al_o + 1/2Fe_o \geq 0.40\%$, かつ,
    d. 砂画分の火山ガラス ≧ 5%, かつ,
    e. 〔($Al_o + 1/2Fe_o\%$)×15.625〕+〔火山ガラス含量%〕≧ 36.2

③ 厚さは上方にあるすべての層の厚さの合計の 1/10 以上．ただし砂土または壌質砂土では少なくとも 15 cm 以上，壌質または埴質の場合は 7.5 cm 以上．
④ 構造体表面に集積による粘土被膜(cutan)があり，土壌薄片において配向粘土が 1% 以上見られるか，無構造の場合には配向粘土が砂粒子をブリッジしている(洗脱層とこの層の間で母材が異なるとき，または特徴表層を欠くときは④が唯一の必要条件となる)．

カルシック層(Calcic horizon)：炭酸カルシウムその他の炭酸塩が二次的に集積した，厚さ 15 cm 以上の層位．炭酸塩集積量は炭酸カルシウム相当量として 15% 以上であり，この層の下にある土層より少なくとも 5% 多くなければならない．ただし，粘土含量が 18% より少なく，土性が砂質，砂質礫，粗い壌質，壌質礫の場合における炭酸塩集積量は炭酸カルシウム相当量として 5% 以上．

カムビック層(Cambic horizon)：集積層の特徴をもたない風化変質した B 層位で，モリック表層やアムブリック表層と定義されるほど暗色ではなく，有機物含量も高くなく，下記の特徴をもつもの．
① 土性は極細砂土，壌質極細砂土かそれより細かい．
② 容積の半分以上は土壌構造をもつ(すなわち岩石構造をもたない)．
③ 下記のいずれかの風化変質の証拠をもつ；
　a. 灰色を呈し，鉄・マンガンの斑紋をもつ．
　b. 下方の層より高い彩度，より赤い色相，またはより高い粘土含量．
　c. 炭酸塩が除去された証拠．
④ アルジリック層，カンディック層，オキシック層，スポディック層の必要条件を満たすには至らない．
⑤ 接着も硬化もしていず，湿のとき砕易でない．下底は土壌表面から 25 cm 以下にある．

デュリ盤(Duripan)：容積の 50% 以上が溶脱した SiO_2 で接着された次表層位．$1N$ 塩酸中で長時間浸しても 50% 以下しか崩れないが，濃い KOH または NaOH 中では 50% 以上崩れる．

フラジ盤(Fragipan)：容積重が大きく，湿った状態では砕けやすく，乾いた状態では非常に硬い次表層位である．ぬらしても軟らかくならないが手で割れるようになる．風乾した自然構造単位は水中で崩れる．

グロシック層（Glossic horizon）：容積で15〜85％を占める溶脱層の残滓，および（アルジリック層，カンディック層，ナトリック層など）の集積層の残滓からなる，厚さ5cm以上の層．

　ジプシック層（Gypsic horizon）：硫酸カルシウムが富化した層．5％以上の硫酸カルシウムを含む，厚さ15cm以上の層．ただし，厚さ(cm)×硫酸カルシウム含量(%)≧150でなければならない．

　カンディック層（Kandic horizon）：下記の特徴をもつ次表層で，土性は壌質極細砂土またはそれより細かく，厚さは30cm以上（無機質表層から50cm以内に岩石的不連続がある場合は15cm以上）である．

①垂直距離15cm以内で粘土含量が次のように増大している：
　a. 表層の粘土含量＜20％のときは，（絶対値）で4％以上．
　b. 20％≦表層の粘土含量≦40％のときは，（相対値）で20％以上．
　c. 表層の粘土含量＞40％のときは，（絶対値）で8％以上．

②以下の下限をもつ：
　a. 上部100cmの土性が砂質のときは無機質表層から100〜200cm．
　b. 表層の粘土含量が20％未満で土性が砂質より細かいときは，無機質表層から125cm未満．
　c. 表層の粘土含量が20％以上のときは無機質表層から100cm未満．

③ CEC≦16 cmol(+)/kg clay かつ，ECEC≦12 cmol(+)/kg clay．

④ 有機態炭素含量は深さとともに規則的に減少している．

　ナトリック層（Natric horizon）：特殊な種類のアルジリック層で，アルジリック層の特徴のほかに次の特徴をもつもの．

① 円柱状または角柱状構造をもつか，あるいは角塊状構造で舌状の洗脱層がこの層位中に2.5cm以上侵入している．

② 上限から40cm以内で交換性Naの飽和度が15％以上か，あるいは地表から2m以内のある層位で交換性Naの飽和度が15％以上の場合には，上限から40cm以内で交換性(Mg+Na)≧交換性(Ca+H)．

③ 厚さは，砂質または砂礫質の場合は15cm以上，その他の場合は7.5cm以上または上部の層の厚さの1/10以上．

　オキシック層（Oxic horizon）：きわめて激しい風化を受けた層位で，火山灰

土壌特性をもたず，次の諸条件のすべてを満たす．
　① 少なくとも 30 cm 以上の厚さがある．
　② 土性は砂壌土またはそれより細かい．
　③ 細砂 (0.2〜0.05 mm) 中の易風化性鉱物の含量は 10% 未満．
　④ 岩石構造を示す部分は容積で 5% 未満．
　⑤ 垂直距離 15 cm 以内での深さに伴う粘土含量の増加は下記のとおり；
　　a. 表層の粘土含量が 20% 未満のときは 4%（絶対値）未満．
　　b. 表層の粘土含量が 20〜40% のときは 20%（相対値）未満．
　　c. 表層の粘土含量が 40% 以上のときは 8%（絶対値）未満．
　⑥ CEC≦16 cmol(+)/kg 粘土，かつ，ECEC（交換性 Ca, Mg, K, Na+1N KCl で抽出された Al の合計）≦12 cmol(+)/kg 粘土．

　ペトロカルシック層(Petrocalcic horizon)：硬化したカルシック層（モースの硬度 3 以上）で厚さ 10 cm 以上．水中では崩壊しないが，酸性溶液中では 1/2 以上が崩壊する．

　ペトロジプシック層(Petrogypsic horizon)：硬化したジプシック層で厚さ 10 cm 以上．乾いた破片は水中で崩壊しない．石こうの含量が 60% を超える場合が多い．

　プラシック層(Placic horizon)：鉄，鉄とマンガン，あるいは鉄と有機物の錯化合物によって膠結された黒色ないし暗赤色の薄い盤層．厚さは通常 2〜10 mm であるが，1 mm 程度の薄い場合あるいは 20〜40 mm の厚さで斑点状に分布する場合もある．有機態炭素を 1% から 10% 以上含む．

　サリック層(Salic horizon)：石こうよりも水に溶解しやすい塩類が二次的に集積した層位．土壌：水＝1：1 の条件で抽出した溶液の電気伝導度(EC)は 30 dS/m 以上，かつ EC(dS/m)×層厚(cm) dS/m≧900．

　ソムブリック層(Sombric horizon)：アルミニウムと結合してもいないし，ナトリウムによって分散してもいない腐植の集積層．塩基飽和度は 50% 未満で，上方の層位より明度または彩度，あるいは両者ともに低い．埋没 A 層とは異なる．熱帯または亜熱帯の高い台地や山地の冷涼湿潤な排水良好地に生成する．

　スポディック層(Spodic horizon)：遊離三二酸化物や腐植が集積した厚さ 2.5 cm 以上の層位で，黒，暗褐，黒褐，赤褐色などを呈し，以下の条件を満たす；

① pH(H₂O)≦5.9 かつ，O.C.≧0.6%
② Alo + 1/2Feo ≧ 0.5%　かつ，Alo + 1/2Feo が A 層または漂白層の 2 倍以上である．(またはシュウ酸抽出液の光学密度(ODOE)が 0.25 以上，かつ，A 層または漂白層の値の 2 倍以上である)．

オルトシュタイン層(Ortstein)：スポディック物質(有機物，非晶質のアルミニウム・鉄の集積物)からなる，厚さ 25 mm 以上の層で，全体の 50%以上が堅密な層．

サルファリック層(Sulfuric horizon)：pH(H₂O)が 3.5 以下の無機質または有機質土壌物質からなる，厚さ 15 cm 以上の層位．色相 2.5Y あるいは，それよりも黄色で彩度 6 以上のジャロサイト〔KFe₃(SO₄)₂(OH)₆〕の斑紋をもつか，あるいは水溶性硫酸塩を 0.05%以上含んでいる．

(3) **主要な有機質土壌物質**

フィブリック土壌物質(Fibric soil material)：以下のいずれかの特徴をもつ．
① こすった後のせんい含量が粗大片や無機質層を除く土壌容積の 3/4 以上．
② こすった後のせんい含量が粗大片や無機質層を除く土壌容積の 2/5 以上を占め，ピロリン酸ナトリウム抽出液の明度/彩度が 7/1，7/2，8/1，8/2，8/3 を示すもの(ほとんど透明)．泥炭の特徴．

ヘミック土壌物質(Hemic soil material)：フィブリックとサプリックの中間の分解段階にあるもの．従来の黒泥質泥炭または泥炭質黒泥に相当する．

サプリック土壌物質(Sapric soil material)：以下の特徴をもつ．
① こすった後のせんい含量が粗大片や無機質層を除く土壌容積の 1/6 未満で，かつ，
② ピロリン酸ナトリウム抽出液の明度/彩度が 5/1，6/2，7/3 の紙片を除くように引かれた線の下側あるいは右側にある．従来の黒泥に相当する．

(4) **分類体系の特徴**

カテゴリーは高位から順に，目(Order)－亜目(Suborder)－大群(Great group)－亜群(Subgroup)－科(Family)－統(Series)の 6 つで構成されている．

目：表 8.5 に示したように，特徴層位の違いによって 12 の目に区分されている．

亜目：目は湿潤度，土壌水分状況，母材，植生の影響，有機物の分解程度などと関連した諸特徴に基づいて 70 の亜目に細分されている．亜目の名称は，

8. 土壌の分類

表 8.5　アメリカの分類体系における目および亜目の主な特徴(1)

目 (Order)	亜目 (Suborder)	亜目の特徴	旧分類とのおおよその対比
1. Gelisols, ジェリソル 極寒冷地の土壌, 永久凍土の存在.	1.1 Histels	有機質土壌物質をもつ.	永久凍土
	1.2 Turbels	クリオタベーション, インヴォリューションをもつ.	
	1.3 Orthels	その他のジェリソル	
2. Histosols, ヒストソル 有機質土壌	2.1 Folists	年間の水飽和期間＜30日	泥炭土壌 黒泥土壌
	2.2 Wassists	常時湛水.	
	2.3 Fibrists	フィブリック物質が優占.	
	2.4 Saprists	サプリック物質が優占.	
	2.5 Hemists	ヘミック物質が優占.	
3. Spodosols, スポドソル 非晶質のFeおよびAl酸化物ならびに腐植の集積したB層をもつ土壌.	3.1 Aquods	通常, 水で飽和されている.	ポドゾル, 褐色ポドゾル性土壌, 地下水ポドゾル
	3.2 Gelods	永久凍土の存在.	
	3.3 Cryods	極寒冷地帯に分布.	
	3.4 Humods	腐植に富むスポディック層	
	3.5 Orthods	通常のポドゾル.	
4. Andisols, アンディソル ガラス質火山放出物を母材とし, 多量の活性AlとFeを含む容積重の小さい土壌.	4.1 Aquands	ほとんどの年に水で飽和されている.	アンド土
	4.2 Gelands	永久凍土の存在.	
	4.3 Cryands	寒冷地に分布.	
	4.4 Torrands	通常乾.	
	4.5 Xerands	ほとんどの年に連続60日以上の乾燥.	
	4.6 Vitrands	デュリ盤またはペトロカルシック層をもつ.	
	4.7 Ustands	積算90日以上の乾燥.	
	4.8 Udands	乾期の短い湿潤地域.	
5. Oxisols, オキシソル 主としてFeおよびAlの酸化物またはカオリン粘土からなるB層をもつ土壌.	5.1 Aquox	湿潤条件に伴う特徴をもつ.	ラテライト性土壌, ラトソル
	5.2 Torrox	通常乾.	
	5.3 Ustox	積算90日以上の乾燥.	
	5.4 Perox	極端に湿潤な気候下に分布する.	
	5.5 Udox	乾期の短い湿潤地域.	
6. Vertisols, ヴァーティソル 乾季に大きな亀裂を生じる粘土質土壌. ギルガイ, スリッケンサイド, くさび状構造の存在.	6.1 Aquerts	ほとんどの年に水で飽和されている.	グルムソル
	6.2 Cryerts	0℃＜土壌温度＜8℃	
	6.3 Xererts	連続60日以上の亀裂.	
	6.4 Torrerts	ほぼ通年亀裂がある.	
	6.5 Usterts	積算90日以上の亀裂.	
	6.6 Uderts	積算90日以下または連続60日以下の亀裂.	

表 8.5　アメリカの分類体系における目および亜目の主な特徴(2)

目 (Order)	亜目 (Suborder)	亜目の特徴	旧分類とのおおよその対比
7. Aridisols, アリディソル 乾燥地域の土壌. 土壌生成に対する気候強度が小さいので, 母材の風化変質は弱い.	7.1 Cryids	0℃＜土壌温度＜8℃	砂漠土, 赤色砂漠土, 灰色砂漠土, ソロンチャーク, 褐色土および赤褐色土の一部とこれに伴うソロンチャーク
	7.2 Salids	サリック層をもつ.	
	7.3 Durids	デュリ盤をもつ.	
	7.4 Gypsids	ジプシックまたはペトロジプシック層をもつ.	
	7.5 Argids	アルジリック層またはナトリック層をもつ.	
	7.6 Calcids	カルシックまたはペトロカルシック層をもつ.	
	7.7 Cambids	その他のアリディソル.	
8. Ultisols, アルティソル 多量の結晶性粘土を含む粘土集積層をもつ, 塩基飽和度の低い土壌.	8.1 Aquults	年間のある期間, 水で飽和されている.	赤黄色ポドゾル性土壌, 赤褐色ポドゾル性土壌とこれに伴うプラノソル, および半泥炭土の一部
	8.2 Humults	有機物含量が高いがアルジリック層の上部15cmの有機物含量1.5％以上.	
	8.3 Udults	乾期の短い湿潤地域.	
	8.4 Ustults	積算90日以上の乾燥.	
	8.5 Xerults	年平均温度が22℃以下で, 長い乾期のある地域に出現する.	
9. Mollisols, モリソル 有機物によって暗色化した, 砕易な表層をもつ土壌.	9.1 Albolls	アルビック層をもつ.	栗色土, チェルノーゼム, プレリー土, レンジナ, 褐色土および褐色森林土の一部とこれに伴う腐植質グライ土壌とソロネッツ.
	9.2 Aquolls	湿った状態の特徴を示す.	
	9.3 Rendolls	アルジリック層またはカルシック層をもたない.	
	9.4 Gelolls	永久凍土の存在.	
	9.5 Cryolls	0℃＜土壌温度＜8℃	
	9.6 Xerolls	ほとんどの年に連続60日以上の乾燥.	
	9.7 Ustolls	積算90日以上, 連続60日以下の乾燥.	
	9.8 Udolls	積算90日もしくは連続60日以下の乾燥.	
10. Alfisols, アルフィソル 多量の結晶性粘土を含む粘土集積層をもつ, 塩基飽和度の高い土壌.	10.1 Aqualfs	季節的に水で飽和されている.	灰褐色ポドゾル性土壌, 灰色森林土, 非石灰質褐色土, 退位チェルノーゼムとこれに伴うプラノソルと半泥炭土.
	10.2 Cryalfs	0℃＜土壌温度＜8℃	
	10.3 Ustalfs	連続60日以下の乾燥.	
	10.4 Xeralfs	連続60日以上の乾燥.	
	10.5 Udalfs	乾期の短い湿潤地域.	

表 8.5 アメリカの分類体系における目および亜目の主な特徴(3)

目 (Order)	亜目 (Suborder)	亜目の特徴	旧分類との おおよその対比
11. Inceptisols, インセプティソル 中度に発達した土壌. 特徴土層は比較的速やか に形成されるものからなる.	11.1 Aquepts	年間のある時期, 水で飽和 される.	酸性褐色土, 褐色 森林土の一部, 低 腐植質グライ土 壌, 腐植質グライ 土壌.
	11.2 Anthepts	人工表層をもつ.	
	11.3 Gelepts	永久凍土の存在.	
	11.4 Crypts	0℃＜土壌温度＜8℃	
	11.5 Ustepts	積算90日以上の乾燥.	
	11.6 Xerepts	ほとんどの年に連続60日 以上の乾燥.	
	11.6 Udepts	乾期の短い湿潤地域.	
12. Entisols, エンティソル 非常に発達の弱い土壌. 性質は母材の影響を 受けている	12.1 Wassents	常時湛水.	岩屑土, レゴソ ル, 沖積土, 低腐 植質グライ土壌の 一部.
	12.2 Aquents	層位分化の発達していない グライ.	
	12.3 Arents	排水良好, グライおよび斑紋 がなく, 下層が撹乱されてい る.	
	12.4 Psamments	砂質の未発達土壌.	
	12.5 Fluvents	壌質ないし粘土質の沖積土 壌.	
	12.6 Orthents	壌質ないし粘土質, 排水良 好, グライおよび 斑紋がない.	

亜目の特徴を示す修飾語の後に目の名称の一部を付してカッコ内に示したように表記するようになっている；Gelisols(－els), Histosols(－ists), Spodosols(－ods), Andisols(－ands), Oxisols(－ox), Vertisols(－erts), Aridisols(－ids), Ultisols(－ults), Mollisols(－olls), Alfisols(－alfs), Inceptisols(－epts), Entisols(－ents).

大群：亜目は層位の種類・配列・発達程度の類似性, 塩基状況, 土壌温度と土壌水分状況, プリンサイト・フラジ盤・デュリ盤の有無などによって335の大群に細分されている.

亜群：大群は中心的概念と他の大群への移行を示す亜群に細分されている.

科：亜群はさらに植物根の生育にとって重要な性質(土性, 鉱物組成, 土壌温度など)に基づいて科に区分される.

統：最後に層位の種類と配列，土色，土性，構造，コンシステンス，土壌反応，化学的および鉱物学的性質において均質な統が決められる．今日までにアメリカ合衆国では約 10,500 の統が確認されている．

表 8.5 は，Soil Taxonomy における土壌目と亜目の主な特徴と旧分類体系の土壌名との大まかな対比を示したものである．また表 8.6 には大群 (Great groups) の名称の成語要素と意味を示した．

なお，この分類体系による土壌の同定に際しては，脚注 [1], [2] に示されている詳細な検索表を参考にしていただきたい．

表 8.6 大群の名称の成語要素と意味

成語要素	意味	成語要素	意味	成語要素	意味
Acr	極度に風化した	Frasi	低い電気伝導度	Plinth	プリンサイトをもつ
Agr	アグリック層をもつ	Gel	永久凍土	Psamm	砂の
Al	アルミニウムに富む	Glac	氷楔をもつ	Quartzi	石英含量の高い
Alb	アルビック層をもつ	Gloss	舌状侵入のある	Rhod	暗赤色
Anthr	人為的影響	Gyps	ジプシック層	Sal	サリック層をもつ
Anhy	極寒冷地の乾燥	Hal	塩類のある	Sapr	サプリック土壌物質
Aqu	水で飽和している	Hapl	非特異的	Sombr	暗色層位
Arg	アルジリック層をもつ	Hem	ヘミック土壌物質をもつ	Sphagn	ミズゴケ
Calc	カルシック層をもつ			Sulf	硫化物またはその酸化物を含む
Cry	寒冷な	Hist	ヒスティック層をもつ		
Dur	デュリ盤をもつ	Hum	腐植の存在	Torr	通年乾燥した
Dystr, dys	塩基飽和度の低い	Hydr	水の存在	Ud	湿潤気候の
Endo	全層が水で飽和	Kandi	カンディック層をもつ	Umbr	アムブリック表層をもつ
Epi	表層が水で飽和	Kanhapl	KandiとHapl参照		
Eutr, eu	塩基飽和度の高い	Luv	集積した	Ust	乾燥，夏季高温
Fibr	フィブリック層をもつ	Melan	メラニック層をもつ	Verm	虫が多い，または動物で混合された
Ferr	鉄の存在	Moll	モリック層をもつ		
Fluv	氾らん原	Natr	ナトリック層をもつ	Vitr	ガラスの存在
Fol	乾いた有機土壌物質	Pale	極度の発達	Xer	年間を通して乾燥した気候
Frag	フラジ盤の存在	Petro	硬い層をもつ		
Fragloss	FragとGloss参照	Plagg	プラッゲン表層をもつ		

---

1) Soil Survey Staff (2010)：Keys to Soil Taxonomy, 11th ed. USDA–Natural Resource Conservation Service, Washington, DC.
2) 古畑 哲ほか編(1999)：Soil Taxonomy による土壌分類の手引き，日本土壌協会．

8.5. 国際的統一土壌分類体系への歩み

8.5.1. FAO/Unescoの世界土壌図凡例

　世界の土壌資源を正しく評価し，ある特定の地域で得られた土地利用に関する知識や経験を，同様な土壌と自然環境をもった他の地域に対しても効果的に活用することができるように，FAOとUNESCOは世界共通な凡例をもつ世界土壌図作成の共同事業を1961年に開始した．この事業は第7回国際土壌学会議(1960，マディソン，USA)の勧告に基づくものであり，上記の目的のほかに，世界的に適用可能な土壌の命名法を確立し，世界最初の土壌目録を作成し，土壌に関する知識の普及と教育のための基本的記録として役立てることが含まれていた．

　各国の土壌分類体系で用いられてきた分類原理がきわめて相異しているだけに，この事業はきわめて困難であったが，各国の土壌生成分類学者からなる特別課題諮問委員会は世界各地の土壌分類群を比較対比して，世界土壌図のための分類単位として，各分類体系の共通項を表すような**土壌単位**(Soil Unit)を定義した(Dudal, 1968)．この土壌単位はその後改訂されている(FAO, 1990)．この分類体系においては真の分類体系にはこだわらずに，むしろ土壌単位の定義を正確にし，国際的な計画において承認されるような命名法を作成し，同定の鍵が与えられるように重点がおかれている．第一段階では28の**主要土壌群**(Major Soil Groupings)に区分され，第二段階ではさらに形容詞を使い分けて152の土壌単位に細分されている．約5,000の作図単位は主要な土壌単位の名称で示されたアソシエーションが用いられている．1975年には全19葉からなる縮尺1/5,000,000世界土壌図と10巻の説明書が出版され，1990年の改訂版では28の主要土壌群(Major Soil Groups)と152の土壌単位が示されている(FAO, 1990)．

8.5.2. 世界土壌照合基準

　世界土壌図(500万分の1)の完成を契機として，この世界土壌図の作成過程で得られた国際的合意をさらに発展させて，国際的に統一された土壌分類体系を確立しようという計画が第11回国際土壌学会議(1978年，カナダ，エドモントン)で発足した．1982にはFAO/Unesco，UNEP，ISSSによってInternational Reference Base for Soil Classification(IRB)計画が発足し，UNEP, World Soil Policy計画の1つとして採択されるとともに，同年開催された第13回国際土壌学会議

(インド，ニューデリー)でIRB計画の検討を第V部会に委託することが承認された．第14回国際土壌学会議(1990，京都)において，中間報告としてIRBの20主要土壌群が提案されたが(Dudall, 1990)，モンペリエ会議(1992)でIRB計画とFAO-Unesco-ISRICの世界土壌図凡例改訂活動を合併して進められることになった．このような経過を経て第15回国際土壌学会議(メキシコ，アカプルコ)で世界土壌照合基準(World Reference Base for Soil Resources，以下WRBと略記)として最初の案が公表された(FAO, ISRIC and ISSS, 1998)．その後2006年には改訂版が出版されている(IUSS Working Group WRB, 2006)．

(1) WRBの基本原理

① 第1分類単位は，特殊な母材の影響が強い場合を除いて，土壌の特徴的な性質をもたらした主要な基礎的土壌生成過程にしたがって区分され，第2分類単位では，第二義的な土壌生成過程によって区分する．

② 第1分類単位は，土壌生成過程との関係を考慮して選択された特徴によって定義された**識別層位**(diagnostic horizons)，**識別特性**(diagnostic properties)，**識別物質**(diagnostic materials)の特定の組み合わせによって32の**照合土壌群**(Reference Soil Groups)に区分されている．32の照合土壌群とその主な特徴は表8.7に示したとおりである．

③ 第2分類単位は，各照合土壌群に対して性質を限定する接頭語と接尾語をつけることによって分類する．

④ 気候データの有無によって土壌分類が左右されないように，気候パラメータは土壌の定義には用いられていない(注：Soil Taxonomyと異なる点)．

(2) 照合土壌群と修飾語の結合による土壌分類

① 野外において識別層位(表8.8)，識別特性，識別物質の現れ方や厚さ，深さなどを記載し，WRBキー(IUSS Working Group WRB, 2006, p.53-65)によって適合する照合土壌群をキーアウトする．

② 第2分類単位を決めるためには，キーアウトされた照合土壌群の表に示されている接頭修飾語と接尾修飾語が用いられる．接頭修飾語は当該の照合土壌群および他の移行的照合土壌群と典型的に結びついた性質を示すものであり，接尾修飾語はその他の性質を表わしている．これらの修飾語の定義については原著を参照していただきたい(IUSS Working Group WRB, 2006, p.101-120)．

表 8.7　WRB における照合土壌群のおもな特徴

1. 厚い有機質土層をもつ土壌：	Histosols	7. 有機物の集積，高い塩基飽和度	
2. 人為的影響の強い土壌		典型的なモリック層位をもつ：	Chernozems
長期間，集約的な農業利用：	Anthrosols	より乾燥した気候地域への移行型：	Kastanozems
多くの人工遺物を含む土壌：	Technosols	より湿潤な気候地域への移行型：	Phaeozems
3. 浅い位置にある永久凍土層や岩石層のため根の伸長が限られている土壌		8. 溶解度の低い塩類または非塩類物質の集積	
氷の影響を受けている土壌：	Cryosols	石こうの集積：	Gypsisols
浅層またはきわめて石礫質な土壌：	Leptosols	シリカの集積：	Durisols
4. 水の影響を受けている土壌		炭酸カルシウムの集積：	Calcisols
乾湿の交替する，膨潤性粘土に富む土壌：	Vertisols	9. 下層に粘土集積層をもつ土壌	
		舌状侵入をもつ土壌：	Albeluvisols
氾らん原，潮汐マーシュの土壌：	Fluvisols	粘土の活性度が高く，塩基飽和度の低い土壌：	Alisols
アルカリ性土壌：	Solonetz		
蒸発により塩類が富化した土壌：	Solonchaks	粘土の活性度が低く，塩基飽和度の低い土壌：	Acrisols
地下水の影響を受けている土壌：	Gleysols		
5. 鉄，アルミニウムの化学性によって設定された土壌		粘土の活性度が高く，塩基飽和度の高い土壌：	Luvisols
アロフェンまたはAl-腐植複合体：	Andosols	粘土の活性度が低く，塩基飽和度の高い土壌：	Lixisols
キレート洗脱およびchilluviation：	Podzols		
水成条件下での鉄の集積：	Plinthosols	10. 比較的若い土壌または土壌断面の発達が弱いか，未発達の土壌	
低活性の粘土，リンの固定，強度の構造発達：	Nitisols	酸性の暗色表層をもつ土壌：	Umbrisols
カオリナイトと三二酸化物の優占：	Ferralsols	砂質土壌：	Arenosols
6. 停滞水を伴う土壌		中度に発達した土壌：	Cambisols
土性の急激な不連続：	Planosols	土壌断面が未発達の土壌：	Regosols
構造または土性の不連続性が緩慢な土壌：	Stagnosols		

③WRB 土壌分類の例：鉄アルミナ集積層（Ferralic horizon）をもち，その上部の土性が 15 cm 以内で砂壌土から砂質埴土に変化し，pH が 5.5 と 6 の間にあり，中度ないし高度の塩基飽和度を示す．B 層は暗赤色を呈し，深さ 50 cm 以下に斑紋がある．この土壌は野外において Lixic Ferralsol (Ferric, Rhodic) に分類される．その後実験室での分析によって鉄アルミナ集積層の CEC が 4 cmol$_c$kg^{-1} 粘土未満であることが明らかになれば，この土壌は最終的に Lixic Vetic Ferralsol (Ferric, Rhodic) として分類されることになる．

8.5. 国際的統一土壌分類体系への歩み

表 8.8 識別層位とその基準(1)

識別層位	識別基準	厚さ
Albic (漂白層)	(乾)明度≧7, 彩度≦3または明度=5, 6, 彩度≦2; (湿)明度=6, 7, 8, 彩度≦4 あるいは明度=5, 彩度≦3または明度=4, 彩度≦2 (母材の色調が5YRより赤い場合は彩度=3も含む)	1cm以上
Anthraquic (水田表層)	1. 以下の特徴を示す代掻きされた層をもつ: 7.5YRまたはそれより黄色またはGY, B, BGの色調を示し, 湿土の明度≦4, 彩度≦2 ; 淘汰された団粒と小胞状の孔隙をもつ; 2. 代掻きされた層の下に板状構造を示し, 容積重が上層より20％以上大きく, 黄褐色, 褐色, 赤褐色の斑鉄, マンガン斑ないしは被膜をもった鋤床層がある;	20cm以上
Anthric (人工表層)	1. mollic層位またはumbric層位の要件を満たす土色, 構造, 有機物含量をもつ; 2. 耕作した深さで急激に耕土盤に変化, 施用された石灰の塊, 耕作による土層の混合, 1%クエン酸可溶のP_2O_5含量≧1.5gkg^{-1}などの人為的撹乱の証拠を示す; 3. 耕作した深さ以下の動物による孔隙, 糞粒その他の土壌動物活動の痕跡は5%(容積)未満;	20cm以上

Argic
(粘土集積層)
	1. 壌質砂土またはそれより細かく, 粘土含量は8％以上;
	2. 粘土の増加:上層の粘土含量＜15％ → argic ≧ 3％(絶対的);
	  上層の粘土含量15〜40％ → argic ≧ 20％(相対的);
	  上層の粘土含量≧40％ → argic ≧ 8％(絶対的);
	粘土集積の特徴をもつ:砂粒子をブリッジしている配位粘土, 孔隙を内張りしている粘土被膜, 構造単位表面の粘土被膜, 土壌薄片中の配位粘土が1％以上, 線膨張係数(COLE)が0.04以上で, 細粘土と全粘土の比が上層の比の1.2倍以上;
	3. 粘土集積の特徴がある場合には, argic層としての粘土含量の増加は深さ30cm以内で達せられる;その他の場合は深さ15cm以内で粘土含量が増加する.
		上層の1/10以上かつ最小7.5cm;厚さ0.5cm以上の葉理からなる場合は15cm以上

Calcic (炭酸塩集積層)	1. $CaCO_3$≧15％ 2. 二次的に集積した炭酸塩≧5％(容量)または$CaCO_3$含量が下層より5％(絶対的)以上高い.	15cm以上

Cambic
(風化変質層)
	1. 土性は極細砂, 壌質極細砂またはより細粒質;
	2. 土壌構造が発達しているか, または岩石構造は細土の容積の50％未満.
	3. 以下の1つ以上の風化変質の形跡を示す;
	  a. 上層または下層より湿土の彩度・明度が高く, より赤い色調を示すか, より高い粘土含量をもつ;
	  b. 炭酸塩あるいは石こうの除去;
		15cm以上

Cryic
(凍土層)
	1. 2年以上連続して以下の特徴のいずれかをもつ;
	  a. 氷塊, 氷による接着, または肉眼で容易に見える氷の結晶がある;または
	  b. 土壌温度≦0℃, 肉眼で容易に見える氷の結晶を作るには水が不足している;
		5cm以上

表 8.8　識別層位とその基準(2)

識別層位	識別基準	厚さ
Duric (デュリ盤層)	1.弱く接着されるか硬化したシリカに富む瘤塊または硬化デュリ盤層の破片を容積で10%以上含み，以下の特徴をすべてもつ層； 　a.風乾土は1M-HCl中では50%未満しか崩れないが，濃いKOHやNaOHまたは酸とアルカリで交互に処理すると50%以上崩壊する； 　b.酸処理の前後いずれにおいても，堅固またはきわめて堅固，湿ると脆くなる；	10cm以上
Ferralic (鉄アルミナ集積層)	1.土性は砂壌土またはより細粒質で石礫含量は80%未満； 2.CEC＜16 cmolckg^{-1}/粘土，ECEC＜12 cmolckg^{-1}/粘土； 3.水分散性粘土＜10%； 4.細砂(0.2〜0.05mm)中の易風化性鉱物＜10%(粒数%)； 5.火山灰特性あるいはガラス質火山灰特性をもたない；	30cm以上
Ferric (斑紋・結核層)	1.以下の特徴のいずれか，または両方をもつ； 　a.7.5YRより赤く，湿土の彩度＞5の粗大な斑紋が断面の15%以上を占める； 　b.直径2mm以上の分離した赤色〜帯黒色の瘤塊が容積の5%以上を占め，瘤塊の外側は弱く接着しているか硬化しており，内部より色調が赤いか彩度が高い； 2.強く接着または硬化した瘤塊は容積の40%未満で，連続または割れ目のある薄板あるいはその破片はない； 3.空気中で乾湿を繰り返したときに不可逆的に硬化する瘤塊または斑紋は15%未満；	15cm以上
Folic (落葉層)	1.通気性のよい有機物からなる表層または浅い次表層； 2.大部分の年，水で飽和されている期間は連続して30日未満；	10cm以上
Fragic (フラジ盤層)	1.少なくともペッド表面に風化変質の形跡を示す；根の侵入できるペッド間の平均水平距離は10cm以上；耕盤や踏圧盤を除く； 2.有機態C＜0.5%； 3.直径5〜10cmの風乾土塊を水中に入れたとき，10分以内で容積の50%以上が崩れる； 4.湿潤と乾燥を繰り返しても接着しない； 5.圃場容水量 50kPaで，容積の90%以上が浸透抵抗をもつ； 6.10% HCl溶液を加えても発泡しない；	15cm以上
Fulvic (フルビック層)	1.火山灰特性*をもつ； 2.以下の性質の1つまたは両方をもつ； 　a.湿土の明度または彩度＞2　またはb.メラニック指数≧1.70； 3.有機態C(加重平均)≧6%，かつすべての部分で有機態C≧4%； 4.夾在する非フルビック物質の厚さ＜10cm；	積算して 30cm以上
Gypsic (石こう集積層)	1.石こうを5%以上含み，肉眼で観察できる二次的に集積した石こうを容積で1%以上含む； 2.石こう含量(%)×厚さ(cm)≧150；	15cm以上

8.5. 国際的統一土壌分類体系への歩み 221

表8.8 識別層位とその基準(3)

識別層位	識別基準	厚さ
Histic (泥炭層)	1.大部分の年、連続して30日以上水で飽和されている有機物質からなる; 2.厚さ10cm以上の有機物質からなる; 　有機物質を伴う層の厚さが20cm未満のときは、上部20cmを混合した場合の有機態C≧20%;深さ20cm以内に連続した岩石があるときは、混合後の土壌全体の有機態C≧20%;	10cm以上
Hortic (園地表層)	1.湿土の明度・彩度≦3; 2.有機態Cの加重平均≧1%; 3.上部25cmにおける0.5M $NaHCO_3$ 可溶の P_2O_5 含量≧100mgkg^{-1}細土; 4.塩基飽和度 ≧ 50%; 5.動物の孔、糞粒、その他の動物の活動の痕跡は容積で25%以上;	20cm以上
Hydragric (水田次表層)	1.以下の特徴の1つ以上をもつ; 　a.FeまたはMnの被膜または結核をもつ; 　b.クエン酸－ジチオナイト可溶のFe含量が表層の2倍以上、またはクエン酸－ジチオナイト可溶のMn含量が表層の4倍以上、あるいは; 　c.粗孔隙内に湿土の明度≧4、彩度≦2の還元溶脱された部分がある;	10cm以上
Irragric (潅漑表層)	1.構造が均一な表層をもつ; 2.下にある元の土層より粘土(特に細粘土)含量が高い; 3.層位内の各部間における中砂、細砂、極細砂、炭酸塩の相対的差は20%未満; 4.有機態Cの加重平均は0.5%以上、深さと共に減少するが層位の下限で0.3%以上を保つ; 5.動物の孔、糞粒、その他の動物の活動の痕跡は容積で25%以上;	20cm以上
Melanic (黒ボク表層)	1.火山灰特性*をもつ; 2.湿土の明度・彩度ともに2以下; 3.メラニック指数＜1.70; 4.有機態Cの加重平均≧6%、かつすべての部分で有機態C≧4%; 5.夾在する非メラニック物質の厚さ＜10cm;	積算して 30cm以上
Mollic (富塩基暗色表層)	無機質土壌の上部20cmを混合した後、または表層20cm以内に連続した岩石あるいは硬化した層がある場合は、無機質土層全体を混合した後に、以下の特徴を示す; 1.十分に発達した構造をもつ(最小の厚さが20cmより厚い場合には混合部とその下部の両方で、壁状でも(頗る)固いこともない); 2.土色は以下の条件を満たす; 　a.最小の厚さが20cmより厚い場合には混合部とその下部の両方で、湿土の明度・彩度ともに3以下、乾土の明度5以下; 　b.細かく分散した石灰が40%以上ある場合には、湿土の明度5以下; 　c.母材の明度(湿)が4以下でなければ、明度(乾湿ともに)は母材より1単位以上黒くなければならない;	

8. 土壌の分類

表 8.8 識別層位とその基準(4)

識別層位	識別基準	厚さ
Mollic (富塩基暗色表層)	3.有機物含量は以下の条件を満たす； 　a.最小の厚さが20cmより厚い場合には混合部とその下部の両方で，有機態C≧0.6% 　b.細かく分散した石灰のため土色の要件を変更した場合，有機態C≧2.5% 　c.母材が暗色のため土色の要件を変更した場合，有機態Cは母材より0.6%以上多い； 4.塩基飽和度 ≧ 50%(層位全体の加重平均)； 5. 以下のいずれかの厚さをもつ； 　a.連続した岩石あるいは硬化した層の直上にある場合：10cm以上； 　b.20cm以上，かつ土壌表面と岩石あるいは硬化層の上限との距離の1/3以上； 　c.20cm以上，かつ土壌表面と深さ75cm以内にある最下位の識別層位の下限との距離の1/3以上； 　d.その他の場合は25cm以上；	10cm以上 20cm以上 25cm以上
Natric (ナトリウム集積層)	Argic horizon(粘土集積層)の条件1.2.3.を満たすほかに，以下の特徴をもつ； 1.以下の特徴の1つ以上をもつ； 　a.円柱状または角柱状構造をもつ部分があるか，または； 　b.被覆されていないシルトまたは砂粒子を含む上方のより粗粒質な層位が舌状に侵入した塊状構造が，ナトリック層中に2.5cm以上入り込んでいるか，または： 　c.壁状構造を示す； 2.上部40cm以内でESP(交換性Na×100/CEC)≧15，または土壌表面から200cm以内に交換性Naの飽和度が15%以上の下部層位がある場合には，上部40cm以内で交換性Caと交換酸度(pH8.2)の合計より，交換性MgとNaの合計の方が大きい；	上層の1/10以上かつ最小7.5cm；厚さ0.5cm以上の葉理からなる場合は15cm以上
Nitic (ニテイック層)	1.直上および直下の層への粘土含量の変化は12cm以上の間で生じ，変化率は20%未満(相対的)である； 2.以下の特徴のすべてをもつ； 　a.粘土含量≧30%；b.水分散性粘土/全粘土＜0.10，c.シルト/粘土＜0.40； 3.中度ないし強度に発達した角塊状構造は平垣な稜をもつか堅果状のペッドに壊れ，その表面は光沢をもつ．光沢面は粘土被膜とはほとんどあるいはごく一部しか関係がない； 4.以下の特徴のすべてをもつ； 　a.Fed≧4.0%；b.Feo≧0.20%；c.Feo/Fed≧0.05	30cm以上
Petrocalcic (硬化した炭酸塩集積層)	1.10%HCl溶液を加えると激しく発泡する； 2.風乾した土塊は水中で壊れず，二次的に集積した炭酸塩で少なくとも部分的に硬化または接着されており，垂直な割れ目以外は根を通さない； 3.乾燥するときわめて堅硬になり，シャベルや検土杖を通すことができない；	10cm以上 葉理で連続した岩石の直上にある時は1cm以上

表 8.8 識別層位とその基準 (5)

識別層位	識別基準	厚さ
Petroduric (硬化した デュリ盤層)	1. 50%以上が硬化または接着されている次表層； 2. シリカの集積の形跡をもつ (孔隙内, 構造面, 砂のブリッジなど)； 3. 風乾土は1M-HCl中では50%未満しか崩れないが, 濃いKOHやNaOHまたは酸とアルカリで交互に処理すると50%以上崩壊する； 4. 垂直の割れ目以外は根が伸長できないほど水平に連続している	1cm以上
Petrogypsic (硬化した 石こう集積層)	1. 石こうを5%以上含み, 肉眼で観察できる二次的に集積した石こうを容積で1%以上含む； 2. 風乾した土塊は水中で壊れず, 二次的に集積した石こうで少なくとも部分的に硬化または接着されており, 垂直の割れ目以外は根を通さない；	10cm以上
Petroplinthic (ラテライト層)	1. 割れ目があるか破砕された薄板が強く接着されて硬化した, 連続的な層で, 　a. 赤色ないし黒色の瘤塊をもつか, 　b. 板状, 多面体状または網目模様を示す赤色, 黄色ないし黒色の斑紋をもち； 2. 容積の50%以上が4.5 Mpa以上の貫入抵抗をもつ； 3. Feo/Fed < 0.10；	
Pisoplinthic (ピソライト層)	1. 強度に接着されて硬化した, 直径2mm以上の赤色ないし黒色の瘤塊が容積の40%以上を占める；	15cm以上
Plaggic (プラッゲン層)	1. 土性は砂土, 壌質砂土, 砂壌土, 壌土またはこれらの組み合わせからなる； 2. 人工物を含む (但し20%未満) か, または深さ30cm以下にシャベルの跡がある； 3. 湿土の明度≦4, 彩度≦2, 乾土の明度≦5； 4. 有機態C≧0.6%； 5. 局部的に盛り上がった土地に分布する；	20cm以上
Plinthic (プリンサイト層)	1. 以下の瘤塊あるいは斑紋を単独または組み合わせてもち, その含量は容積の15%以内； 　a. 周辺物質より赤い色調または強い彩度を示す, 堅硬ないし弱く接着された瘤塊で, 大気中に露出して乾湿を繰り返すと不可逆的に強固に接着するか硬化する；または 　b. 周辺物質より赤い色調または強い彩度を示す, 堅硬ないし弱く接着された板状, 多角形状, 網状模様の斑紋で, 大気中に露出して乾湿を繰り返すと不可逆的に強固に接着するか硬化する； 2. 強度に接着または硬化した瘤塊の含量は40容積%未満で, 連続的で割れ目があるか破砕された薄板はない； 3. 以下の特徴の両方をもつ； 　a. Fed含量≧2.5%または瘤塊, 斑紋中のFed含量≧10%； 　b. Feo/Fed < 0.10	15cm以上
Salic (塩類集積層)	1. 層位全体を平均して, ECe≧15 dSm^{-1} (25℃), または, 飽和抽出液のpH(H$_2$O)≧8.5の時は ECe≧8 dSm^{-1} (25℃)； 2. 層位の厚さ(cm) × ECe(dSm^{-1})≧450 (厚さ全体の平均値)；	15cm以上

表 8.8 識別層位とその基準(6)

識別層位	識別基準	厚さ
Sombric (暗色次表層)	1.上位の層位より明度,彩度が低い; 2.塩基飽和度＜50%; 3.上位の層位より高い有機態C含量,ペッド表面や薄片内の孔隙に集積した腐植などによって,腐植集積の証拠を示す; 4.漂白層の下位にあることはない;	15cm以上
Spodic (ポドゾル集積層)	1.未耕地の場合,層位の85%以上でpH(H_2O)＜5.9; 2.有機態C≧0.5% または ODOE≧0.25(注:P型腐植酸の存在); 3.以下の特徴の1つまたは両方をもつ; 　a.アルビック層が直上にあり,アルビック層の直下の湿土が次のいずれかの色を示す; 　　i.色調が5YRまたはそれよりも赤い; ii.色調7.5YR,明度≦5,彩度≦4; 　　iii.色調10YRまたはN,明度≦2,彩度≦2; iv.10YR3/1; 　b.アルビック層はあったりなかったりするが,上にあげたいずれかの土色を示すか,あるいは湿土の色が7.5YR,明度≦5,彩度5または6で以下の1つ以上の特徴を示す; 　　i.容積の50%以上が有機物とAlで接着されており,接着された部分はすこぶる堅硬以上のコンシステンシーを示す; 　　ii.砂粒子上のひび割れた被膜が断面の10%以上を覆っている; 　　iii.Al_{ox}＋1/2Fe_{ox}≧0.5%で,上位の無機質層位の値の2倍以上; 　　iv.ODOE≧0.25かつ上位の無機質層位の値の2倍以上; 　　v.厚さ25cm以上の層でFeの葉理が容積で10%以上存在する; 　c.ナトリック層の一部を構成しない;	2.5cm以上
Takyric タキール表層	1.アリディック特性**(乾燥気候下の土壌の表層に共通する性質)をもつ; 2.板状構造または壁状構造をもつ; 3.以下の特徴のすべてをもつ表層の皮殻をもつ; 　a.乾燥したときに巻き上がらないために十分な厚さがある; 　b.土壌が乾燥したときに深さ2cm以上に達する多角形状の割れ目をもつ; 　c.砂質埴壌土,埴壌土,シルト質埴壌土,あるいはこれらより細かい土性をもつ; 　d.固さおよび砕易性は乾のときすこぶる固く,湿のとき,可塑性は強,粘着性は中である; 　e.タキール層直下の層の電気伝導度ECe＜4dSm^{-1};	3.a.参照
Terric テリック表層	1.材料物質と関係した土色を示す; 2.人工物の含量は容積で20%未満; 3.塩基飽和度≧50%; 4.局地的に盛り上がった土地に分布する; 5.成層はしていないが,不規則な土性の差を示す; 6.底部で岩石的不連続を示す;	20cm以上

8.5. 国際的統一土壌分類体系への歩み　225

表 8.8　識別層位とその基準(7)

識別層位	識別基準	厚さ
Thionic チオニック層	1. pH(H_2O)＜4.0; 2. 以下の特徴を1つ以上もつ; 　a. 黄色のジャロサイトまたは黄褐色のシュベルトマナイトの斑紋ないし被膜を 　　もつ; 　b. 色調2.5Yまたはそれより黄色で, 彩度(湿)≧6; 　c. 硫化物物質*と直接重なり合っている; 　d. 水溶性硫酸塩≧0.05 wt%;	15cm以上
Umbric (貧塩基暗色 表層)	Mollic horizonの条件1.2.3.5を満たすほかに, 以下の特徴のをもつ; 4. 塩基飽和度 ＜50%(層位全体の加重平均);	25cm以上
Vertic (ヴァーティック 層)	1. 全層30%以上の粘土を含む; 2. 水平から10°ないし60°傾いた縦軸をもつ, 楔形の構造単位をもつ; 3. スリッケンサイド(鏡肌)をもつ.	25cm以上
Voronic (ヴォロニック 表層)	1. 粒状または小亜角塊状構造をもつ; 2. 土色は以下の条件を満たす: 　a. 湿土の明度・彩度ともに2.0以下, 乾土の明度3.0以下; 　b. 細かく分散した石灰が40%以上ある場合, または土性が壌質砂土かそれ 　　より粗い場合には, 湿土の明度3.0以下; 　c. 母材の明度(湿)が4未満でなければ, 明度(乾湿ともに)は母材より1単位 　　以上黒くなければならない; 　d. 上記の土色条件は上部15cmまたは作土の直下で判定する; 3. 容積で50%以上が虫の穴, 糞粒, 土のつまった虫の穴で占められている; 4. 有機態C≧1.5%; ただし, 細かく分散した石灰が40%以上ある場合は 　有機態C≧6%; 母材の明度(湿)が4未満のときは有機態Cは母材よりも 　1.5%以上多くなければならない; 5. 塩基飽和度≧80%;	35cm以上
Yermic (沙漠表層)	1. アリディック特性**(乾燥気候下の土壌の表層に共通する性質)をもつ; 2. 以下の特徴を1つ以上もつ; 　a. 褐色ないし黒色の被膜で固められるか, または風食礫を含むデザート 　　ペイブメント; 　b. 小胞状の層と結びついたデザートペイブメント; 　c. 板状の表層の下に小胞状の層をもつ.	―

*火山灰特性(Andic properties): 以下の特徴をすべてもつ;
1. Alo + 1/2Feo ≧ 2.0%
2. 容積重 ≦ 0.90kgdm^{-3}
3. リン酸保持容量≧85%
4. アルビック層の要件を満たすテフラ物質の下にあるときは, Cpy/OCまたはCf/Cpy＜0.5
5. 有機態C＜25%

**アリディック特性(Aridic properties): 以下の特徴をすべてもつ;
1. 土壌の上部20cmまたは特徴次表層または岩石的不連続の上端までいずれか浅い部分で, 土性が
　砂壌土またはそれより細かいときは, 有機態C＜0.6%; 砂壌土より粗いときは有機態C＜0.2%.
2. 以下の1つ以上の形態で風成作用の証拠を示す:
　a. ある層または割れ目を充填する吹き込まれた物質中に円磨されるか亜角塊状の砂粒子を含み,
　　これらの粒子が中～粗砂の10%以上を占める; または
　b. 表面に風食された岩石の破片がある; または
　c. 風による撹乱作用(たとえば斜交層理); または
　d. 風食または風成堆積の証拠.
3. 破砕した試料の色: 湿のとき, 明度≧3, 彩度≧2, 乾の時, 明度≧4.5;
4. 塩基飽和度≧75%

8.6. 土壌分類体系設定の原理

土壌系統分類学の目的と課題は，8.2.で述べたように，土壌の系統分類（自然分類）を発見し，その分類体系を完成することにある．そのためには現行の諸分類体系に含まれる問題点を指摘し，改善の方向が明らかにされなくてはならない．以下，Schroeder および Lamp(1976)の考え方を中心に，このような土壌系統分類学の方法論的問題について考察することにしよう．

8.6.1. 分類体系設定の過程

演繹(deductive method)と帰納(inductive method)という認識過程は科学方法論上の2つの出発点であり，両者は互いに補い合い，規定し合うものである．しかしながら，現存する諸分類体系における演繹的要素と帰納的要素を明らかにし，新たな体系の設定に際して採用すべき方針を確立することができるようにするためには，まず始めにこれらを別々に示す方がよいであろう．図8.2はこれら2つの認識過程とそれと関連した諸概念を模式的に示したものである．

普遍から特殊を導く演繹的過程（図8.2左側）は，土壌学の知識の全体，とりわけ分類されるべき土壌の生成に関する概念と認識ならびに土壌生成因子の集合が同じで，土壌生成過程の経過と組み合わせが同じ場合には，特徴の一致した同じ土壌が生成するに違いないという前提から出発する．それゆえ，同じ発達段階の土壌（「同類」）は**成因の同じ分類群**(Isogener Klass)つまり同じように生成した土壌としてまとめられ，分類体系の種々のカテゴリーに配列される．

このような演繹的過程では分類体系が高位から低位へ分割されながら構成されるので**下降的分析的方式**(Manil, 1959)とよばれている．ここではたとえ推測的であるにすぎないことがしばしばあるとはいえ，土壌生成に関する先験的(ア・プリオリ)知識の全体が分類体系の設定の中に入り込んでいる．このような方式を取る場合には最高位のカテゴリーが分類群形成の第一歩であって，引き続く細分は最初の分類群形成のいかん

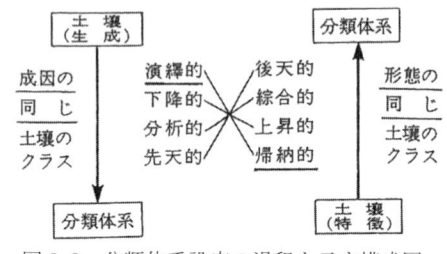

図8.2 分類体系設定の過程を示す模式図
(Schroeder und Lamp, 1976)

にかかっているので，最高位のカテゴリーが決定的な意義をもつことになる．

帰納的過程(図 8.2 右側)の場合には，分類されるべき土壌の生成に関する先験的知識または概念なしに，客観的に確定することが可能な土壌の諸特徴から出発する．一致した特徴をもつ土壌，つまり同じ形態(「類似性」)をもつ土壌は**形態の同じ分類群**(Isomorpher Klass)としてまとめられ，Manil(1959)のいう意味での**上昇的総合的方式**に基づいて低位から高位へ向かって分類体系の種々のカテゴリーへと配列されていく．この場合にはグループの類似性または分類群の同一性の原因を解釈するときになって，初めて特徴から土壌の生成が復元される．つまりそのようにして土壌の生成と発達に関する後験的(ア・ポステリオリ)認識に到達するのである．このようにして設定される分類体系においては，低位のカテゴリーの設定に高位のカテゴリーの形成が依存しているので，低位のカテゴリーの形成が決定的となる．

従来の，あるいは現行の諸分類体系の設定に際して，演繹的過程と帰納的過程のいずれか一方の方法だけがとられたわけでは決してない．両者は一面では相対立しているが，他の面ではお互いを前提としながら，1 つの「弁証法的統一」を形作っているのである．そして，もちろん程度の差はあるが，これまでに提案された分類体系はすべて 2 つの方法の要素を含んでいるのである．ドクチャーエフ以来の既往の因子的分類体系は，完全にというわけではないが，主として演繹的に構成されたものであり，アメリカの Soil Taxonomy や WRB の土壌分類体系は，いくつかの演繹的要素をもっているが主として帰納的に作られている．またクビエナやミュッケンハウゼンの分類体系は 2 つの方法の組み合わせによって構成されたものである．

8.6.2. 土壌生成と土壌機能の因果関係的連鎖

生成因子，生成過程，成因的特徴は因果的に結合しており，したがって成因の同じ分類群と形態の同じ分類群とは結果的に一致しなければならない．それゆえ，土壌生成因子・土壌生成過程およびその結果として生じる成因的特徴の間には相関関係に基づいて土壌生成の因果関係的連鎖を設定することができる(図 8.3 左)．さらに，土壌生成過程に対しては生態系における土壌の機能が対応し，土壌生成因子には種々の生態成分が対応しているから，この連鎖は土壌生成と土壌機能の因果関係連鎖に拡張することができる(図 8.3 右)．

228   8. 土壌の分類

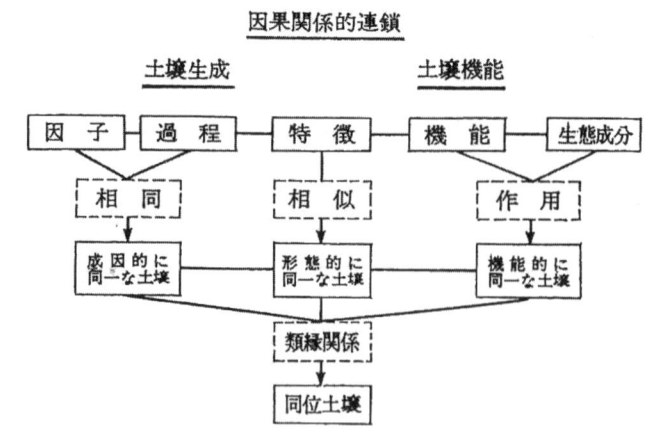

図 8.3 土壌生成と土壌機能の因果関係的連鎖
(Schroeder und Lamp, 1976)

このことは，成因的に同じ土壌の分類群から構成されている成因的土壌分類体系と機能的に同じ土壌(Isofunktional)の分類群から構成されている実用的分類体系との間の矛盾は，図 8.3 に示したような相同(Verwandschaft)，相似(Ähnlichkeit)，作用(Wirksamkeit)を統一した類縁関係(Nachbarschaft)の検討を通じて解決することが可能であることを示している．このようにして，成因・形態(特徴)・機能が同一で，同じ利用可能性をもった，一定の空間的配列を示す土壌の分類群(同位土壌 Isotope Böden)に到達したとき初めて理想的な土壌分類体系が確立されることになる．

しかし，現行の諸土壌分類体系においては，相同・相似・作用を通じての類縁関係はまだ完全には明らかにされていない．したがって，ある分類体系においてこれがどの程度達成されているかが，その体系の良否を判定し，今後の改良の目標となることは確かである．

8.6.3. 数値分類法

土壌の類縁関係を上述の原理に基づいて明らかにするためには，土壌の限られた性質のみを考慮するのではなく，あらゆる性質を総合的に考察することが必要である．しかし，多くの土壌について多数の性質を総合的に比較検討することは，きわめて長時間と多くの労力を必要とする．

8.6. 土壌分類体系設定の原理

　分類対象の類似性に数値をあてはめて客観的に評価しようとする試みを最初に行ったのは，18世紀のフランスの植物学者 Adanson であったが，この方法は計算上の手間がかかるため，あまり実用化されなかった．しかし電子計算機の出現によって，近年，数値分類法が急速に発展するようになった．土壌学の分野でも Hole and Hironaka (1960) の論文を皮切りに，電子計算機の利用を前提とした数値的な取り扱いが試みられるようになった．

　数値分類法 (numerical taxonomy) というのは，"分類単位相互間の類似性や類縁関係の数的評価を行い，分類単位を数的評価の類縁性に基づく分類群に秩序づけること"と定義される (Sokal and Sneath, 1963)．数値分類法では，多数の，しかも相互に相関のない特性値をとり，いろいろな単位で測定されているこれらの特性値は，まず最初に次のようにして次元のない数値に標準化される．

$$X_{ij} = \frac{x_{ij} - \bar{x}_i}{S_i}$$

ここで，

X_{ij}：標準化された j 番目のサンプルの i 番目の特性値．
x_{ij}：j 番目のサンプルの i 番目の特性値．
$\bar{x}_i$：i 番目の特性値の全サンプルについての平均値．
S_i：同じく標準偏差．

　斑紋や粘土皮被膜の有無，構造の種類・大きさ・発達程度などのような定性的にしか表示できないデータは数量化理論によって数量化される．

　次いで標準化された特性値をもとに類似性係数が計算される．類似性係数としては次のようなものが一般によく使われている．

(1) **サンプル間相関係数**

$$r_{jk} = \frac{\sum_{i=1}^{n}(X_{ij}-\bar{X}j)(X_{ik}-\bar{X}k)}{\sqrt{\sum_{i=1}^{n}(X_{ij}-\bar{X}j)^2 \sum_{i=1}^{n}(X_{ik}-\bar{X}k)^2}}$$

ただし，j と k は比較されるべきサンプル，n は特性値の数で，r が大きいほど類似性は高い．

(2) **ユークリッド距離**

$$d_{jk} = \sqrt{\frac{\sum_{i=1}^{n}(Xij-Xik)^2}{n}}$$

d が小さいほど類似性が高い.

(3) **平均特性差**(Mean character difference)

$$D_{jk} = \frac{|\sum_{i=1}^{n}(Xij-Xik)|}{n}$$

D が小さいほど類似性が高い.

(4) **ノンメトリック係数**(Non-metric coefficient)

$$N_{ik} = \sum_{n=1}^{n}\left(\frac{|x_{ij}-x_{ik}|}{x_{ij}+x_{ik}}\right) \quad (標準化不必要)$$

N が小さいほど類似性が高い.

サンプル間相関係数はデータのパターンの類似性をよく表わし,ユークリッド距離,平均特性差,ノンメトリック係数はデータの大きさの類似性をよく表わす.広域の土壌を扱う場合には,一般的にユークリッド距離を用いる方がよいとされている.

類似性係数を計算した結果は m×m (m はサンプル数)のマトリックスとして表わされ,これから sorting(clustering)によって分類群に秩序づけられる.数値分類法を容易に行うために主成分分析法,因子分析法などと結合させて用いられることもある.数値分類法の実際については久馬(1978)を参照されたい.

8.6.4. 土壌分類体系設定の一般モデル

古典的方法にも新しい数値的方法にも通用する土壌分類体系設定の一般モデルが Schroeder und Lamp(1976)によって示されている(図 8.4).このモデルは次のような7つの段階から構成されている.

(1) **目標設定**

研究目標は科学と社会からの多様な要請によって決定される.ここではまず主として科学上役立つべき自然分類(系統分類)を指向するか,実用的目的に役立つ人為分類あるいは実用的分類を目指すかが問題となる.また地球全体の土壌を対象とするのか,あるいはある限られた地域の土壌を対象とするかと

8.6. 土壌分類体系設定の原理

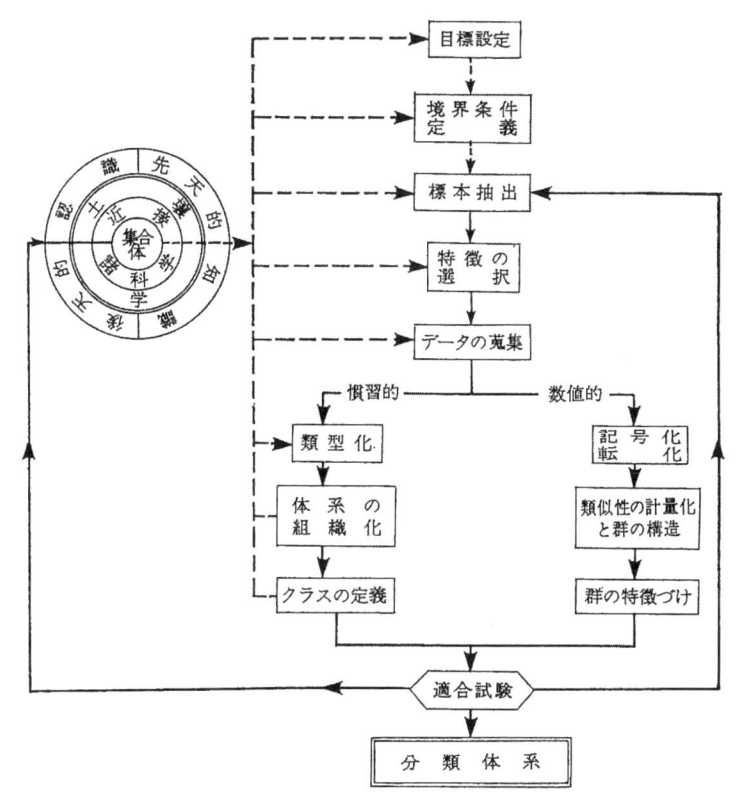

図 8.4 慣習的ならびに数値的分類体系設定の一般モデル
(Schroeder und Lamp, 1976)

いった点も問題になる.

(2) **境界条件と定義**

目標設定に応じて次に調査研究の範囲が決められる. この範囲は実際的には経費によって大きく制約されている. この経費(A)は調査研究の範囲(U), 結果の許容誤差(F), 対象の変動性(V)と関連しており, 標本抽出理論に基づいて次式のように単純化して示される.

$$A \sim U \cdot \frac{V^2}{F^2}$$

また目標設定に応じて, 分類対象を土壌断面形態(pedon)とするのか, あるいは土壌景観(pedotope)とするのかについての定義が明確にされねばならない.

(3) 標本抽出

研究調査されるべき標本の抽出は，母集団のすべての可能性のある要素が均等な機会をもって抽出されるように無作為抽出をするのが理想的であるが，経費の制約から作為的抽出を余儀なくされる場合が多い．このようなときには，全体についての総合的な先験的土壌学的知識が利用される．

(4) 特徴の選択

理想的には土壌のすべての重要な特徴が把握されなければならないが，上述のような制約の点から，相互に相関関係のある諸特徴の中から，ある特徴の選択が行われなければならない．この場合，目標設定に応じて土壌生成的特徴をとるか，生態学的特徴をとるかいずれかにより重点が置かれる．また土壌生成的特徴のなかでも，成因的特徴か機能的特徴かいずれかの選択がなされなければならない．

(5) データの収集

野外調査および実験室的研究で得られたデータは調査票，パンチカード，地図上への記入あるいは電子計算機の穿孔テープや磁気テープ上に記録保存される．このようにしてデータの収集とともに分類体系設定の準備段階が完了する．

ここに至るまでのプロセスは，古典的方法においても数値分類法においても原理的には同じである．両者の違いは，電子計算機の利用を前提とする数値分類法では古典的方法にくらべはるかに大きなデータ数を取り扱うことができるという点にある．

(6) 分 類

古典的方法では多少とも直観的かつ帰納的な過程に基づいて，1 つの分類群ができるだけ多くの特徴を共有するとともに，各分類群ができるだけ多くの特徴において区別されるような類型化を試行錯誤的に行う．この際に，土壌生成についての先験的知識による演繹的な過程による補足が行われる．このような類型化につづいて，各分類群を高位カテゴリーへの総合と低位カテゴリーへの細分を通じて多階層的配列構造の中に位置づけ，最後に各分類群の定義づけが行われる．

一方，数値分類法では定量的データの標準化，定性的データの数量化を行った後，電子計算機による類似性の計量化と sorting による分類群の区分がなされ，各分類群の特徴づけが行われる．

(7) 分類体系のテストと調整

　分類体系設定の最終段階は，古典的方法と数値分類法では再び同様になる．設定された体系は一般的知識の状況および土壌生成，生態学，土壌図作成あるいは実用目的上などの観点からその実際的な適応性が試験される．

　この際，標本数が少なすぎたか，あるいは特徴の選択が一面的すぎなかったか，分類群の区分が狭すぎたり広すぎたりしなかったか，同じ分類群に属すべきものが分離されてしまっていないか，また区別されるべきものが一括されてしまっていないかなどの点が確認される．この過程を通じて実際的な知識が得られ，その知識は後験的な認識として土壌学および隣接諸科学の新たな知識として集積され，次の発展段階の先験的知識として利用されていくことになるのである．

9. 土壌系統分類

本書で用いるカテゴリーの名称と定義

　国際的に統一された土壌系統分類体系および土壌分類命名規約が未確立な現段階では，世界の主要な土壌を系統的に概説することは非常に難しい．しかし近年になって，世界土壌照合基準(WRB)に見られるように，統一的土壌分類体系確立を目指した国際的な努力も一段と進歩してきている．このような状況を考慮して，本書では，従来わが国で一般的に使用されてきた土壌の名称を和名として用いるとともに，それらにほぼ対応するWRBの照合土壌群の名称(イタリック体で示した)およびアメリカのソイル・タクソノミーの名称(通常体で示した)を学名に準じて併記するという方針を採用した．その際に，研究者のオリジナリティーを尊重し，最初の命名者が分かっている場合には，可能な限りそれを示すように努めた．

　カテゴリーの種類と内容は以下のとおりである．

　土壌門(soil phylum)：自然土壌を巨視的水分状況の差異によって，陸成土壌門，水成土壌門，泥炭土壌門，水面下土壌門に区分するとともに，人為的作用によってすっかり改変された土壌あるいは新たに造成された土壌を人工土壌門として区分した．

　土壌綱(soil class)：土壌の生成に関与した主要な基礎的土壌生成作用に基づいて区分した．

　土壌亜綱(soil sub-class)：陸成未熟土壌綱の場合には，土壌の発達を制限している原因によって2つの亜綱を区別し，また鉄アルミナ質土壌綱の場合には，粘土鉱物ならびに鉄およびアルミニウムの酸化物の構成，鉄の還元溶脱と酸化集積の状態の差異によって3つの亜綱に区分した．

　土壌型(genetic soil-type)：断面形態の同じ土壌，すなわち特徴的な層位の配列と個々の層位特性が同じものをまとめたものであり，Ⅰ，Ⅱのようにローマ数字で示した．

土壌亜型(soil sub-type)：土壌型の質的な変異を示す．純粋な土壌型の特徴に他の土壌型の特徴が重なることによって種々の亜型が生じる．このような場合には前者は典型的亜型として位置づけられ，後者はある土壌型から他の土壌型への移行形態を示している．この場合，付随的な特徴をもつ一方の土壌型を形容詞的に用い，卓越している特徴をもつ他方の土壌型を後に示す(たとえば，ポドゾル化褐色森林土，グライ化ポドゾルのように表記する)．(Ⅰ)，(Ⅱ)のようにカッコつきのローマ数字で示した．

土壌種(soil variety)：亜型の量的な変異を示す．土壌種は土壌型(または亜型)を生成する一定の基礎的土壌生成作用の発達程度によって形成される(たとえば，強ポドゾル化，中ポドゾル化，弱ポドゾル化あるいは多腐植質，中腐植質，少腐植質など)．

A. 陸成土壌門 (Terrestrial soils)

陸成土壌門には地下水領域以外の土壌生成が包括される．土壌中で降水の停滞が生じ，その影響を強く受けて生成した土壌(疑似グライ土，停滞水グライ土など)は水成土壌門に含まれる．

a. 陸成未熟土壌綱 (Terrestrial Raw soils)

陸成未熟土壌綱は，肉眼で明瞭に認められるA層や黄褐色ないし褐色の風化したBw層が発達せず，層位未分化の(A)/C断面を示す土壌をまとめたものである．

成因的には極地や高山の極端な低温，沙漠における極端な乾燥といった厳しい気候条件下で，生物とくに高等植物の生育が抑制されるために土壌生成が進行しない気候的未熟土と，土壌生成過程が発達する自然環境条件下にありながら，最近の土壌侵食や新しい母材の堆積によって層位分化が未発達の段階にとどまっている非気候的未熟土に分けられる．気候的未熟土はさらに極地沙漠気候的未熟土と高温沙漠気候的未熟土に区分される．

a-1. 極地沙漠気候的未熟土壌亜綱

高緯度の極地や中・低緯度の高山の氷雪で覆われていない寒冷地は**周氷河地域**(periglacial region)とよばれ，水はほとんど常に凍結しているために乾燥条件が形成されている．ここでは地下に**永久凍土層**(permafrost)が存在し，夏季に融解

する表層の**活動層**(active layer)では水分の凍結と融解の繰り返しが土壌生成に対して破壊的に作用している(**クリオタベーション** cryoturbation). WRB では, これらの土壌は凍結土壌(CRYOSOLS)という照合土壌群にまとめられている.

周氷河地域では, 凍結破砕作用による機械的風化によって岩石が崩壊され, 多量の岩屑が形成される. これらの岩屑は凍結と融解の繰り返し, 表面近くの土層と下層との温度差による対流作用によって斜面上を移動する(ソリフラクション solifraction). その結果, 岩屑は粒径に応じて淘汰され, 地表には特有な幾何学的模様をした砂礫の堆積, すなわち**構造土**(structure soil)が形成される. 構造土は図 9.1 に示したように斜面の傾斜と関連した特徴的な配列模様を示し, 12°～24°の斜面上には斜面沿いに平行な帯状配列をとる**条線砂礫**(stone stripes), 12°～4°の緩斜面上には**階段状砂礫**(stone terraces), 4°以下の平坦地には**多角形土**(polygonal soils)あるいは**環状砂礫**(stone rings)が分布する.

構造土については, 地形学の立場から周氷河地形を特徴づけるものとして古くから研究されてきたが, 土壌学の立場から見れば, 構造土はむしろ母材の堆積様式を示すものであって, 同様な構造土の上に多様な土壌生成が存在することが明らかにされたのは比較的近年のことである(Tedrow, 1968).

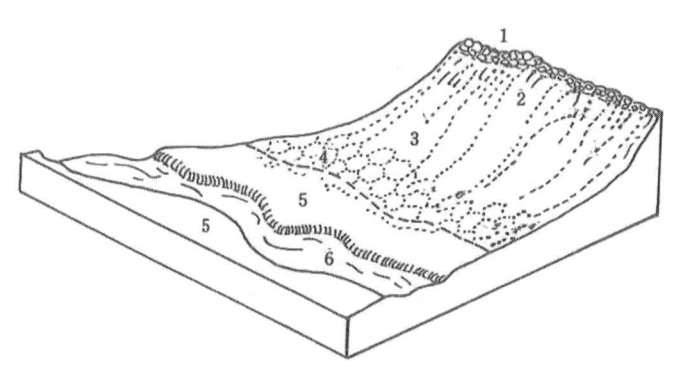

1. 尾根筋の凍結風化を受けた岩石
2. 25°以上の急斜面上の崖錐礫
3. 12°～24°の斜面上の条線砂礫
4. ソリフラクションを受けた細粒物質上の多角形土
5. 河岸段丘堆積物上の北極褐色土
6. 谷底の沖積堆積物

図 9.1 ツンドラ地域の土壌分布関係を示すブロックダイアグラム
(Bridges, 1978)

極地においては，機械的風化作用と同時に生物の参加による化学的風化作用が岩石の深部まで達していること，岩石風化の特徴が極地沙漠と高温沙漠の間に大きな類似性があることなどが明らかになっている．すなわち炭酸塩や可溶性塩類の集積，少量の有機物の存在，土壌生成における地衣類やコケ類の参加といった特徴が極地沙漠と高温沙漠の土壌の性質を類似したものにしている．

Ⅰ．**極寒沙漠土(Cold Desert soils, Markov, 1956)**

Leptic Cryosols(WRB), Salic Anhyorthels(USA)

南極大陸の無氷雪地域に分布する未熟土．有機物をほとんどあるいは全く含まない．土層全体は凍結乾燥して塩類に富み，土壌生成過程で生じた炭酸塩や石こうの集積層が存在する．北極地方に分布するか否かは不明．

Ⅱ．**極地沙漠土(Poler Desert soils, Gorodkov, 1939)**

Hyperskeletic Cryosols(WRB), Typic Anhyorthels(USA)

北極圏の排水良好な砂礫地に見られる未熟土．低温と乾燥のため維管束植物は全く生育しないか，点状にしか分布しないため堆積有機物層(O層)を欠く．腐植は肉眼的には認められないが，地衣類・藻類・珪藻類が有機物の給源となるため，表層には有機物が6％程度含まれることがある．全層にわたってアルカリ性反応を示し，炭酸塩の集積が見られる．

カナダ北部やグリーンランド北部に広く分布する．南方の北極褐色土帯との境界は漸移し，カナダのフランクリン地区北部，バンクス島・ビクトリア島を含む北西地方(N.W.T.)の北部，バフィン諸島北部，ユーラシア大陸の北部沿岸ならびにノバヤゼムリヤ島およびノボシビルスク諸島，タイミル半島の一部をつらねる線が両者の境界をなし，この境界線は，ほぼ7月の40°F(4.4℃)等温線に一致している(Tedrow and Brown, 1962)．

Ⅲ．**高山未熟土(Alpine Raw soils, Mückenhausen, 1962)**

Lithic Leptosols(WRB), Lithic Cryorthents(USA)

高山地帯では年間の大部分，土壌は凍結して厚い積雪で覆われることが多く，また融雪季には強い日射のため温度変化が大きい．そのため機械的風化(凍結破砕作用と温熱変化)が支配的で，多量の角礫片と少量の細土が形成される．石礫質で土層が浅いため水分保持力が小さく，植生は貧弱で低温のため植物遺体の分解と腐植化が弱く，強風で吹き飛ばされたり融雪水によって流されるため

腐植層は形成されず,生きている植物根のマットが形成されるのみである.
一般に(A)層の下に,疎しょうなC1層と硬い岩片からなるC2層がある.

a-2. 高温沙漠気候的未熟土壌亜綱(Climatic raw soils of hot desert)

中緯度および低緯度の沙漠は降雨がきわめて少なく,したがって植生がきわめて貧弱である.中緯度の沙漠は,大陸の奥深い内部や大山脈によって降雨をもたらす風がさえぎられている地域に形成されている.カスピ海東方のトルキスタン沙漠は前者の例であり,北アメリカ西部のグレートベースン沙漠,アルゼンチン南部のアンデス山脈東方の沙漠などは後者の例である.またモンゴルのゴビ沙漠は両者の組み合わせによってできた例である.

一方,低緯度の沙漠は熱帯沙漠ともいわれ,降雨をもたらす赤道西風と寒帯前線のいずれも到達しない地域に形成されている.北アフリカのサハラ沙漠,南西アフリカのカラハリ沙漠,アラビア沙漠,インド北西部のタール沙漠,アフガニスタン,バルチスタン,オーストラリアのビクトリア沙漠,チリやペルーのアタカマ沙漠,メキシコ北西部のソノラ沙漠,アリゾナやカリフォルニアの南部の沙漠などがその例である.

これらの乾燥地域では,温度の年較差のみならず日較差もきわめて大きく,大気が非常に乾燥しているため,地下深部からの地下水の激しい毛管上昇によって表層に多量の塩類が集積される.その結果,温熱変化と塩類風化による機械的風化作用によって粗粒な岩屑が形成される.このようにしてできた風化生成物から強風によって砂塵が吹き飛ばされた後に岩塊や石礫が残留して**岩石沙漠**(regまたはhamada)が形成される.一方,吹き飛ばされた砂塵は障害物にとらえられ,風下側に堆積してバルハン(barkhan)とよばれる三日月形の砂丘を伴った**砂沙漠**(erg)が形成される.また,まれに発生する豪雨時の面状洪水(sheetflood)によって細粒物質が低地に移動堆積してシルト質ないし粘土質の低凹地(playa)が形成される.

IV. 沙漠未熟土(Desert Raw soils)

Calcisols(WRB), Calcids, Psamments(USA)

中・低緯度の沙漠の未熟土.極度の乾燥のため植生がきわめて貧弱で,ほとんど腐植を含まない.塩化物・石こう・炭酸カルシウムなどの塩類集積が見られる場合が多いが,必ずしもすべての場合に塩類が集積しているとは限らない.

次のように細分することができる.
(I) 岩石沙漠未熟土(Hamada Desert soils)

Haplic Calcisols(*Yermic* [注]), Petrocalcids

Reg または hamada に分布する石礫土. しばしば塩類の皮膜で覆われたり膠結されたりして**沙漠舗石**(desert pavement)が形成されている. 石礫の表面は鉄やマンガンの酸化物からなる, 厚さ 0.2～0.5 mm の薄い皮膜(**沙漠うるし** desert vanish)で覆われている.

(II) 砂沙漠未熟土(Sand Desert soils)

Haplic Calcisols(*Arenic*), Torripsamments

erg に分布する砂質土壌. シルトや粘土はきわめて少なく, ほとんど砂と細礫からなる. 古赤色風化殻に由来する砂を含み, 赤色を呈する場合が多い. 多くの場合, 沙漠舗石は形成されていない.

(III) タキール(Takyr)

Haplic Calcisols(*Takyric*), Haplocalcids

playa に分布する粘土質の未熟土. しばしば塩類が集積しており, 多角形の割れ目でできた網状の皮殻を形成している. 塩類のために表層は粘土質のわりにルーズであるが, 全体的に緻密で不透水性である. 地表には藻類・糸状菌・地衣類が見られる.

a-3. 非気候的未熟土壌亜綱(**Non-climatic raw soils**)

温帯気候下の未熟土で岩屑土(Gesteinsrohböden)あるいは**シーロゼム**(Syrosem, Kubiena, 1953)ともよばれる. 土壌生成過程が発達可能な自然環境条件下において, 最近の土壌侵食や新しい母材の堆積後の時間が短いため土壌生成の初期段階にとどまっている土壌である. 微生物・地衣類・蘚苔類のほかに遷移段階初期の植生も認められ, 表面に堆積有機物層(O 層)が形成されている場合もあるが, A 層はまだ発達しておらず(A)/C 断面を示す. 固結岩由来と非固結岩由来の2つの土壌型に区別される.

V. 固結岩屑土(**Lithosols, Baldwin, Kellogg and Thorp**, 1938)

Lithic Leptosols(WRB), Lithic Udorthents(USA)

固結岩に由来する未熟土で山地の急斜面に分布する. 固結岩上では機械的風化

注) スペイン語の yermo=沙漠に由来.

(主として温熱変化と凍結破砕作用)による岩石の破砕が先行し，その結果，化学的風化の作用する表面積が増大して細土が形成される．固結岩屑土では母岩の性質が化学性に強く反映されており，珪酸塩質・炭酸塩質・珪質などに細分される．既存の成熟した土壌型のA層が侵食されたものはこの土壌型に入れず，既存の土壌型の侵食相として取り扱われることが多い(受蝕土).

VI. 非固結岩屑土(Regosols[注], Thorp and Smith, 1949)

Regosols, Arenosols(WRB), Orthents, Psamments(USA)

風成の非固結岩(飛砂，レス，火山砕屑岩)や土石流堆積物に由来する未熟土．物理性や化学性は母岩や母材の組成に応じてきわめて多様である．植物の生育にとって不適であるが，灌漑や堆肥，化学肥料の施用によって農業的に利用することができる．以下のように細分することができる．

(I) 砂質未熟土(*Arenosols*, Udipsamments)

海岸の砂浜や新しい砂丘上に分布する．南西諸島の海岸に見られる石灰質の砂からできているものは，*Haplic Arenosols*(*Calcaric*)に相当する．

(II) 火山放出物未熟土〔*Regosols*(*Tephric*), Udorthents〕

活火山周辺に広く分布する．

(III) 崩積成未熟土(*Regosols*, Udorthents)

崖錐斜面上や土石流堆積物上に分布する．

b. 未発達土壌綱(Underdeveloped soils)

この土壌綱には，初成土壌生成作用が最終段階に達し，イネ科草本－雑草の遺体からなる堆積有機物層の下に，十分に発達した厚い黒色のA層ができているが，風化した黄褐色ないし褐色のBw層はまだ形成されていないか，形成されているとしてもその発達程度は微弱であり，したがってO/A/C断面またはO/A/(AC)/C断面を示す土壌が包括される．

I. 北極褐色土(Arctic Brown soils, Tedrow and Hill, 1955)

Umbric Cryosols (*Skeletic*)(WRB), Lithic Humicryept(USA)

ツンドラ地帯でもっとも広く分布する土壌型はツンドラ・グライ土で泥炭土がこれに次ぐが，この地帯でも山稜・エスカー・河岸段丘縁辺部・砂丘などの永久凍土層の深い，排水良好な砂礫地には北極褐色土が生成している．その

注) 砂丘を意味するアラビア語に由来．

分布域は森林限界以北の北極ツンドラ帯にほぼ一致している．断面形態はO/A1/A2/A3C/Cの層位配列を示す．O層は維管束植物の連続した厚いマットからなり，A1層の有機物含量は10%程度である．A2層は植物根に富み，褐色で団粒構造を示し，酸性(pH4)である．A3C層は黄色で単粒構造．C層は灰オリーブ色で中性～アルカリ性，石礫質で細粒物質に富んでいる．南部ではポドゾル化作用の萌芽が見られ，北部では炭酸塩の集積が見られる．

II．高山草原土（Alpine Grassland soils）

Umbrisols（WRB），Humicryepts（USA）

高山帯(森林限界から雪線に至る領域)の沢筋や凹地斜面に形成されている高山草原(いわゆるお花畑)に見られる，層位分化の発達程度の弱い土壌．わが国では北アルプスにおいて熊田(1961)によって最初に記載命名された．南アルプスの高山腐植質土壌(近藤，1967)もほぼ同じ土壌型である．

草本植物の遺体の分解と腐植の集積がほぼ平衡状態にある排水良好な無機質土壌で，ポドゾル化の傾向は認められない．A層とC層の間に遊離鉄によって褐色に着色されたBw層がある場合が多いが，これは斜面上部の高山ポドゾル地帯から横流れしてきた鉄の集積によるものと考えられている．高山ポドゾルよりも酸性は弱く，腐植含量は褐色森林土よりも少ない．水分状況によって以下の3つのタイプに細分されている(大角・熊田，1971)．

乾性型（*Leptic Umbrisols*，Lithic Humicryepts）：乾～やや湿．乾いているため植物遺体の分解が遅く，O層は比較的厚い(3～5cm)．A1層は薄く(5cm内外)，網状根形態(sod)をとる．通常土層は浅くA/C断面に近い場合もある．

中性型（*Cambic Umbrisols*，Typic Humicryepts）：やや湿～湿．O層は薄く(1cm内外)，A1層は厚くなり(10cm前後)，Bw層も厚い．

湿性型〔*Cambic Umbrisols*（*Humic*），Oxyaquic Humicryepts〕：湿．O層はほとんどなく，A1層は厚くなり40cmに達することもあるが，腐植含量はあまり高くない．

III．ランカー（Ranker, Kubiena, 1948）

Umbric Leptosols（WRB），Vermic Udorthents（USA）

炭酸塩をほとんどあるいは全く含まない珪酸塩岩および珪質岩を母岩として生成した，土層の浅い，A/C断面を示す土壌．

ランカーという名称は「山地の急斜面(Rank)の開拓者」を意味するドイツ語の"Ranker"に由来しており，山の急斜面にまさに「しがみついている」="ranken"ような浅い土壌に対する土壌型名として，Kubiena(1948)によって最初に用いられた．その後ドイツ，オーストリア，フランス，イタリア，イギリスなどのヨーロッパ諸国で広く用いられ，FAO/UNESCO の世界土壌図の土壌図示単位の1つとして採用されたが(FAO-UNESCO, 1974)，その後の改定により Umbric Leptosols に変更された(FAO, 1990)．

すべてのランカーに共通して認められる微細構造の特徴として次の3点があげられている．

① 石英や珪酸塩鉱物の骨格粒子が多少とも常に存在する．
② 腐植化が十分に進んでいる場合には，腐植酸カルシウムがほとんど存在しない(レンジナとの相異点)．
③ 多少とも孔隙に富んでいるが，孔隙は粘土でつまっていたり(レンジナとの相異点)，糞粒起源の腐植物質が厚く沈積する傾向が認められる．

ランカーは，土層が浅いこと，保水性が小さく乾燥しやすい，根が深くまで入らないといった性質を共通にもっており，生物学的活性は比較的低い．しかし非固結岩から生成したランカーの場合には，保水量は母岩の粘土含量に左右され，また砂の多いランカーの保水量は少ないが，根は深くまで入りやすい．典型的亜型としての褐色ランカー，鉄に乏しい岩石に由来する灰色ランカー，他の土壌型との中間的亜型(シーロゼム－ランカー，褐色土－ランカー，ポドゾル－ランカー)，腐植の形態的差異に基づく亜型(貧栄養ランカー，針葉ランカー，高山ランカー)などに細分されている．

IV. レンジナ(**Rendzina, Sibirtzev**, 1895)

Rendzic Leptosols(WRB), Rendolls(USA)

温帯の湿潤ないし亜湿潤気候下において，石灰岩や泥灰岩などの炭酸塩質岩石や石こう岩上に生成する A/C 断面をもった成帯内性土壌型．

レンジナの語源は，石礫含量が高くしかも基盤岩石に接近しているため，この土壌を耕作するときに「ガラガラという音」をたてるところからつけられたポーランド農民の俗語に由来している．

炭酸塩岩や石こう岩に特有な分解過程は溶解風化で，溶解残渣はほとんど

すべて 2 μm 以下の粘土フラクションである．そのためこれらの岩石からは一般に粘土含量の高い土壌が生成する．一方，温帯の湿潤ないし亜湿潤気候下の緩和な洗浄型水分状況では，溶脱によって失われる Ca の量と生物学的小循環によって土壌に還元される Ca の量がほぼ釣り合っているため，長期間にわたって中性反応条件が維持される．その結果，植物遺体の腐植化が進行し，生成した腐植は Ca^{2+} や多量の粘土と複合体を形成して土壌中に集積する（腐植集積作用）．ミミズその他の小動物の活動も盛んで，そのため窒素に富んだ，安定な団粒構造をもったムル型の A 層が発達し，O 層と A1 層に分かれていることはまれである．中性反応のため鉄やアルミニウムは溶解せず，遊離三二酸化物は不動性の状態にあるので Bw 層も Bt 層も形成されない．レンジナは断面全体にわたって炭酸塩を含む肥沃な土壌であるが，ときには A 層から溶脱した Ca が C 層上部に集積して Cca 層を形成していることもある．

純粋な石灰岩やチョーク上の規則的に更新される崩積成堆積物上では炭酸塩の溶脱が緩慢なので，レンジナの生成がしばしば見られるが，ルーズなマール上では炭酸塩の溶脱が急速に行われるのでレンジナの生成はまれである．シーロゼムーレンジナ，ムル様レンジナ，ムルレンジナ，高山マットレンジナ，モダーレンジナ，針葉レンジナ，褐色化レンジナ，褐色土ーレンジナ，テラ・フスカーレンジナなどの亜型が認められている．

V．パラレンジナ（Pararendzina, Kubiena, 1953）

Mollic Leptosols（WRB），Hapludolls（USA）

炭酸塩を含む珪酸塩岩石や珪質岩に由来する A/C 断面の成帯内性土壌型．乾燥地ではカルシウムに富む火山岩（リンバージャイト）に由来する場合もある．A 層には $CaCO_3$ は含まれないが，Ca^{2+} の飽和度は依然として高く，レンジナとランカーの中間的性質を示す．

c．草原土壌綱（Grassland soils）

温帯の大陸内部には，ユーラシア大陸におけるロシア平原のステップや北米大陸のプレリーなどの広大な自然草原が分布している．ここでは大陸内部という地理的条件によって生じる気温，降水量，植生の微妙なバランスの結果，腐植に富む黒色の A 層が厚く発達した，肥沃な土壌が生成しており，世界における大穀物生産地を形成している．

これらの地域はケッペンの気候分類によるBS気候区(ステップ気候)に属し,森林が発達するには降水量が不十分であるが,沙漠になるほど少なすぎることもないので,草本植生が卓越している.ステップ地帯では北西から南東に向かって,プレリー地帯では東から西へ向かって降水量が減少し,自然植生は高茎草本から短茎草本へと移り変わっている.ウクライナでは北方の森林下の灰色森林土に始まり,森林ステップのブルニゼム,密生したステップのチェルノーゼム,乾生ステップの栗色土を経て半沙漠の褐色土へと植物群系の変化に対応した土壌型の遷移が認められる.

I. チェルノーゼム (Chernozems, Dokuchaev, 1879)

Chernozems (WRB), Calciudolls (USA)

温帯の大陸性半湿潤気候下のイネ科草本類——カモジグサ類 (*Agropyron*), *Bouteloua*, *Bouchloe*, スズメノカタビラ類 (*Poa*), ハネガヤ類 (*Stipa*)——を主とする自然草原に発達する成帯性土壌型.チェルノーゼムという名称は「黒い土 Черноземь」を意味するロシア語 (Чёрно=黒い, зём=土) に由来している.

断面形態の特徴は,乾燥状態で黒灰色,湿潤状態で暗灰黒色を呈する厚い(約45〜50 cm),団粒状ないし細粒状構造の発達したA1層の下に,腐植と母材の色が混合した雑色の漸移層(A1C),さらに炭酸塩の集積したCca層の順に続き,母材のC層は通常1m以下に存在する.A1層直下のA1C層やCca層には$CaCO_3$が菌糸状または丸味を帯びた白色の結塊として析出している場合がある.前者は**偽菌糸状脈**(pseudomycelium),後者は**ビエログラースカ**(beloglazka)とよばれる.また下層にはステップマーモットのような動物の通路に腐植がつまった棲み跡である**クロトヴィナ**(krotovinas)が多いのもこの土壌の特徴である(図9.2c参照).

高茎草本植生は,春先の融雪水と初夏の降雨によって急速に成長し,多量の有機物を土壌に供給する.とくに,これらの草本類は根系を地中深く発達させるので土壌の深部にまで多量の有機物が供給される(6.3.1 参照).しかし夏の乾燥と冬の凍結によって微生物活動が中断されるため有機物の無機化が妨げられ,腐植化と腐植集積作用が進行する.土壌動物(ミミズ,ジネズミ,ステップマーモット)の活動は活発で,腐植と母材をよく混合するので,団粒構造の発達した,厚い均質な黒色のA1層が形成される.

一方，水分状況は非洗浄型で溶脱作用がきわめて微弱であること，草本植物遺体の高い灰分含量と灰分中に塩基類が多いことの2つの原因によって，土壌の表層は塩基で飽和されて中性反応を保っている．塩基の中でもとくに Ca に富んでおり，腐植は Ca と結合して安定化している．チェルノーゼムの腐植の主要部分は腐植酸カルシウムからなり，フルボ酸はすべて腐植酸と結合していて，遊離フルボ酸はほとんど認められない(Ponomareva, 1956)．

　チェルノーゼムは腐植層の厚さ，炭酸塩の溶脱された深さ(塩酸により発泡の生じる深さ)および作土層の腐植含量によって表9.1のように5つの亜型に細分されている．これらの亜型は，WRB の照合土壌群と対比した場合，ポドゾル化チェルノーゼムは Phaeozems に入り，溶脱チェルノーゼムは Haplic Chernozems，典型的チェルノーゼムは Varonic Chernozems，普通チェルノーゼムは Calcic Chernozems，南方チェルノーゼムは Gypsic Calcic Chernozems にそれぞれ相当するものと思われる．

　チェルノーゼムは，ユーラシア大陸ではハンガリー，ルーマニアの一部，ウクライナならびに西～中央シベリアに分布し，北米大陸では西経95°以西のアーカンサス川以北の平原に分布している．中部ドイツのチェルノーゼムは約7,000年前のボレアル期の温暖半湿潤気候下で形成されたレリック土壌である．

表9.1　チェルノーゼムの亜型の特徴の比較

土壌型	亜型	A₁+B₁層の厚さ (cm)	発泡の深さ (cm)	腐植含量 (%)
チェルノーゼム	ポドゾル化チェルノーゼム	50～80	140～150	5～8
	溶脱チェルノーゼム	50～80	100～140	6～10
	典型的チェルノーゼム	85～120	85～120	8～12
	普通チェルノーゼム	65～80	65～80	6～10
	南方チェルノーゼム	40～50	40～50	4～6

II. ブルニゼム(Brunizems)

　　Haplic Phaeozems(WRB), Argiudolls, Hapludolls(USA)

　冷涼でチェルノーゼム地帯よりやや湿潤な自然草原(プレリー)に分布する成帯性土壌型．かつてプレリー土(Prairie soils)とよばれたものの大部分はこれに相当する．FAO/Unesco の土壌単位ではファエオゼム(Phaeozem)として記載され，

WRBの照合土壌群ではこの名称が引き継がれている．チェルノーゼム（A/C断面）と褐色森林土（A/Bw/C断面）あるいはレシベ土（A/Bt/C断面）との移行型とみなされている．

断面形態はチェルノーゼムに類似した，極暗褐ないし灰褐色の厚いA1層をもつが，塩基類はより溶脱されており，断面内に炭酸塩の集積層は存在せず，遊離酸化鉄で褐色に着色されたBw層または粘土の集積したBt層が形成されている点でチェルノーゼムと区別される．反応は中性ないし弱酸性で塩基飽和度は比較的高く，肥沃な土壌である．ソイル・タクソノミーでは粘土の集積したBt層をもつもの（Argiudolls）とBw層をもつもの（Hapludolls）に細分される（図9.2a参照）．

北アメリカ中西部の湿潤ないし半湿潤な中央低地および大草原の最東部は，ダイズ・コムギ・トウモロコシなどの大生産地「コーンベルト」を形成しているが，これらの地域はいずれもブルニゼムの上に成立している．またアルゼンチンやウルグアイのパンパは亜熱帯の大草原であるが，ここの土壌もブルニゼムにきわめて類似したものである．また中国東北部は世界で三番目に広いブルニゼムの分布地域である．

Ⅲ．灰色森林土（Grey Forest soils, Dokuchaev, 1879）

Greyic Phaeozems（WRB），Argialbolls（USA）

ステップのチェルノーゼム地帯と亜寒帯針葉樹林のポドゾル地帯の中間に位置する森林ステップに生成・分布する成帯性土壌型．樹木はヨーロッパではナラ，シナノキ，カエデ，カンバ，ハシバミなどの落葉広葉樹であり，北アメリカではドロノキのほかにトウヒ，モミ，カラマツ，ポンデローサマツのような針葉樹である．

FAO/Unescoの分類（FAO, 1990）では Greyzems という主要土壌群に位置づけられていたが，WRBでは *Phaeozems* に包含されている．

断面形態は，厚さ1〜2cmの薄い落葉枝層（O）層の下に，厚さ30cm以下の暗灰〜灰色の腐植層（A1），表面が漂白された石英や長石の微粉末で覆われた，軟らかい果核状構造の溶脱層（A1A2），遊離鉄により褐〜暗褐色を呈する角柱状構造の発達した集積層（Bt）と続き，100〜160cm以下から炭酸塩の集積層（Bca）あるいは母材（多くの場合，炭酸塩質のレス類似ローム）に達している．Bt層

には粘土が移動集積しており，構造表面はしばしば暗色の腐植の皮膜で覆われている．

チェルノーゼムとポドゾル性土との中間的性質をもち，上部層位は塩基未飽和で酸性反応を示し，下部層位は中性～弱アルカリ性反応を呈する．カナダのアルバータやサスカチワン地方に分布する Grey wooded soils は灰色森林土と厳密には同じではないが，きわめて類似した土壌である（図 9.2b 参照）．

灰色森林土の成因に関しては，ある研究者は，かつてステップ植生下で生成したチェルノーゼムが，気候変化に伴う森林化によって退位してできた多元土壌であると考えているが，他の研究者は森林植生と下草の両者からなる生物学的物質循環の特殊性により，腐植集積作用，ポドゾル化作用，粘土の機械的移動（レシベ化作用）が組み合わさって生成したものと考えている．

IV. 肉桂色土（Cinnamon soils, Zakharov, 1924）

Calcic Kastanozems（WRB），Calcixerolls（USA）

地中海性気候のうちでもっとも乾燥した半湿潤乾性低木林下に発達している成帯性土壌型．年降水量はかなりの量（700～800 mm）に達するが，年間の降雨分布が不均等で，夏季の干ばつが 5～6 ヶ月も続くため低木林しか成立しない．冬季は溶脱作用が進行するが，夏季は強く乾燥するため土壌溶液は下から上方へ移動する．気候・植生・土壌の性質いずれの点から見ても，草原土壌綱と鉄珪酸アルミナ質土壌綱の移行的位置を占めている．クリミアの南岸，東トランスコーカサス，中央アジア山脈，北アフリカ（アトラス地方）などに典型的に見られる．

A/AB/Bca/C の層位配列をもつ．A 層は肉桂色あるいは暗肉桂色で比較的厚く（30～40 cm），粗塊状ないし果核状構造をもち，表層から 15～20 cm の深さがもっとも粘土化が進み緻密になっている．AB 層は 30～50 cm の深さにあり，明肉桂色で偽菌糸状に炭酸カルシウムが析出している．Bca 層は 50～60 cm の深さから始まり，より緻密な，肉桂色ないし褐色をした炭酸塩の集積層となっている．約 1 m あるいはそれ以上の深さになると炭酸塩含量は減少し，C 層に移行する．

腐植層の厚さは約 40 cm であるが，腐植含量は深さとともに漸減する．2:1 型粘土鉱物を主とし，陽イオン交換容量は大きく，土壌は塩基（主にカルシウム）

で飽和されており，反応は中性である．表面から15〜20 cmの所は粘土化し，この同じ部分は鉄とアルミニウムに富んでいる．このように肉桂色土は自然肥沃度が高く，農業に利用されているが，乾季には灌漑を必要とすること，傾斜地が多いため，園芸やブドウ栽培に際して激しい侵食を受けやすい点などが障害となっている．

V. 栗色土 (Chestnut soils, Dokuchaev, 1900)

Calcic Kastanozems (WRB), Calciustolls and Calcixerolls (USA)

温帯の乾燥ステップ(年降水量250〜300 mm)の短茎草本(ハネガヤ類 *Stipa*, ウシノケグサ類 *Festuca*, ヨモギ類 *Artemisia*)からなる植生下に生成・分布する成帯性土壌型．熟した栗の実のような色調をもつことが名称の由来である．

腐植層の厚さは35〜40 cmで，暗栗色で砕けやすいシルト質のA1層と豊富な粘土粒子によって緻密になった，鮮明な栗色のA1B層に分かれている．その下方には黄褐色で角柱状構造の発達した炭酸塩集積層(Bca)が続き，深さ80〜90 cmからは石こう集積層(Bcs)に移り変わる(図9.2d参照)．

乾燥ステップはステップにくらべて植物遺体の供給量が少なく，湿潤な春はより温暖なので有機物の無機化が進行する．そのため栗色土では腐植の集積量が少なく(2.5〜4.5%)，腐植組成中に占める腐植酸の割合が低下しているため，黒色にはならず栗色を呈している．炭酸塩集積層が出現する深さはより浅くなり(35〜40 cm)，土壌反応は表層からアルカリ性を示す．ヨモギ類は易溶性塩類に富んだ地下深くからNaを吸収して表層に還元するため，交換性塩基中にNaを含むようになり，ソロネッツ化の傾向が認められるのが特徴である．さらに乾燥した沙漠－ステップ(年降水量150〜200 mm)の褐色半沙漠土へと漸移している．腐植含量，腐植層の厚さ，ソロネッツ化の程度により暗栗色土，栗色土，淡栗色土の3亜型に区分されている．

自然肥沃度はかなり高く，暗栗色土は無灌漑で利用されるが，淡栗色土では灌漑が必要である．栗色土の主な分布地域は南部ウクライナ，ロシア南部，カザフスタン，モンゴルなどで，アメリカ合衆国の大平原の一部，カナダ，メキシコ，アルゼンチン北部のパンパ，パラグアイ，ボリビア南部などにも分布している．

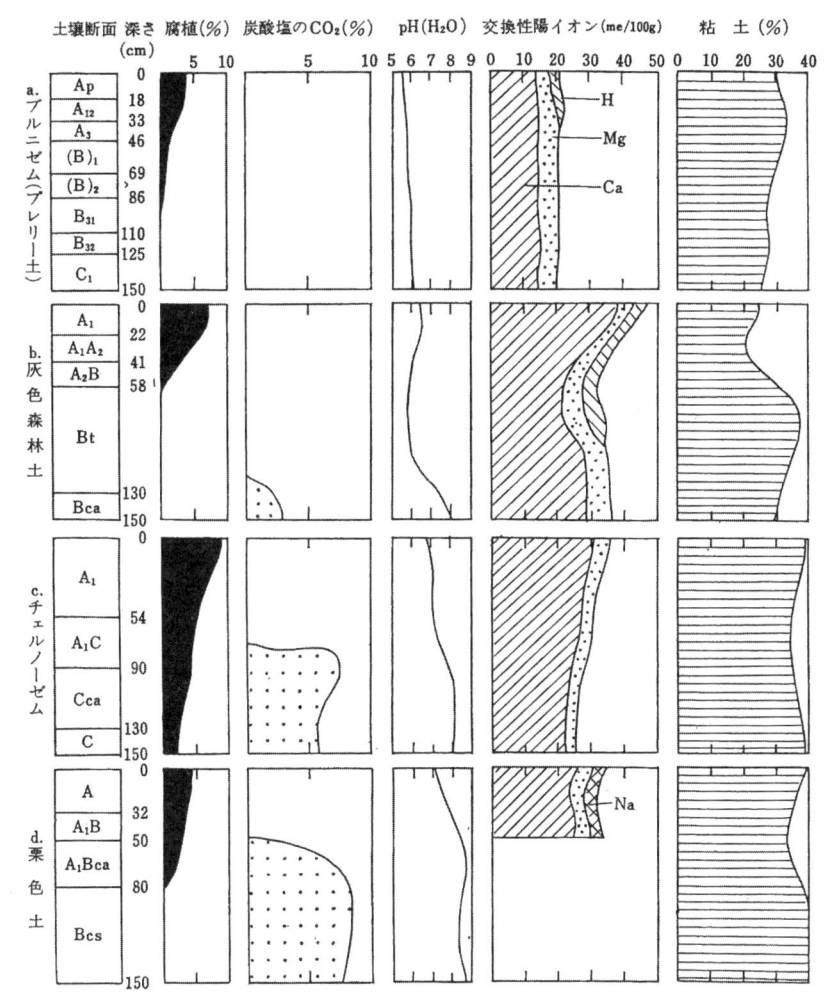

図 9.2 草原土壌綱の主要土壌型の生成的特徴

VI. 褐色半沙漠土(Brown Semidesert soils, Stebutt, 1930)

Calcic Gypsisols(WRB), Calcigypsids(USA)

温帯の乾燥気候下のヨモギ類-オカヒジキ類の束状草本や潅木が散在する半沙漠地帯(年降水量 150～200 mm)に固有な成帯性土壌型．単に褐色土(Burozems)とよばれる場合もある．

淡黄灰色，ソーロチ化し，薄板状，シルト質の腐植質溶脱層(A1)の厚さは 10 ～15 cm で，その下に厚さ 10 cm 程度の暗褐色，緻密，垂直な割れ目をもったソロニェーツ化した集積層(AB)，炭酸塩集積層(Bca)が続き，さらに深さ 40～50 cm から石こう集積層(Bcs)が始まる．腐植含量は少なく(2%以下)，全層を通じて炭酸塩含量が高い．半沙漠の非洗浄的水分状況下で土壌断面上部におけるソロネッツ化作用と断面下部における塩類集積作用によって生成する．

　肥沃度は低く，主として放牧地として利用される．農耕地とするためには灌漑による土壌改良が必要である．メソポタミア周辺，近東および隣接する中央アジア，リビア沙漠，ナミブ沙漠，オーストラリア大陸の中央部および南東部，アメリカ合衆国の南西部などに分布している．

Ⅶ．灰色沙漠土(Serozems, Neustruev, 1931)

Haplic Calcisols(WRB)，Typic Haplocalcids(USA)

暖温帯の温暖な冬と晩冬および春に降水量のピークをもつ，暑くて乾燥した半沙漠地帯のまばらな乾性植生(南方型ヨモギ類，オカヒジキ類)下に生成する成帯性土壌型．

　層位分化は弱く，典型的灰色沙漠土は A1ca/Bca/Cca の断面構成を示す．腐植集積作用と粘土化作用が春にわずかに進行するが，乾燥高温の夏に有機物が急速に無機化されるので，腐植含量は少ない(2～3%)．最上層から $CaCO_3$ を多量に含むが(3～5%以上)，水溶性塩類($NaSO_4$, NaCl)は深部(1.5～2 m)に溶脱されているので，他の沙漠土壌と異なり，塩類化もソロニェーツ化も受けていないので物理性は良好である．ソラムには昆虫類の通路が斑点状に多数見られる．したがって，灰色沙漠土は灌漑水さえ得られればワタやイネの栽培のための良好な農耕地として利用することができる．ただし有機質肥料や窒素肥料の施用が必要である．中央アジア南部(カザフスタンやタジキスタン)の山麓平原や丘陵性台地，アメリカ合衆国のコロラド，ニューメキシコ，ユタの山間盆地などの，主としてレスまたはレスローム上に分布している．

Ⅷ．デュリ盤土(Durisols, FAO, 2006)

Durisols(WRB)，Durids(USA)

土壌表面から 100 cm 以内に，溶脱した SiO_2 で硬化した赤色ないし赤褐色の層(Petroduric horizon)をもつ土壌で，主として乾燥～半乾燥地域の古い地形面上

に分布する．従来，他の土壌型のデュリ盤相として分類される場合が多かったが，WRB (FAO, 2006) で新たに照合土壌群の1つとして設定されたものである．オーストラリア，南アフリカ，ナミビア，アメリカ合衆国のネヴァダ，カリフォルニア，アリゾナなどに広い分布が見られる．

d．ヴァーティソル土壌綱（Vertisols）

ヴァーティソルという概念は，インドのレグール (Regurs) あるいは黒棉土 (Black Cotton soils)，インドネシアのマーガライト土壌 (Margalitic soils)，オーストラリアの黒色土壌 (Black Earths)，スーダンのバドーブ (Badobe soils)，南アフリカのフレイ (Vlei soils)，モロッコのティル (Tirs)，ポルトガルのバロス (Barros)，ブルガリアやユーゴスラビアのスモニッツァ (Smonitza) またはスモルニッツァ (Smolnitza)，アメリカのグルムソル (Grumusols) など，多くの地方名でよばれてきた熱帯〜亜熱帯の黒色の粘土質土壌の総称として提案されたものである (Soil Survey Staff, 1960)．

一方，ドイツの土壌分類体系では，湿潤温帯において粘土質の母岩（主として粘土岩や粘土質泥灰岩）から生成した重粘な土壌をペロゾル土壌綱 (Pelosole class) として位置づけている．ここでは，これらの土壌をヴァーティソル土壌綱としてまとめて記述することにする．

I．ヴァーティソル（Vertisols, Soil Survey Staff, 1960)

Vertisols (WRB), Vertisols (USA)

熱帯〜亜熱帯の雨季と乾季が明瞭に交替する気候条件と立地条件（閉鎖的環境，塩基に富む母材）が結びついた地域に分布する，膨潤性粘土鉱物（スメクタイト）に富む重粘な土壌で，粘土の膨潤と収縮の繰り返しによって生成した成帯内性土壌型である．塩基性噴出岩（玄武岩）や石灰岩地域の微凹地に発達している．断面形態は非常に一定しており，厚い暗色のA層と，しばしば石灰沈積物を含む$C_{(ca)}$層からなる$A/C_{(ca)}$断面を示す．粘土含量はきわめて高く（40〜70％），陽イオン交換容量が大きく（50 $cmol_c kg^{-1}$），微アルカリ性〜中性反応を呈するものが多い．有機物含量は低く（1〜2％），暗色の原因は腐植の集積によるものではなく，粘土の表面に少量の有機物が固定されるためであり，この現象には粘土鉱物の種類とマグネシウムが重要な役割を果たしているものと考えられている．

粘土の大部分が 2:1 型膨張性粘土鉱物(主にスメクタイト)からなるため,乾季には収縮して大きな亀裂を生じる.このとき,表層では圧力がかからないため直径 3 mm 程度の細かい硬い粒子が作られて,土壌の表面を 1〜5 cm の厚さで覆う.この現象は**自己マルチ作用**(self-mulching)とよばれ,耕うんによって促進される.これらの細かくて硬い粒子の一部は亀裂の中に落ち込む.雨季に入って土壌が再び湿潤になると,膨潤の結果,亀裂が閉じて下部で強い圧力が発生するため,下層の土壌物質は上方にもち上げられる(図 9.3).このような収縮と膨潤の繰り返しによって,ヴァーティソルでは土壌物質が上下に回転運動(churning)を行っている.それゆえ回転を意味するラテン語の *verto* から Vertisols という名称が作られたのである.下層では構造単位が相互に押し合って滑り合うため,構造面は光沢をもち条線の入った**スリッケンサイド**(slickensides)が形成される.また地表面は膨張と収縮で捻じ曲げられ,**ギルガイ**(gilgai)とよばれる,凹凸が複雑に入り組んだ微地形が発達する.

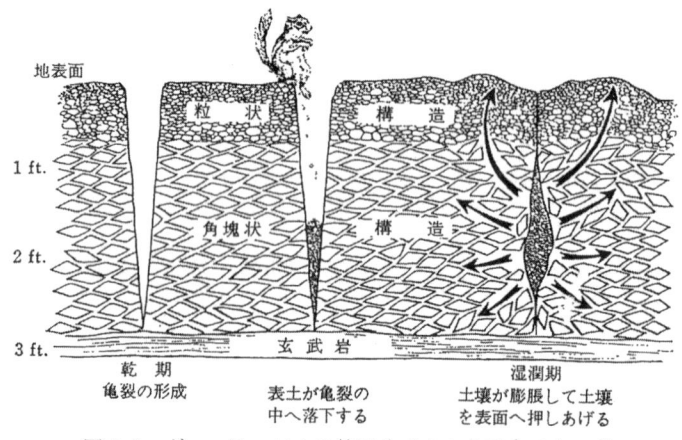

図 9.3 ヴァーティソルの乾湿サイクルを示すスケッチ
(Buol *et al.*, 1973)

アメリカの土壌分類体系(Soil Survey Sataff, 2010)におけるヴァーティソル目は次のように定義されている:
1. 無機質土壌表面から 100 cm 以内に,スリッケンサイドあるいは長軸が水平から 10〜60°傾いた楔形の構造単位(ペッド)をもつ厚さ 25 cm 以上の層が存在し;かつ,

2. 無機質土壌表面から深さ 18 cm あるいは作土層 (Ap) のいずれか厚い方の部分で細土の粘土含量の加重平均が 30％以上を示し，かつ，深さ 18～50 cm あるいは，より浅い場合には，深さ 18 cm から緻密層・岩石層・岩石類似層・デュリ盤・硬化炭酸塩集積層などの上端までの間にあるすべての層位における細土の粘土含量が 30％以上；かつ，
3. 周期的に開閉する亀裂がある．

また，WRB の照合土壌群におけるヴァーティソルの定義もこれと同様である (FAO, 2006)．

ヴァーティソル目は気候的乾湿の差異や水分状況に基づいて，以下に示すような6つの亜目に細分されている：

(Ⅰ) アクアート (Aquerts)：還元状態を示し，暗色を呈する．
(Ⅱ) クリアート (Cryerts)：クリイック土壌温度状況下の寒冷地に存在する．
(Ⅲ) ゼラート (Xererts)：亀裂は毎年1回開閉し，年間連続して 60 日以上開いたままである．
(Ⅳ) トラート (Torrerts)：土壌全体が通常乾いており，灌漑されない限りほとんど年中，表面まで達する亀裂が生じている．
(Ⅴ) アスタート (Usterts)：亀裂は1年に1回以上開閉するが，年間積算して 90 日以上開いている．しかし年中開いていることはない．
(Ⅵ) ユーダート (Uderts)：通常，土壌は湿っているが，亀裂が1年のうちのある期間に開く．ただし，毎年，亀裂が 90 日以上開いたままでいることはない．

これに対して WRB の照合土壌群としてのヴァーティソルの場合には，第2分類単位への細分に際して，土壌気候的な基準を用いず，Salic, Glyiic, Sodic, Stagnic, Mollic, Gypsic, Duric, Calcic, Haplic などの接頭語をつけて区分されている．したがって Soil Taxonomy の亜目の分類群と対比するのがきわめて困難であり，せいぜい Aquerts と *Gleyic Vertisols* (WRB) が一致するぐらいである．したがって，Soil Taxonomy と WRB におけるヴァーティソルの定義はよく一致しているが，その細分は両者で非常に異なっていることに注意する必要がある．

ヴァーティソルが広く分布しているのはオーストラリア (7,000 万 ha)，インド (6,000 万 ha)，スーダン (4,000 万 ha) で，アメリカのテキサス州にも広く分布している．自然植生は潅木林または高茎草本サバンナであることが多い．

一般に化学性は良好で自然肥沃度は高いが，物理性はきわめて不良である．すなわち，乾季には乾燥してきわめて堅密になり，収縮時には細根を切断し，雨季には透水性が不良になるとともに，粘着性がきわめて強くなるため機械の使用が困難となる．水田として利用するには適しているが，畑として利用するには問題の多い土壌であり，気候条件に大きく左右される．多くの場合，ワタ，コムギ，ソルガム，ルーサン，サトウキビ，ラッカセイなどが栽培され，牧草地として利用されていることも多い．しかし，市場用林木生産にはほとんど利用されていない．また土壌の膨張・収縮によって位置がずれるので，土木建築，高速自動車道，ビルディング，柵，パイプラインの建設などには十分配慮しなければならない．

II. ペロゾル(Pelosols, Vogel, 1954)

　　Vertisols または *Regosols* (WRB)，Uderts (USA)

　雲母型粘土鉱物(イライト)を主とする粘土質の母岩(主として粘土岩や粘土泥灰岩)から生成した，明瞭な剥離構造をもつ重粘な土壌である．ペロゾルという名称は「粘土」または「泥」を意味するギリシャ語の pelos に由来している．厚さ数 cm の薄い A 層と変化していない C 層との間には，母岩の層構造が消失し，角塊状ないし角柱状構造に変化した層(いわゆる軟質層)が介在している．この特異な層位に対しては P(Pelosol の P)という記号が用いられている(Diez, 1959)．したがって層位の配列は A/C 断面または A/P/C 断面を示す．

　ペロゾルの成因には，粘土含量が高い(40〜60％)ために生じる特異な水収支が大きく関係している．すなわち湿潤状態では著しく膨潤するため透水性・通気性がきわめて悪化し，生物活性は最上層の数 cm に限られるので，風化作用も土壌生成作用もきわめてゆっくりと進行するにすぎない．干ばつ時には収縮して，幅の広い垂直方向の亀裂を生じる．ヴァーティソルにきわめて類似しているが，ヴァーティソルがスメクタイトを主としているのに対して，ペロゾルの粘土鉱物は雲母型粘土鉱物(イライト)を主としていることが多い．ペロゾルの分布はあまり広くなく，主としてヨーロッパの西岸型温帯気候下の堆積成粘土質母材(ライアス統または三畳系)上に生成している．

　粘土岩からはシーロゼム－ペロゾル，ランカー－ペロゾル，典型的ペロゾルを通って疑似グライ－ペロゾルへと進化し，粘土泥灰岩からはシーロゼム－石灰

ペロゾル, パラレンジナーペロゾル, 典型的ペロゾル, 粘土移動型ペロゾルを通って粘土移動型疑似グライ・ペロゾルへ進化することが知られている(Mückenhausen, 1975). この2つの進化系列の各段階はそれぞれ亜型に相当する.

わが国の沖縄地方に広く分布する第三系の島尻層(石灰質泥岩でクチャとよばれている)に由来するジャーガルとよばれる土壌は, モンモリロナイト(スメクタイト)と雲母型粘土鉱物を主体とし(小林・品川, 1966), 干ばつ時には亀裂を生じて作物根を痛めることもある. 包括的土壌分類第1次案(小原ほか, 2011)では"陸成未熟土泥灰岩質"として分類されているが, 自然植生下にはA/Bw/C断面を示すものもあり(前島ほか, 2001), この土壌の分類学的な位置づけについては更なる検討が必要である.

e. 褐色土壌綱(Brown Earths)

「褐色土(Brown Earths)」という概念は, 中・南部ヨーロッパの中庸～湿潤温帯林に特有な, 多少とも腐植を含んだ暗色の薄い表土と褐色ないし明黄褐色の厚い下層土からなる土壌に対して, ドイツの大土壌学者E. Ramann(1905)が「Braunerde」という名称のもとに, 初めて提案した成帯性土壌型であり, 半沙漠の褐色土と区別するために「Ramannの褐色土」とよばれてきた. その後, Stremme(1930)は, 中部ヨーロッパに分布する褐色の土壌を「褐色森林土(Brauner Waldboden)」という名称のもとに一括し, これを「非漂白化褐色森林土」と「漂白化褐色森林土」の2つに区分した. 後者に認められる漂白化(bleaching)の現象は, 当時, ポドゾル化作用の所産と考えられていたが, その後の多数の研究によって, この漂白化は表層から微細な粘土粒子が分解されずにそのまま下層へ移動集積する, いわゆるレシベ化作用(粘土の機械的移動)によって生成することが明らかになった. そしてこのような土壌はレシベ土(Sols lessivés)(Duchaufour, 1951)あるいはパラ褐色土(Parabraunerde)(Mückenhausen, 1962)として区別されるようになった. したがって, 粘土の機械的移動のないA-Bw-C断面で示される褐色森林土と, 粘土の機械的移動の認められるA-E-Bt-C断面をもつレシベ土(パラ褐色土)とは土壌型の段階で明確に区別されている. さらに強度の粘土の機械的移動とともに, 粘土の破壊作用を強く受けている土壌をファールエルデ(Fahlerde)として区別することが提案された(Mückenhausen, 1962).

これらの土壌は，共通する特徴として次のような諸性質をもっている．
① 落葉落枝の急速な分解によって生じるムル型の腐植形態を有し，有機物含量は比較的少ない．
② 粘土化作用（シアリット化作用）が盛んで，粘土は雲母型粘土鉱物（イライト）やヴァーミキュライトなどの2：1型粘土鉱物を主としている．
③ 褐色化作用の結果生じた遊離鉄の大部分は腐植－粘土複合体と結合して，細かく分散して分布しており，そのため断面は一様な褐色を呈している．
④ 粗腐植と異なり，ムル型の腐植は粘土鉱物を分解することがないので，粘土の SiO_2/R_2O_3 分子比は，断面全体を通じてほぼ一定に保たれている．

ドイツやフランスの分類体系では，上記の共通的特徴を規定しているムル型の腐植形態を重視して，これらの土壌を同一の土壌綱に帰属させている．これに対してアメリカ合衆国のソイル・タクソノミーでは，粘土の機械的移動の有無を第一義的なものとみなして，これらの土壌を2つの異なる目すなわちInceptisols目（褐色森林土）とAlfisols目（パラ褐色土またはレシベ土）に区分している．また最近の FAO/Unesco や WRB の分類では褐色森林土は Cambisols，パラ褐色土やレシベ土は Luvisols として区別されている．

しかしながら，Bw層とBt層の差異は，生物－気候条件の差異だけでなく断面の層位分化の発達程度すなわち時間因子と大きく関連しているとも考えられるので，ここではドイツやフランスの分類体系に準じて，褐色土壌綱の中に位置づけて記述することにする．

I．褐色森林土 (Brown Forest soils, Stremme, 1930)

Cambisols (WRB)，Udepts (USA)

湿潤冷温帯の落葉広葉樹林や広葉針葉混交林下の排水良好地において，種々さまざまな母岩から生成している A/Bw/C 断面をもつ成帯性土壌型．微生物や土壌動物の盛んな活動によって落葉落枝は急速に分解され，無機物とよく混合したムル型の腐植と粒状構造を特徴とする，暗色の薄い A1 層がよく発達している．その下には遊離酸化鉄で褐色に着色された，亜角塊状ないし角塊状構造の厚い Bw 層——（カムビック層）——が続く．遊離酸化鉄の大部分は，腐植－粘土複合体と結合して凝集しているため，可動性を示さず，溶脱層と集積層の分化が不明瞭なのが特徴である．また粘土の移動・集積も認められない（図 9.4）．

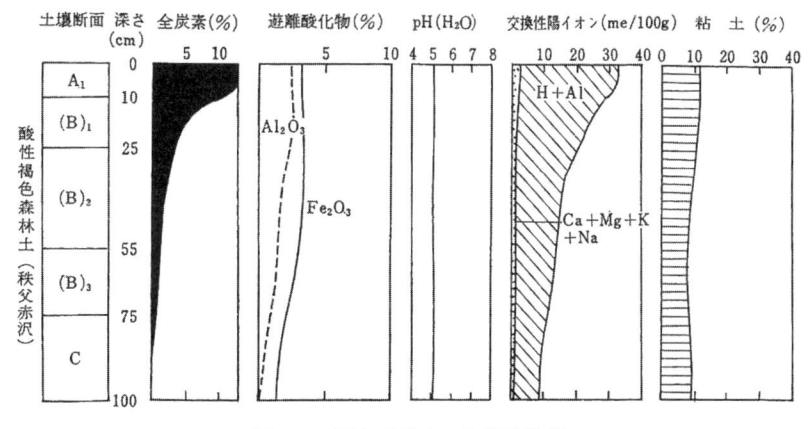

図 9.4 褐色森林土の化学的特徴

　褐色森林土の腐植組成はポドゾル性土壌のそれと類似してフルボ酸画分に富んでいる．それにもかかわらずポドゾル化過程が進行しない理由は次のように説明されている(Ponomareva, 1969)．

　湿潤冷温帯気候下では，湿潤亜寒帯気候下におけるよりも落葉枝堆(O層)の無機化が強度に進行するため，フルボ酸の生成量が少ない．また，落葉広葉樹の葉はCaやMgの含量が高く，これらの元素の生物学的循環速度も大きいため，生成したフルボ酸の大部分はCaやMgによって中和されて塩の状態にあるため，遊離のフルボ酸が示す強酸性の性質が発揮されない．さらに母岩の化学的風化作用が強度に進行して遊離の R_2O_3 が多量に生成される結果，R_2O_3/フルボ酸の比が高くなり，R_2O_3 とフルボ酸の錯化合物は可動性を失ってその場に沈殿する(p.168 フルボ酸説参照)．したがって R_2O_3 の移動集積は起こらず，R_2O_3 は土壌断面内に一様に分布するようになる．

　褐色森林土の化学的性質は変化に富んでおり，土壌反応は強酸性から弱酸性まで幅があり，加水酸度および交換酸度は pH に対応して変化し，塩基飽和度も pH に依存している．Fridland(1953)は，塩基飽和度，炭酸塩の有無，ポドゾル化の兆候に基づいて，褐色森林土は次のような4つの亜型に区分した．

(Ⅰ)典型的(塩基飽和性)褐色森林土

　　Haplic Cambisols(Eutric) (WRB)，Eutrudepts(USA)

　弱酸性反応(pH6〜7)を示し，塩基飽和度が高く(75〜80%以上)，表層の腐植含

量は4〜5%から10%にわたり,C/N比は12〜2で下層に向かって減少している.
(Ⅱ)残炭酸塩質褐色森林土

  Haplic Cambisols(*Calcaric*)(WRB), Eutrudepts(USA)

 表層は中性反応を示すが,下層には炭酸塩が残存しアルカリ性反応を示す.塩基で完全に飽和されている.表層の腐植含量は高く,C/N比は13〜3で下層に向かって減少している.
(Ⅲ)塩基未飽和性褐色森林土

  Haplic Cambisols(*Dystric*)(WRB), Dystrudepts(USA)

 強酸性反応(pH4〜5)を示し,塩基飽和度は低い(10〜50%).表層の腐植含量はきわめて高く(10〜25%),下層で著しく減少する.C/N比は15〜20で粗腐植的傾向(ムルーモダー)を示す.酸性褐色森林土ともよばれ,独立した土壌型とみなす研究者もいる.
(Ⅳ)ポドゾル化褐色森林土

  Haplic Cambisols(WRB), Tyipic or Lithic Dystrudepts(USA)

 褐色森林土に共通的な成因的特徴のほかにポドゾル化作用の特徴が加わっているもの.外観的にはA1層の中に漂白された砂粒子が見られたり,薄いE層が発達していることなどによって識別することができるが,腐植や酸化鉄の集積層の発達は形態的には認められない.化学分析の結果,かろうじて遊離酸化物とくにAl_2O_3の集積が認められる程度である.

 このほかにチェルノーゼムー褐色森林土,疑似グライー褐色森林土,グライー褐色森林土といった,他の土壌型への移行型としての亜型が認められている.

 わが国の中部日本から東北地方を経て北海道南部に広がっているブナやミズナラを主とする落葉広葉樹林帯の褐色森林土は,ほとんど塩基未飽和性亜型(酸性褐色森林土)に属している.大政正隆(1951)は,これらの褐色森林土に関する先駆的な研究において,山地の地形に対応した水分環境によって堆積有機物層の発達程度,各層位の構造,色調などに特徴的な差異が認められることを明らかにし,B_A型からB_F型に至る6つのタイプに区分した(図9.5).この区分はその後20余年にわたり林業試験場土壌調査部を中心に実施されたわが国の林野土壌調査を通じて内容豊富なものとされ,林野土壌の分類(1975)(土じょう部,1976)においては,次のように定義されている.

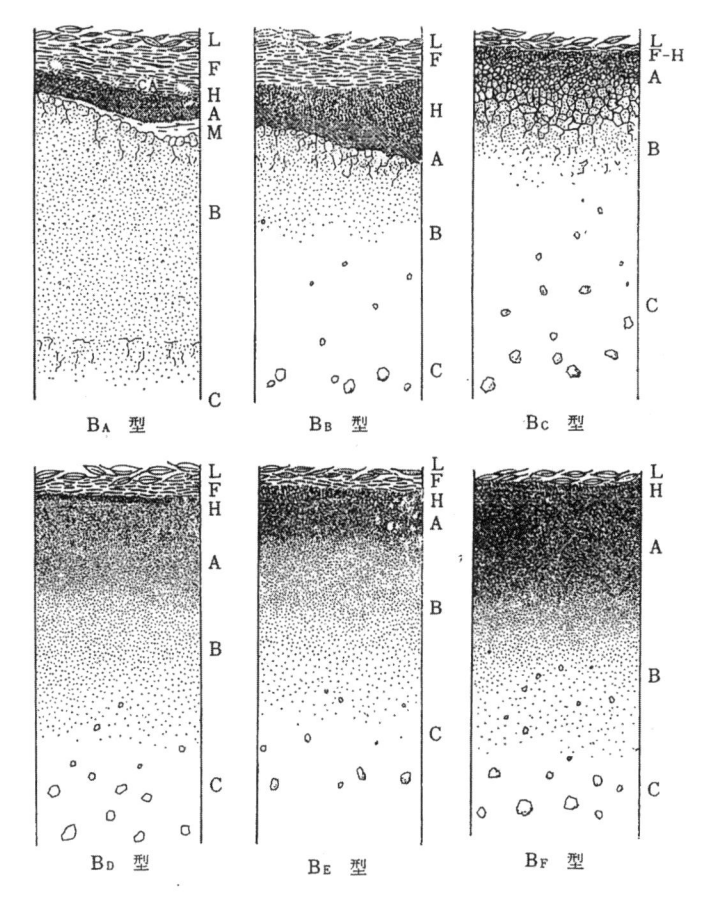

図 9.5 わが国の褐色森林土の細分 (大政正隆, 1951)

B$_A$ 乾性褐色森林土(細粒状構造型):Ao 層は全体としてあまり厚くない. F 層もしくは F-H 層が常に発達するが,H 層の発達は顕著ではない.黒色の A 層は一般に薄く,B 層との境界はかなり明瞭である.A 層および B 層のかなり深部まで細粒状構造が発達する.この土壌は菌糸束に富み,極端な場合は菌糸網層(M 層)を形成することがある.一般に B 層の色調は淡い.

B$_B$ 乾性褐色森林土(粒状・堅果状構造型):厚い F 層と H 層が発達し,黒色の薄い H 層または H-A 層が形成される.A 層に粒状構造が発達する.A 層と B 層の境界は判然としている.B 層の色は一般に明るく,その上部には粒状構造

または堅果状構造が発達し，下部にはしばしば細粒状または微細な堅果状構造が見られる．菌糸束に富むが菌糸網層を形成することはほとんどない．

B_C 弱乾性褐色森林土：F，H 層は特別には発達しない．腐植は比較的深くまで浸透しているが，色は淡く，断面は比較的堅密である．A 層下部および B 層上部に堅果状構造がよく発達する．B 層にしばしば菌糸束が認められる．

B_D 適潤性褐色森林土：代表的な褐色森林土である．F，H 層はとくに発達しない．A 層は比較的厚く，腐植に富み，暗褐色を呈し，上部には団粒状構造が発達し，下部にはしばしば塊状構造が見られる．B 層は褐色で，弱度の塊状構造のほか特別の構造は見られない．A 層から B 層への推移は一般に漸変的である．

B_E 弱湿性褐色森林土：Ao 層は発達しない．A 層は腐植に富み，はなはだ厚く，団粒構造が発達し，やや暗灰色を帯びた褐色の B 層へ漸変する．B 層には特別の構造は見られない．

B_F 湿性褐色森林土：粗い粒状ないし団粒状の H 層が発達する．A 層はやや腐植に富む．B 層への腐植の浸透は少ない．B 層は壁状，青味を帯びた灰褐色を呈する．しばしば斑鉄を認めるが，グライ層は 1 m 以内の土層には認められない．

B_{D(d)} 適潤性褐色森林土（偏乾亜型）：断面形態は B_D 型とほぼ同様であるが，A 層上部に粒状構造，あるいは下部に堅果状構造が生じるなど，若干乾性の特徴を示すもの．

なおこれらの分類群は，ドイツや旧ソ連の分類体系における土壌種（Varietät, Вид）あるいはアメリカの分類体系におけるファミリー（Family）にほぼ相当する．

わが国の林野土壌調査における褐色森林土の中には火山灰に由来するものがかなり含まれている．これらの土壌は他の母材に由来する褐色森林土と形態的に異ならず，また P 型腐植酸を含んでおり，A 型腐植酸を含む黒ボク土とは異なっている．しかし最近の国際的分類体系では Andosols として分類されるようになっている（黒ボク土壌綱を参照）．

II．パラ褐色土（**Parabraunerde, Kubiena, 1956**）

Luvisols（WRB），Udalfs（USA）

フランスのレシベ土（Sols lessivés）のほかに，アメリカの旧分類あるいはオーストラリア，カナダの分類における灰褐色ポドゾル性土（Grey-Brown Podzolic soils），

旧ソ連の偽ポドゾル性褐色森林土などとよばれていたものがほぼ相当する．またアルジリック褐色土(Argillic brown soils)とよばれることもある(Bridges, 1978)．アメリカの Soil Taxonomy では Udalfs 亜目に入れられ，また最近の WRB では，Luvisols(粘土 1 kg 当たりの陽イオン交換容量が 24 cmol$_c$ 以上の値を示す粘土集積層をもち，塩基飽和度が 50％以上の土壌)として分類されている．

褐色森林土と同じ生物－気候的条件下に生成し，有機物の急速な分解によりムル型ないしモダー型の腐植形態をもつ A 層が形成されている．加水酸化鉄を含む微細な粘土画分が表層から機械的に移動して下層に集積しているため，粘土と R$_2$O$_3$ が洗脱された明色の E 層と粘土が集積した角塊状構造の Bt 層(アルジリック層)の分化が肉眼でも認められ，A/E/Bt/C または A/E/Bt/Bw/C といった層位の配列を示す(図 9.6)．

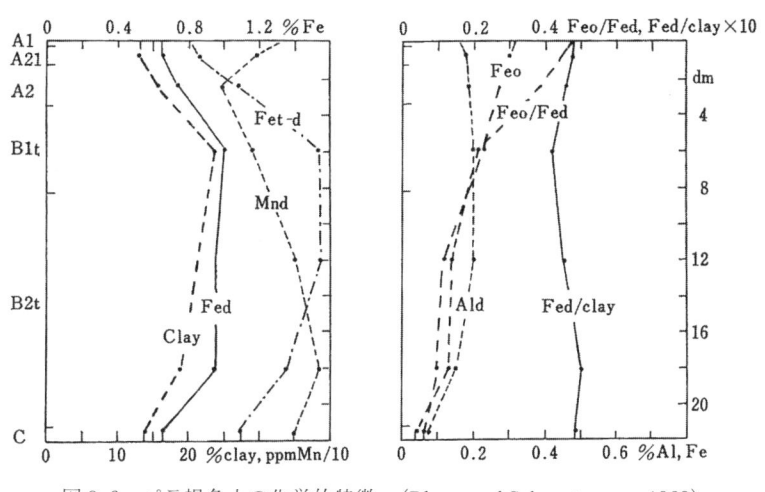

図 9.6 パラ褐色土の化学的特徴 (Blume and Schwertmann, 1969)

Bt 層の構造単位(ペッド)の表面は粘土被膜で覆われており，その結果，集合体は安定なものとなっている．微細形態学的には Bt 層はプラズマ(微細物質)の流動構造が認められるのが特徴的であり，多数の孔隙が多少とも厚みをもった，複屈折を示す被膜で内張りされている(図 9.7)．

粘土の機械的移動のメカニズムについては 7.10. で述べたようにまだ不明な点が多いが，弱酸性条件下(pH5.5～6.5)で進行するため，塩基飽和度は 40～60％

である場合が多い．弱酸性反応を保証するような石灰を含むレス，氷礫土，石灰質氷堆石，氷河成段丘砂礫などから発達している．これに対して石灰に乏しい岩石上では酸性褐色森林土が生成している．

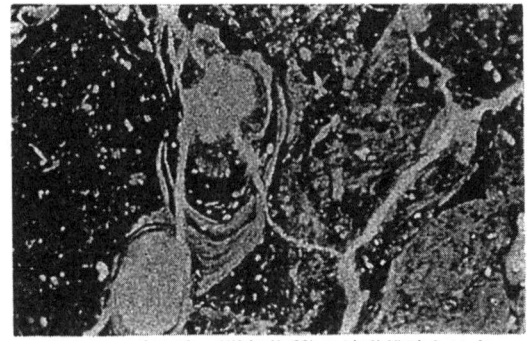

図9.7 プラズマ(微細物質)の流動構造を示す顕微鏡写真 (Kubiena, 1970)

砂や多孔質の砂岩を母材とするパラ褐色土の場合には，粘土の集積層と母材の層が交互に重なり合った縞状の Bt 層が形成される．ハンガリーでは，このようなパラ褐色土を Kavárvány[注] Brown Forest soils とよんでいる(Stefanovits, 1971)．

パラ褐色土は褐色森林土と比較して，より緻密な構造をもっているため，一般に通気性，透水性は褐色森林土より悪いが，土性が砂壌土質の場合には保水性は良好である．褐色森林土，チェルノーゼム，ポドゾル，疑似グライ，グライなどのほかの土壌型への移行的亜型が多数存在する．

III. ファールエルデ(Fahlerde, Tiurin, 1958)

Albeluvisols(WRB), Gloss (- aqualfs, - cryalfs, - udalfs) (USA)

粘土の機械的移動と粘土の破壊とで特徴づけられる土壌で，土壌表面から1m以内に粘土集積層の上端があり，漂白化した土壌物質が粘土集積層に舌状に侵入して不規則な層界を形成している．パラ褐色土と同様にA/E/Bt/C断面をもつが，E層がより一層発達していることと，粘土画分の珪鉄バン比がA層とBt層で異なっている点でパラ褐色土と区別される．パラ褐色土から出発し，これがさらに発達したものである．風成ロームとか風成砂などとよばれる砂レス上に特徴的に見出され，ロシアの北部のようなとくに湿潤でしかも寒冷な気候下に広く分布している．WRB(FAO, 2006)では，照合土壌群の1つである*Albeluvisols*として分類されている．

注) 「薄い粘土の葉理」を意味するハンガリー語.

f. ポドゾル土壌綱(Podzols)

「ポドゾル」という名称は，ロシアの農民の間で古くから使われてきた俗語で，「灰のような土」〔ロシア語でポド(под)＝下，ゾラ(зола)＝灰を意味する〕を意味し，森林火災の後に生じる木灰の下に現れる不毛な砂礫質の土を指していた．その後，V. V. Dokuchaev(1870)が堆積有機物層の下に見られる，灰白色に漂白された層位を指す術語として採用して以来，このような漂白層(ポドゾル層)をもつ土壌の名称として広く土壌学において用いられるようになった．さらに，この土壌が，主として酸性腐植の影響によって，同一の母材が Ca，Mg，Fe，Al に乏しく SiO_2 に富む漂白層と，その下位の R_2O_3 や腐植に富む集積層に分化する過程，すなわちポドゾル化作用によって生成することが認識されるようになった結果，ポドゾル化作用の産物としての土壌型名として用いられるようになった(Sibirtzev, 1909)．

旧ソ連の土壌分類体系ではタイガ林下に発達する成帯性土壌型名としてポドゾル性土(Podzolic soils)が用いられ，その中でポドゾル化作用がもっとも顕著に発達し，堆積有機物層の直下にE層(漂白層)があって，A層を欠いているものをポドゾルとよび，A層が発達しているものをデルノボ・ポドゾル性土(Sod-podzolic soils)とよんで区別している．西欧の分類体系ではポドゾル化作用の結果，漂白層と集積層の分化が明瞭な土壌を一般にポドゾルとよび，アメリカの分類体系では R_2O_3 と腐植の集積を特徴づけるスポディック層をもつ土壌をスポドソル目として包括している(p. 212 および表 8.5 参照)．

ポドゾル土壌綱に属する土壌は湿潤亜寒帯気候下の北方針葉樹林帯(タイガ)に典型的に発達している．すなわち北極圏以南から，ユーラシア大陸では北緯50°まで，北アメリカ大陸ではやや南下して五大湖付近の緯度に至るまでの周極地帯に広範に分布し，緯度的土壌帯を構成している．これより南方の湿潤冷温帯の針葉広葉混交林地帯でも母材(砂礫質)や植生(ヒース)がポドゾルの生成に好適な条件を与えている場合にはその生成が見られる．さらに湿潤熱帯気候下においてさえも特殊な条件下ではポドゾルの生成が認められている(7.11.参照)．

I．ポドゾル(Podzols, Dokuchaev, 1879)

Podzols(WRB)，Spodosols(USA)

ポドゾルの断面形態は，一般に Oi/Oe/Oa/A/E/Bhs/Bs/C の層位配列によって

特徴づけられる．落葉落枝堆積物からなる Oi 層(かつての L 層)は常に存在するとは限らない．湿潤寒冷気候下では細菌類の活動が弱いため植物遺体の分解が遅く，地表に厚い堆積有機物層(O 層)が形成される．O 層の大部分は植物遺体の種類がまだ肉眼で識別できる程度に分解された暗赤褐色の粗腐植(モル)ないしモダー型の腐植(Oe 層)(かつての F 層)からなり，O 層下部の分解がさらに進んだ黒色の Oa 層(かつての H 層)は一般に薄い．

主として真菌類や糸状菌による植物遺体の発酵的分解過程で生成した強酸性のフルボ酸類によって珪酸塩鉱物は激しく分解される．まず Ca，Mg，K，Na などの塩基類が多量の浸透水に溶けて溶脱される．次いで鉄やアルミニウムもフルボ酸類と可溶性有機金属錯体(キレート化合物)を形成して下層に移動集積する．この過程については 7.11. ポドゾル化作用の項で詳細に述べたのでそれを参照していただきたい．

ポドゾル化作用の結果，無機質土層は塩基類や鉄・アルミニウムを失い，相対的に珪酸が富化した漂白層(E 層)とその下方に腐植や鉄・アルミニウムの集積した集積層(Bh，Bs)とに分化しているのがこの土壌の特徴である．ポドゾル地帯の中心部の針葉樹林では A 層は形成されず，O 層から直接 E 層へと続いているが，南部の針葉樹林や針広混交林で林床植生として草本類が存在する場合には A 層が形成される．

A 層は腐植含量が高く，黒灰色を呈し，発達程度の弱い亜角塊状構造を示す．O 層の形態は貧栄養粗モダーまたは貧栄養細モダーである(p. 177 参照)．E 層は淡灰色で単粒構造が支配的である．微細形態学的には，石英や風化されにくい珪酸塩鉱物からなる骨格粒子は全く被膜あるいは被覆物をもたず，上部から移動してきた黒褐色の動物の排泄物残渣や植物遺体が粒子間間隙にわずかに含まれている．Bsh 層は鉄やアルミニウムの三二酸化物(R_2O_3)と腐植の集積層でコーヒー褐色を呈し，多量の腐植が集積している場合には灰黒色を呈する．Bsh 層では，骨格粒子はすべて腐植や鉄・アルミニウムの水酸化物からなる高分散性のゲルによって一様に被覆された被覆構造を示す．集積層の発達が弱く，まだ固結していない Bsh 層は**オルトエルデ**(Orterde)とよばれる．これに対して高分散性ゲルによって膠結され，硬い盤層になっている場合には**オルトシュタイン**(Ortstein)とよばれる．Bsh 層の下に続く Bs 層は遊離鉄によって鉄さび色を

呈する．ゲル被膜による固結は非常に弱く，したがって大部分が膠着の程度の弱い単粒構造となっている．Bs 層には水平方向に伸びた暗色の帯——プラシック層（Placic horizon）とよばれる——が見られる場合があるが，これは Bsh 層に主として凝析しているのと同じ物質が周期的に沈殿したものと考えられている．

ポドゾルの自然肥沃度はきわめて低く，生産力の低い土壌である．その原因はポドゾルの次のような物理的・化学的性質に起因している．

1) 作物の根系の大部分が分布している表層が，必須養分元素の N，P，K，S に欠乏していること．
2) 漂白層は単粒状構造のため保水性が悪く，一時的に強い乾燥をもたらすとともに，集積層は緻密な組織をしているため透水性・通気性が悪い．
3) 強酸性反応と一時的な強い乾燥のため，生物相の種類や個体数が少なく生物活性が弱い．

それゆえ，ポドゾルの利用に際しては，①堆厩肥などの有機質肥料の施用による N の富化と土壌構造の形成，②無機質肥料の施用による P，K，S の補給，③石灰の施用による強酸性反応の矯正，④小溝を切ったり，モグラ暗渠の埋設による地表水の流下促進，などの総合的土壌改良や土地改良を行う必要がある．

ポドゾルは集積層の種類と他の土壌型への移行的特徴に基づいて次のような亜型に細分される．

(Ⅰ) 鉄ポドゾル（Iron Podzols）
　　Albic Podzols（WRB），Haplorthods（USA）

この亜型では B 層の集積物質は主として遊離酸化鉄およびアルミニウム化合物からなり，腐植の集積は少ない．ポドゾル化過程の比較的初期に形成され，褐色森林土からポドゾルに移行する地域に生成する場合が多い（図 9.8a）．

(Ⅱ) 鉄・腐植ポドゾル（Iron-humus Podzols）
　　Rustic Albic Podzols（WRB），Haplohumods（USA）

もっとも一般的に見られる亜型で，Bsh 層には多量の遊離酸化物と腐植が集積して黒褐色を呈し，その下には遊離酸化物の集積を主体とする鉄さび色の Bs 層が続いている（図 9.8b）．

266 9. 土壌系統分類

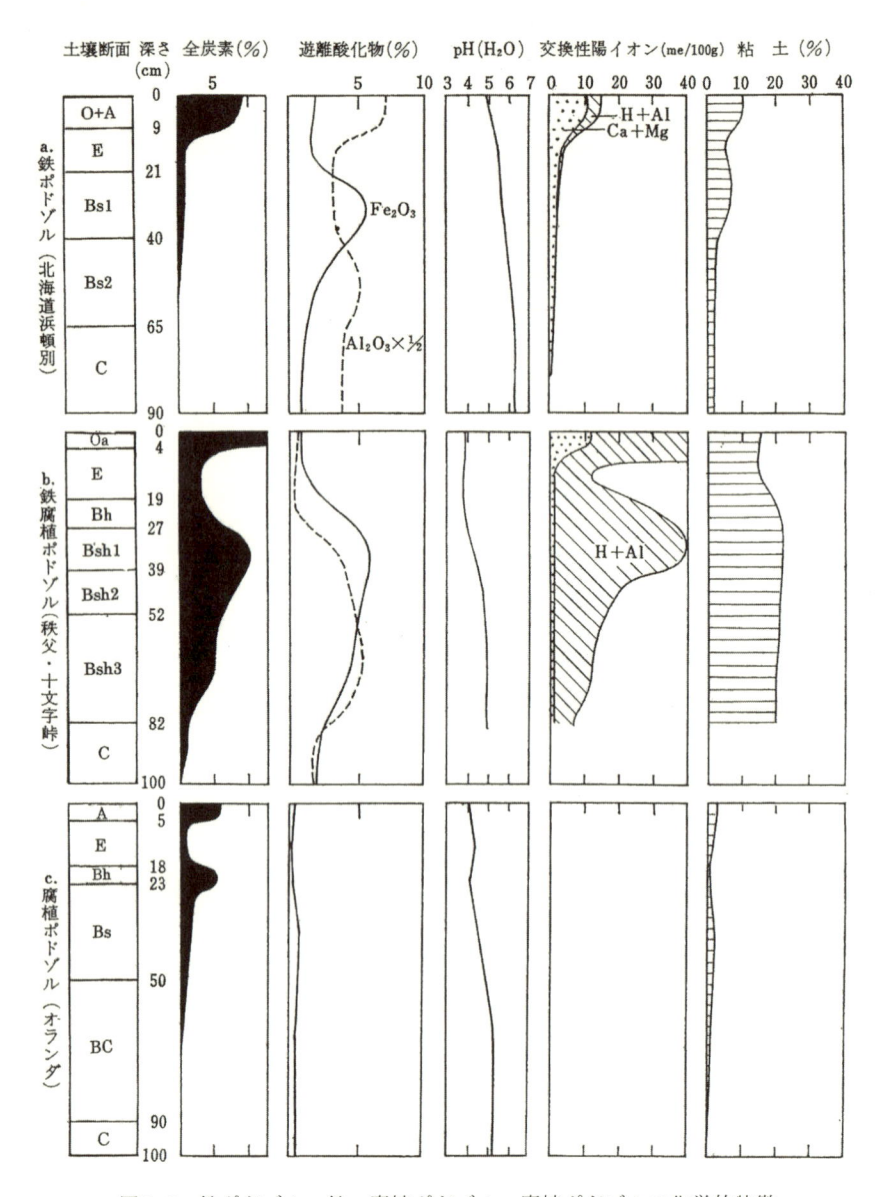

図9.8 鉄ポドゾル，鉄・腐植ポドゾル，腐植ポドゾルの化学的特徴

(Ⅲ) 腐植ポドゾル(Humus Pozols)

　　Umbric Albic Podzols(WRB), Alorthods(USA)

　B層の集積物が腐植を主とし，黒色を呈している亜型．腐植ポドゾルは地下水位が低く，母材が石英砂やE層を構成する物質の再堆積物のような，塩基や鉄に乏しい砂質の場合に限って形成される．陽イオン交換容量はきわめて小さく（1 $cmol_c kg^{-1}$ 粘土以下），交換性陽イオンもきわめて少ない（図9.8c）.

(Ⅳ) 疑似グライーポドゾル(Pseudogley-Podzols)

　　Endogleyic Podzols(WRB), Oxyaquic Haplorthods(USA)

　この亜型は，O/A/E/Bs/Bg/Cg の層位配列を示し，表層はポドゾル，下層は疑似グライの性質をもった断面形態を示す．疑似グライーポドゾルは，ポドゾルー疑似グライからさらにポドゾル化が発達した段階にあり，ポドゾルの Bs 層が明瞭で，停滞水の強い影響を受けずに発達する場合に生成する．

(Ⅴ) グライーポドゾル(Gley-Podzols)

　　Gleyic Podzols(WRB), Aquic Haplorthods(USA)

　この亜型は，O/A/E/Bs/G の層位配列を示し，断面上部はポドゾルで，下部は地下水の影響によってグライになっている土壌である．地下水の影響を受けたポドゾルの漂白層は正常なポドゾルの場合にくらべて一般に淡い色を呈し，これは有機酸の強い影響を示している．また Bs 層は強度のアルミニウム富化によって特徴づけられる．

(Ⅵ) 高山ポドゾル(Alpine Podzols)

　　Leptic Podzols(WRB), Lithic Haplocryods(USA)

　高山の森林限界付近の排水良好な砂礫地に形成される土層の浅いポドゾルで，小ポドゾル(micro-podzol)ともよばれる．わが国でも北アルプス(熊田，1961；大角・熊田，1971；梅村，1968)や南アルプス(近藤，1959，1967)で，ハイマツ林や小潅木叢下に高山ポドゾルが生成していることが知られている．

(Ⅶ) 泥炭ポドゾル(Peaty Podzols)

　　Histic Podzols(WRB), Histic Epiaquods(USA)

　亜寒帯北部あるいは亜高山帯上部の湿原周辺に分布し，断面上部が泥炭層からなるポドゾルである．わが国では八甲田山・八幡平などの諸火山の森林限界付近に高位泥炭土とカテナを形成して分布することが知られている（山谷，1968）.

II. 停滞水ポドゾル(Staupodsol, Mückenhausen, 1977)

Stagnic Podzols(WRB), Aquods(USA)

緻密なオルトシュタイン，薄い鉄盤層，粘土質の緻密な土層などが下層に存在して不透水層としてはたらく場合には，降雨水がこれらの不透水層の上に溜まって停滞水が生じる．その結果，O 層とくに Oa 層が発達し，E 層は腐植で着色されて黒灰色を呈し，橙褐色の斑紋が随伴するようになったポドゾルが停滞水ポドゾルである．わが国の林野土壌の分類(土じょう部，1976)における湿性鉄型ポドゾル(Wet Iron Podzolic soils)は，停滞水ポドゾルの一種とみなすことができる．

停滞水ポドゾルは次のような亜型に細分される．

(I) オルトシュタイン停滞水ポドゾル(Ortstein-Staupodsols)

Ortsteinic Stagnic Podzols(WRB), Typic Duraquods(USA)

ポドゾル化が進行した段階では，オルトシュタインが非常に緻密になり不透水層としてはたらくようになる．その結果，降雨水がオルトシュタインの上方に停滞するようになり，A 層に斑紋が形成されたものがこの亜型である．

(II) ベントヘン停滞水ポドゾル(Bändchen- Staupodsols)

Placic Stagnic Podzols(WRB), Typic Placaquods(USA)

E 層の下に波状に続く約 1～2 cm の厚さをもった特徴的な薄い鉄盤層(Bändchen＝プラシック層)が形成されており，これは相当に硬く緻密で，そのため停滞水が生じる．砂岩から生成したポドゾルに形成される場合が多い．

ポドゾルの各亜型は E 層の厚さ(ドイツの分類体系)あるいは A 層と E 層の厚さの比(旧ソ連の分類体系)によって次のような3つの土壌種に区分される．

1) **発達弱度**：E 層の厚さ 10 cm 以下，または E 層が不連続.
2) **発達中度**：E 層の厚さ 10～20 cm，または E 層が連続的でその厚さは A 層よりも薄い．
3) **発達強度**：E 層の厚さ 10 cm 以上，または E 層が A 層よりも厚い．

g. 石灰成土壌綱(Calcimorphic soils)

カルシウムやマグネシウムの炭酸塩に富む岩石(石灰岩，苦灰岩，泥灰岩など)に由来する可塑性の強い，きわめて緻密な土壌は，Kubiena(1953)や Mückenhausen(1962)の分類体系では石灰成土壌綱(Terrae Calcis)としてまとめられ，これにはテラ・フスカとテラ・ロッサの2つの土壌型が含まれている．テラ・フスカ(Terra fusca)

という名称は,「褐色の土」を意味するラテン語に由来し,テラ・ロッサという名称もまた地中海地域の「赤い土」を意味する俗語とし古くから用いられてきたラテン語起源のイタリア語に由来している．しかし，近年，テラ・フスカという用語は炭酸塩岩石に由来する「北ヨーロッパ地帯の赤色化されていない鉄珪酸アルミナ質母材」の意味で使用され，同様にテラ・ロッサという用語は炭酸塩岩石に由来する「顕著な乾季をもつ南ヨーロッパ地帯の，明瞭な赤色化を受けた鉄珪酸アルミナ質母材」の意味で使用されようになってきている(デュショフール，1988, p.147)．本書の初版では，地中海性気候地域に分布する硬い炭酸塩岩石に由来する赤色土壌を1つの土壌型(テラ・ロッサ)として扱ったが，上述のような理由から，本書ではこれを珪酸塩岩石や珪質岩に由来する地中海赤色土の中に含め，鉄珪酸アルミナ質土壌綱のところで述べることにした．

温帯気候下の西ヨーロッパ平原では，泥灰質石灰岩上で固結〜非固結岩屑土から初生レンジナ，典型的レンジナ，褐色化レンジナ，炭酸塩質褐色土，石灰質褐色土を経てレシベ化褐色森林土(パラ褐色土)に至る進化系列が広く認められている(デュショフール，1988, p.138-140)．わが国でも，湿潤亜熱帯気候下にある石垣島の隆起サンゴ礁段丘上において，サンゴ石灰岩の岩屑土からレンジナ様土，テラ・フスカ様土，斑紋のあるテラ・フスカ様土を経てマンガン結核に富むテラ・ロッサ様土に至る土壌進化系列が認められている(Nagatsuka et al., 1983 ; Kaneko and Nagatsuka, 1984)．したがって，これらの土壌は炭酸塩岩からその地域の成帯性土壌型に至る発達系列の中間段階に位置する土壌とみなすことができる．

未発達土壌綱に属するレンジナがA/C断面をもつのに対して，これらの土壌はA/Bw/CまたはA/Bt/C断面を示している．これらの土壌を構成している土壌物質は，炭酸塩岩石の溶解風化の残渣に由来しているので，粘土の多い石灰岩や泥灰岩からは比較的速やかに厚い断面が形成されるが，純度の高い石灰岩から厚い土壌断面が形成されるためにはきわめて長い時間(数万年以上)の経過が必要である．

石灰成土壌は一般に粘土含量が高く，土性はほとんどの場合重埴土である．粘土鉱物組成は雲母型粘土鉱物やヴァーミキュライトなどの2:1型珪酸塩粘土鉱物が主で，そのため可塑性が強く粘着性も大きい．遊離の炭酸塩はほとんど

270 9. 土壌系統分類

溶脱されてしまっており，石灰岩の礫の周辺のみが塩酸による発泡を示す．しかし，塩基飽和度とくに石灰飽和度が高く，飽和に近いため反応は微酸性ないし微アルカリ性を示す．

ほとんどの石灰成土壌は，土壌薄片を顕微鏡で観察したときに見られる微細構造が「レーム構造」を示すことによって特徴づけられる．すなわち収縮によって生じた亀裂で分割された土壌基質はほとんど微細粒子からなり，石英その他の，風化に対する抵抗性の強い珪酸塩鉱物からなる骨格粒子がわずかに埋め込まれた斑状構造を示す．土壌基質には孔隙はほとんどなく，大部分が無機物質からなる，きわめて分散性の高い微細粒子（一部はコロイド性）が均質に分布して，黄色～褐色（テラ・フスカ）または赤褐色（テラ・ロッサ）を呈している．高分散性粒子は一定方向に配位しているため，十字ニコル下で明瞭な複屈折が認められる．また一般に鉄やマンガンからなる，表面の滑らかな結核や斑紋が存在する（図9.9）．

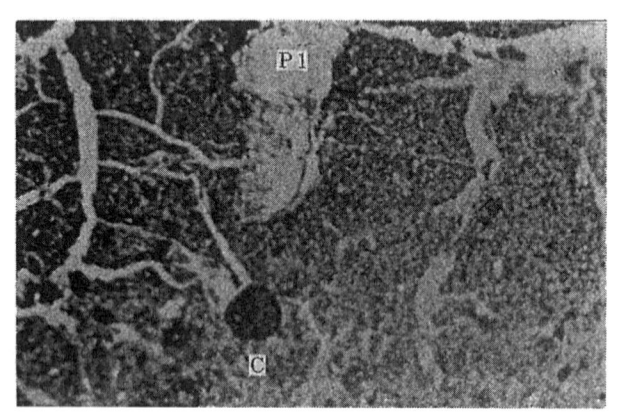

図9.9 「レーム構造」を示す顕微鏡写真 (Kubiena, 1970)
Pl；斜長石，C；水酸化鉄の結核

I. 炭酸塩質褐色土 (Calcareous Brown soils, Duchaufour, 1970)
 Leptic Cambisols(*Eutric*)(WRB), Lithic Eutrudepts(USA)

レンジナのA層では，腐植が炭酸塩で覆われているため微生物分解が妨げられているが，表層から炭酸塩が溶脱するにつれて微生物分解が進行するため，炭酸塩質褐色土のA層の腐植含量は減少し，厚さも薄くなっている．A層の下には褐色のBw層が発達しておりA/Bw/Cca断面を示す．土層の厚さは30～40cmであまり厚くない．交換性陽イオンはCa^{2+}が大部分を占め，吸着複合体は塩基

で飽和されており，pH(H_2O)は7前後の中性反応を示す．遊離の炭酸カルシウムはまだ Bw 層に含まれている．Bw 層に細粒の軟らかいマンガン結核が見られる場合が多い．

Ⅱ．**石灰質褐色土(Calcic Brown soils, Duchaufour, 1970)**

Haplic Luvisols(*Clayic*)(WRB), Inceptic Hapludalfs(USA)

炭酸塩質褐色土からの塩基溶脱作用がさらに進んで土壌反応が中性ないし微アルカリ性(pH6.5～7)になると，粘土の機械的移動が始まり粘土集積層が形成されるようになり，土層も厚くなる(40～50cm)．こうして生成したのが石灰質褐色土である．A/Bt/C の層位配列をもち，pH(H_2O)は6.5～7の微酸性ないし中性反応を示す．吸着複合体は塩基で飽和されているが，遊離の炭酸カルシウムは完全に溶脱されている．Bt 層に直径1cm 程度の硬いマンガン結核が見られる場合が多い．これは pH の低下によって酸化還元電位が，マンガン酸化物が安定に存在する領域まで上昇した結果と考えられる(図7.9参照)．

h．鉄珪酸アルミナ質土壌綱(Fersiallitic soils)

暖温帯から亜熱帯に至る高温気候地域に分布している珪酸塩岩石に由来する土壌は，フランス(Duchaufour, 1977)やドイツ(Mückenhausen, 1962)の分類体系においては，それぞれ鉄珪酸アルミナ質土壌綱(Sols fersiallitiques)あるいはプラストゾル土壌綱(Plastosole)としてまとめられている．一方，アメリカの分類体系 Soil Taxonomy(Soil Survey Staff, 1975)においては，これらの土壌は，アルフィソル目(Alfisols)やアルティソル目(Ultisols)の中のいくつかの亜目(Udalfs, Ustalfs, Xeralfs, Udults, Ustults, Xerults)に分割されている．また最近の世界土壌照合基準(WRB)(FAO, 2006)でも，Alisols, Acrisols, Luvisols, Cambisols などの異なった照合土壌群に含まれるようになっている．

これらの土壌は，以下に示すような成因的特徴を共通してもっている．

1) **強度の粘土化作用**

一次鉱物の化学的風化は冷温帯気候下におけるよりも激しく進行し，強度の風化が深部までおよんでおり，土壌断面全体を通じて粘土含量が高い．しかし化学的風化の程度は熱帯の土壌にくらべれば弱く，長石や雲母などの新鮮な一次鉱物がまだ土壌中にかなり含まれている．

2) 弱度の腐植集積作用

　高温条件下で動植物の遺体が速やかに無機化されるため，局地的な特殊条件の場合を除いて，一般に腐植は表層にのみ存在する．したがって，B層以下での風化過程は，表層で生じる酸性の有機成分の影響外におかれている．

3) 褐色化作用と赤色化作用の進行

　冷温帯における土壌内での風化過程が酸性反応下における加水分解であるのに対して，これらの土壌における風化過程では微酸性～中性反応下で進行する加水分解が支配的である．したがって，遊離した鉄やアルミニウムの酸化物や加水酸化物は土壌断面内に完全に保存される．亜熱帯気候下では，粘土と結合した加水酸化物の部分的脱水によってゲータイトやヘマタイトが生じるため，土壌は赤色を呈するようになる(赤色化作用, rubefaction)．

4) 中度の脱珪酸作用

　これらの土壌においては,風化過程で生じた珪酸の浸透水中への溶脱(脱珪酸作用)は冷温帯におけるよりも一般に強度であるが,湿潤熱帯におけるよりも弱い．したがって，遊離したアルミナを飽和するのに十分な珪酸がなお存在しているので，遊離のアルミナは比較的少なく，2：1型粘土鉱物が盛んに生成されるとともに，1：1型粘土鉱物(カオリン鉱物)もかなり含まれている．

5) 森林植生との結合

　これらの土壌は，多少とも森林が発達するのに十分な湿潤気候と結びついており，鉄珪酸アルミナ質土壌綱には暖帯照葉樹林気候下の黄褐色森林土，湿潤亜熱帯の常緑広葉樹林下の赤黄色土，地中海性気候帯の硬葉樹林下の地中海褐色土や地中赤色土などが含まれる．

I. 黄褐色森林土(Yellow-Brown Forest soils, Gerassimov, 1958；馬・文, 1958)

　　Haplic Cambisols (*Dystric or Eutric*) (WRB)，Dystrudepts or Eutrudepts (USA)

　湿潤暖温帯気候下の照葉樹林帯域に分布し，湿潤冷温帯の褐色森林土と湿潤亜熱帯の赤黄色土との中間に位置する成帯性土壌型である．黄褐色森林土という土壌型は，黒海沿岸の山地土壌について Gerassimov(1958)により，長江流域の土壌について馬・文(1958)によって最初に，ほぼ同時に提案されたものであり，朝鮮半島南部の森林赤褐色土(Kim, 1963)もこれに相当する．わが国では，従来，西南日本の成帯性土壌と考えられてきた赤色土が更新世の温暖期に形成

された古土壌であることが明らかにされる(大政ら, 1957)とともに, 現在の成帯性土壌型としての黄褐色森林土の存在が松井(1964b), 遠藤(1966)らによって指摘され, その後, 永塚(1975)によってその成因的特徴が明らかにされた.

黄褐色森林土の断面形態は, 一般に O/A/Bw/C の層位配列を示し, O 層は薄く, 4 cm を超えることはまれで, Oa 層の発達は悪い. A 層はムル型の腐植で黒褐色ないし褐色を呈し, 厚さは 5～15 cm 程度, 有機態炭素含量は 3～14%で褐色森林土より少なく, 粒状ないし亜角塊状構造を示す. Bw 層は褐色・黄褐色・明褐色などを示し, 褐色森林土より明度が高く, 赤色土より赤味が弱い. Bw 層の有機態炭素含量は 1～4%で, 赤色土より多いが褐色森林土よりは少ない. 亜角塊状構造を示すが, 構造面の粘土被膜の形成は明瞭ではない. 微細形態学的に見ると, 黄褐色森林土には粘土の機械的移動により形成される粘土被膜(argillan)が認められないのが特徴である. ただし, 水田化された場合には灌漑水の影響によって形成された粘土被覆(gleyan)が認められるが, これは通常の粘土の機械移動で形成される粘土被膜(argillan)とは異なるものである(百原・永塚, 1997)(図 9.10a).

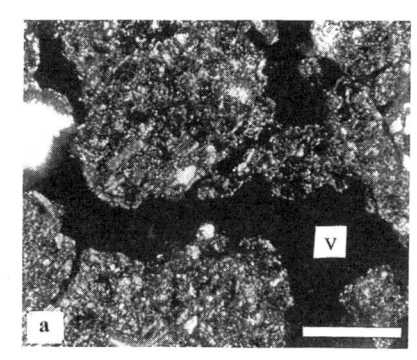

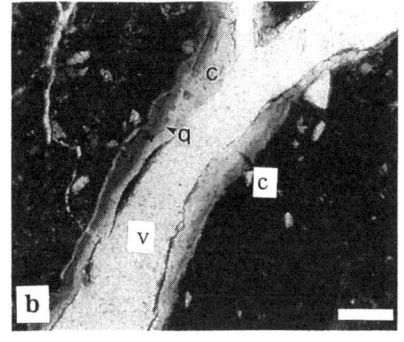

a. 黄褐色森林土 (Bw 層) (クロスニコル)　　b. 赤黄色土 (Bt 層) (平行ニコル)
C = 粘土皮膜, q = 三二酸化物の準皮膜, v = 空隙, スケール=0.3 mm
図 9.10　黄褐色森林土と赤黄色土の微細形態写真　(百原・永塚, 1997)

黄褐色森林土は強度の脱塩基作用を受けているが, 塩基状況は母岩の影響を強く反映しており, 酸性岩や珪質岩に由来する場合は極端な酸性を示し, 塩基飽和度はきわめて低い(9～14%)(図 9.12a). 一方, 塩基性岩に由来する場合は弱酸性ないし微酸性で, 塩基飽和度が高い(46%以上).

化学的風化作用を強く受けているが,礫は「くさり礫」にまで至っておらず,細砂部分には赤色土にくらべて新鮮な重鉱物が多く,また長石類の風化の程度も弱い.脱珪酸作用は中程度で,土層からの SiO_2 の損失率は 30〜50％で赤色土より低い.粘土部分の珪ばん比は 2.5〜3 でシアリット質風化殻に相当する.粘土鉱物組成はヴァーミキュライト,Al-ヴァーミキュライト,ハロイサイト (0.7 nm),ゲータイトのほかに不規則混層型鉱物を伴うのが特徴的である.

この土壌の特徴は遊離鉄の存在状態にきわめてよく反映されている.すなわち図 7.6 に見られるように,遊離鉄の活性度は褐色森林土＞黄褐色森林土＞赤色土の順に低下し,結晶化指数は褐色森林土＜黄褐色森林土＜赤色土の順に増大している.これは褐色森林土では非晶質遊離鉄の大部分が腐植酸と結合しているため結晶化が抑制されているのに対して,黄褐色森林土や赤色土では腐植酸の存在量が少ないため,非晶質遊離鉄と腐植酸との結合がほとんど行われず,結晶化が進行するものと考えられている.赤色土では生成年代が古いため遊離鉄の結晶化がより一層進行しているものと推定される.

黄褐色森林土は,暖帯照葉樹林気候帯域の丘陵性小起伏面内の侵食帯ならびに更新世後期以降に形成された中位・低位段丘面の定常帯に分布している.西南日本や前述した黒海沿岸の山地,長江流域,朝鮮半島南部のほかに,雲南高原上に突出した山地(Nagatsuka and Urushibara-Yoshino, 1988)や昆明の滇池周辺の湖岸段丘上(Nagatsuka *et al.*, 1996)などにも分布している.

黄褐色森林土は次のような 6 つの亜型に区分されている(永塚,1975).

（Ⅰ）**典型的黄褐色森林土**：*Haplic Cambisols*（*Dystric*），Typic Dystrudepts
　　黄褐色森林土の特徴がもっともよく識別されるもの.

（Ⅱ）**未熟黄褐色森林土**：*Leptic Cambisols*, Lithic (Dystrudepts or Eutudepts)
　　岩屑土から黄褐色森林土への移行型で,土層は 10〜15 cm できわめて薄いが,黄褐色森林土の特徴が識別できるもの.

（Ⅲ）**塩基性黄褐色森林土**：*Haplic Cambisols*（*Eutric*），Typic Eutrudepts
　　玄武岩・斑れい岩・蛇紋岩などの塩基性岩からできた,塩基飽和度の高い(50％以上)もの.

（Ⅳ）**グライ化黄褐色森林土**：*Endogleyic Cambisols*, Aquic Dystruepts
　　丘陵上の凹地に分布し,下層にグライ層をもつもの.

(V) 疑似グライ化黄褐色森林土：*Stagnic Cambisols*, Oxyaquic Dystruepts

　段丘上に分布し，重粘な母材からなり，水はけが悪いため下層に斑紋の見られるもの．

(VI) 黄褐色森林土／赤色土：*Haplic Cambisols* (*Chromic*)，Ruptic-Ultic Dystrudepts

　1 m 以内に赤色風化殻(過去の風化作用でできた赤色土)が認められるもの．

II．赤黄色土 (**Red-Yellow soils**，菅野一郎，1961)

　　Acrisols or Alisols (WRB)，Udults (USA)

　湿潤亜熱帯モンスーン気候地域の常緑広葉樹林下に発達する成帯性土壌型．アメリカの古い分類体系で赤黄色ポドゾル性土 (Red-Yellow Podzolic soils) とされていたものと近縁な土壌であるが，ポドゾル化作用がほとんど認められないので赤黄色土とよばれるようになった (菅野，1961)．

　一般に A/Bt/C の層位配列を示し，O 層(堆積有機物層)はほとんど見られない．A 層(腐植層)は発達が悪く，厚さは 10 cm 以内であまり黒くなく，暗褐色ないし赤褐色である．腐植含量もきわめて少なく(2〜3%)，腐植酸は腐植化度の低い Rp 型を示す．Bt 層は厚く(数十 cm)，鮮明な赤褐色・橙色・黄色を呈し，粘土含量が高く，亜角塊状構造が発達しており，構造面に粘土被膜が認められる場合が多い．Bt 層の色の違いによって赤色土群と黄色土群に区別される．赤色土の Bt 層の下位には赤色部分と灰色部分が霜降りロース状または縞状に交じり合った模様がしばしば認められる．これは網状斑とかトラ斑などとよばれ，赤黄色土の特徴の 1 つとなっている．赤黄色土は化学的風化作用を強く受けており，チャート・石英岩以外の礫はほとんどスコップで削れる程度まで腐朽した「くさり礫」になっている．

　赤黄色土は塩基溶脱作用を激しく受けており，Ca，Mg，K などの交換性塩基がきわめて少なく，その結果，土壌の反応は pH4.5〜5.5 の強酸性を示す．また塩基未飽和の部分は Al^{3+} イオンや H^+ イオンで占められ，これが高い交換酸性を示す原因となっている．このような塩基の欠乏と強酸性反応のために赤黄色土の肥沃度はきわめて低い(図 9.12b)．

　輝石・角閃石・黒雲母のような有色鉱物は，ほとんど風化変質していて新鮮なものはきわめて少なく，長石類も大部分変質して粘土化した仮像を形成している．したがって粘土含量が高く(40%以上)，乾くと堅くなるが，湿ると粘着性

や可塑性が強くなり，耕作しにくくなる．脱珪酸作用も比較的強度で，土層からのSiO$_2$の損失率は80％近いが，熱帯の鉄アルミナ質土壌の場合よりは低い．粘土部分の珪ばん比（SiO$_2$/Al$_2$O$_3$の分子比）は2〜2.5でシアリットーアリット質風化殻に相当する．

粘土鉱物組成は母岩のいかんにかかわらずハロイサイト(0.7 nm)，Al-ヴァーミキュライトを主成分とし，ヘマタイト，ゲータイトなどの酸化鉄鉱物をかなり含んでいる．またBt層が黄色の場合にはゲータイトのほかにレピドクロサイトが含まれていることがある．このほか母岩の組成に応じて，頁岩や粘土岩の場合には雲母型粘土鉱物やヴァーミキュライト，花崗岩のように雲母類を含むものではヴァーミキュライトやクロライト，ギブサイト，凝灰岩の場合にはスメクタイトなどを副成分として含んでいるが，不規則混層型粘土鉱物を伴わない点が黄褐色森林土と異なる特徴である．これらの粘土の一部は浸透水中に分散し，孔隙を通ってA層から下方に機械的に移動し（レシベ化作用），Bt層の孔隙の壁に沈着している（図9.10b）．また図7.6に示したように遊離酸化鉄の結晶化が褐色森林土や黄褐色森林土よりもはるかに進んでいるのが赤黄色土の特徴である．なお最近のWRBの分類では，これらの土壌のうち，塩基飽和度が50％未満で，粘土1kg当たりのCECが24 cmol$_c$未満のものを*Acrisols*, 24 cmol$_c$以上のものを*Alisols*として区分している．

赤黄色土は，次のような亜型に細分される．

(Ⅰ) **典型的赤黄色土**: *Haplic Acrisols*（or *Alisols*），Typic Hapludults

A/Bt1/Bt2/Bt3/Cの層位配列を示し，下層に霜降ロース状の網状斑がなく，Bt層における定配位粘土は顕著ではないが，粘土含量の増加はアルジリック層の条件を満たしている．その他の特徴は断面形態や理化学的性質のところで述べた性質が典型的に表れている．

(Ⅱ) **疑似グライ化赤黄色土**: *Stagnic Acrisols*（or *Alisols*），Aquic Hapludults

A/Bt1/Bt2g/Bt3g/Cgの層位配列を示し，下層に霜降ロース状の網状斑（トラ斑）があり，Bt層に粘土被膜が顕著に認められるもの．粘土質または土粒子の充填状態がきわめて緻密な母材から生成し，土層中に停滞する浸透水の影響で酸化と還元が繰り返された（疑似グライ化作用）ためにできたものとみなされている(Mitsuchi, 1967；三土，1972)．

(Ⅲ) 表層グライ化赤黄色土：*Epigleyic Acrisols*（or *Alisols*），Aquic Hapludults

O/A1/A2g/Bt1/Bt2/Bt3/C の層位配列を示す．A2g 層は青灰色で多数の斑鉄が見られる．土層が粘土質，緻密で透水性が悪いため表層グライ化作用を受けた赤黄色土と考えられる．地表水が停滞しやすい平坦ないし微凹地に出現する．

(Ⅳ) 灰白化赤黄色土：*Epigleyic Acrisols*（or *Alisols*）(*Albic*)，Aquic Hapludults

O/A/Eg/Bt1g/Bt2/2Cg の層位配列を示す．灰白色で粗粒質かつ斑紋の見られる漂白層（Eg 層）の存在，Bt 層上部の明瞭な粘土被膜の存在と下部の顕著な粘土の配向性，Bt2 層の構造面付近への腐植の浸潤，2Cg 層に網状斑が存在するなどの特徴を伴っている赤黄色土．土壌生成の初期に粘土の機械的移動によって下部に不透水性の緻密な層が形成された後，停滞水による疑似グライ化作用と強酸性(pH4)条件下のポドゾル化作用が加わって生成された赤黄色土と考えられてきた(三土ほか，1977)が，Alo＋1/2Feo の値は 0.5 以下を示すのでスポディック層はもたない．むしろ表層還元によって溶脱された鉄が地表面に沿って横方向に移動する土壌水に伴って側方に流亡したものと推測されている(八木ほか，1986)．沖縄本島中・北部の更新世段丘ならびに丘陵緩斜面上に分布するフェイチシャ(沖縄の方言で灰土を意味する)とよばれている土壌はこの代表的なものである．

(Ⅴ) 黄色土：*Haplic Acrisols*（or *Alisols*），Typic Hapludults

Bt 層における遊離鉄の活性度と結晶化指数は赤色土領域〔Fe_o/Fe_d＜0.4，$(Fe_d-Fe_o)/Fe_t$＞0.5〕に入るが，土色が黄色を示すもの．わが国では沖縄の山地の亜熱帯常緑広葉樹林下に広く分布する．

【古土壌としての赤黄色土】

西南日本の丘陵地帯や更新世段丘上には赤黄色土が広く分布しているが，従来これらの赤黄色土は，現在の西南日本の温暖湿潤な気候条件下で生成した成帯性土壌型と考えられていた(菅野，1961)．ところが大政ら(1957)は，この土壌の分布域からかなりはずれた新潟県下で赤色土を見出し，この地域の現在の気候条件(湿潤冷温帯気候)ではその成因を説明できないので，過去の地質時代の温暖期に生成した古土壌(palaeosols)の残存物(レリック)である可能性を最初に指摘した．

その後，松井・加藤(1962)は，赤黄色土の赤色土群が中位段丘(下末吉面相当)よりも古い地形面に典型的に分布すること，火山灰で被覆された埋没赤色土の場合には，被覆火山灰の降下年代は武蔵野ローム相当層以後で下末吉期にさかのぼるものがないことなどから，西南日本の赤色土も下末吉堆積期およびヴュルム氷期内の亜間氷期に生成した古赤色土であることを実証した(松井, 1963). また成瀬(1974)は西南日本太平洋岸の段丘と古赤色土との関係を広く調べ，図9.11のように古赤色土の形成時期を推定している.

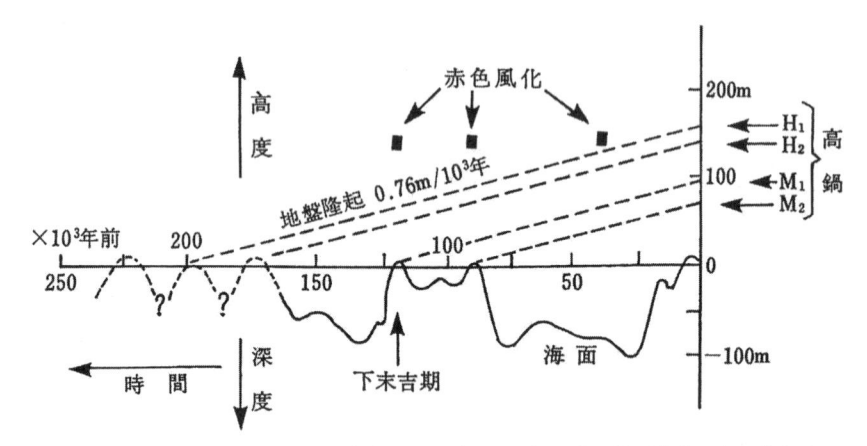

図9.11 西南日本太平洋岸地域の赤色風化の時期，地盤運動と海面変化の組み合わせによる海岸段丘の説明 (成瀬 洋, 1974による). 高海面期(温暖期)にできた段丘が等速隆起運動を続けたと考えると現在の段丘高度(H1～M2)をよく説明できる.

わが国の古赤色土は生成時期により古期赤色土と新期赤色土に分けられ(松井・加藤, 1965)，前者は「くさり礫」を伴い，北海道から九州にかけて全国的に分布している．後者は西中国，南四国，北九州，東海地方の一部に限られ，中位段丘(下末吉面相当)に分布し，風化程度が弱く，規模も小さい．したがって，現在の生物－気候条件下で生成している赤黄色土の分布は奄美群島以南に限られ，それ以北の暖帯照葉樹林帯域の赤色土群は古赤色土，黄色土群とされてきたものは黄褐色森林土とみなされるようになってきている．

【わが国の赤黄色土の分類に関する問題点】

最近発表された日本の統一的土壌分類体系第二次案(2002)(日本ペドロジー

学会第四次土壌分類・命名委員会，2003)やそれとの融合をはかって作成された包括的土壌分類第1次試案(小原ほか，2011)では，赤黄色土大群の中に粘土集積(質)赤黄色土(Alisols および Acrisols, Udults)と風化変質赤黄色土(Cambisols, Udepts)という2つの群が含まれている．そのため，Cambisols, Alisols および Acrisols といった3つの異なる照合土壌群，あるいは，Udults と Udepts といった2つの異なる土壌目に属する亜目が赤黄色土大群に含まれることになり，国際的な土壌分類の傾向と相反する結果となっている．このような矛盾を生じた原因は，従来，農耕地の土壌分類において「黄色土」とされてきた，更新性段丘(中位面以下)上の土壌を赤黄色土大群に含めるために，基礎的土壌生成過程を反映していない「赤黄色特徴」(有機炭素が少なく，土色が赤色または黄色である)を用いて赤黄色土大群を定義したことにある．これらの土壌は，黄褐色森林土と赤黄色土のところで述べたことから明らかなように，黄褐色森林土として分類されるべきものである．したがって，上記2つの分類体系は，風化変質赤黄色土を黄褐色森林土に変更する方向で速やかに改める必要がある．

III. 地中海褐色土(Brown Mediterranean soils)

Haplic Luvisols(WRB)，Haploxeralfs(USA)

夏季乾燥，冬季湿潤ないし亜湿潤で温暖な地中海性気候のうちでもっとも湿潤(年降水量700～1,000 mm)で，ナラやコルクガシなどの森林を極相とする地域において，非石灰質の母岩または石灰の溶脱された母材から生成した成帯性土壌型である．しかし，この地域の自然植生は，伐採・焼畑・放牧などの長期にわたる人為的干渉によって，大部分がマキー(maquis)とよばれる硬低木群系からなる代償植生に変化してしまっている．

断面形態は A/Bt/C の層位配列を示す．腐植含量のやや高いムル型の A 層は，湿潤時には砕易であるが，乾燥時には緻密になる場合が多い．Bt 層は明褐色(7.5YR またはそれよりも黄色)で角塊状構造が発達し，緻密であまり砕易ではなく，粘土の集積が顕著である．構造体表面に普通に見られる粘土被膜は内部よりも暗色である．

粘土鉱物は雲母型粘土鉱物とカオリナイトを主とし，しばしばスメクタイトと少量のヴァーミキュライトを伴っている．遊離酸化物はゲータイトに富み，遊離アルミナは痕跡しか含まれていない．

Bt 層の塩基飽和度は高く(35％以上)，微酸性ないし微アルカリ性反応(pH6～7.5)を示すが，断面内に遊離の炭酸塩は存在しない．一般に窒素および可給態のリン酸に乏しく，リン酸の大部分はきわめて不溶性なリン酸鉄の形態で存在している．一般にこの土壌は，薬用植物・果樹・ブドウ・野菜などの栽培に利用されている．

IV. 地中海赤色土 (Red Mediterranean soils)

Haplic Luvisols (*Chromic*) (WRB), Rhodoxeralfs or Palexeralfs (USA)

硬い炭酸塩岩石から生成した土壌であるが．炭酸塩岩石以外の珪酸塩岩石や珪質岩に由来する同様な土壌も地中海赤色土に含まれる．多くの場合腐植に乏しく，炭酸塩は溶脱されていて，新鮮な石灰岩上にのっている場合でも炭酸カルシウムの集積層は通常形成されていない．

A/Bt1/Bt2/BC/〔Ca〕の層位配列を示す．A 層は団粒状構造のムルで暗褐色を示し，森林下ではかなり発達しているが，侵食されている場合が多い，通気性はきわめてよく，粘土含量は減少している．Bt1 層は亜角塊状構造を有し，やや粘土に富み，赤味が増している．Bt2 層は粘土質で鮮明な赤色(5YR またはそれよりも赤い)を示し，角塊状または角柱状構造がよく発達し，構造面に粘土被膜が顕著に見られる．Ca 層(炭酸カルシウムの集積層)は常に存在するとは限らず，存在するとしてもきわめて深いところにある．排水不良な凹地で見られることが多い．

A 層と B 層からは炭酸カルシウムは完全に除去されているが，一般に塩基飽和度は比較的高く(通常 35％以上)，反応は微酸性～中性(pH6～7.5)である．交換性陽イオンの大部分は Ca^{2+} が占め，下層土は孔隙に乏しく緻密である．湿の状態では可塑性が大きく，粘着性も強い(図 9.12c)．

微細構造はテラ・フスカの場合と同様に「レーム構造」を示すが，色は赤褐色を示す(赤色レーム構造)．粘土の機械的移動の結果，層格子粘土鉱物が下層に集積して粘土集積層が形成されており，顕微鏡下では導管系の中に粘土が移動集積したアルジラン(argillan)が認められる(図 9.7 参照)．

地中海赤色土は，粘土の機械的移動と赤色化作用によって特徴づけられる土壌の1つであるが，これは湿潤季と乾燥季が明瞭に交替する気候条件と関連している．すなわち，湿潤季には，赤褐色の脱水不完全な和水酸化鉄で被覆された

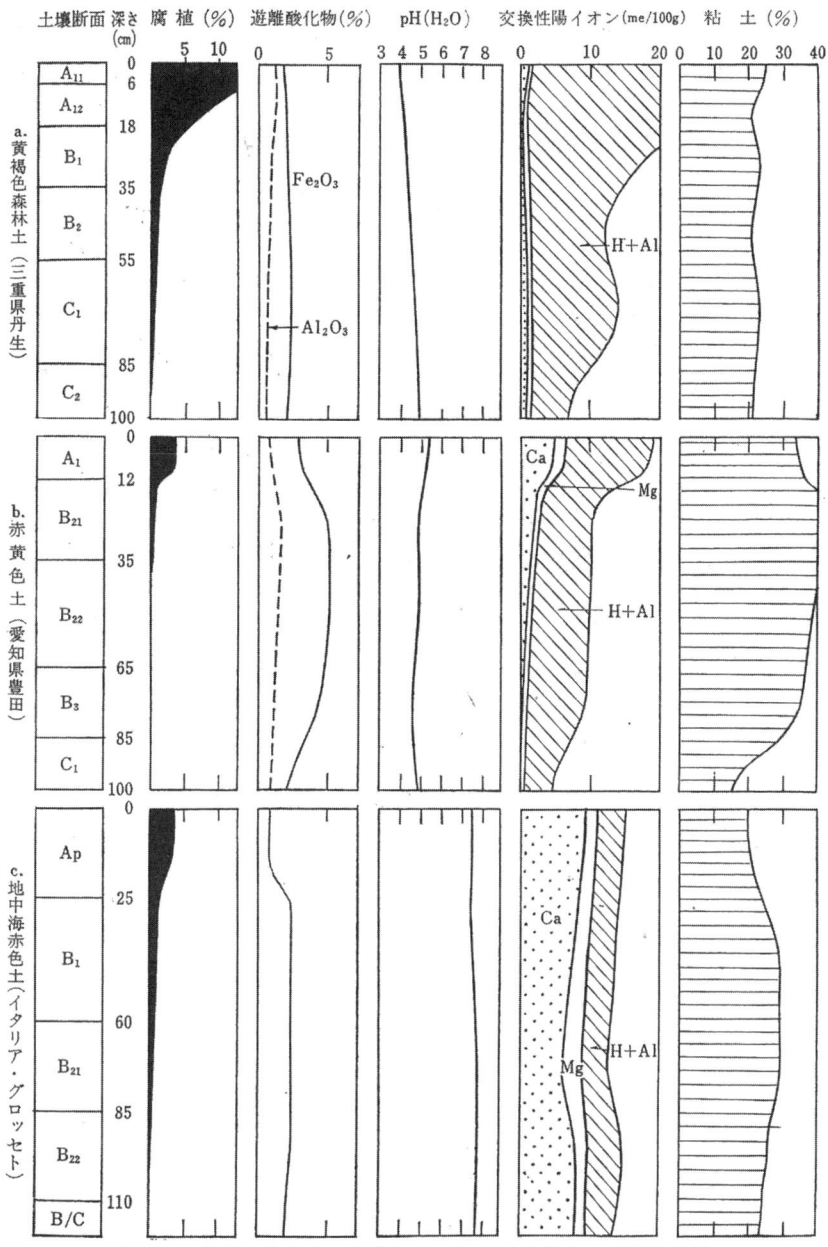

A. h. 鉄珪酸アルミナ質土壌綱　281

図 9.12　黄褐色森林土，赤黄色土，地中海赤色土の化学的特徴

粘土は分散性の状態にあり，機械的移動が生じる．しかし乾燥季には和水酸化鉄の完全な脱水が起こり，酸化鉄と粘土の複合体は安定な細かい凝集体となって沈殿し，色調は完全な赤色に変化する．この赤色化作用は遊離の炭酸カルシウムが存在する場合には妨げられるが，逆に吸着複合体のカルシウムやマグネシウムの飽和度が高くなると促進される．事実，もっとも特徴的な地中海赤色土は易風化性鉱物と鉄に富む，やや変成を受けた片岩上に認められる(Duchaufour, 1970, p.339)．

もっとも湿潤な地中海性気候地域に広く分布しているが，その分布は古い段丘のしかも侵食を免れた安定な地形面上に限られていて，侵食面やもっとも新しい段丘（ヴュルム期）上には存在しない．したがって地中海赤色土は古土壌であって，その完全な発達を見るまでには数万年の歳月を要したものと推定されている(Duchaufour, 1970, p.205-208)．典型的分布は地中海沿岸のイストリアやダルマチア地方に見られるが，ヨーロッパの地中海沿岸諸国ばかりでなく，世界中の地中海性気候をもった国々のカルスト地帯にも分布している．第三紀もしくは更新世の間氷期の温暖気候下で形成されたものが遺存土壌として残っている場合が多い．

地中海赤色土が分布する地域の景観的特徴は，きわめて貧弱な矮生低木群系からなる植生（ガリグ garigue とよばれる）と土壌侵食が著しい点であり，一般に露岩が目立ち，土壌は石灰岩の割れ目や穴の中だけに見られ（カルスト地形の「赤い眼(red eyes)」とよばれる），厚い土壌の堆積はドリーネの中だけに限られている．

V．火山系暗赤色土(Volcanogeneous Dark Red soils，土じょう部, 1976)

大阪府芝山の玄武岩質安山岩や香川県屋島城山の讃岐岩質安山岩起源の暗赤色(5YR3.5/4)をした土壌は，形態的には赤黄色土に類似しているが，陽イオン交換容量や塩基飽和度がきわめて高く（それぞれ 59 cmol$_c$kg^{-1}，約 70%），バイデライト様粘土鉱物を主としている．青木(1969, 1970)は，これらの土壌について岩石磁気学的に検討した結果，これらの暗赤色土壌の母材となっている変質赤色岩は 450〜500℃またはキュリー点以上の温度で変質したものと推定され，赤色化の原因が熱水による変質，溶岩冷却時における酸化状態の変化などにあり，通常の土壌生成作用の産物ではなく，したがって一連の気候的赤色土壌とは区別されることを明らかにした．

この種の後火山作用によって生じた暗赤色土壌は特殊な成帯内性土壌として位置づけられるべきものと考えられるが，分布がきわめて局所的なため，世界的にも研究が遅れており，今後の検討を待たねばならない．

i. 熱帯鉄質土壌綱 (Tropical Ferruginous soils)

この土壌綱には，一般に年降水量が1,000mmよりやや少なく，長期間(8ヶ月以下)の明瞭な乾季をもつ熱帯サバンナ気候に特有な赤色土壌が包括されている．これらの土壌は，アフリカ大陸では赤道をはさんで北と南の両側に5～6°から10～12°の緯度にわたる，ほとんど大陸を横断する2つの地帯に広く分布している．また南アメリカではブラジル台地の北部やギアナの大部分，オーストラリア大陸の北部，アジアではミャンマー，インドシナ半島北部などに広く分布している．

このような地域では，雨季に草本類は非常に高く(1.5m以上)生長し密生するが，点在する木本類は乾季には落葉する．高温で湿潤な雨季には，植物遺体の大部分が無機化されるので，温帯の草原土壌のように厚い腐植層は発達せず，土壌の表層にごく少量(2～3%)の腐植が形成されるにすぎない．しかし，腐植は強度の重合によって安定化している．また雨季には一次鉱物の分解が進行するので，アルカリ性反応下で可溶性塩類とともにアルミニウムや珪酸が部分的に溶脱される結果，土壌中に鉄が相対的に富化される(鉄富化作用 ferritization)．そのため土壌中にはギブサイト〔γ-Al(OH)$_3$〕は含まれず，粘土鉱物組成はカオリナイトを主とし，少量の雲母型粘土鉱物を含んでいる．他方，高温で乾燥した長い乾季には，草本類が枯死して裸地となった地表面が昼間70～80℃に加熱されるので，残留した鉄やマンガンの加水酸化物の脱水過程と結晶化が進行してゲータイト〔α-FeO(OH)〕やヘマタイト(Fe_2O_3)などの鉄鉱物やマンガンの酸化物は硬化して安定な砂粒子程度の大きさの集合体または小結核を形成している．この集合体や結核はきわめて分散しにくいので**偽砂**(pseudosand)とよばれている．

熱帯鉄質土壌と鉄アルミナ質土壌は漸移的で，両者を区別するのが困難な場合が多いが，熱帯鉄質土壌の特徴として次のような点をあげることができる．

① 一般に土層は温帯の土壌よりも厚く，鉄アルミナ質土壌より薄い(2～3m)．
② 一次鉱物の分解は不完全で，SiO_2/Al_2O_3分子比は2よりも高い．
③ ギブサイトを含まず，水に分散する粘土(2:1型粘土鉱物)を若干含んでいる(粘土含量の10%未満)．

④ シルトの含量が多く，シルト/粘土の比は 0.15 以上，0.40 未満である．
⑤ 粘土部分の CEC は 16～24 cmol$_c$kg^{-1} である．

熱帯鉄質土壌は，有機物含量が少なく，N や K の量が不十分ではあるが，比較的肥沃な土壌であるにもかかわらず，これまできわめて原始的な利用しか行われてこなかった．しかし，よく管理して化学肥料を施用してやれば高い収穫が得られる．リン酸肥料の肥効が高い点がとくに注目される．

アフリカでの土壌調査で豊富な経験をもつフランスのペドロジストたちは，熱帯鉄質土壌綱に属する土壌型として，真正熱帯鉄質土とフェリソルを区別している．また最近の世界土壌照合基準(WRB)(FAO, 2006)では，これらの土壌を，粘土集積層(argic horizon)をもつ *Lixisols* と，深さに伴う粘土含量の増加が緩慢で argic horizon の必要条件を満たさない *Nitisols* とを区別している．

I. 真正熱帯鉄質土(True Tropical Ferruginous soils)

Lixisols(WRB)，Kandi-(udalfs, -ustalfs, -aqualfs)(USA)

A/E/Bt/Bca/C の層位配列を示す．粘土の機械的移動が顕著で明瞭なアルジリック層(Bt)をもつ熱帯鉄質土壌である．A 層は厚さ 15～20 cm で腐植を含み，黒褐色で粒状構造を示す．E 層は深さ 60～80 cm に達し，粘土含量が減少しており，しばしば塩基類も溶脱されて減少している．色は黄褐色で構造はあまり発達していない．Bt 層の色は A 層よりも明るく，母材によって明褐色，赤色，赤褐色を呈する．

Bt 層の粘土含量は高く(30%以上)，粘土被膜で被覆された亜角塊状～角塊状構造が発達している．排水が悪い場合には，鉄さび色の斑紋や結核が存在する．Bt 層の下部に炭酸カルシウムが結核の形で集積している場合があるが，その量は下層で再び減少し，2 m ぐらいの深さで母材(C 層)に達する．旧ソ連の分類体系における「高茎草本サバンナの赤色土」にほぼ相当する．

塩基飽和度，随伴する水成作用の特徴によって，次のような 3 つの亜型に区分されている(Duchaufour, 1977, p. 428)．

(I) 富塩基熱帯鉄質土: *Haplic Lixisols*, Kandi(-udalfs, -ustalfs)
  塩基飽和度が 50% 以上の真正熱帯鉄質土．

(II) 貧塩基熱帯鉄質土: *Haplic Lixisols*(*Epidystric*), Kandi(-udults, -ustults)
  塩基飽和度が 50% 未満の真正熱帯鉄質土．

(Ⅲ)水成熱帯鉄質土：*Plinthic Lixisols*，Plinthaqualfs

プリンサイト，疑似グライ化，鉄盤層など鉄の分離を示す真正熱帯鉄質土．

Ⅱ．フェリソル(**Ferrisols, Jamagne**, 1963)

Nitisols(WRB)，Alfisols および Ultisols の Kandic 大群ならびに Inceptisols, Oxisols の種々な大群(USA)．

A/Bw/C または A/Bt/C の層位配列を示す．真正熱帯鉄質土と異なり，粘土の機械的移動は起こっていないか，起こっていても顕著ではなく，Bt 層における粘土被膜の形成は弱く，A 層と Bt 層および Bt 層と C 層の層界は漸移している．A 層は暗黄褐色で角ばった団粒状構造を示す，B 層は A 層よりも遊離鉄に富み($Fe_o \geq 0.2\%$, $Fe_d \geq 4.0\%$)，A 層よりも赤色味が強く，角塊状～堅果状構造がよく発達し，ペッド表面は光沢に富んでいる(*Nitisols* という名称は光沢を意味するラテン語の *nitidus* に由来している)．B 層の下部には赤白の霜降ロース状の網状斑をもつプリンサイトが存在する場合が多い．鉄アルミナ質土壌に近い性質をもった熱帯鉄質土壌で，真正熱帯鉄質土よりも深部まで風化が進行しており，土層が3m以上に達することがある．フェリソルは次のような4つの亜型に区分されている(Duchaufour, 1977, p. 428-429)．

(Ⅰ)粘土集積フェリソル：*Haplic Nitisols*，Kandi(-udox, -ustox)

わずかにアルジリック層が認められるフェリソル．

(Ⅱ)風化変質フェリソル：*Ferralic* Cambisols, Inceptic Hapludox

カムビック層(Bw 層)をもつフェリソル．

(Ⅲ)水成フェリソル：*Haplic Plinthosols*，Plintaquic Kandi(-udox, -ustox)

プリンサイト，疑似グライ化，鉄盤層など鉄の分離を示すフェリソル．

(Ⅳ)山地腐植質フェリソル：*Umbric Nitisols*，Humic Kandiudox

山地に見られる腐植層の発達したフェリソル．

j．鉄アルミナ質土壌綱(**Ferralitic soils, Robinson**, 1949)

鉄アルミナ質土壌綱は，年間を通じて高温・多湿の熱帯雨林気候帯ないし熱帯モンスーン気候帯に広く分布している成帯性土壌型を包括したものである．湿潤熱帯地域においては風化作用がもっとも激しく進行するばかりでなく，温帯地域と違って熱帯地域は，第四紀更新世の氷河作用による地表の削剥をまぬがれたために，第三紀の鮮新世または中新世にまでさかのぼる，生成年代の

きわめて古い，厚い風化殻が形成されている．

　このような風化殻の上部には，徹底的に風化された鮮紅色または黄色の，きわめて厚い(3 m 以上)均質な土壌断面をもった，粘土含量は高いが可塑性の弱い土壌が生成している．これらの土壌は，従来，ラテライト性土壌(Lateritic soils)，ラトソル(Latosols)(Kellogg, 1948)，カオリソル(Kaolisols)(Sys et al., 1961)などとよばれてきたものを含んでいるが，これらの定量的分類基準は単に SiO_2/R_2O_3 分子比＜2 というのみで，その他の特徴についての定義があいまいだったので分類上の混乱を引き起こしたが，現在では以下に述べるように，より具体的に定義されるとともに，一般に鉄アルミナ質土壌(Ferralsols)とよばれるようになってきている．

　なおこの概念はアメリカの土壌分類体系(Soil Survey Staff, 1975)におけるオキシソル目(Oxisols)や世界土壌照合基準(FAO, 2006)におけるフェラルソル(Ferralsols)，プリンソソル(Plinthosols)に相当している．

　鉄アルミナ質土壌の主な特徴は次のとおりである．

① 一般に土層は熱帯鉄質土壌より厚く 3 m 以上である．
② 石英以外の珪酸塩一次鉱物は風化作用によって完全に分解されてしまっており，SiO_2/Al_2O_3 分子比は 2 よりも小さい．
③ 酸化鉄のみならずアルミニウムの酸化物(主にギブサイト)を多量に含む．
④ 粘土鉱物はカオリン鉱物(1：1 型)に限られ，粘土の機械的移動は認められない．
⑤ CEC が低く，粘土部分 1 kg 当たりの CEC は 16 $cmol_c$ 未満である．
⑥ シルト含量は少なく，シルト/粘土の比は 0.15 未満である．

　鉄アルミナ質土壌の生成過程は，表層におけるポドゾル化作用と深部に達する鉄アルミナ富化作用の 2 つの基礎的土壌生成作用で特徴づけられている．

　熱帯降雨林は地球上でもっとも生産力の高い植物群落であって，年間に地表に落下する落葉枝供給量は 10.6 t/ha に達するといわれる(Ogawa, 1974)が，これは温帯林の 3～4 倍に相当する量である．一方，常時湿潤かつ高温(約 26℃)な土壌条件は微生物の活動にきわめて好適な環境を形成し，そのためこの多量な落葉落枝の大部分は 1 年間で無機化されて消失してしまう．この過程は，微生物のほかに多数の土壌小動物，とくにシロアリの活動によって促進されている．

それゆえ土壌の表層には毎年多くの無機化合物や多量の有機酸が生じる．この有機酸は表層を強酸性(pH3.0〜3.5)にすると同時に浸透水に溶けて下方に移動する過程でポドゾル化作用を促進する．しかし熱帯降雨林の植物は，多くの塩基類やリン化合物とともに多量のアルミニウムを吸収する（温帯植物では灰分中のAl含量は1〜0.1%以下であるのに対して，熱帯植物では4〜15%に達する）ので，表層へ還元されるアルミニウムの量も多い．したがってポドゾル化作用の効果はかなり弱められているのでスポディック層は形成されない．有機酸の影響のおよばない下層では，中性反応条件下で鉄アルミナ富化作用が進行する．この過程については，すでに7.6.で詳しく述べたとおりである．

鉄アルミナ質土壌の断面形態はきわめて変化に富んでいるが，一般的に次のような部分から成り立っている(Maignien, 1966 ; Mohr *et al.*, 1972)．

腐植質層(A_1)：落葉枝(O)との層界は画然としている．一般に有機物含量は低く(約 2%)，腐植化度も低いため黒色を示さず灰褐色，赤褐色，黄赤色，黄褐色，褐黄色を呈す．また腐植物質はあまり深くまで浸透していない(深さ約20cmまで)．土性は壌土質〜埴土質で，粒状〜亜角塊状構造を示し，鉄の小結核(pisolite)が存在することがある．

貧化層(A_2)：A_1層と同様な色，構造を示すが，粘土含量が少なくシルト質の土性を示す．粘土含量の減少は，粘土の機械的移動による洗脱の結果ではなく，激しい風化作用によって分解消失したためと考えられている．結核，石英粒子，硬化皮殻(ラテライト)の小片がしばしば存在する．断面によってはこの層を欠く場合もある．

R_2O_3の集積層(B)：鉄，アルミニウム，マンガン，チタンなどの酸化物や水酸化物に富む，赤色の層．粘土質できわめて緻密，しばしば赤色，黄色または紫色の斑紋が見られる．日光に当たると不可逆的に硬化し，いわゆるプリンサイトに相当するのでプリンサイト帯(plinthite zone)ともいわれる．軟らかいときは粒状〜亜角塊状構造を示すが，硬化すると豆石状(pisolitic)，虫喰状(vermicular)，小胞状(vesicular)の構造を示す．

斑紋粘土帯(mottled clay zone)：淡黄色ないし白色の粘土の基質に，赤，黄，褐，青，紫色の斑紋が混じっている粘土の層で，B層よりもR_2O_3含量が少ない．細角塊状構造を示し，日光に当たっても硬化しない．この層を特徴づけている

多数の斑紋は，還元状態にある下方の漂白帯で還元溶解した鉄(II)化合物が地下水とともに上昇し，地下水位が低下するにつれて酸化されて生じたものと考えられている．

漂白帯(pallid zone)：きわめて淡黄色ないし白色の均質な粘土層．地下水の影響を受けて還元状態にあるため，鉄は還元溶解して上方の斑紋粘土帯に移動して抜けてしまっている．

風化帯(alteration zone, C_0)：風化を受けてやや分解した母岩と新鮮な母岩からなる層．緑色，黄色，褐色などを呈する，やや風化した鉱物が認められる．

鉄アルミナ質土壌の発達過程に伴って断面形態が変化する様子は，図9.13に模式的に示したとおりである．

Duchaufour(1977)によれば，鉄アルミナ質土壌綱は，カオリナイトが卓越する厳密な意味での鉄アルミナ質土壌，アルミニウムや鉄の三二酸化物が卓越する

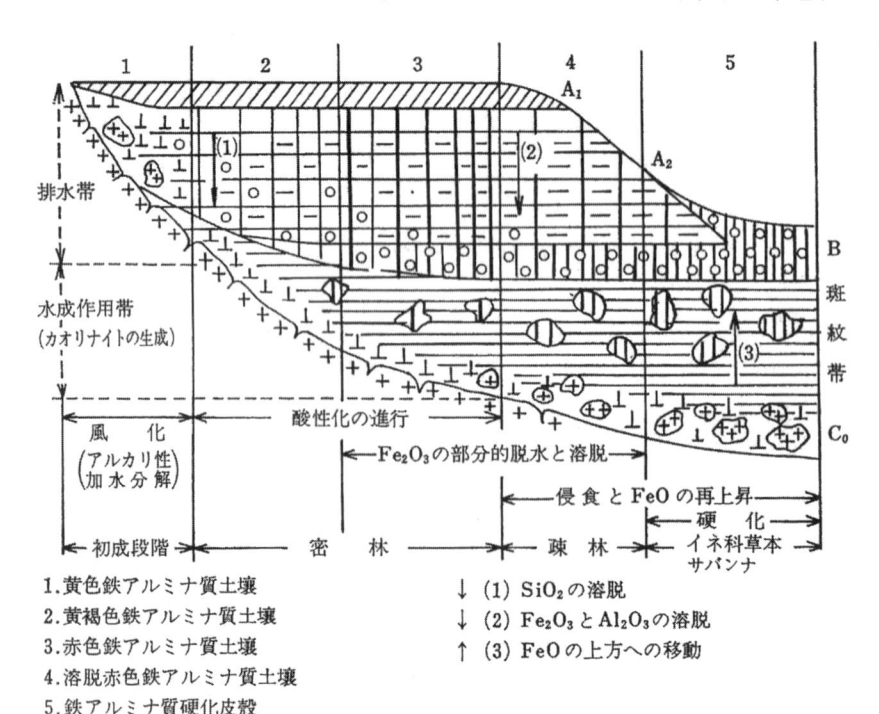

図9.13 鉄アルミナ質土壌の発達過程 (Duchaufour, 1970)

フェラリット，および水成漂白化鉄アルミナ質土壌といった3つの亜綱に区分される．

j-1. 厳密な意味での鉄アルミナ質土壌亜綱（Ferrallitic soils *sensu strcto*） ― カオリナイトが卓越する鉄アルミナ質土壌．カオリソル（Kaolisols）とよばれたこともある（Sys, 1959）．

Ⅰ．カオリナイト質鉄アルミナ質土（Ferrallitic soils with kaolinite）

Haplic Ferralsols（WRB），Typic Hapludox（USA）

粘土鉱物はカオリナイトだけからなり，ギブサイトは全く含まれないか，ごく少量しか含まれていない．鉄アルミナ富化作用は中度で，適潤な気候条件下で徐々に進行する．

Ⅱ．ギブサイト質鉄アルミナ質土（Ferrallitic soils with gibbsite）

Gibbsic Ferralsols（WRB），Humic Xanthic Hapludox（USA）

カオリナイトが卓越するとともに，断面全体または断面の一部にかなりの量（細土中25％以上）のギブサイトを含む．ギブサイトに富む部分の位置は，ギブサイトの生成が一次的であるか二次的であるかによって異なる．断面全体は赤黄色を呈し，深さとともに赤色味を増す．カオリナイト質鉄アルミナ質土よりも発達した段階で生成する．

以上2つの土壌型は，さらに，1)色(赤色または黄褐色)，2)ギブサイトの起源(一次的か二次的か)，3)土壌断面の形態的変異過程；粘土含量の減少，改変，発達不良，硬結(相対的富化の見られる，水成作用のない相)，4)塩基飽和度，などに基づいて亜型に細分される．

j-2. フェラリット土壌亜綱（Ferrallites） ― ほとんど鉄やアルミニウムの酸化物だけからなる鉄アルミナ質土壌．カオリナイトはほとんど全く含まれていない．

Ⅰ．フェリット（Ferrites）

Haplic Ferralsols (*Rhodic*)（WRB），Humic Rhodic Hapludox（USA）

アルミニウム含量の少ない超塩基性岩(かんらん岩)からマグネシウムと珪酸が溶脱されて生成する．ほとんどゲータイト(湿潤気候下で有機物が多い場合)またはヘマタイト(より乾燥した気候下で有機物が少ない場合)の形態の鉄化合物だけからなる．多くの場合，人為的な森林の破壊によって硬化過程が進行

II. アリット (Allites)

Gibbsic Ferralsols (*Xanthic*) (WRB), Humic Xanthic Hapludox (USA)

　この土壌型は, 水成作用を受けたフェラリット土壌で, きわめて湿潤な気候条件下の透水性のよい母材の上に生成している. 過湿条件下における還元によって可動化された鉄が断面外に溶脱され, 主としてギブサイトが断面内に残留するが, 鉄も若干残っているため断面全体が一様に淡黄色になっている.

j-3. 水成漂白化鉄アルミナ質土壌亜綱 (Ferrallitic soils with hydromorphic segregation of iron)

　鉄アルミナ質土壌の断面形態のところで述べた斑紋粘土帯は, 多くの場合, 常に水で飽和されて水成作用の影響を受けている. このような場合には毛管水の上昇による移動はほとんど起こらず, したがって還元によって可動化された鉄もごくわずかな距離しか移動しない. しかし, 地下水の横流れが生じている場合は事情が異なり, 多量の鉄が地下水とともに移動し, 還元溶脱過程が進行している. このようにして還元溶脱された鉄は他の場所に集積して, 鉄の絶対的集積による硬化過程の原因ともなっている.

I. 水成鉄アルミナ質土 (Hydromorphic ferrallitic soils)

Stagnic Plinthosols (WRB), Plinthic Haplaquox (USA)

　きわめて湿潤な気候下で, 鉄の還元溶脱によって生成するという点でアリットに類似しているが, アリットの場合と異なり鉄がほとんど完全に断面から消失しているために, 断面全体が一様に白っぽくなっている. また風化生成物はカオリナイトにくらべてギブサイトの量がきわめて少ないという点でアリットとは異なっている.

II. プリンサイト質鉄アルミナ質土 (Ferrallitic soils with plinthite)

Haplic Plinthosols (*Albic, Dystric, Humic*) (WRB), Typic Plinthaquox (USA)

　土壌断面内にプリンサイトがある鉄アルミナ質土. 水成鉄アルミナ質土分布地帯の周辺に位置する斜面下部や低地にしばしば生成している. 水成鉄アルミナ質土地帯から還元溶脱された鉄が, 横流れする地下水によって周辺の凹地に移動集積 (絶対的富化) するためにプリンサイトが形成される.

III. 硬化鉄アルミナ質土 (Indurated ferrallitic soils)

Petric Plinthosols (WRB), Aeric Plinthaquox (USA)

プリンサイト層が硬化して形成されたラテライト皮殻をもつ鉄アルミナ質土. この硬化現象と皮殻形成過程(ラテライト化作用)については,すでに 7.6.1. で説明したとおりであるが,さらに森林の火災や数千年にわたる継続的な森林の伐採が,鉄化合物の部分的な脱水や結晶化を促進して硬化過程を加速的に進行させている. また土壌侵食によってラテライト皮殻が地表に露出している場合も多い.

【鉄アルミナ質土壌の分布と土地利用】

鉄アルミナ質土壌のうち Ferralsols は南米のブラジル,アフリカのコンゴ,中央アフリカ南部,アンゴラ,ギニア,マダガスカル島の東部,東南アジアの一部に主として分布している.

フェラルソルは排水性がよく,湿った状態では耕作しやすいが,リン酸の固定力が強く,強酸性で養分含量が低く,植物養分はすべて植生に含まれているにすぎない. そのため,焼畑耕作や森林伐採の過程でバイオマスが焼却されるときに大部分の植物養分は失われてしまう. 微量要素含量もきわめて少なく,とくに Mn, Zn, B, Cu 欠乏を生じやすい.

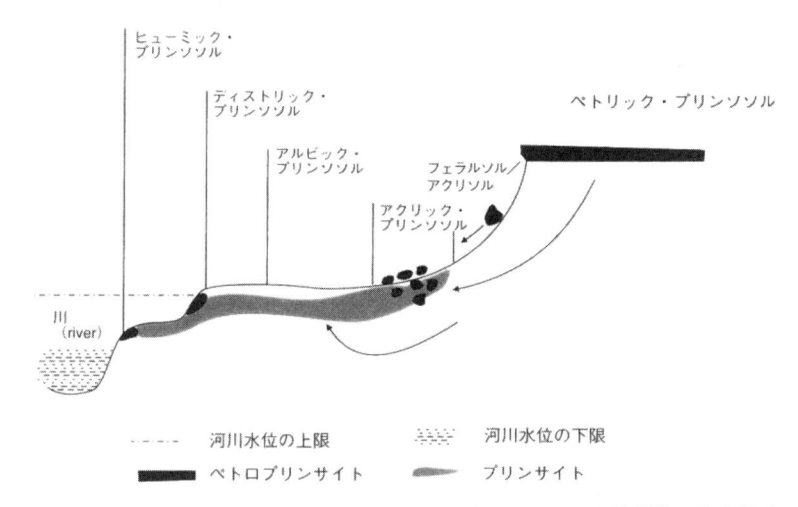

図 9.14 現在の土壌景観の各地形面におけるプリンソソル土壌単位の分布様式 (Deckers *et al*., 1998)

一方プリンソソルは，南米のアマゾン低地東部，アフリカのコンゴ低地，東南アジアの各地に分布し，とくに硬化鉄アルミナ質土はアフリカのスーダン－サヘル地帯，南アフリカのサバンナ地帯，インド，東南アジアやオーストラリア北部の乾燥地帯に分布している．プリンソソルは肥沃度が低いだけでなく，硬化したプリンサイト層が根の伸長を妨げるため，放牧用の牧草生産以外には農業的利用が限られている．硬化したプリンサイト層を切り取って作ったレンガが建築材料や道路の舗装に利用されている．

k. 黒ボク土壌綱 (Ando soils, Thorp and Smith, 1949)

「くろぼく」という言葉は「黒色の厚い表土をもった，軽くて砕けやすい土壌」を意味するものとして，わが国で古くから用いられてきた用語である．太平洋戦争後，占領軍とともに日本にやってきたアメリカの土壌学者たちはこの土壌に深い関心を示し，「くろぼく」を「暗い土」と解釈し，その音読みを英訳して作ったアンド(暗土)ソイル(Ando soil)という名称をこの土壌の分類学的名称として提案した(Thorp and Smith, 1949)．それ以来，われわれ日本人にはなじみの薄いアンドソイルあるいはアンドソル(Andosol)という名称が世界的に広く使われるようになってきた．これに対して松井 健氏は，日本では上述のように「くろぼく」という名称が普及しているので，アンドソイルまたはアンドソルを黒ボク土(Kuroboku soil)に変更することを主張した(Matsui, 1982)．しかし，残念ながら現在では，「Andosols」という名称は WRB の照合土壌群の1つになっている(FAO, 2006)．

黒ボク土壌綱に包括される土壌は，亜寒帯から亜熱帯北部にわたる湿潤ないし過湿潤気候下とりわけ環太平洋火山帯の火山山麓に広く分布している成帯内性土壌である．とくに日本では分布が広く，全国土の 16.4% を占めている(足立，1973)．

黒ボク土壌は，主として火山噴出物(火山灰)を母材として生成し，腐植化度の進んだ黒色の厚い A 層をもち，アロフェンやイモゴライトのような非晶質ないし準晶質アルミノ珪酸塩に富み，これがリン酸と強固に結合して難溶性のリン酸化合物となるため植物のリン酸欠乏症を引き起こしやすい性質をもっているところから，かつては**火山灰土壌**(Volcanic ash soils)あるいは**腐植質アロフェン土**(Humic allophone soils)(菅野，1961a)などとよばれていた．火山灰を

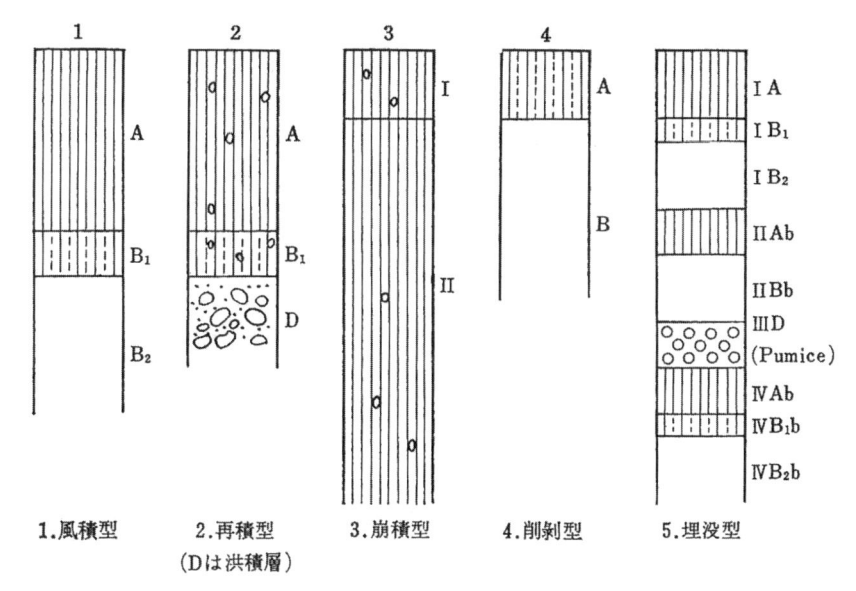

図 9.15 火山灰の堆積様式による黒ボク土壌断面の差異を示す模式図
(菅野, 1961a)

母材とする黒ボク土壌の断面形態は,火山灰の堆積様式によって図9.15に示したような差異が見られる.

一方,東海地方や近畿地方の更新世段丘上には,火山灰から生成した黒ボク土ときわめてよく似た断面形態と理化学性を示す土壌が局所的に分布している.しかし,この土壌の一次鉱物中には火山放出物起源の鉱物がほとんどなく,また粘土フラクションにはアロフェンが含まれず,ハロイサイト(0.7 nm),Al-ヴァーミキュライト,ギブサイトなどの結晶性粘土鉱物が主体となっている.このような非火山性黒ボク土や,火山灰起源でも風化段階が進んで結晶性粘土鉱物を主とするようになった土壌に対して,加藤芳朗(1977)は**準黒ボク土**という名称を提案した.その後わが国ではこれらの土壌を一般的にアロフェン質黒ボク土と非アロフェン質黒ボク土として区別し,両者の理化学的性質の差異に関して多くの研究が行われてきた.たとえば,アロフェン質黒ボク土は Al_o と Fe_o が多く,深さとともに増大するのに対して,非アロフェン質黒ボク土では Al_o と Fe_o が少なく,第2層でわずかに増加したのち深さとともに減少する.また両者ともに $Al_o + 1/2Fe_o \geq 2.0\%$ という特徴をもつが,アロフェン質黒ボク土

表9.2 アロフェン質黒ボク土と非アロフェン質黒ボク土の諸性質の比較
(Shoji et al., 1985)

性　質	非アロフェン質黒ボク土	アロフェン質黒ボク土
一定陰荷電	かなりある	なし
土壌酸度	きわめて強酸性〜強酸性	弱酸性〜微酸性
臨界pH (H_2O)*	約5	なし
Al飽和	高い	きわめて低い〜なし
KClで抽出されるAl	多量	ごく少量〜なし
Al毒性	普通	稀

*普通作物の大部分がかなりAl毒性による障害を受ける最高のpH (H_2O)

では $Al_p/Al_o \leq 0.3$ であるのに対して非アロフェン質黒ボク土では $Al_p/Al_o \geq 0.8$ という差異が認められる(Shoji et al., 1993, p. 151-154).

【生成過程】

黒ボク土壌はその名が示すように,黒さの点ではチェルノーゼムや黒泥土と並んで世界の三羽烏の1つに数えられる.この色の黒さの原因は,腐植化度の高い腐植が多量に集積しているためで,その腐植含量は15〜30%に達している.7.12.「腐植化と腐植集積作用」のところで述べたように,土壌中に多量の腐植が集積するためには①植物遺体の供給量が多いこと,②有機物の分解が制限されること,③腐植が安定な凝集体として存在する,といった3つの条件が必要であるが,黒ボク土の場合には,ススキ・チガヤ・ササなどのイネ科草本植生とアロフェンやイモゴライトなどの非晶質〜準晶質のアルミニウム化合物の存在がこの必要条件を満たしているためと考えられている.

1) イネ科草本植生による多量の有機物の供給

黒ボク土壌には直径 0.05〜0.01 mm 程度の種々な形をした屈折率の低い(n=1.44〜1.45),光学的に等方な小粒子が多量に含まれている.これは**植物珪酸体**(プラントオパール)とよばれるもので,イネ科草本類の葉に含まれる珪化細胞が微化石として土壌中に残存したものである(図9.16).

黒ボク土壌中の植物珪酸体はススキ,チガヤ,ササに由来するものが圧倒的に多く,しかも図9.17に見られるように植物珪酸体の含量と土壌の有機物含量(全炭素%)との間には高い正の相関があり,ススキ,チガヤ,ササなどのイネ科草本植生が黒ボク土壌における有機物の有力な供給源だったことを示している.

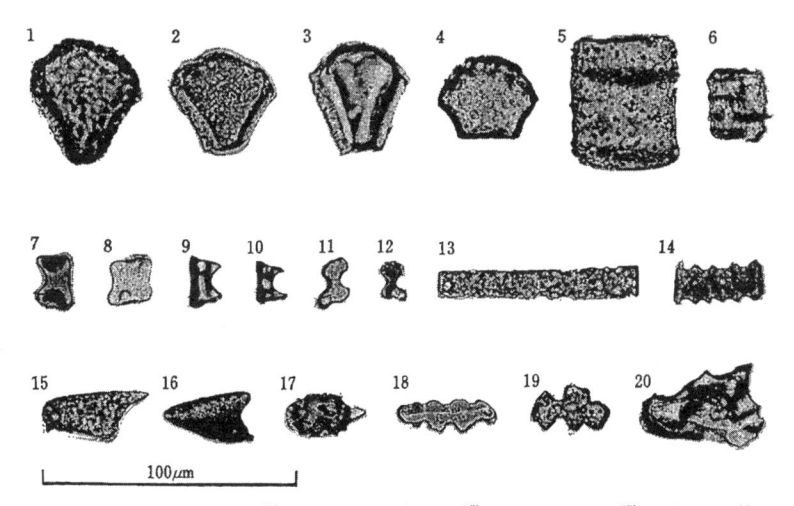

1・2・3・4・5・6 ファン型　7・8・9・10 タケ型　11・12 キビ型　13・14 棒状型　15・16・17 ポイント型　18 ウシノケグサ型　19 はめ絵パズル状（樹木起源）　20 ブレイド状（樹木起源　モクレン？）

図9.16　土壌中の植物珪酸体（Opal Phytoliths）　（細野　衛氏撮影）

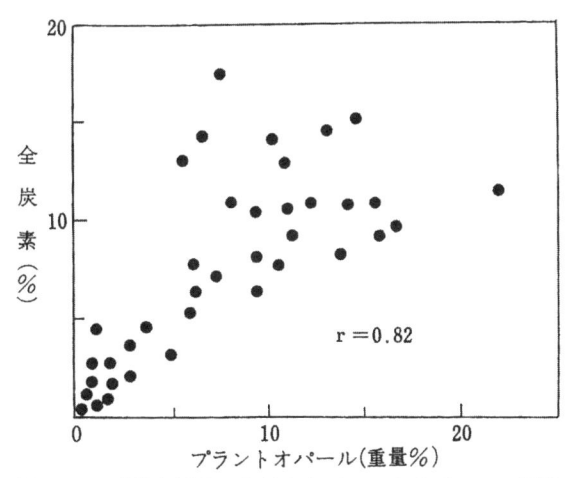

図9.17　腐植土層中の全炭素とプラントオパールの関係
（加藤芳朗，1970）

とくに長草型草本であるススキは，自然状態では草丈3mにも達し，年間の地上部の生産量は乾物重で28t/haもあり，有力な有機物の供給源とみなされている（山根ほか，1957）．

一方，黒ボク土壌が生成するには少なくとも数百年を要するが，森林植生を極相とするわが国の気候条件下でこのような長期間にわたって草本植生が維持されるためには，火山の噴火・山火事・海岸の潮風といった自然の作用のほかに，

屋根葺きその他の材料としてススキを利用してきた農民が，潅木の侵入を防ぐために行ってきた春先の火入れといった人為的作用が大きく影響していることを忘れてはならない(山根, 1973).

2) **火山灰の風化と活性アルミニウムの生成**

　火山灰は孔隙の多い微細粒子で，比表面が大きく透水性もよいという特性をもっているので，火山ガラス・斜長石を主体とする一次鉱物の化学的風化が急速かつ全体にわたって進行する結果，多量の塩基が遊離して pH が上昇し，脱珪酸作用が進行する．火山灰の風化の初期段階では，遊離した珪酸からなるオパーリンシリカが見出される(図9.18)．pH(H_2O)<4.9 の条件では，溶解したアルミニウムは Al^{3+} として存在するため Si とは容易に反応せず，多量の有機物が存在する場合には Al‐腐植複合体が形成される(反アロフェン反応)．逆に pH が 4.9 以上になると，Al の水酸化物が形成され，それが重合して Si と共沈してアロフェンやイモゴライトが多量に形成される．一方，母材から放出された Fe は Si と腐植に対する親和力が弱く，主としてフェリハイドライト(準晶質の水和酸化鉄鉱物)を形成する(Shoji *et al.*, 1993, p.52-53).

　一般に中性ないし塩基性火山灰からは，火山灰→非晶質ゲル物質→アロフェン→イモゴライト→ハロイサイトの風化系列が，酸性(石英安山岩質)火山灰からは，火山灰→2:1型粘土鉱物といった風化系列が確認されている(溝田, 1978)．このようにして火山灰の風化過程で生成したアロフェン，イモゴライト，Al‐腐植複合体などからなるアルミニウム化合物は活性アルミニウム(active aluminium)と総称され，黒ボク土壌のいろいろな特性の主な原因となっている．とくに Al‐腐植複合体(Inoue and Higashi,

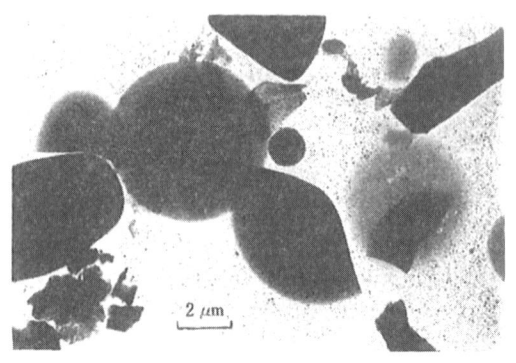

試料：北海道根釧．別海町美原 Al 層 (0～7cm)
母材：火山灰 (Me-a)
円盤状および楕円状粒子：オパーリンシリカ
不規則形の粒子：火山ガラス

図9.18　土壌中のオパーリンシリカ
(庄子貞雄氏撮影)

1987)は凝集性が強く，安定な粒子団を作るので腐植は土壌中に安定に保持される．この点はチェルノーゼムにおいてCa^{2+}が腐植を安定に保持しているのと異なっている．こうして活性アルミニウムによって安定化された腐植は，微生物による分解を受けにくいため土壌中に多量に集積していく．キレート形成能をもつポリフェノールから多量の黒色腐植酸が形成され，この反応には火山灰中のMn(IV)酸化物の触媒作用がきわめて大きいことが明らかにされた(Shindo, 1992)．また黒ボク土やチェルノーゼムでは植物炭化物が土壌有機物の構成物質の1つとして寄与しており，A型腐植酸およびフルボ酸の給原として注目されている(進藤ほか，2003 ; Nishimura et al., 2009)．

非火山性黒ボク土の場合の多量の腐植の集積についてもほぼ同様な過程が推定されている．ただし活性アルミニウムが火山灰以外の母材から生成したのか，あるいは母材に混入した火山灰起源の鉱物が火山性黒ボク土のものより早く風化消失してしまって，Al‐腐植複合体だけが残存しているのかについては未だ結論が得られていない．

3) 黒ボク土の厚いA層は上から発達するのか，下から発達するのか？

かつて井尻(1966)は，土器などの考古学的遺物が火山灰層中に「縄文早期→中期→晩期といった成層をして埋まっている」という事実から，火山灰土壌の断面形態の発達過程は伝統的な残積土のそれと異なるのではないかという疑問を提起した．最近になって，ようやく土壌学の側からこの疑問に対する納得のいく回答が与えられた(加藤，2007)．それによれば，黒ボク土は「黒色の腐植が多量に含まれる陸成の累積土で，その下層にこれと一連の累積状況を示す褐色の累積土があるときは，それも包括する」とされる．A，B，C層位の形成が同時に進行し，地表が常にA層上端にある残積土の場合と異なり，累積土では累積していくときどきのA層の上端がそれぞれしばらくの間地表となるので，下部ほど時代が古くなる．関東ローム層で，下層の褐色のローム層からくまなく植物珪酸体(樹木起源を含む)が検出されること(佐瀬・細野，2007)やP型腐植酸を含むことなどから，この時代には森林植生に覆われていたため黒ボク層が生成されなかった，そして暗色帯は草本植生が優勢であったことを示すものと推定されている．

【理化学的性質】

　黒ボク土壌相互間の諸性質の相違は，土壌生成過程の発達段階および母材の岩質の差を反映している．日本の火山灰土壌は，普通輝石の溶解程度と粘土生成量によってI～IVの4つの風化段階に分けられ，風化度I～IIIの段階では諸性質の変化が定向的に進行するが，風化度IVの段階に至ると質的に転換することが明らかにされている（弘法・大羽，1973a, b, c ; 1974a, b）．すなわち図9.19に見られるように，風化度I～IIIの段階では，黒ボク土壌の最大容水量，有機物含量，粘土部分の非晶質成分量，CEC，リン酸吸収量などは定方向的に増加していくが，風化度IVの段階では粘土部分の非晶質成分量が減少して結晶性粘土鉱物が主体を占めるようになるとともに，これらの値は減少する方向に変化し，非火山灰性黒ボク土と類似してくる．黒ボク土壌の理化学的特徴は，以下のようにまとめることができる．

1) 母材の火山灰が多孔質であるうえに，多量の腐植が集積して団粒構造が発達しているため，他の土壌にくらべて間隙率が高く(80％前後)，容積重が小さい($0.90\,\mathrm{kg\,dm^{-3}}$以下)．そのため保水性がよく，最大容水量が200％に達する場合もある．このように物理性は良好で耕作しやすく，とくに根菜類の栽培に適している．しかし乾燥すると軽いので風食を受けやすい．

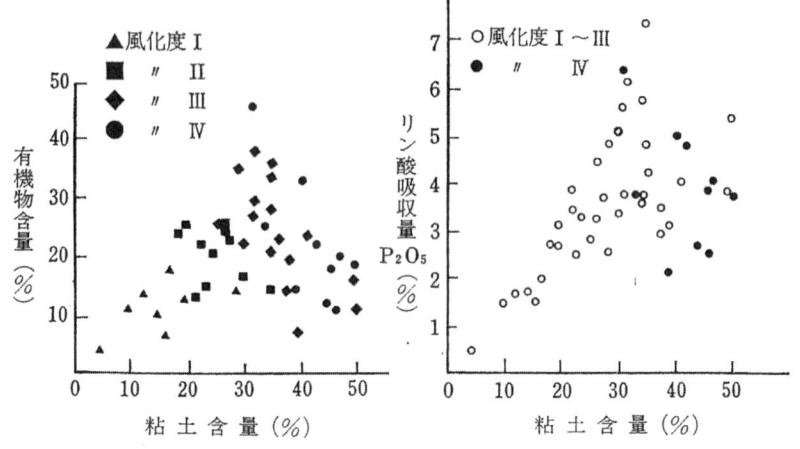

図9.19　日本の火山灰土壌の風化度，粘土含量，有機物含量，リン酸吸収量（乾土当たり）の相互関係
（弘法・大羽，1973c，による）

2) 活性アルミニウムの作用に基づく強固な微細二次粒団(ミクロアグリゲート)が存在するため分散しにくく，粒径分析の際には超音波処理などによるミクロアグリゲートの破壊および適当な分散剤の選択が必要である(宮沢，1966)．

3) 含まれる腐植は他の土壌にくらべて腐植酸の割合がフルボ酸よりも多く(Ch/Cf > 1)，また腐植酸自体の C/N 比が高いため A 層の C/N 比も 15〜25 と高い値を示す．腐植酸は，後述する火山灰起源の褐色森林土の場合を除いて，A 型腐植酸(黒色腐植酸ともよばれる)である．

4) リン酸吸収係数が大きく(1,500 以上)，しかも難溶性のリン酸塩として固定されるため，作物のリン酸欠乏症を生じやすいので，多量のリン酸肥料の施用が必要である．一定陰荷電，土壌酸度，臨界 pH(H_2O)，Al 飽和，KCl で抽出される Al，Al 毒性などは，表 9.2 に示したように，アロフェン質黒ボク土と非アロフェン質黒ボク土でかなり異なっている．したがって，酸性化による活性アルミニウムの増加を防ぐために石灰質肥料で酸性を矯正する場合などには，この点を十分に考慮する必要がある．

【分　類】

　黒ボク土壌の分類は過去数十年の間に世界的に大きく進展し，アメリカの土壌分類体系ではアンディソル目が新設され，また WRB においても照合土壌群の1つとしてアンドソルが設定されている．これらの分類体系では，アンディソル目あるいはアンドソルの識別特徴として火山灰特性(Andic Soil Properties)が定義されている．WRB における**火山灰特性**(Andic properties)(Shoji *et al.*, 1996 ; Takahashi *et al.*, 2004)の識別基準は以下のとおりである：

1. Al_{ox} ＋ $1/2Fe_{ox}$ ≥ 2.0％；かつ
2. 容積重 ≤ 0.90kgdm^{-3}；かつ
3. リン酸保持容量 ≥ 85％；かつ
4. アルビック層の条件を満たす火山放出物の下にあるときは，C_{py}/OC または C_f/C_{py} ＜ 0.5；かつ
5. 有機態炭素含量 ＜ 25％．

　火山灰特性(Andic properties)はさらにアロフェン質(sil-andic)と非アロフェン質(alu-andic)に区分される．

アロフェン質(sil-andic)：$Si_{ox} \geq 0.6\%$ または $Al_{py}/Al_{ox} < 0.5$

非アロフェン質(alu-andic)：$Si_{ox} < 0.6\%$ そして $Al_{py}/Al_{ox} \geq 0.5$

注 1) Al_{ox}, Fe_{ox}, Si_{ox}：酸性シュウ酸塩溶液可溶の Al, Fe, Si を表す．

注 2) C_{py}, Al_{py}：ピロリン酸塩溶液可溶の C ならびに Al を表す．

注 3) C_f, OC：それぞれフルボ酸の炭素，有機態全炭素含量を表す．

さらに WRB では粗粒でガラス質の火山灰を識別する特徴として**ガラス質特性**(Vitric properties)を次のように規定している．

1. 砂(2～0.05 mm)または細砂(0.25～0.02 mm)画分中に火山ガラス，ガラス質集合体，ガラスで被覆された一次鉱物粒子が粒数で 5%以上含まれる；かつ
2. $Al_{ox} + 1/2Fe_{ox} \geq 0.4\%$；かつ
3. リン酸保持容量 $\geq 25\%$；かつ
4. アルビック層の条件を満たす火山放出物の下にあるときは，C_{py}/OC または $C_f/C_{py} < 0.5$；かつ
5. 有機態炭素含量 $< 25\%$．

WRB では土壌表面から深さ 100 cm 以内に火山灰特性またはガラス質特性をもち，厚さ 30 cm(積算して)以上の土層をもち，この土層が土壌表面から 25 cm 以内から出現する土壌を Andosols としている．Soil Taxonomy においてもほぼ同様にして Andisols 目が定義されている．

I．黒ボク土(**Kuroboku soils**, 松井　健, 1961)

Melanic or *Silandic Andosols*(WRB)，Udands and Aquands(USA)

火山灰から生成した黒ボク土壌でアロフェン質黒ボク土に相当する．A/Bw/C の層位配列を示し，A 層は厚く(25 cm 以上)，黒～黒褐色(5～10YR3/2, 2/3 まで)を呈し，腐植含量が高く(全炭素含量5%以上)，腐植酸のタイプは A 型に属す．アロフェンやイモゴライト，Al-腐植複合体に富み，リン酸吸収係数は 1,500 mg P_2O_5/100 g 以上の高い値を示す．活性 Al テストで 1 分以内に鮮明な赤色を示し，この反応は野外における火山灰特性の判定に用いられる．粒状～団粒状構造がよく発達しており，砕易で粘着性も弱い．下層との層界は一般に波状で明瞭である．Bw 層は褐色～黄褐色(7.5～10YR3/4, 4/3 を含み，それより明度・彩度ともに高い)を呈し，湿土を指先でこねると水が遊離してぬるぬる

する感じ(smeary)がする．粘土や有機物の移動集積は見られない．土性は埴壌土〜埴土で，やや緻密，亜角塊状構造がやや発達している．その他の理化学性は前述した黒ボク土壌の一般的性質をもっとも典型的に示している．

　黒ボク土は典型的亜型のほかに，他の土壌型への移行的特徴に基づいて，以下のような亜型に区分される．

(Ⅰ) **典型的黒ボク土**：*Melanic Silandic Andosols*, Typic Hapludands

　黒ボク土の特徴的性質が典型的に現れている亜型で，Ah/AB/Bw1/Bw2/BC/C の層位配列を示す．

(Ⅱ) **多湿黒ボク土**：*Gleyic Silandic Andosols*, Aquands

　Ah/AB/Bwg1/Bwg2/BCg/C の層位配列を示す．斑紋ならびにペッド表面や孔隙面に酸化鉄の被膜をもつ層が深さ 50 cm 以内から出現する．下層に不透水層があるために停滞水を生じたり，地下水の影響を受ける排水不良地に生成する黒ボク土である．疑似グライ化火山性黒ボク土ともいわれる．

(Ⅲ) **グライ黒ボク土**：*Gleyic Silandic Andosols*, Aquands

　Ah/AB/Bwg/BwgG/CG の層位配列を示す．土壌表面から 50 cm 以内に地下水グライ層の上端が現れる黒ボク土．地下水面の高い，きわめて排水不良地に生成する黒ボク土で，Bw 層下部から C 層にかけての部分は還元状態にあってグライ化している．グライ化火山性黒ボク土ともいわれる(経済企画庁，1971)．

　黒ボク土の各亜型は腐植層の厚さ，腐植含量によって表される黒ボク土の発達程度あるいは泥炭層の有無によって以下のような土壌種に細分される．

1. **厚層多腐植質**：A 層の厚さ≥ 50 cm，有機態 C ≥ 6％．
2. **厚層**：A 層の厚さ≥ 50 cm，3％≤ 有機態 C ＜ 6％．
3. **多腐植質**：A 層の厚さ 50〜25 cm，有機態 C ≥ 6％．
4. **普通**：A 層の厚さ 50〜25 cm，3％≤ 有機態 C ＜ 6％．
5. **泥炭質**：深さ 100 cm 以内に厚さ 25 cm 以上の泥炭層をもつもの．

Ⅱ. **淡色黒ボク土**(**Light colored ando soils**，経済企画庁国土調査課，1969)

　Silandic Andosols(WRB), Typic or Hydric Hapludands(USA)

　火山灰から生成した土壌で A/Bw/C の層位配列を示すが，黒ボク土と違って A 層が薄く(25 cm 未満)，黒色味が弱い(5〜10YR3/3 を含み，それより明度・彩度ともに高い)．腐植含量は少ないが(有機態 C 含量は 3％未満)，腐植酸の

タイプは黒ボク土と同様A型に属している．Bw層も黒ボク土と同様にアロフェン質であり，その他の性質は黒ボク土と同様である．関東地方で「赤ノッポ」とよばれている土壌は淡色黒ボク土の代表的な例であるが，北海道の天北・網走・十勝地方にも分布が多い．この土壌型の生成過程については，黒ボク土の表層が風食によって失われたとする見解(宮沢，1966；石川，1967)や表層が水食によって周辺の浅い谷に流入して再積成黒ボク土を生成したとする見方(永塚・大羽，1982)などがあるが，未解決の問題が残されている．

III. 準黒ボク土(Para-kuroboku soils, 加藤芳朗, 1977)

Melanic Aluandic Andosols(WRB), Alic Hapludands, Melanudands(USA)

母材が非火山灰あるいは風化の進んだ古い火山灰で，結晶性粘土鉱物を主体とする黒ボク土壌．非アロフェン質黒ボク土に相当する．

断面形態は黒ボク土に類似し，A/Bw/Cの層位配列を示す．A層は発達の弱い団粒状～細粒状構造を示し，厚く(25 cm以上)，黒～黒褐色(5～10YR3/2, 2/3まで)を呈し，腐植含量も高く(全炭素含量5%以上)，腐植酸のタイプはA型に属す．リン酸吸収係数は1,500 mg P_2O_5/100 g以上の高い値を示す．Bw層は黒ボク土にくらべてやや黄色味が強く，緻密，重粘でしばしば斑紋が見られる．全層にわたって塩基の溶脱が進み酸性が強い．

粘土鉱物組成はハロイサイト(0.7 nm)，Al-ヴァーミキュライト，ギブサイトなどの結晶性粘土鉱物を主体とするため，表9.2に示したように，黒ボク土とは違った理化学性をもっている．$Si_{ox} < 0.6\%$ かつ $Al_{py}/Al_{ox} \geq 0.5$ という基準によってアロフェン質黒ボク土と区別される．

準黒ボク土の亜型以下の細分は，黒ボク土の場合と同様である．

IV. 褐色黒ボク土(Fulvudands, Shoji, 1988)

Fulvic Andosols(WRB), Fulvudands(USA)

従来，火山灰に由来する褐色森林土とよばれてきた土壌であり，わが国の林野土壌分類(土じょう部，1976)で褐色森林土とされているものの中にはこの土壌型がかなり含まれている．断面形態は褐色森林土のそれに類似しており，A/Bw/Cの層位配列を示す．火山灰特性をもつが，A層の色は黒ボク土ほど黒くなく(湿土の明度，彩度ともに3以上)，腐植含量も多くない(個々の層の有機態C≧4%かつ加重平均有機態C≧6%)．腐植酸よりもフルボ酸の割合が高く，

腐植酸のタイプは P 型あるいは B 型である(Shoji, 1988). 樹木起源の植物珪酸体を多く含み(10%以上), 森林植生下で生成したことを示している(近藤, 1988). アロフェン質, 非アロフェン質の両方がある.

V. 未熟黒ボク土

Vitric Andosols(WRB), Vitrands, Aquands(USA)

ガラス質特性をもつ黒ボク土. 地表に堆積した火山放出物が, ある程度の土壌化作用を受け, 黒ボク特徴(火山灰特性)をもつところまでは至らないが, リン酸を固定する性質(リン酸吸収係数が 300 以上 1,500 mg P_2O_5/100 g 未満)や有機物の集積(全炭素で 3%以上)を示し始めた段階の土壌である. 本土壌群は, 最近の火山放出物が厚く堆積することのないやや年代の経過した火山放出物上に分布すると考えられるが, 従来のわが国の農耕地土壌調査では火山放出物未熟土あるいは黒ボク土に分類されていたため, 分布に関する正確な情報はまだ得られていない(小原ほか, 2011).

I. 塩成土壌綱(Halomorphic soils)

半乾燥ないし乾燥地域には, 可溶性塩類あるいは多量の交換性ナトリウムの影響を受けた特異な土壌が生成している. これらの土壌は, 実用的には表 9.3 に示したように土壌溶液の電気伝導度, 交換性陽イオン中に占める Na イオンの割合, 土壌反応などに基づいて**塩類土壌**(saline soils), **塩類アルカリ土壌**(saline-alkali soils), **アルカリ土壌**(alkali soils)に類別され, これらの名称が一般的に用いられている場合が多いが, これは土壌系統分類学的な名称ではないことに注意する必要がある.

表 9.3 塩類土壌, 塩類アルカリ土壌, アルカリ土壌の定義
(アメリカ農務省塩分研究所, 1954 による)

	塩類土壌 Saline soils	塩類アルカリ土壌 saline-alkali soils	アルカリ土壌 alkali soils
電気伝導度EC*	> 4	> 4	< 4
交換性Na%(ESP)	< 15	> 15	> 15
pH	< 8.5	—	8.5〜10
主な陰イオン	Cl^-, SO_4^{2-} (NO_3^-)	—	—
土壌の状態	凝縮		分散
他の名称	この一部をソロンチャークという		ソロニェーツ

* mmho/cm (25℃)

これらの土壌は，その地方の成帯性土壌の分布域内に，斑点状あるいは島状をなして不連続に分布している成帯内性土壌であり，その大部分はアメリカの土壌分類体系におけるアリディソル目(Aridisols)に包含されるが，一部はモリソル目(Mollisols)やアルフィソル目(Alfisols)に属している．

またWRBでは，ソロンチャークおよびソロニェーツという2つの照合土壌群に含まれている．

塩成土壌綱には，一連の塩類化作用と脱塩化作用を通じて発達する3種の土壌型すなわちソロンチャーク，ソロニェーツ，ソーロチが属している．この3種の土壌型は，成因的にも地理的にも相互に密接な関連をもっているにもかかわらず，それぞれ全く違った独自の形態的特徴と性質をもっている．なおこれらの土壌型の生成過程については，7.14.，7.15.を参照していただきたい．

Ⅰ．ソロンチャーク(**Solonchaks, Glinka**, 1908)

Solonchaks(WRB)，Salids(USA)

ソロンチャークは乾燥〜半乾燥地域の分泌型水分状況下において，可溶性塩類に富む母岩上あるいは塩分に富んだ地下水が地表面近くに存在しているところに生成しており，前者は自動成ソロンチャーク，後者は水成ソロンチャークともいわれる．水成ソロンチャークは主に，氾らん原，低位河岸段丘，湖岸沿いの凹地，海岸の低地，干あがった湖底などに分布している．北アフリカ，近東，旧ソ連，中央アジア，オーストラリア，アメリカなどに分布が多い．ソロンチャークの形態的ならびに化学的性質は塩類化作用に参加する地下水の化学組成や地下水位などによって左右され，次のような亜型が区別されている．

(Ⅰ)**典型的ソロンチャーク**(Typical solonchaks)

Haplic Solonchaks，Typic Haplosalids

浸水の影響を受けることのない塩湖周辺の湖岸段丘や低位河岸段丘などの，塩分を含んだ地下水面が深い(2〜3m)ところに分布している．このような条件下では，塩分に富んだ地下水が毛管水流や薄膜水流となって連続的に上昇し，地表面から蒸発する際にそこに多量の可溶性塩類を集積する．このようにして集積した可溶性塩類が風解して，薄い白色の皮殻となって地表面を覆っているので，かつては**白アルカリ土**(white alkali soils)とよばれたこともある．

土壌断面の層位分化は弱く，Az/Cz の層位配列を示す．表層には厚さ 0.5～1.0cm の薄い塩類皮殻と，凝固した土壌粒子と塩類の結晶からなる，厚さ 2～4cm の砕易な層位(Az)が発達している．断面全体にわたって多量の可溶性塩類の析出が見られ，とくに断面上部に多い．水溶性塩類のほかに石こう($CaSO_4 \cdot 2H_2O$)や炭酸塩も含まれている．一般に，腐植はほとんど含まれず(1%以下)，土壌反応は弱アルカリ性(pH<8.5)を示す．

植生はオカヒジキ属のような塩生植物がまばらに生えているだけで，自然状態の典型的ソロンチャークは生産力の低い放牧地として利用されているにすぎない．

(Ⅱ)**湿草地性ソロンチャーク**(Meadow solonchaks)

　　Mollic Solonchaks, Calcic Haplosalids

氾らん原や塩湖周辺の凹地で，塩分を含んだ地下水が比較的浅い(深さ 1～2m)ところに生成している．河川の氾らんによってときどき浸水するところでは，塩分を含んだ地下水の水位が上昇する結果，湿草地土壌で支配的であった洗浄型水分状況が分泌型水分状況に変化するために，湿草地土壌に塩類が集積するようになる．

土壌断面は Az/Bz(Bzg)/Gz の層位配列を示す．Az 層は灰色を帯びた腐植質の層で，植物根の残渣がしばしば認められるが，一般に腐植含量は 1～2%で低い．白色の脈状，塊状または小斑点状に塩類が析出している．土壌表面には褐色がかった白っぽい塩類の薄い皮膜があるが，これは一般に軟らかく，潮解して湿っている．Bz(Bzg)層は褐色ないし淡黄色で，腐植含量は少ないが，腐植は比較的一様に分布している．赤褐色ないし黄褐色の斑紋が認められ，グライ化の徴候を示している場合もある．Gz 層は青灰色のグライ層で，赤褐色～黄褐色の斑紋に富んでいる．表層の易溶性塩類の含量は 5%前後で，反応は断面全体にわたって弱アルカリ性を示し，肥沃度は低い．

(Ⅲ)**沼沢性ソロンチャーク**(Boggy solonchaks)

　　Gleyic Solonchaks, Typic Aquisalids

塩分を含んだ地下水の水位が浅い(深さ 0.5～1.0m)場所で，沼沢性～塩生の植生下に生成している．土壌断面は Azg/Gz の層位配列を示す．Azg 層は暗藍色を帯びた灰色の色調を示し，腐植をわずかに含んでいる．赤褐色～黄褐色の

斑紋が見られ，グライ化の徴候を示している．この層の上部全体にわたって，白っぽい塩類の薄い外皮が見られる．脈状，小斑点状，塊状の塩類の析出が多数認められる．Gz 層は暗藍色のグライ層で，黄褐色～赤褐色の斑点状あるいは脈状の斑紋があり，また塩類が塊状に析出して変色している．

II. ソロニェーツ(Solonetz, Dokuchaev, 1899)

Solonetz(WRB), Natrargids(USA)

ソロニェーツは，森林ステップ，ステップおよび半沙漠地帯の排水不良な低地に，ソロンチャークに伴って分布している成帯内性土壌型である．気候変化による降水量の増大や地下水位の低下といった自然環境条件の変化，あるいは人為的な灌漑などによってソロンチャークから可溶性塩類が溶脱される脱塩化作用によって生成する．この脱塩化過程においては，交換性 Na イオンが主要な役割を演じる結果，強アルカリ性土壌が形成されるためソロニェーツ化作用あるいはアルカリ化作用とよばれている(7.15.1.参照)．

ソロニェーツ化作用は可溶性塩類の中に炭酸ナトリウムが存在するときにもっとも急速かつ完全に進行する．すなわち土壌吸着複合体中に存在する交換性 Ca イオンや Mg イオンが炭酸ナトリウム中の Na イオンと交換する反応によって，難溶性の炭酸カルシウムや炭酸マグネシウムが形成されるため，この反応は Na が吸着複合体から Ca や Mg を追い出す方向に進行する．

(吸着複合体)Ca ＋ Na_2CO_3 → (吸着複合体)2Na ＋ $CaCO_3$

吸着複合体が Na イオンで十分飽和された後，ソロンチャークの表層から可溶性塩類が溶脱され，過剰にあった電解質の凝固作用がなくなると，Na で飽和された粘土や腐植は分散し始めて下層に移動し，可溶性塩類がまだ多量に存在している場所で再び凝固して集積する．土壌断面は分散移動した腐植のために暗色を呈しているので，かつては**黒アルカリ土**(black alkali soils)ともよばれた．Na イオンで飽和された吸着複合体の加水分解によって水酸化ナトリウム(NaOH)が生じるため，土壌は強アルカリ性反応(pH＞8.5)を示す．

(吸着複合体)Na ＋ H_2O → (吸着複合体)H ＋ NaOH

生成した水酸化ナトリウムは二酸化炭素と反応して炭酸ナトリウムを生じ，さらにソロニェーツ化作用が進行する．

2NaOH ＋ CO_2 → Na_2CO_3 ＋ H_2O

ソロニェーツの断面形態は，一般に A1A2/Bt/Bk/Bz/Cz, y, k の層位配列を示す．A1A2 層は粘土や腐植が洗脱された洗脱層で，淡灰色を呈し，砕易で薄板状構造を示し，反応は弱酸性〜中性である．Bt 層はコロイドの集積層で，とくに粘土含量が高い(ナトリック層)．褐色または暗褐色を呈し，乾燥時には緻密で，独特な角柱状または円柱状構造を示すが，湿潤時には粘着性を示し，膨潤して無構造となる．反応は強アルカリ性で，孔隙率が小さく透水性が悪い．Bk 層は，Bt 層における交換反応で生じた Na_2CO_3 が $CaSO_4$ と反応して生じた $CaCO_3$ の集積層であり，Na_2SO_4 は溶脱されてさらに下方に集積する．

$$CaSO_4 + Na_2CO_3 \rightarrow CaCO_3 + Na_2SO_4$$

Bz 層は NaCl や Na_2SO_4 の集積層である．Bt 層の下方の塩類集積層は，ソロニェーツの脱塩化の程度に応じて異なり，初期には NaCl や Na_2SO_4 が認められるが，中期には $CaSO_4$ が見られるようになり，後期には $CaCO_3$ の集積が見られ，NaCl や Na_2SO_4 のような可溶性塩類はさらにその下方に集積するようになる．ソロニェーツがさらに塩基溶脱作用を受けると，交換性 Na イオンを完全に失って，次に述べるソーロチが生成するようになるが，それに至る中間的なものはソーロチ化ソロニェーツ(solodized solonetz)とよばれている．

主要な分布地域は，ウクライナ，ロシア，カザフスタン，ハンガリー，ブルガリア，ルーマニア，中国，アメリカ合衆国，カナダ，南アフリカ，アルゼンチン，オーストラリアなどにある．

Ⅲ．ソーロチ(Solods, Gedroiz, 1925)

Solodic Planosols(WRB)，Typic Albaqualfs(USA)

ソーロチは，ソロニェーツの脱塩化過程がさらに進んで，土壌吸着複合体から交換性 Na イオンが完全に除去された段階で生成する成帯内性土壌型である．ソーロチの生成条件は降雨水が土層全体を貫通洗浄することであり，このような条件は直接その場所に降った雨水以外に，他所に降った雨水や雪解け水が表面流去水となって補給されるような低所に見られる．交換性 Na イオンが除去されていく作用はソーロチ化作用または脱アルカリ化作用とよばれている (7.15.2. 参照)．

断面形態は A/E/Bt/Bk/Ck の層位配列を示す．A 層は灰色で腐植を含み，砕易な板状構造を示す．E 層はコロイドの大部分が洗脱され，明瞭な薄片状または

葉片状のもろい構造をもち，酸化鉄や腐植酸の大部分が除去され，相対的に富化した石英や非晶質 SiO_2 によって白色を呈している．この漂白層はソーロチに特有な層位であるため**ソーロチ化洗脱層**ともいわれる．Bt 層は粘土，腐植，Fe_2O_3 や Al_2O_3 などの集積層で，灰褐色，緻密で円柱状または角柱状構造を示し，構造単位(ペッド)の表面に黒色被膜が見られる．この層位の上部は破壊されていることもあるが，一般にソロニェーツ層の特徴が保たれているので**ソロニェーツ性集積層**ともいわれる．Bk 層は炭酸塩の集積層で，しばしばグライ化の特徴である鉄の結核が見られる．

土壌反応は断面上部で弱酸性〜弱アルカリ性，下部では弱アルカリ性を示し，吸着複合体は Ca イオンと Mg イオンで飽和されている．そのため湿草地性の草本類やヤナギ・ヤマナラシなどの低木類も生育するようになり，農耕地としても利用が可能である．しかし，斑点状に分布するため，大規模な耕地化は困難である．

B. 水成土壌門 (Hydromorphic soils)

水成土壌門には，孔隙が一時的または絶えず水で飽和されているため土壌断面内の酸素が長期間にわたって欠乏する結果，鉄・マンガンの一部の還元による可動化と緩慢な有機物の分解によって特徴づけられる土壌が包括される．泥炭土壌も水文学的条件から見れば，少なくともその一部は水成土壌とみなすこともできるが，その成因的特殊性から別のカテゴリーに位置づけられている場合が多いので，本書でも泥炭土壌門として別に取り扱った．

水成土壌門に属する土壌は，停滞水の影響を強く受けて生成した土壌群(停滞水土壌綱)と地下水の影響下に生成した土壌群に区別され，後者はさらに地下水位の変動の振幅により，地下水位がかなり変動するもの(低地土壌綱)，地表面下約 1.5 m 以内に生じる高い地下水位をもつもの(グライ土壌綱)，定期的または一時的に冠水するもの(マーシュ土壌綱)に区分される．

水成土壌は，山地や台地上の凹地，山間の谷底平地，海岸平野に広く分布しており，以下に述べるような多くの種類の成帯内性土壌型を含んでいる．

これらの水成土壌はアメリカの分類体系では，アクアート(Aquert)，アクアンド(Aquand)，アクエント(Aquent)，アクエプト(Aquept)，アクオル(Aquoll)，

アクオッド(Aquod)，アクアルフ(Aqualf)，アクアルト(Aquult)，アクオックス(Aquox)の9つの亜目に位置づけられている.

一方，WRBではプラノソル(Planosols)，スタグノソル(Stagnosols)，フルビソル(Fluvisols)，グライソル(Gleysols)といった4つの照合土壌群の中に含まれている.

a. 停滞水土壌綱(Stagnant-water soils)

土壌学で用いられる**停滞水**(stagnant water)というのは，その場に降った雨水が比較的浅い位置(地表下約1.5m以内)にある，透水係数が10^{-6}cm/sec以下の難透水層の上に溜まったもので，多くの場合，夏季には消失する(図9.20). このような停滞水の影響を受けて生成した土壌には，疑似グライ土，停滞水グライ土ならびにプラノソルの3つの土壌型がある.

I. 疑似グライ土(Pseudogley, Kubiena, 1953)

Lubic or *Haplic Stagnosols*(WRB), Aquents, Aquepts, Aqualfs, Aquults, Aquolls(USA)

湿潤温帯気候下の細粒質・緻密な母材からなる台地上の平坦地に生成する成帯内性土壌型で，亜湿潤〜乾燥気候下には出現しない. 融雪期や季節的な長雨の時期には難透水層が存在するために停滞水が生じ，断面内の酸素が欠乏するとともに有機物の無機化が抑制されて，反応性に富む腐植ゾルが形成される. その結果3価鉄は2価鉄に還元されて可動化し，わずかに移動する. 夏季には急速な乾燥により停滞水は消失し，鉄は酸化されて鉄さび色の条線，斑紋，結核となって沈積する. このようにして鉄の抜けた灰色部分と鉄が沈積した鉄さび色の部分からなる大理石紋様を示す特徴的な断面が発達する. この過程は疑似グライ化作用とよばれ，その詳細は7.8.で述べたとおりである.

断面形態は一般にOe/A/Bwg/Btg/Cgの層位配列を示し，Oe層は粗腐植(モル)ないしモダー型の形態を示し，A層は孔隙に比較的乏しく，腐植のために暗灰色を呈する. Bwg層は通常明灰色で，その上部にはしばしば腐植ゾルの滲入のためやや暗色である. また Bwg 層は鉄さび色の斑紋および若干の黒褐色をしたマンガン結核をもつことがあり，角塊状構造を示す. Btg 層は帯赤褐色および鉄さび色が優勢で，その中に常に灰色の斑紋や条線斑が存在し，結核もわずかに見られる. 角柱状構造が発達し，構造面に粘土被膜や有機物の被膜が認められる.

310　9. 土壌系統分類

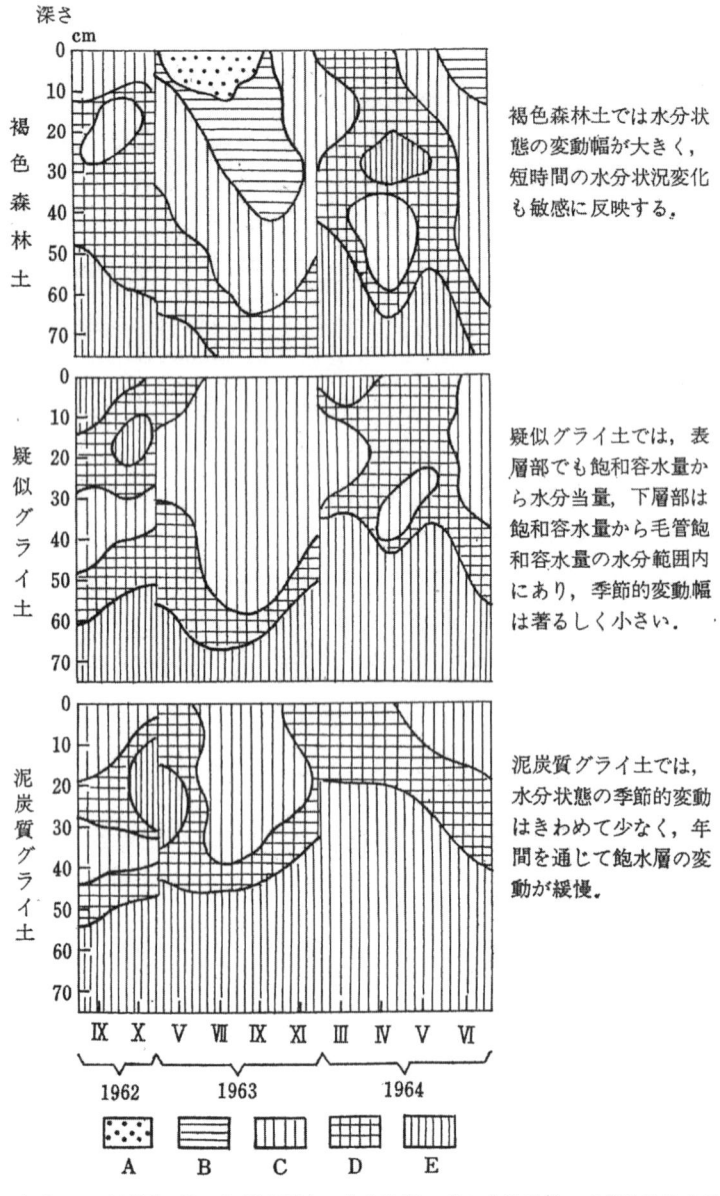

褐色森林土では水分状態の変動幅が大きく，短時間の水分状況変化も敏感に反映する。

疑似グライ土では，表層部でも飽和容水量から水分当量，下層部は飽和容水量から毛管飽和容水量の水分範囲内にあり，季節的変動幅は著るしく小さい．

泥炭質グライ土では，水分状態の季節的変動はきわめて少なく，年間を通じて飽水層の変動が緩慢．

A：初期萎凋点以下，B：初期萎凋点〜水分当量，C：水分当量〜毛管飽和容水量
D：毛管飽和容水量〜飽和容水量，E：飽和容水量（完全飽和状態）

図 9.20　水分状態の季節的変動　（佐久間敏雄，1964）

一般に強度に塩基の溶脱作用を受けており，表層で強酸性，下層で弱酸性を示す．A層とBwg層の構造は孔隙を含むが，Btg層ではわずかな孔隙もほとんど細粒物質で充填されてきわめて緻密になっているため，根の伸長が妨げられ，乾いた状態では非常に硬くなる(図9.21)．このような物理・化学的特性のため土壌動物はごく表層にしか生育できず，土壌中の生物活性は弱い．

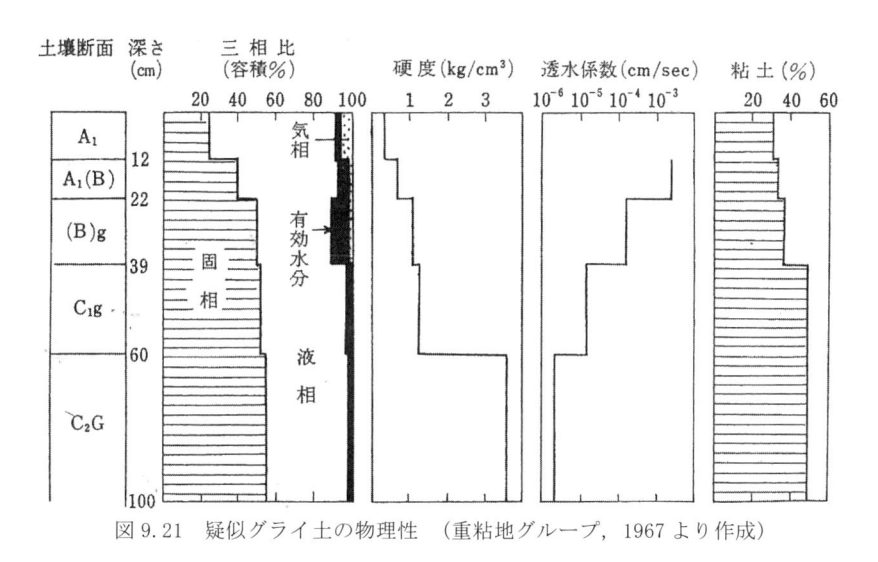

図9.21 疑似グライ土の物理性 (重粘地グループ，1967より作成)

わが国では，青森県下北半島の凝灰質泥層を母材とする湿潤な土壌が疑似グライ土に相当することが松井(1964a)によって最初に明らかにされ，その後，北海道北部で「重粘土」とよばれてきた，更新世台地上に分布する土壌の大部分が疑似グライ土に相当することが明らかにされた(重粘地グループ，1967)．疑似グライ土の不透水層の起源には，緻密な地層の場合(一次疑似グライ土)と粘土の機械的移動によって生成したBt層が不透水層となる場合(二次疑似グライ土)があるが，下北半島および北海道の重粘土の大部分は一次疑似グライ土である．これらの土壌は重粘なため排水が悪く，また農機具に付着して耕耘に多大の労力を必要とし，農作物は根腐れなどの湿害を受けやすい．

このような土壌を改良するためには暗渠排水が基本的なものであるが，それだけでは中間層の乾燥硬化を招くので，心土破砕を併用することが必要である．心土破砕は単に固結した土層を破壊して膨軟化するだけでなく，水分物理性や

土塊間凝集力にも影響をおよぼし，土塊の粒径，機械的分散に対する抵抗性を減少させる(佐久間，1971).

疑似グライ土の亜型は，ポドゾル，褐色森林土，パラ褐色土，チェルノーゼムなどの成帯性土壌型やグライ土などの成帯内性土壌型との移行的亜型が非常に多数存在するが，わが国では典型的疑似グライ土，ポドゾル性疑似グライ土，準褐色森林土性疑似グライ土などの亜型が認められている(重粘地グループ，1967)．また最近の農耕地土壌分類(小原ほか，2011)では水田化，地下水型，腐植質，褐色，普通の5つの亜群に区分されている．

(Ⅰ) 典型的疑似グライ土(Typical pseudogley)

Haplic Stagnosols, Typic Epiaquepts(Epiaquults)

Oe/Ah/AB/Btg/Cg/G の層位配列を示し，表層部にはかなり有機物が集積している．粘土質とくに凝灰岩質粘土を母材としたものが多い．

(Ⅱ) ポドゾル性疑似グライ土(Podzolic pseudogley)

Haplic Stagnosols(*Albic*), Typic Epiaquepts

Oe/Ah/E/B1/B2g/G の層位配列を示す．Ah 層＋E 層の厚さの合計は 30 cm 以下．この亜型は台地の末端部付近で表層が粗粒砂あるいは礫を混じているところに生成している場合が多い．

(Ⅲ) 準褐色森林土性疑似グライ土(Parabraunerde-like pseudogley)

Luvic Stagnosols, Aeric Epiaquults

Oe/Ah/AB/Btg/BCg/G の層位配列を示し，Ah 層と AB 層の境界はきわめて明瞭であるが，AB 層と Btg 層は漸移している．AB 層は黄灰色を呈し，粘土が洗脱されて Btg 層に集積しているが，ポドゾル性土壌と異なり鉄やアルミニウムの溶脱・集積は認められない．この亜型は段丘上の凸地部に局所的に分布している．

(Ⅳ) 地下水型疑似グライ土(Groundwater-aquic pseudogley)

Endogleyic Stagnosols, Typic Endoaquepts(Endoaquents)

土壌表面から 50～75 cm に，厚さ 10 cm 以上の地下水湿性特徴(年間のある時期，水で飽和されているが，グライ層ではなく，ペッド表面や孔隙面に酸化鉄の被膜がある)またはグライ層の上端が現れる疑似グライ土．

(V) 腐植質疑似グライ土(Humic pseudogley)

Umbric Stagnosols, Typic Humaquepts(Umbraquults)

腐植質表層(湿土の色が明度・彩度ともに3以下ただし3/3は除く,有機態炭素含量が3%以上,厚さ25cm以上)または多腐植質表層(有機態炭素含量が6%以上の腐植質表層)をもつ疑似グライ土.

(VI) 褐色疑似グライ土(Aeric pseudogley)

Haplic Stagnosols, Aeric Epiaquepts(Epiaquults)

土壌表面から30cm以内に疑似グライ層(厚さ10cm以上で,ペッド表面や孔隙面が灰色で,ペッド内部の色が表面より赤く,彩度が大きい層)または厚さ10cm以上の地下水湿性特徴を示す層が見られない疑似グライ土.

(VII) 普通疑似グライ土(Haplic pseudogley)

Haplic Stagnosols, Typic Epiaquepts(Epiaquults)

典型的疑似グライ土とほぼ同じである.

II. 停滞水グライ土(**Stagnogley**, **Vogel**, 1957)

Gleysols, *Anthrosols*(WRB);

Epiaquepts, Endoaquepts, Endoaquents(USA)

湿潤冷温帯気候下の比較的高い中山地や台地上の平坦地ないし凹地で,細粒質・緻密な母材上に生成する成帯内性土壌型である.疑似グライ土と異なり,常時停滞水が存在するため還元的条件が優勢で,断面内に第1鉄イオン(Fe^{2+})が常に存在し(あるいは表層から鉄が完全に溶脱されている),しばしば泥炭や亜泥炭が表層に形成されている.

断面形態は一般にO/Ah/Bg/Cg/Crの層位配列を示す.O層は粗腐植様の上部と強度に分解した黒色の亜泥炭様の部分に二分される.Ah層は腐植にすこぶる富むため斑紋は識別できないが,グライ化の影響が認められる.Bg層は水成の漂白層で,これも酸性の腐植が浸み込んだ紫色がかった暗灰色の上部とその下部の緻密な明るい漂白帯に分かれている.Cg層はにぶい灰色と鉄さび色の紋様をもつ緻密な下層土で,乾燥すると大角塊状に割れる.Cr層は緻密なグライ層である.過湿のときには乳清のような土壌水が下層土から湧出するので,ドイツでは古くから**乳清土壌**(Molkenboden)とよばれていた.

停滞水グライ土は，塩基が極度に溶脱されているため強酸性を示し，下層土は上部にくらべて粘土部分が多く，きわめて緻密である．このような物理・化学的性質は停滞水による冷涼な土壌気候とあいまって，生態的にきわめて不利な環境条件を作っており，ヨーロッパトウヒでさえも生育が阻害されるといわれている．わが国では北海道北部の日本海沿岸の高台・段丘上に分布するが，疑似グライ土が広く分布しているオホーツク海沿岸の台地上には分布しておらず,両地域の水文学的条件の相違を反映しているものと考えられている(重粘地グループ，1967)．

停滞水グライ土は，農耕地土壌分類(小原ほか，2011)では水田型，表層泥炭質，腐植質，普通の4つ亜群に区分されている．

(Ⅰ)水田型停滞水グライ土(Irrigation water-aquic Stagnogley)

Anthraquic Gleysols, *Hydroagric Anthrosols*

Typic Epiaquepts

水稲耕作下で灌漑水によって生成し，落水後も残って作土から下方へ発達している，厚さ10cm以上のグライ層(水田逆グライ層)をもつ停滞水グライ土．水田鉄集積層はもたない．

(Ⅱ)表層泥炭質停滞水グライ土(Epi-peaty Stagnogley)

Histic Gleysols, Typic Epiaquepts(Endoaquents)

土壌表面から25cm以内に，積算して10cm以上の厚さをもつ泥炭層をもつ停滞水グライ土．

(Ⅲ)腐植質停滞水グライ土(Humic Stagnogley)

Umbric Gleysols,

Typic Humaquepts, Humaqueptic Endoaquents

腐植質表層(湿土の色が明度・彩度ともに3以下ただし3/3は除く，有機態炭素含量が3%以上，厚さ25cm以上)または多腐植質表層(有機態炭素含量が6%以上の腐植質表層)をもつ停滞水グライ土．

(Ⅳ)普通停滞水グライ土(Haplic Stagnogley)

Haplic Gleysols, Typic Epiaquepts(Endoaquents)

上記以外の停滞水グライ土．

III. プラノソル(**Planosols, Baldwin, Kellogg and Thorp**, 1938)

Planosols(WRB), Albaqualfs, Albaquults, Argialbolls(USA)

激しい降雨と土壌断面が乾燥する時期が交互に生じる，きわめて対照的な季節を伴ったプレリー，ステップ，サバンナ地帯に局所的に分布する成帯内性土壌型である．断面形態は一般的に O/A/Eg/Bw または Bt/C の層位配列を示す．断面形態も対照性に富んでおり，粗粒質で漂白層の性質を示す Eg 層から，Bw 層または Bt 層の性質をもつ粘土質で緻密な下層へ急激に変化しており．層界は平坦で画然としている．プラノソルという名称は平坦を意味するラテン語の *planus* に由来している．

激しい降雨の際に生じる表面流去水によって表層の微細粒子は側方へ洗脱されているが，洗脱された成分が下層に集積して Bt 層を形成することはない．こうして表層に地下水が形成されやすくなると，鉄が還元可動化されて Fe^{2+} イオンが形成される．この Fe^{2+} イオンが乾燥期に再酸化されて Fe^{3+} に変わるときに H^+ イオンが遊離されるため土壌は酸性化して粘土鉱物を破壊する(フェロリシス ferrolysis)．このような側方への洗脱とフェロリシスによって，粗粒質な漂白層(アルビック層)が形成される過程はプラノソル化作用とよばれている．このほかに粘土の機械的移動(レシベ化作用)によって生成した土壌の Bt 層が不透水層となって，その表層がプラノソル化されてできた多サイクル的なプラノソルも存在する．

プラノソルの利用は，地下水の存在する期間の長短によって異なる．もっとも湿潤なプラノソルは稲の栽培に利用されているが，乾燥期間の長いものは耕作することができず，生産力の低い自然草地(パンパ)に向けられている．南米のブラジル南部，パラグアイ，アルゼンチン，アフリカのサヘル帯，南アフリカ，東アフリカ，アメリカ合衆国東部，東南アジアのバングラデシュ，タイ，オーストラリアなどに分布している．

以下のような亜型が知られている．

(I) **典型的プラノソル**(Typical Planosols)

Haplic Planosols(*Albic*), Typic Albaqualfs

Ai/Eg/Bt/C の層位配列を示す．

(Ⅱ) 疑似グライ化プラノソル(Pseudogleyed Planosols)

 Haplic Planosols(*Ferric*)，Aeric Albaqualfs

 O/Ah/Eg/Bt/C の層位配列を示す．

(Ⅲ) 腐植質 **Bt** 層をもつプラノソル(Planosols with humic Bt horizon)

 Haplic Planosols，Vertic Albaquults

熱帯気候下で生成し，粘土と腐植の分散およびレシベ化作用が同時に生じており，腐植を含んだ粘土被膜が褐色または黒色を呈しているプラノソル．

(Ⅳ) ヴァーティソル的プラノソル(Vertic Planosols)

 Vertic Planosols，Vertic Albaqualfs

膨潤性粘土鉱物に富む，暗色のヴァーティソルの上に形成されたプラノソル．

(Ⅴ) ソーロチ性プラノソル(Solodic Planosols)

 Solodic Planosols，Albic Natraqualfs

かつてのソロネッツあるいはソーロチが発達して Na^+ イオンを失い，断面上部がかなり顕著に酸性化しているプラノソル．

b. 低地土壌綱(Lowland soils)

低地土壌というのは，谷間や沖積平野などの低地の中で地下水位が河川の水位変動に応じてかなり大きく変動する地帯に分布し，比較的新しい時期に堆積した河川堆積物を母材として生成した，層位分化程度の弱い土壌で，沖積土壌(Alluvial soils)ともいわれる．

地下水位の変動に対して河川が影響をおよぼす距離は下層の透水性によって左右され，わが国の中小河川の例では粘土質な地域では100m内外であるのに対して，砂質な地域では400〜500mに達することが知られている(浜崎，1976)．また中部ヨーロッパでは4〜5kmの遠方まで高水位の影響を受けるといわれている(ミュッケンハウゼン，1973)．

一般に低地土壌では，年間を通じての地下水位の変動の幅は4m以上に達するといわれているが，わが国の低地土壌の大部分は水田として利用され，稲作期間は灌漑水によって湛水されるため地下水位の変動幅はそれほど大きくないが，それでも図9.22に見られるように，灰色低地土や褐色低地土では，黒泥土やグライ土にくらべて年間の平均地下水位は相対的に低く，地下水位の変動量も大きい．

低地土壌の母材は，高山地の谷底平地では河川集水域の地質を構成している岩石の砕屑物からなり，このような場合，**原地性低地土壌**(autochthonous lowland soils)とよばれる．一方，土壌侵食が盛んな中山地や丘陵地の低地では，山地や丘陵から運ばれた土壌物質が母材となっている場合が多く，このような土壌は**異地性低地土壌**(allochthonous lowland soils)という．河川堆積物の粒度は河川の流速によって変化し，流れの強い場所では粗粒質であるのに対して，流れの弱い場所では細粒物質が堆積する．河川の氾らんがたびたび繰り返されるところでは，土壌生成作用がたびたび中断されるために土壌は若く，また粒度の異なる堆積物が累積した母材となっている場合が多い．

Ⅰ．低地未熟土(**Raw alluvial soils**, **Avery**, 1973)

　Haplic Fluvisols(*Arenic*)(WRB)，Udipsamments(USA)

　低地の新しい河川堆積物に由来し，ほとんど腐植を含まない Ai 層が C 層の上に直接のった Ai/C 断面を示す．Kubiena(1953)はこの土壌型に対して Rambla("粗い砂"を意味するアラビア語 ramula に由来するスペイン語)という名称を提案した．一般に粗粒質で透水性が非常に大きいため乾燥しやすく，化学的風化はほとんど進んでいない．

Ⅱ．未熟低地土(**Young alluvial soils**)

　Haplic Fluvisols(WRB)，Udifluvents，Psamments(USA)

　低地の比較的年代の新しい河川堆積物上に生成しているが，低地未熟土と違って典型的な A 層が発達し，A/C 断面を示す．低地未熟土がさらに発達したもので，風化が進み，細粒物質が多くなり土性は砂壌質であることが多い．そのため水分保持量が多くなり，物理性，化学性および生物的性質は低地未熟土よりも良好である．Kubiena(1953)はこの土壌型に対して，スペインの Paternia 川にちなんでパテルニア(Paternia)という名称を提案した．

Ⅲ．褐色低地土(**Brown lowland soils**, 鴨下　寛, 1936)

　Haplic Fluvisols(WRB)，Udifluvents，Psamments(USA)

　自然堤防，沖積河岸段丘，扇状地あるいは河床からやや離れた比較的安定した沖積面などに分布する非成帯性土壌型で，一般に A/Bw/Go の層位配列を示す．砂礫質の母材から生成し，低地土壌の中ではもっとも排水良好な土壌に属し，地下水位は低く約 2 m 以下である場合が多い．褐色化作用(7.4.参照)が進行し，

腐植を含む薄いA層の下に,遊離酸化鉄によって一様に黄褐色(7.5YR～7.5Y,明度3以上,彩度3～6)に着色された厚いBw層があり,その下は鉄やマンガンの斑紋のあるGo層に移行している.遊離鉄がその場で生成したものではなく,すでに褐色に酸化した土壌物質が再堆積した異地性褐色低地土の場合には,層位配列はA/M/Goと示される.褐色低地土はドイツの分類体系におけるヴェガ(Vega)(Kubiena, 1953)に相当する.

褐色低地土は一般に孔隙量が多く,通気性および根の伸長性は良好である.生物活性はきわめて良好で,有機物はよく分解され,ムル型の腐植が形成され,断面内に多くのミミズの通路が認められる.化学的性質は母材の化学組成や地下水または氾らん水の水質によって左右されるが,一般に細粒質母材では養分含量は中～大であるが,中粗粒質母材では中～少,砂礫質母材では塩基の溶脱が多く,養分含量は少ない.

わが国では水田および普通畑として利用されることが多く,畑地の多くは生産力の高い野菜畑となっている.水田として利用されている場合には,断面全体にわたって斑紋の形成が認められるようになり褐色低地水田土の方向に変化している(水田土壌の分類の項参照).とくに中粗粒質,砂礫質の母材に由来する場合には養分の溶脱を受けやすく,漏水過多の秋落ち田が多い.

褐色低地土の主要な亜型として次のようなものがある.

(Ⅰ) **典型的褐色低地土**(Typical Brown Lowland soils)

Haplic Fluvisols, Typic(Udifluvents, Udipsamments)

A/Bw/Goの層位配列を示し,上述のような褐色低地土の性質を典型的に示すもの.

(Ⅱ) **湿性褐色低地土**(Aquic Brown Lowland soils)

Haplic Fluvisols, Oxyaquic Udifluvents, Aquic Udipsamments

グライ特徴を示さないが,年間のある時期水で飽和され,ペッド表面や孔隙面に酸化鉄の被膜がある層の上端が土壌表面から50～75 cmに現れる褐色低地土.

(Ⅲ) **腐植質褐色低地土**(Humic Brown Lowland soils)

Umbric Fluvisols(*Eutric*), Mollic Udifluvents

湿土の色が明度・彩度ともに3以下(ただし3/3は除く)で,有機態炭素含量を3%以上含む(泥炭は除く),厚さ25 cm以上の表層をもつ褐色低地土.

(Ⅳ) 水田化褐色低地土 (Protoanthraquic Brown Lowland soils)

 Haplic Fluvisols, Oxyaquic Udifluvents, Aquic Udipsamments

 水田化によって作土下方まで灰色化し，斑鉄をもつ褐色低地土．一般に透水性が過良なため養分が溶脱されやすいので，珪酸・塩基類の補給をはかるとともに，床締めやベントナイトの客入によって透水性の減少をはかる必要がある．また有機物の分解が速いので，毎年継続して堆厩肥などの施用をはかることも必要である．下層に砂礫層が存在する場合には，客土による作土深の確保が必要である．逆に集積層が発達して下層が緻密になっている場合には心土耕によって透水性をよくすることが必要となる．さらに扇状地や河川の上流部では，冷水灌漑による生育不良を引き起こしやすいので，灌漑水温の上昇に留意しなければならない．

(Ⅴ) 石灰質褐色低地土 (Calcareous Brown Lowland soils)

 Haplic Fluvisols(*Calcaric*), Typic Udifluvents

 異地性褐色低地土であるが，新鮮なレスのような石灰質母材が同時に堆積したり，石灰を含む地下水によって二次的に石灰集積作用を受けたものであり，ヨーロッパのレス地帯や中国の黄土地帯の低地に見られる．

Ⅳ．灰色低地土 (**Gray lowland soils**，鴨下 寛，1936)

 Gleyic Fluvisols(WRB), Aquents, Aquepts, Sulfaquepts(USA)

 自然堤防と後背湿地の中間の沖積面に広く分布する，細粒質で充填の密な堆積物を母材として生成した低地土壌で，一般に Ag/Cg の層位配列を示す．土壌断面の大部分が季節的に変動する地下水の影響を受ける結果，鉄やマンガンの斑紋をもつ，灰色ないし灰褐色(色相 10YR ないし 7.5Y，明度 4 以上，彩度 2 以下)の厚い土層が形成されているのが特徴である．疑似グライ土における大理石紋様の斑鉄層がその場に降った雨水の停滞によって形成されるのに対して，灰色低地土の斑紋をもつ灰色土層は，季節的な地下水の変動によって形成される点が異なっている．日本では，灰色低地土の大部分は古くから水田として利用されてきたため，灌漑水による地下水変動の増幅，湛水時における表層のグライ化と鉄，マンガンの還元溶脱，下層における鉄，マンガンの分離析出(疑似グライ化)，排水工事に伴う地下水位の低下によるグライ土の酸化などが灰色土層の形成を促進してきたものと考えられている(灰色低地水田土壌の項参照)．灰色低地土

では乾湿の交替が生じているため，一般に粗塊状〜柱状構造がよく発達している．

灰色低地土は次のような亜型に分けられている．

(Ⅰ)**典型的灰色低地土**(Typical Gray Lowland soils)

Gleyic Fluvisols, Typic Fluvaquents, Typic Psammaquents

上述の灰色低地土の特徴が典型的に現れているもの．Ag/Cg の層位配列を示し，断面の大部分が灰色(色相 2.5Y ないし 7.5Y，明度 3 以上，彩度 2 以下あるいは無彩色で明度 3 以上)の基色を呈し，ペッド表面や孔隙面に酸化鉄の被膜があるもので，深さ 75 cm 以内にグライ層は認められない．水田として利用する場合は生産力が高い土壌に属するが，下層土が緻密なため，畑として利用する場合には排水に留意する必要がある．

(Ⅱ)**硫酸酸性質灰色低地土**(Thionic Gray Lowland soils)

Gleyic Fluvisols(Thionic), Sulfic Endoaquepts(Fluvaquents)

土壌表面から 75 cm 以内に，ジャロサイトの斑紋をもち，pH(H_2O)が 4.0 未満を示す厚さ 15 cm 以上の層があるか，あるいは水で飽和されており，過酸化水素による pH(H_2O_2)が 3.0 未満を示す層の上端が現れる灰色低地土．

(Ⅲ)**泥炭質灰色低地土**(Peaty Gray Lowland soils)

Gleyic Histic Fluvisols, *Gleyic Thaptohistic Fluvisols*

Fluvaquentic Endoaquepts, Thapto-Histic Fluvaquents

土壌表面から 100 cm 以内に，積算して厚さ 25 cm 以上の泥炭物質からなる層をもつ灰色低地土．

(Ⅳ)**腐植質灰色低地土**(Humic Gray Lowland soils)

Umbric Gleyic Fluvisols, Humaquepts, Mollic Flvaquents

湿土の色が明度・彩度ともに 3 以下(ただし 3/3 は除く)で，有機態炭素含量を 3%以上含む(泥炭は除く)，厚さ 25 cm 以上の表層をもつ灰色低地土．

(Ⅴ)**表層グライ化灰色低地土**(Epi-gleyed Gray Lowland soils)

Gleyic Fluvisols, Typic Endoaquepts(Fluvaquepts)

水稲耕作下で灌漑水によって生成し，落水後も維持され作土から下方へ発達している，厚さ 15 cm 以上のグライ層をもつ灰色低地土．ただしグライ層の下端は深さ 75 cm 以上に達しない．

(VI) グライ化灰色低地土 (Gleyed Gray Lowland soils)

Gleyic Fluvisols, Typic Endoaquepts (Fluvaquents)

土壌表面から 50〜75 cm に地下水グライ層の上端が現れる灰色低地土. グライ低地土への移行的亜型で, Ag/C1g/C2g の層位配列を示し, 深さ 75 cm 以下から泥炭層または黒泥層が出現する場合もある. 水田では還元化が進み, 水稲の根系障害発生のおそれがあり, また畑として利用する場合は湿害を受けやすい.

(VII) 下層黒ボク灰色低地土 (Thapto-andic Gray Lowland soils)

Gleyic Fluvisols, Aquandic Endoaquepts (Fluvaquents)

土壌表面から 100 cm 以内に, 積算して厚さ 25 cm 以上の「黒ボク特徴」(火山灰特性)を示す層をもつ灰色低地土.

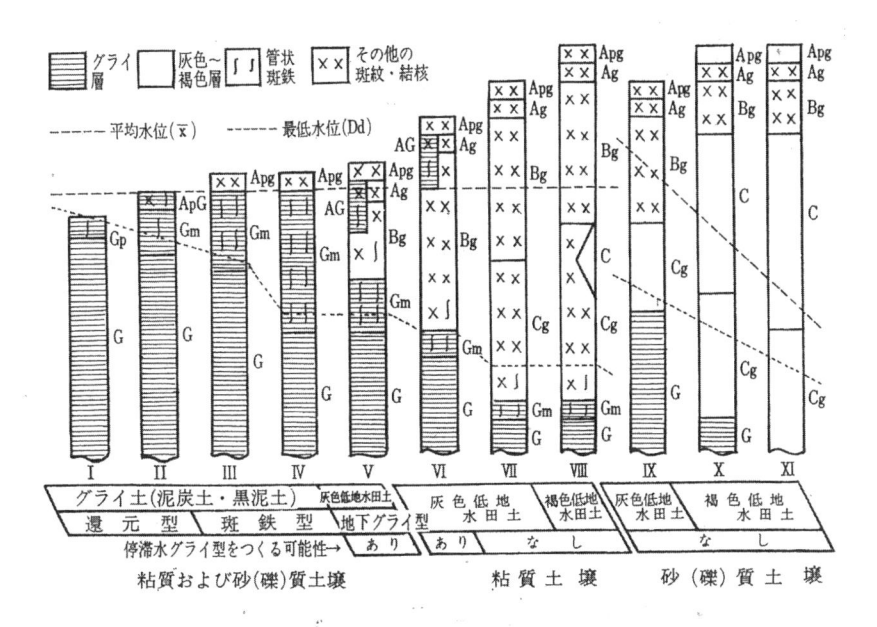

〈層位名〉A：粘土, 鉄, マンガンなどの溶脱層, 腐植の集積層, B：粘土, 鉄, マンガンなどの集積層, 地色は灰または褐色, C：A層やB層の特徴をもたない土壌の母材層, G：グライ層, 多量の Fe^{II} の存在によりジピリジル反応が即時鮮明な層, 色相は10Yよりも青または緑のことが多い, AG：A層とG層の両方の特徴をもつ層, 〈添付記号〉P：耕起層を示す, g：Gに至らない弱還元化(灰色化)を示す, m：G層中の斑鉄の存在を示す, 〈水位〉平均水位($\bar{x}$)：年平均地下水位の平年値, 最低水位(Dd)：年間でもっとも低下したときの地下水位の平年値

図 9.22 低地水田土壌と地下水位との模式的関係 (浜崎, 1979)

V. 黒ボク低地土(Ando lowland soils, 松坂泰明, 1969)

Gleyic Andosols(WRB), Typic Endoaquands(USA)

　火山灰で覆われた洪積台地の開析谷，あるいは火山山麓に近接した沖積低地などに分布する異地性低地土壌で，一般に Ah/2Cg の層位配列を示す．Ah 層は黒ボク土の腐植質 Ah 層が侵食再堆積してできたものであり，一般に厚く，腐植を多量に含んで黒色または黒褐色を呈するため黒泥層に類似しているが，一次鉱物中に火山ガラスなどの火山起源粒子を含んでいることやリン酸吸収係数が高い(1,500 以上)などの特徴によって黒泥と区別することができる．下層土(2Cg 層)は褐色低地土や灰色低地土の下層土と同様である．下層低地多湿黒ボク土ともよばれる．

c. グライ土壌綱(Gley soils)

　グライ土壌綱は，地下水位がかなり高く(地表下約 80 cm)，かつ季節的変動が少ない環境下でグライ化作用(7.7.参照)を受けて生成した A/G 断面をもつ成帯内性土壌型を包括したものである．

　「グライ(Gley または Glei)」という言葉は，もともと「ぬかるみの土」を意味するロシア語の俗語であったが，G. N. Vysotskii(1905)が地下水還元を特徴づける土壌学の術語として採用して以来，広く国際的に用いられるようになった．

　グライ化作用は，土壌の間隙が水で飽和されるために酸素が欠乏し，その結果，還元状態が発達する過程であり，その際に生じる化学的変化の様相ならびに形成されるグライ層の化学的特徴については，7.7.で述べたとおりである．しかし実際には，常時地下水面下にある部分が必ずしもグライ層になっているとは限らず，逆に常時水面下にない部分でもグライ層が形成されている場合もあって，グライ層の出現位置と地下水との関係はかなり複雑である．実際に，グライ層の生成は，地下水の水質(溶存酸素量，有機物含量)ならびに動態(流速，水位変動，湛水期間)と土壌自身の物理性(孔隙率，透水性，構造)との相互関係によって決定されるといわれている(浜崎，1981)．この関係は図 9.22 のように模式的に示すことができる．

　図 9.22 のタイプ I 〜 V は，粘質土壌と砂(礫)質土壌に共通して認められる関係で，タイプ I 〜 II は，全層が周年最低水位(Dd)または平均水位($\bar{x}$)より下にあって，ほぼ全層が斑紋のないグライ層からなる湿潤グライ土(還元型グライ土)

である．タイプⅢ～Ⅳは，作土層を除いて全層グライ層からなるが最低水位の低下に伴って平均水位と最低水位の間は斑紋のあるグライ層，最低水位以下が斑紋のないグライ層となっているグライ土(斑鉄型グライ土)である．

　泥炭土や黒泥土の水位は，通常これらのタイプⅠ～Ⅳに相当する範囲にある．タイプⅤは，作土層より下の部分に灰色土層が見られるが，グライ層もなお比較的浅いところに出現するグライ化灰色低地土である．タイプⅣとⅤの水位の差はわずかで，この付近では，わずかな水位の変化によって土壌は大きく変化する傾向がある．タイプⅥ～Ⅷでは，最低水位が低下するにつれてグライ層の上限が最低水位と交差して，最低水位より下方から出現するようになる．この両者が交差する位置は，地域によって異なるが，深さ100～130 cm付近の場合が多い．グライ層の上限が最低水位より下方になるのは褐色低地水田土(水田化褐色低地土)の全部と灰色低地水田土の一部である．

　タイプⅨ～Ⅺは，砂(礫)質土壌の場合で，粘質土壌の場合にくらべて，同じ最低水位に対する平均水位がはるかに低くなっており，同じ最低水位に対するグライ層の出現位置もはるかに低くなって灰色低地土や褐色低地土が生成する．

　最低水位より上にある部分がグライ層となるか灰色土層になるかは，平年の最乾燥時(地下水位が最低になるとき)の気相率，含水比，固相率および仮比重との関係できまる．すなわち，粘質土層の場合には，一般に図9.23に示した実線部分を境にして，また母材が火山灰質や凝灰質の場合には点線部分を境にして，乾燥程度がこれらの境界線より小さければグライ層が生成し，大きければ灰色土層が生成されるものと推定される．一方，砂質土層の場合には気相率約5%を境として，この値以下ではグライ層が生成し，それ以上では灰色土層になるものと推定される．

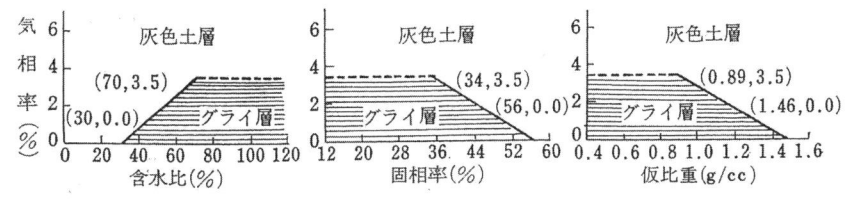

図9.23　粘質土層の最乾燥時の含水比－気相率，
　　　　固層率および仮比重－気相率の関係
　　　　　　(浜崎，1981による)

グライ土壌綱には，湿潤グライ土，グライ土，黒泥質グライ土，泥炭質グライ土，黒ボクグライ土，ツンドラ・グライ土といった6つの土壌型が包括される．

I．湿潤グライ土(Naβgley, Mückenhausen, 1962)

Haplic Gleysols(WRB), Typic Hydraquents(USA)

地下水位がきわめて高く，水位の変動幅も小さいため，年間を通じて常に表層まで過湿状態が保たれるような条件下に生成する成帯内性土壌型で還元型グライ土ともよばれ，図9.22のタイプⅠ～Ⅱに相当する．グライ化は表層まで達しているため断面全体がグライ層となり，Ago/Grの層位配列を示す．毛管水帯は，一般に地表下0.2mより高く，地下水面は年間を通じてほぼ地表下0～0.6mの間で変動する．孔隙が常に水で飽和されているため構造は発達せず，壁状構造であるのが特徴である．この土壌型は過湿条件が支配的なため，他の土壌生成因子の影響はほとんど認められず，したがって他の陸成土壌型への移行的亜型は存在しない．

Ⅱ．グライ土(Gleys, Vysotskii, 1905)

Haplic Gleysols(WRB), Typic Hydraquents, Typic Fluvaquents(USA)

湿潤気候地域における平野部の後背湿地や山間の凹地などの排水不良地に分布する成帯内性土壌型で，A/Go/Grの層位配列を示す．**斑鉄型グライ土**ともよばれ，図9.22のタイプⅢ～Ⅳに相当する．かつて**低湿地土**(meadow soils)とよばれた土壌はこれに相当する．また**少腐植質グライ土**(low humic gley)とよばれたものは，このグライ土と先に述べた湿潤グライ土を合わせたものにほぼ相当する．地下水面は一般に地表下約0.8mより浅い位置にあって変動の幅は小さいが，地表下0.4mより浅くなることはまれである．

腐植含量のあまり高くないA層はグライ層にはならず，一般に角塊状または団塊状構造を示し，その下方に鉄やマンガンの斑紋のあるグライ層(Go)，さらにその下方に斑紋のないグライ層(Gr)が続いている．地下水が酸素に富んでいる場合にはGr層を欠くことがある．グライ層は一般に粗孔隙が少なく塊状構造を示すが，土性が重粘な場合には角柱状構造が発達している．

グライ土は下層に多量の水を貯えているため，自然状態では湿草地が優占し，シラカバ，ハンノキ，ポプラ，トネリコなどの多量の水を消費する樹木が生育している．しかし，わが国では大部分が水田として利用されてきており，湿田

や半湿田とよばれていたが，その大部分は排水工事によって乾田化している．

グライ土には他の陸成土壌型の下層がグライ層となっている多くの移行的亜型(グライーポドゾル，グライー褐色森林土など)のほかに，次のような亜型が区分されている(E. Mückenhausen, 1962)．

(Ⅰ) **典型的グライ土**(Typical gley)：A/Go/Gr の層位配列を示し，上記のグライ土の特徴がもっとも典型的に現れているもの．

(Ⅱ) **酸化グライ土**(Oxygen-rich gley)：A/Go の層位配列を示し，Gr 層を欠いている．地下水の流速が大きく，有機物含量が乏しく，酸素に富んでいる場合に形成される．

(Ⅲ) **鉄富化グライ土**(Iron-rich gley)：酸化鉄(一部は沼鉄鉱)が Go 層に多量に沈積したもの．

(Ⅳ) **含石灰グライ土**(Calcareous gley)：地表まで炭酸カルシウムを含んでいるグライ土．

(Ⅴ) **漂白化グライ土**(Bleached gley)：ポドゾル地帯に見られる A1/Go/E/Go/Gr の層位配列をもつグライ土．BGo 層を欠くのでグライーポドゾル(亜型)と区別される．酸性腐植による漂白化が原因．

(Ⅵ) **低地グライ土**(Lowland gley)：低地土壌の分布域内にあってもときどき氾らんを受けるため，地下水の動態がグライ土の場合と同様な動きを示すため A/Go/Gr の配列を示すもの．わが国でグライ低地土(Gley Lowland soils)(小原ほか，2011)とされているものの中で，表層灰色および斑鉄型亜群はこれに相当するものと考えられる．

(Ⅶ) **水田型グライ土**(Gley paddy soils)：グライ土起源の水田土壌で，地下水位の高い湿田や半湿田に分布している．灌漑水の影響よりも地下水の影響の方が支配的で，全層もしくは作土を除くほぼ全層がグライ層からなる強グライ水田土(Gp〜Apg/G)とグライ層がやや深い位置に存在する弱グライ水田土(Apg/Cg/G)に細分される．グライ層は恒常的に地下水面下にある還元層(Gr)や地下水変動部位に生じる，斑鉄を伴った酸化的還元層(Go)などで特徴づけられている．鋤床層は一般に発達せず，全層にわたって構造の発達が弱く壁状を呈している．鉄・マンガンの集積層は発達していない(図 9.26A 参照)．

水田型グライ土は，一般に透水性が小さく，還元的条件が強いため水稲の根系障害発生のおそれが大きい．細粒質のものでは耕起・砕土がやや困難であるが，保肥力は大きく，自然肥沃度も高い．中粗粒質のものでは保肥力は小～中庸であるが，リン酸固定力は小さく，自然肥沃度は中庸程度である．また水田型グライ土では一般に地温が低く，有機物の分解が遅いが，盛夏に地温が上昇して急激に分解が進行してアンモニア態窒素を発生する．このアンモニア態窒素の発生量と時期が天候に左右されるため，水稲栽培を不安定にしている一因となっている．近年の排水工事による乾田化によって，水田型グライ土から低地水田土の方向に変化している場合が多い．

III. 黒泥質グライ土 (Anmoorgley, Mückenhausen, 1962)

Umbric Gleysols (WRB),

Typic Hydraquents, Mollic Fluvaquents (USA)

地下水が常に高い位置にあるため有機物の分解が妨げられ，その結果，無機質の下層土の上に有機物含量の高い（有機態炭素含量3%以上，ただし泥炭は除く），厚さ25cm以上の腐植質表層をもつグライ土である．**腐植質グライ土**(Humic gley)ともいわれる．層位の配列はAhGo/GrあるいはAhGo/Go/Grを示し，AhGo層は湿潤状態では黒色でよく粒状化しており，一般に水生動物の排泄物の残渣を多量に含んでいることによって泥炭や陸成腐植と区別することができる．無機質の下層土は灰色で壁状構造である場合が多い．化学性は酸素，養分およびカルシウム含量によって非常に異なるが，砂質のものは一般に酸性である．

IV. 泥炭質グライ土 (Peaty gley, Clarke, 1957)

Histic Gleysols (WRB),

Thapto-Histic Hydraquents (Fluvaquents) (USA)

黒泥質グライ土と泥炭土の中間に位置する成帯内性土壌型で，表層100cm以内に，厚さが積算して25cm以上の泥炭層（有機物含量20%以上）をもつグライ土である．この泥炭層は典型的な泥炭で，黒泥質グライ土の腐植質表層にくらべて水生動物の排泄物の残渣がきわめて少ないのが特徴である．泥炭の種類によって，**低位泥炭型泥炭質グライ土**(Lowmoor peaty gley)，**中間泥炭型泥炭質グライ土**(Transitionalmoor peaty gley)，**高位泥炭型泥炭質グライ土**(Highmoor peaty gley)の3つの亜型に区分することができる．

V. 黒ボクグライ土(Ando gley soils, 松坂泰明, 1969)

Gleyic Andosols(WRB), Endaquands or Melanaquands(USA)

　火山灰で覆われた洪積台地を開析する谷底地の，地下水位の高い排水不良地に分布する成帯内性土壌型で，A/G または AG/G の層位配列を示す．A 層は周辺の洪積台地上の黒ボク土の A 層物質が侵食再堆積した腐植質火山灰層からなり，下層は火山灰層あるいはそれ以外の無機質土層からなるが，黒泥層ないし泥炭層を含む場合もある．黒ボク低地土と異なり，全層または A 層を除く下層土の全体がグライ層になっている．A 層が厚い場合は黒色のためグライ層の特徴的な色調が認めにくいが，α-α'ジピリジル反応により Fe^{2+} の存在を確認することによって，グライ層の判定が可能である．関東地方に多い，いわゆる「谷津田」の土壌はこの土壌型に属す場合が多い．

　黒ボクグライ土は表層の腐植含量と腐植層の厚さによって厚層多腐植質，厚層腐植質，多腐植質，腐植質，淡色などに細分される場合がある．

VI. ツンドラ・グライ土(Tundra Gley soils, Gerassimov and Glazovskaya, 1960)

Turbic Cryosols(WRB), Turbels(USA)

　ツンドラ地帯では一般に地表下約 60～70 cm の深さに永久凍土層が存在し，これが不透水層となるため，排水良好地はごく限られており，大部分は排水不良地で，そこにツンドラ・グライ土が生成している．

　ツンドラ地帯では年降水量が少ないにもかかわらず(200～300 mm)，低温のため蒸発量も少なく，しかも下層の永久凍土層が排水を妨げるので，夏の間融解している土壌の表層は水で飽和されてグライ化作用が進行する．一方，コケ類・地衣類・低木からなる植生の生育速度は非常に遅く，年々地表に還元される植物遺体の量がきわめて少ないので(0.5～1.0 t/ha)，泥炭集積作用はあまり進行しない．

　ツンドラ・グライ土の断面形態は一般に O/A1/Go の層位配列を示す．O 層はわずかに分解したコケ類や地衣類の遺体の塊であり，A1 層は薄く(5～10 cm)，腐植含量は高くない(2～3%)．Go 層の基色は暗灰色～オリーブ灰色で雲状の不鮮明な輪郭をもつ黄褐色の斑紋が入り混じった，まだら模様を示す．Go 層の下方に永久凍土層が続いている．反応は一般に酸性である．

夏季に融解した土層が秋になって表層から凍結し始めると,上方の季節的凍結層と下方の永久凍土層の間に閉じ込められた融解土層は大きな圧力を受けるようになり,古い根の跡や割れ目から,あるいは季節的凍結層の弱い部分を破って地表に溢れ出して一面に広がり,ピンゴ(pingos)とよばれる泥土の小丘を形成する.このようにして地表に溢れ出た泥土は乾燥するにつれて多角形に割れる.そのためツンドラ・グライ土の表面には特徴的な多角形の板状構造ができる.このような凍結と融解に伴って下層土の溢出過程が繰り返されるので,永久凍土層の上部の土壌物質は周期的に混合されるので,土壌断面の層位分化は完全に阻止される.

　ツンドラ地帯はいくつかの亜帯に分けられ,各亜帯に対応して4つの主要な亜型が区別されている.

(Ⅰ) 典型的ツンドラ・グライ土
　　Haplic Turbic Cryosols,　Anhyturbels
(Ⅱ) 極地ツンドラ(多角形構造)・潜グライ性土
　　Turbic Cryosol(*Reductaquic*),　Aquiturbels
(Ⅲ) 南部ツンドラ・泥炭グライ土
　　Histic Turbic Cryosol,　Histoturbels
(Ⅳ) ポドゾル化グライ性ツンドラ土
　　Spodic Turbic Cryosol,　Haploturbels

d. マーシュ土壌綱(Marsh soils)

　マーシュ(marsh)というのは,海岸や河口あるいは潟湖の付近にあって,満潮時には水面下に没し,干潮時には水面上に現れる平坦な低地景観の名称である.マーシュにおける地下水の変動は,自然状態では潮汐の変動と一致している.このような場所に生成している土壌は,次のような共通した成因的特徴をもっているのでマーシュ土壌綱としてまとめられている.

1) 海進・海退の過程で生じる特殊な堆積作用.
2) 三角州地帯の海や河あるいは両者によって打ち上げられた,主としてシルトや粘土からなる,細砂の薄い互層を含む細粒質母材.
3) 自然条件下では,多くの場合,潮汐にしたがって変動する高い地下水位.
4) 海水,汽水あるいは河水によってきまる土壌コロイドの吸着イオンの組成,およびそれによって生じるコロイド化学的,物理学的な土壌の諸性質.

マーシュ土壌の断面形態は，グライ土の場合と同様に，一般に Ah/Go/G の層位配列を示し，土色は灰褐色ないし灰緑色で青味を帯びた色調を呈し，空気の流通する部分は多少とも鉄さび色の斑紋が形成されている．しかし，グライ土の Gr 層が多くの場合，灰褐色ないし灰緑色を呈するのと異なり，マーシュ土壌では硫化鉄の存在によって黒色を帯びている場合が多い．マーシュ土壌は人為的に干拓化されている場合が多く，干拓の初期には土壌熟成作用(7.2.参照)が進行するとともに，鉄やマンガンの酸化による斑紋の形成，イオウの酸化による硫酸の生成，交換性 Na イオンや Mg イオンの Ca イオンによる交替などの反応が進行する．後期には粘土の機械的移動(レシベ化作用)，炭酸カルシウムや塩基の溶脱作用に伴う酸性化が進行する．

マーシュ土壌は，生成環境の違いによって海成マーシュ土，汽水マーシュ土，河成マーシュ土，有機質マーシュ土，泥炭マーシュ土の5つの土壌型に区分されるが(Mückenhausen, 1975)，これ以外に特徴的性質の差異に基づいて，A 層まで塩類を含んでいる**塩類マーシュ土**(Salzmarsch)，A 層まで $CaCO_3$ を含んでいる**石灰質マーシュ土**(Kalkmarsch)，$CaCO_3$ を含まず Bw 層が発達している**クライ・マーシュ土**(Kleimarsch)，クニック(Knick)とよばれる粘土質の緻密な層位をもつ**クニック・マーシュ土**(Knickmarsch)，泥炭層を含む**泥炭マーシュ土**などに細分する場合もある(Schroeder und Brümmer, 1968)．

I. 海成マーシュ土(**Marine marsh soils**, Mückenhausen, 1962)

Calcic Tidalic Fluvisols(WRB)，Typic Hydraquents(USA)

細砂，シルト，粘土の層理をもつ石灰質の海成堆積物(シュリック)に由来するマーシュ土壌で，A/Go/Gr の層位配列を示す．離水当初は20%前後の塩類を含んでいるが(塩類マーシュ土)，NaCl は速やかに溶脱されるため，Na や Mg にくらべて Ca 含量が高く，Ca/Mg の比は一般に4以上である．塩基飽和度が高く，中性ないし弱酸性反応を示す．石灰含量が多いため角塊状構造が発達しており，乾燥すると柱状構造が発達する．しかし溶脱によって石灰含量が減少するとともに構造は悪化し，透水性も低下する．石灰質マーシュ土およびクライ・マーシュ土の一部を含んでいる．

Ⅱ. 汽水マーシュ土(Brackish marsh soils, Mückenhausen, 1962)

Tidalic Fluvisols(*Clayic*)(WRB), Typic Hydraquents(USA)

河口や潟付近では，河水と海水の混合によって淡水と海水の中間的な塩分濃度(20～0.25‰)をもった汽水が形成される．海水も河水も汽水域に至る間に粗粒部分や石灰質の殻の破片を沈積してしまっているので，汽水域の堆積物は粘土やシルトに富み(約60～90%)，石灰含量は低い．

汽水マーシュ土は，このような汽水域堆積物から生成した土壌で，A/Go/Grの層位配列を示し，青緑色を帯びた灰色の色調を示す．粘土含量が高いため膨潤と収縮が顕著で，湿潤状態では壁状構造を示す．また容水量が大きい(400 mm/m^3)にもかかわらず，植物が利用できない水の割合が大きく，有効水は容水量の10～20%にすぎない．乾燥すると角柱状あるいは，交換性MgイオンやNaイオンの割合が高い場合には円柱状構造となる．塩基飽和度は海成マーシュ土より低く，交換性Ca/Mgの比は3.5～1で，反応は弱酸性～強酸性である．クニック・マーシュ土およびクライ・マーシュ土の一部がこれに相当する．

Ⅲ. 河成マーシュ土(River marsh soils, Mückenhausen, 1962)

Tidalic Fluvisols(*Dystric*)(WRB), Typic Hydraquents(USA)

幅の広い河口では，海へ注ぐ河水は高潮によって堰き止められ，河水は岸を越えて氾らんし，シルトおよび粘土に富んだ堆積物を生じる．このような河成マーシュ地帯に生成する河成マーシュ土は，一般にA/Go/Grの層位配列を示すが，A層は一般に褐色あるいは灰褐色で，下層は灰色を示す．表層は団粒状，下層は角塊状構造を示す．塩類含量はごく少なく(0.5‰)，CaCO$_3$は含まれる場合も含まれない場合もあるが，交換性CaイオンはMgイオンやNaイオンより多く，Ca/Mg比は汽水マーシュ土より大きい．容水量と植物による水の利用度は一般に良好である．

Ⅳ. 有機質マーシュ土(Organomarsch, Mückenhausen, 1975)

Tidalic Fluvisols(*Humic*)(WRB), Sulfic Hydraquents(USA)

地表に水が停滞していることと酸性反応のために有機物の分解が遅く，その結果，腐植に富む表層をもつマーシュ土壌で，Ah/Go/Grの層位配列を示す．下層の浸透性の良好な汽水成および河成の堆積物から生成する．断面内にスミンク(Smink)またはプルヴェルエルデ(Pulvererde)とよばれる，硫化鉄に富んだ，石灰を含まないシュリックがしばしば存在する．

V. 泥炭マーシュ土 (Peaty marsh soils, Mückenhausen, 1962)

Thaptohistic Tidalic Fluvisols (WRB), Thapto-Histic Hydraquents (USA)

Ah/Go/HGr/H という層位配列を示す「泥炭上のマーシュ土壌」である．表層の堆積物はシルトおよび粘土の含量が高く，石灰を含まないシュリックで透水性が悪く，塩基飽和度は低く(20～30％)，強酸性(pH4前後)を示す．

VI. 酸性硫酸塩土 (Acid sulfate soils, Chenery, 1954)

Tidalic Fluvisols (*Thionic*) (WRB), Typic Sulfaquents (USA)

全塩基含量を上回る多量の硫化物(主として黄鉄鉱 FeS_2)を含むマーシュの堆積物が干陸化した場合に生成する土壌型で，強酸性反応(pH<3.5)および特有な淡黄色を呈する斑紋や条線の存在によって特徴づけられる(サルファリック層)．その特有な黄色の色調がネコの糞の色に類似しているため，オランダのポルダー地域の農民の間では古くから**キャット・クレイ**(cat-clay)とよばれてきた．淡黄色の斑紋や条線はジャロサイト〔$KFe_3(SO_4)_2(OH)_6$〕，ナトロジャロサイト〔$NaFe_3(SO_4)_2(OH)_6$〕，カルフォシデライト〔$Fe_3(SO_4)_2(OH)_5H_2O$〕などの塩基性硫酸第二鉄に起因している．

海域ないし汽水成の堆積物中には，多かれ少なかれ黄鉄鉱(FeS_2)が含まれている．これは有機物の存在する嫌気的条件下における硫酸還元菌のはたらきによって次の反応が進行するためで，また黄鉄鉱含量は堆積物中の有機物含量と正の相関があることが知られている(Pons and Zonneveld, 1965)．

$$2C_6H_{12}O_5 + SO_4^{2-} + 2H^+ \rightarrow 2CH_3COCOOH + H_2S + 2H_2O$$

$$2FeOOH + 3H_2S \rightarrow FeS + FeS_2 + 4H_2O$$

このような堆積物が海退または隆起などにより自然的に陸化したり，干拓などによって人為的に干陸化するときに，硫化物が酸化されて硫酸が生成する．

第1段階：$2FeS_2 + 7O_2 + 2H_2O \rightarrow 2Fe^{2+} + 4SO_4^{2-} + 4H^+$

第2段階：$FeS_2 + 14Fe^{3+} + 8H_2O \rightarrow 15Fe^{2+} + 2SO_4^{2-} + 16H^+$

この硫酸を中和するのに十分な炭酸カルシウムや塩基類が堆積物中に含まれていない場合には，土壌は強酸性反応を呈するようになる．その結果，植物根の伸長が妨げられるため物理的熟成作用(7.2.1.(1)参照)の進行も遅延し，そのため土壌の脱水過程も停止する．

酸性硫酸塩土壌は北海沿岸のポルダー地域や東南アジア，アフリカ，中南米の熱帯・亜熱帯地域のマングローブ林地帯に広く分布し，とくに後者は発展途上国の食糧問題のカギを握る土壌であり，その改良は重要な研究課題となっている．わが国では八郎潟，児島湾，有明海，中海，宍道湖などの干拓地に分布が多い(小林，1951；米田，1956；村上；1965)．また黄鉄鉱を含む新第三系堆積岩に由来する酸性硫酸塩土壌の生成も知られている(佐々木，1978a, b)．

VII. アルカリ干拓地水田土(Alkali polder paddy soils)

Salic Tidalic Fluvisols(WRB)，Sodic Hydraquents(USA)

パイライト(FeS_2)などの可酸化性硫黄化合物をほとんど含まない海成ないし汽水マーシュ土に由来する干拓地の水田土壌で，Apg(G)/Go/Gr の層位配列を示す．断面全体が暗緑灰色を呈し，作土および作土直下に赤褐色の鉄の斑紋や黒褐色のマンガンの斑紋が見られ，形態的にはグライ土に類似している．しかし，干拓当初は NaCl を主とする水溶性塩類に富み，中性〜微アルカリ性を示すが，脱塩化作用の進行につれていったんアルカリ化した後に微酸性化するのが特徴である．粒径組成は堆積条件によって異なるが，一般にスメクタイト，雲母型粘土鉱物およびそれらの混層型粘土鉱物に富む埴質なものが多く，下層土は干拓前とほとんど変わらない軟らかいゼリー状のグライ層で透水性が悪い．塩害やアルカリ害を防ぐために，除塩溝や暗渠を作って排水をはかり，脱塩化を促進する必要がある．また排水を促進するためには，石灰質肥料を多量に施用して Na-粘土を Ca-粘土に換えて凝固させることも必要である．米田ら(1955)の研究結果によれば，脱塩化作用の進行程度による塩素含量と pH 価の変化に基づいて，アルカリ干拓地水田土は次の4つのタイプ(土壌種に相当)に細分することができる．

1. **天然型**：全層位にわたり塩素含量0.10%以上，pH6.5〜7.5を示す．干陸直後から数年間の段階のもので，塩害やアルカリ害を生じやすい．
2. **微溶脱型**：表土の塩素含量は 0.04〜0.10%に低下しているが，下層土では0.10%以上，pH は表土で6〜7，下層土は7以上を示す．干陸後約10〜50年の段階のもので，塩害やアルカリ害はほとんどなくなる．養分含量が高く収量は高い．

3. **弱溶脱型**：塩素含量は深さ 60 cm 位まで 0.04%以下，それより下層で 0.1% 以上．pH は深さ 60 cm 位まで 4.5〜5.5，それより下層で 7 以上．干陸後約 50 年から数百年の時期のもので，収量は比較的高い．
4. **強溶脱型**：塩素含量は全層位にわたり 0.04%以下，pH は深さ 0〜60 cm で 4.5〜5.5，それより下層で 7 以下．干陸後数 100 年を経たもので，低地土起源の水田と同様になる．養分は減少し，収量も漸減し，堆肥の肥効が現れてくる．

C. 泥炭土壌門（Peat soils）

泥炭土壌は，多少とも腐植化した湿生植物遺体を主とする堆積物である泥炭を母材として生成した土壌である．泥炭の生成過程や泥炭の種類などについては 7.13. ですでに述べたのでそれを参照されたい．

水文条件から見れば，泥炭土壌の一部は水成土壌とみなすことができるし，また一部は水面下で生成するため水面下土壌とみなすこともできる．しかし泥炭土壌は泥炭を主とする母材からなり，きわめて有機物含量が高いという特徴をもっているので，多くの土壌分類体系において，他の無機質土壌とは異なった独立のカテゴリーとして取り扱われている．たとえばアメリカ合衆国の土壌分類体系では**有機土壌物質**（Organic soil material）を次のように定義している．

a. 有機態炭素含量 ≥ 18%（無機質部分の粘土含量 ≥ 60%）
b. 有機態炭素含量 ≥ 12%（無機質部分の粘土含量 ＝ 0%）
c. 有機態炭素含量 ≥ 12%＋（粘土含量%×0.1）（無機質部分の粘土含量＜60%）

そして，厚さ 40〜60 cm 以上の有機土壌物質層の上限が土壌表面から 40 cm 以内に現れ，水で飽和されている土壌をヒストソル目（Histosols）あるいはヒステル亜目（Histels）として包括している（Soil Survey Staff, 2010）．WRB の分類でもほぼ同様に扱われている（FAO, 2006）．

わが国の農耕地土壌分類（小原ほか，2011）では，以下に述べるような泥炭物質を定義し．土壌表面から 50 cm 以内に，「泥炭物質」の厚さが積算して 25 cm 以上である（「泥炭物質」以外の土壌物質が 35 cm 未満の厚さで盛土（客土）されているときは盛土の直下から，「泥炭物質」の厚さが連続して 25 cm 以上である）土壌を有機質土大群の泥炭土群として位置づけている．

泥炭物質：主として，水面下で集積した未分解または分解した植物遺体から構成され，次のすべての要件を満たす．
　(1) 有機態炭素含量が 12% 以上である．
　(2) 「黒ボク特徴」を示さない，ただし，手で揉み砕いた後の繊維が 1/6 以上 (容積) の場合を除く．
　泥炭物質は手で揉み砕いた後の繊維量により，以下のように細分する．
　繊維質泥炭物質：手で揉み砕いた後の繊維が 3/4 以上 (容積) を占める泥炭物質．ほぼフィブリック土壌物質に相当する．
　腐朽質泥炭物質：手で揉み砕いた後の繊維が 1/6 未満 (容積) である泥炭物質．ほぼサプリック土壌物質に相当する．
　中繊維質泥炭物質：繊維質泥炭物質，腐朽質泥炭物質以外の泥炭物質．ほぼヘミック土壌物質に相当する．

　泥炭土壌門には，低位泥炭土，中間泥炭土，高位泥炭土，黒泥土の 4 つの土壌型が含まれるが，黒泥土を除く泥炭土壌の一般理化学性は表 9.4 に示したとおりである．一般に，泥炭の分解度の指標である繊維含量は高位泥炭土→中間泥炭土→低位泥炭土の順に減少し，腐植化度はこの順に増加している．泥炭の分解度と腐植化度に対応して，仮比重，灰分，全窒素，全リン，Ca/Mg 比および pH(KCl) は高位泥炭土＜中間泥炭土＜低位泥炭土の順に増加し，逆に灼熱損失，C/N 比および C/P 比はこの順に減少する傾向がある．しかし，CEC，交換性塩基総量および塩基飽和度の差はほとんど見られない．したがって，高位泥炭土が強酸性で植物養分に乏しいのに対して，低位泥炭土は比較的に酸性で K 含量は低いが，極端な塩基および窒素の欠乏は示さない．中間泥炭土は両者の中間的な性質をもっている．

　自然状態の泥炭土壌は固相率がきわめて低く (10% 前後)，残りの大部分が液相 (水) であるため地耐力が小さい．したがって泥炭地を利用する場合にまず必要なのは大規模な排水工事である．しかし排水に伴って泥炭が乾燥するとともに収縮するために地盤の低下が著しい．

　また急激な排水は泥炭の分解によって多量のアンモニア態窒素を発生し，窒素過剰の障害を引き起こす．また泥炭は熱伝導率が小さいので地温が上昇しにくく，灌漑水温の上昇をはかって地温の上昇を促進する必要がある．さらに泥炭

表9.4 北海道における泥炭土壌の一般理化学性(乾土当たりの平均値)

性質＼土壌	低位泥炭土	中間泥炭土	高位泥炭土
繊維含量*(%)	37	42	65
腐植化度*	55	21	14
仮比重 (g/cc)	0.40	0.36	0.25
灰分 (%)	31.8	20.1	9.2
灼熱損失 (%)	68.2	79.9	90.8
全炭素(C) (%)	40.1	45.8	50.0
全窒素(N) (%)	1.92	1.91	1.16
全燐(P) (mg/100g)	93	77	51
C/N	22.0	25.1	53.5
C/P	527	774	1110
CEC (me/100g)	111	106	120
交換性 Ca (me/100g)	12.8	9.12	12.3
交換性 Mg (me/100g)	5.70	6.51	9.05
交換性 K (me/100g)	0.40	0.52	0.86
交換性 Na (me/100g)	1.21	1.57	1.38
交換性 Mn (me/100g)	0.27	0.17	0.22
交換性 Fe (me/100g)	0.25	0.27	0.19
全塩基 (me/100g)	20.7	18.2	24.4
塩基飽和度 (%)	21	18	20
Ca/Mg	3.1	2.1	1.6
pH(N-KCl)	3.8	3.7	3.3
試料数 (n)	27	14	15

* 有機物当たり (近藤錬三, 1979より作成)

の陽イオン交換座の大部分がカルボキシル基によるため,交換性陽イオンの保持力が弱く,塩基は流亡しやすい.

客土は,排水とともに泥炭地における重要な土地改良対策であり,①客入された無機土壌物質からの塩基の供給,②保肥力の増大,③容積重の増大,④透水性の変化,⑤泥炭の分解促進,⑥アンモニア態窒素発生時期の変化,⑦地耐力の増加,などの総合的な効果をおよぼす.

わが国では,低位泥炭土は全国的に分布するが,とりわけ東北・北海道に多く,一方,高位泥炭土はほとんどが北海道に分布している.前者は主として水田に利用され,後者は畑地や牧草地として利用されている.

Ⅰ. 低位泥炭土(Lowmoor Peat soils)

Hemic (Fibric) Histosols (WRB), Haplohemists (Haplofibrists) (USA)

　平坦な湖沼の陸化あるいは凹地における地下水位の上昇による沼沢化の過程で生成する泥炭土壌．湖沼の水は一般に植物養分に富んでいるので，養分要求量の多いヨシ(*Phragmites*)，スゲ(*Carex*)，マコモ(*Zizania*)，ガマ(*Typha*)，ハイゴケ(*Hypnum*)，ハンノキ(*Alnus*)，ヤチダモ(*Fraxinus*)，ヤナギ(*Salix*)などの水生植物や水辺を好む植物の遺体を主としている．

　土壌断面は全体的に暗褐色ないし灰褐色を呈し，泥炭物質層の最上部は泥炭の分解が進んで灰黒色を呈し，粒状ないし弱塊状の構造が発達している．その下方の層位は比較的明るい色を示し，泥炭の分解はあまり進んでいず，植物繊維が多少とも泥炭物質層を貫いている．断面の下部は一般に泥炭の分解が進んで再び暗色を呈するようになる．

　低位泥炭土は，泥炭物質の分解程度，客土の有無などによって，以下の4つの亜型(土壌統群)に区分されている．

(Ⅰ)**表層無機質低位泥炭土**：表層に厚さ10 cm以上の無機質層がある．

(Ⅱ)**下層無機質低位泥炭土**：土壌表面から75 cm以内に積算して25 cm以上の「無機質層」がある．

(Ⅲ)**繊維質低位泥炭土**：土壌表面から50 cmまでの「泥炭物質」のうち，「繊維質泥炭物質」が占める割合がもっとも多いもの．

(Ⅳ)**典型低位泥炭土**：上記以外のもの．

　上記の亜型(Ⅰ)(Ⅱ)は主として水田土壌に見られるタイプで，Apg/Hの層位配列を示す．自然状態の泥炭土壌は，そのままでは耕地として利用することがきわめて困難であり，大規模な排水工事と客土によって初めて耕作が可能となる．排水の結果，乾燥収縮し(厚さにして3分の2，体積にして3分の1程度)，作土は客土によって普通の無機質土壌と変わらない性状となっている場合が多い．泥炭は熱伝導率が小さく地温が上昇しにくいので，とくに寒冷地では灌漑水温の上昇をはかることが大切である．地温の上昇とともに泥炭の分解によってアンモニア態窒素が発生するので窒素施肥量は控えめにし，また塩基類，珪酸，リン酸の供給量が少ないのでリン酸肥料，カリ肥料，珪カルなどの施用が必要である．未分解な泥炭土壌ほど堆肥の効果が大きい．

II. 中間泥炭土 (Transitionalmoor Peat soils)

Fibric (Hemic) Histosols (WRB), Haplofibrists (Haplohemists) (USA)

「泥炭物質」からなる層の最上部25cmがヌマガヤ,ワタスゲ,ヤチヤナギ,アカエゾマツを合わせた面積割合がもっとも多い泥炭物質(中間泥炭物質という)で構成されている泥炭土である.

低位泥炭の堆積が進んでその表面が水面より上昇し,地下水の影響と養分供給量が低下するようになると植生が変化し,ワタスゲ(*Eriophorum vaginatum*),ヌマガヤ(*Moliniopsis spiculosa*),ホロムイソウ(*Scheuchzeria palustris*),ヤチヤナギ(*Myrica tomentosa*),エゾマツ(*Picea jezoensis*),トドマツ(*Abies sachalinensis*),シラカンバ(*Betura Tauschii*)などの植物遺体からなる中間泥炭土が生成する.中間泥炭土はまた,湿潤で養分に乏しい亜泥炭グライ(泥炭層に類似しているが有機態炭素含量が12%に満たないため泥炭物質とみなされないもの)の上に生成することもある.中間泥炭土を構成する植物遺体は低位泥炭土と高位泥炭土の中間の移行型としての特徴をもっている.断面の上半部は黒褐色の中間泥炭からなり,下半部は暗赤褐色の低位泥炭に移行している場合が多い.

中間泥炭土の亜型(土壌統群)は,低位泥炭土の場合と同様に区分されている.

III. 高位泥炭土 (Highmoor Peat soils)

Fibric (Hemic) Histosols (WRB), Haplofibrists (Haplohemists) (USA)

「泥炭物質」からなる層の最上部25cmがミズゴケ類,ホロムイスゲ,ツルコケモモ,ミカズキグサ類,ホロムイソウを合わせた面積割合がもっとも多い泥炭物質(高位泥炭物質という)で構成されている泥炭土である.断面形態は,一般に最上部には比較的よく分解された層があり,その下に植物遺体がよく認められる,あまり分解していない褐色のいわゆる白泥炭層が続き,さらに下層には分解の進んだ,緻密で黒褐色を呈する,いわゆる黒泥炭層が存在する.酸性できわめて養分に乏しい泥炭土壌である.

中間泥炭の堆積がさらに発達して地表面と地下水面との距離が増大し,地下水からの養分供給が行われなくなると,降雨水に含まれるごく少量の養分だけで生育することができるミズゴケ(*Sphagnum* sp.),ホロムイスゲ(*Carex Middendorffii*),ツルコケモモ(*Oxycoccus palustris*),ミカズキグサ(*Rynchospora alba*)などの植物遺体からなる高位泥炭土が生成するようになる.高位泥炭土は

降水量が多く，湿度の高い寒冷地に発達する．

高位泥炭地に見られる特徴的な小凸地は**ブルテ**(Bulte)あるいは**ハンモック**(hummock)とよばれ，北海道ではこのような泥炭地の塚状の高まりを野地坊主または十勝坊主とよんでいる(山田，1959)．一方，これらの高まりの間にある凹地は**シュレンケ**(Schlenke)とよばれている．ブルテとシュレンケは対となって出現し，高位泥炭地に特有な微地形を作っている．ヨーロッパで見られる高位泥炭地のヒース植生(ハイデ)は排水後に発達した二次植生である．

高位泥炭土の亜型(土壌統群)は，低位泥炭土，中間泥炭土の場合と同様に区分されている．

IV. 黒泥土(**Muck soils**)

Saplic Histosols(WRB), Haplosaplists(USA)

土壌表面から50cmまでの「泥炭物質」からなる層のうち，「腐朽質泥炭物質」の割合がもっとも多い泥炭土である．腐朽質泥炭土ともいう．暖温帯の成帯内性土壌型で，泥炭土壌の多い北海道にはほとんど分布せず，東北地方では泥炭土壌に隣接して分布し，関東以西では泥炭土壌より分布が広くなるが，西南日本には分布が少ない．

泥炭が排水や土砂の混入によって植物組織が肉眼で認められないほどに分解し，有機物と無機物がよく混合して黒色均質な腐植質土壌物質となったものを黒泥(muck)という．黒泥はほぼサプリック土壌物質に相当する(211ページ参照)．黒泥土は形態的に黒ボク低地土に類似しているが，一般に黒泥層の下部に低位泥炭が存在すること，リン酸吸収係数が低い(1,500以下)などの点で区別することができる．理化学性は泥炭土壌とグライ土壌の中間的性質をもち，無機態養分に欠乏しており，とくにカリウム，有効態ケイ酸やリン酸などの含量が低い．泥炭土壌に準じて，塩基の補給，排水改良，暗渠の施工，客土などの改良対策が必要であるが，泥炭土壌の場合よりやや控えめでよい．

黒泥土は，以下の3つ亜型(土壌統群)に区分されている．

(Ⅰ)**表層無機質黒泥土**：表層に厚さ10cm以上の無機質層がある．

(Ⅱ)**下層無機質黒泥土**：土壌表面から75cm以内に積算して25cm以上の「無機質層」がある．

(III) **典型黒泥土**：上記以外のもの．①全層が黒泥からなる全層黒泥型，②作土と次表層，または次表層のみが黒泥からなり，下層が泥炭からなる下層泥炭型の2つのタイプが区別される．

　下層泥炭型の場合には泥炭層の透水性がよく，集水を助けるので幹線水路の整備だけで十分効果が発揮されるが，全層黒泥型や下層無機質亜型の場合には，暗渠や心土破砕を組み合わせて全面的に地下水位を低下させることが大切である．

　黒泥土起源の水田土壌は易分解性有機物含量が高く，地温の上昇に伴って急速に酸素欠乏を引き起こして異常還元が発達する．有機物は還元的条件下で分解するため低分子の有機酸やメタンガス，硫化水素などが発生するため根腐れを引き起こしやすい．また窒素の無機化量も多いので，施肥量を控えめにしないと，水稲は軟弱に生育し，イモチ病にかかりやすくなる．一般に無機態養分に欠乏しているので，含鉄資材，転炉さい，珪カル，珪酸，苦土肥料および各種リン酸質資材などの土壌改良資材の施用が必要である．

D. 水面下土壌門 (Subaquious soils)

　水面下土壌門は，水面下で生成し，完全に水の影響下にある土壌を総括したものである．これらを土壌とみなすべきか，あるいは堆積物の一部とみなすかについては論議のあるところである．わが国では，水面下の堆積物の一種とみなす地質学的および生物学的立場から，**底質**(bottom material)あるいは**底質土壌**とよばれている場合が多い．また一般にヘドロとか汚泥とよばれているものもこれに含まれる．しかし，これらは地殻の最上部の層としてその環境に生活する生物(底生生物 benthos)を含み，生物の活動によって生成した腐植物質を含んでおり，明らかに土壌の定義の要件を満たしているので，W. L. Kubiena (1953)はこれらを明確に土壌として位置づけた．最近の水質汚濁や重金属汚染などの公害や環境汚染問題の顕在化とともに，これらが土壌学的立場から盛んに研究されるようになってきているという実際的な面から見ても，これらを土壌としてはっきりと位置づけて研究を進めることが重要と考えられる．

　水面下土壌門に属する土壌型として，これまでに以下の4つの土壌型が認められている．

Ⅰ. 水面下未熟土 (**Protopedon, Kubiena**, 1953)

Subaquatic Fluvisols (WRB), Typic Hydrowassents (USA)

水面下未熟土は，肉眼的に認められる腐植層はないが，すでに生物が棲みついて土壌生成の初期段階にある未熟な水面下堆積物からなる(A)/C 断面をもつ水面下土壌で，プロトペドンともいわれる．(A)層はほとんど未分解の藻類からなる層(エブヤ Äfja という)あるいは，沿岸に生えている高等植物の茎葉や根の新鮮な堆積物からなる層(フョルナ Förnar という)からなっている．

水面下未熟土には，石灰に乏しい砕屑堆積物，湖成褐鉄鉱，湖成マール，湖成チョーク，珪藻堆積物などが属している．

Ⅱ. ユッチャ (**Gyttja, Post**, 1862)

Subaquatic Fluvisols (*Humic*) (WRB), Typic Hydrowassents (USA)

ユッチャは，富栄養型の多少とも酸素に富む水域の水面下に生成する，灰色ないし灰褐色あるいは黒色を帯びた，有機物に富む軟泥からなる水面下土壌で，名称はスウェーデン語に由来しており，**骸泥**とよばれることもある．

土壌動物や水生動物の盛んな活動により，有機物は一般によく分解されて腐植化し，無機物とよく混合されているので A/C 断面を示す．また表面にはエブヤやフョルナがのっている．A 層に水生動物の排泄物が多量に含まれているのが特徴である．プランクトンの遺体に富み，構成プランクトンの種類により珪藻ユッチャ，藍藻ユッチャ，緑藻ユッチャなどに区分される．

Ⅲ. サプロペル (**Sapropel, Lauterborn**, 1901)

Subaquatic Fluvisols (*Humic*) (WRB), Sulfic Hydrowassents (USA)

サプロペルは，酸素に欠乏した水域の水面下で典型的に生成する水面下土壌で，還元的性質の強い A/G 断面をもつ水面下土壌である．有機物に富み，不快臭を発し，多くの場合，硫化鉄によって黒色を呈する腐敗したドロで，**腐泥**ともよばれる．エブヤはなく，嫌気性細菌以外の生物に乏しい．一般にかなりの量の硫化第一鉄(FeS)を含んでおり，その存在は加熱することによって SO_2 の刺激臭を発生したり，希塩酸で湿らすと H_2S の悪臭を発することによって検証することができる．乾燥すると酸素の侵入によって硫化鉄が酸化されて硫酸が生成するので，石灰がない場合には土壌は強酸性になる(酸性硫酸塩土壌)．

IV. デュ (Dy, Post, 1862)

Subaquatic Histosols (*Dystric*) (WRB), Sapric Haplowassists (USA)

デュは，褐色ないし黒褐色を呈する，酸性で生物学的にきわめて不活性な有機物の堆積物からなる A/H 断面をもった水面下土壌で，一般にエブヤはない．デュという名称はユッチャと同様にスウェーデンの俗語に由来し，**腐植泥**ともいわれる．泥炭地から流れてくる酸性で褐色の水が多量に流入する，酸素に欠乏した貧栄養湖の湖底に生成する．腐植の大部分は泥炭地水から沈殿した非晶質の腐植ゲルからなる．

E. 人工土壌門 (Anthropogenic soils)

1) 人工土壌の定義と分類

自然土壌は，人間による直接または間接的影響によって大なり小なり変化している．耕作や施肥といった通常の農作業は，作土層の形成や土壌の理化学性の変化を引き起こす．また森林伐採によって人為的に誘発された侵食・堆積過程によって土壌の性質が変化したり（デグラデーション），人為的な排水の影響によってグライ土が灰色低地土に変化する場合のように，自然の土壌進化過程が促進されることもある．しかし，このような場合には，土壌断面の基本的な層位配列，分類上の識別特徴，成因的性質など本来の特徴はなお強く維持されており，あるいは変化した土壌が自然に存在するものと同じであるので人工土壌とはみなされず，一般に自然土壌の変異として扱われている．

これに対して，深耕，長期間にわたる大量の有機物（堆厩肥・コンポスト・泥炭など）の集約的施用，異質物（芝土・海砂・土壌改良資材など）の添加，流水客土といった人為的土壌生成過程は，もはやもとの層位配列が全く認められないほどに断面形態を変えてしまうか，あるいはもとの土壌を地下深くに埋没してしまう．さらに大規模な土地造成の場合に見られるような，切土と盛土を伴った人工的地形改変は土壌断面を破壊し，地表を未熟土の状態に退行させてしまう．また人工埋立地の造成によって土壌のなかった場所に新たな土壌生成が開始される．このように，人間の直接的なはたらきかけによって自然土壌の断面形態が著しく改変され，本来の層位配列をほとんど失ってしまった土壌，あるいは人為的に地表に母材が露出あるいは堆積されて，新たに土壌生成が始まったものなどが人工土壌として区別されている．

以上述べてきたことから，人工土壌は次のように定義することができる．すなわち，「人工土壌とは，人間の直接的なはたらきかけによって，その土地に存在していた自然土壌の断面形態が著しく改変され，本来の層位配列をほとんど失った土壌，あるいは人為的に地表に露出または堆積された母材から新たに土壌生成が開始されているものをいう」．

　人工土壌の系統分類学的研究は，他の自然土壌にくらべて世界的に遅れている．世界土壌照合基準(FAO, 2006)では，人工土壌は *Anthrosols* 照合土壌群として区分されており，また U. S. Soil Taxonomy (Soil Survey Staff, 2010) では，人工土壌を Anthrepts 亜目 (プラッゲン表層または人工表層をもつ)とAnthracambids 大群 (人工表層をもつ)に位置づけているが水田化土壌はとくに区別されていない．人類による土壌へのはたらきかけがますます強力かつ大規模になってきている今日，人工土壌の生成分類学的研究の重要性は日々増大してきている．

　本書では，人工土壌門に含まれる土壌を，人為的作用の種類によって，水田化土壌綱・人工変成土壌綱・造成土壌綱の3つに分けて述べることにした．

2) 水田土壌の分類学的位置づけ

　水田土壌(paddy soils)という名称は，土地利用の観点から水稲栽培下にある土壌を総括的に示した類別的名称であって，水田化される以前の土壌の系統分類学的位置はこれまで述べてきた5つの土壌門(陸成土壌門，水成土壌門，泥炭土壌門，水面下土壌門，人工土壌門)のすべてにわたって多岐に分布している．また水田土壌は，水稲栽培の過程で行われる灌漑・排水・耕作・施肥・客土などの人為的影響を大なり小なり受けている．

　このような人為的影響の種類や規模は，水稲栽培技術の発達段階によってきわめて多種多様であり，したがって水田化以前の土壌からの変異の程度もまたきわめて変化に富んでいる．そのため水田土壌を土壌系統分類体系の中に正しく位置づける問題については，これまでに多数の提案がなされてきたが，なお未解決の点が多く残されている．この問題を解決することは，水稲栽培が広範に行われている日本を始めとする東南アジア諸国の土壌学者に課せられた大きな課題の1つであるといえよう．これまでに提案された多くの水田土壌分類体系には，次のような4つの傾向が認められる．

(i) 水田土壌の独自性(水田土壌生成作用)をとくに考慮しない体系

鴨下(1936, 1940)はドイツの Stremme(1936)にならって,日本の水田土壌を地下水土壌型類の主要な土地利用形態とみなし,地下水の高低により泥炭土,黒泥土,低湿地土,灰色低地土,褐色低地土の5つの土壌型に区分した.この体系は農耕地土壌型調査および施肥改善土壌調査事業を通じて継承発展され11群51類型に区分された.さらにこれらの調査事業の成果に基づいて,小山(1962)は特徴土層と土性の組み合わせによる7大群43ファミリーを定義し,その後の松坂(1969)の体系では16大群113土壌統が区分された.しかし土壌大群の定義の基準となる特徴土層は必ずしも水田土壌特有のものではない.

(ii) 水稲栽培下の土壌すべてに分類学上の独自性を認める体系

菅野(1957)は,水田土壌特有の層位として作土層(Apg),鋤床層($A_{12}g$)および鉄・マンガン集積層(Bir, mn)の発達を重視し,これらの層位の配列に基づいて無機質水田土壌を図9.24に示したような5種の基本型に区分し,さらにこれらを成帯内性土壌としての人為的水成土壌綱にまとめた(菅野, 1964).

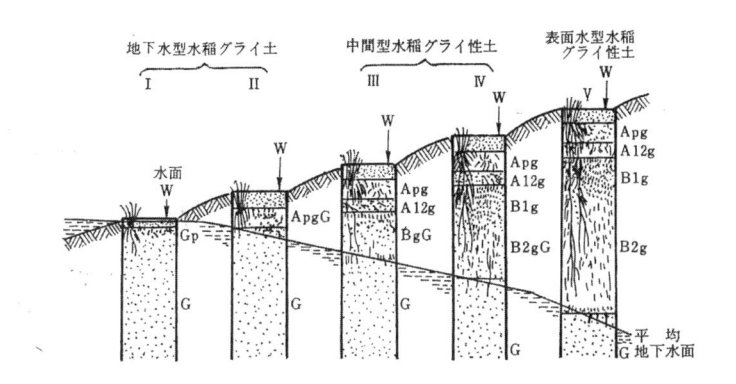

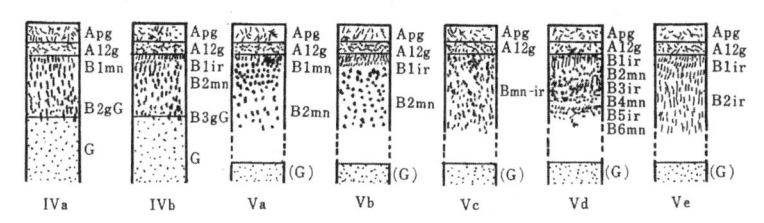

図9.24 水稲グライ土と水稲グライ性土の断面と層位配列 (菅野一郎, 1964)
上:基本的型   下:IV型とV型の種類

松井(1978)は，水田土壌を人工土壌門の中の水田土壌綱として位置づけ，さらに陸成土壌起源，半陸成土壌起源，水成土壌起源の3つの目に区分し，陸成土壌起源目には表面水グライ様陸成水田土壌と停滞水グライ様陸成水田土壌の2土壌型，半陸成土壌起源目には地下水グライ半陸成水田土壌，停滞水グライ様半陸成水田土壌，表面水グライ様半陸成水田土壌の3土壌型，水成土壌起源目にはグライ土－水田土壌，泥炭土－水田土壌，黒泥土－水田土壌，湿草地－水田土壌，干拓土－水田土壌の5土壌型をそれぞれ帰属させている．

また中国の土壌分類体系では水田土壌(水稲土)は最高位のカテゴリー(土壌系列)において区別されていたが(中国科学院南京土壌研究所，1978)，最近の分類体系では人為土壌綱の水耕人為土壌亜綱として位置づけられている(龔子同ほか，2007)．これらの分類体系はいずれも水稲栽培下の土壌すべてに分類学上の独自性を認める立場をとっているといえる．

(iii) 先行土壌の特徴を主とし，水田土壌生成作用を従とする体系

一方，水稲栽培によって獲得した性質を土壌型(大土壌群)のような高位のカテゴリーに位置づけることはできないとする見解も有力である．この見解によれば水田土壌は開田前の"もとの土壌"の人為水成亜群(anthraquic subgroup)(Dudal, 1965)，または水成耕作亜群(hydroagric subgroup)(Otowa, 1972)として位置づけるべきであるという．

(iv) 水田土壌生成作用が顕著に認められるもののみを「水田土壌」として区別する体系

山崎(1960)は，水稲栽培下で発達する特徴のうち，鉄・マンガンの溶脱・集積層の分化を最重要視し，灌漑水型水田土壌には水田土壌としての独自性を認めたが，地下水型水田土壌は自然水成土壌とほぼ同一とみなした．また Kyuma and Kawaguchi(1966)は，水田土壌の過大評価を批判し，水田土壌を灌漑水により生成した溶脱層と集積層，とくに明瞭な集積 B 層をもつものに限定し，これを Aquorizem(大土壌群に相当)とよぶことを提案した．また和田(1966)は，水田土壌の作土下に見られる人為的集積層に対して，"Hydroagric horizon"という名称を提案している．内山(1949)は，すでに水田土壌の生成的独自性とともに土壌自身の透水性の差異による分化発達という独創的見解をもっていたが，これを再発見，継承発展させた三土(1974)は，図9.25に示したように低地水田土壌を

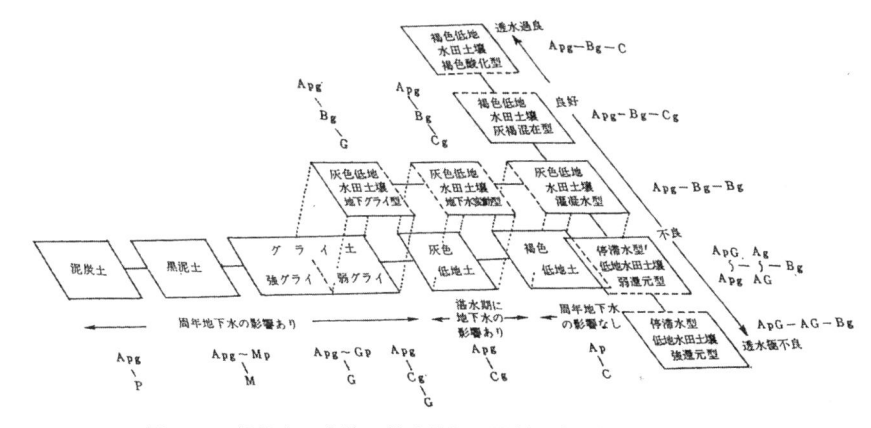

図 9.25　低地水田土壌の模式的相互関係　（三土正則，1974）

地下水系列と透水性系列の相補的な関係として統一的にとらえた分類を提案した．

このように沼沢地，低湿地土壌起源の水田土壌では，水稲栽培は開田前の土壌の基本的性格を変化させず，地下水位の低い水田土壌においてのみ質的に独特の生成作用を認めるという考え方は広範な同意が得られつつある．たとえば，WRB（FAO，2006）では水田表層（Anthraquic horizon）とその下に鉄・マンガン集積層（Hydragric horizon）をもつ土壌を *Hydragric Anthrosols* という照合土壌群として設定している．またわが国の最近の農耕地土壌分類（小原ほか，2011）では，低地土大群の中で灌漑水の影響で発達した①鉄，マンガンの溶脱・集積の結果としての層位分化を示すか，または②灌漑水により灰色化した厚い次表層をもつものを低地水田土群として独立させるとともに，黒ボク土大群・赤黄色土大群・停滞水成土大群・褐色森林土大群，褐色低地土群の中に水田化あるいは水田型亜群を設けている．

以上に述べたような水田土壌の分類に関する現状を踏まえて，本書では「灌漑水の影響が支配的な水田土壌」を水田化土壌綱として一括して解説することにした．

a．水田化土壌綱（Aquorizem, Kyuma and Kawaguchi, 1966 ）

【水田次表層の定義】

灌漑水の影響によって生じた鉄・マンガン集積層は，WRB（FAO，2006）およびわが国の農耕地土壌分類（小原ほか，2011）では，それぞれ以下のように定義されている．

① **WRB(FAO, 2006)のHydragric horizonの定義**：
水田耕作と結びついた次表層で以下の特徴をもつ；
1. 次の性質の1つ以上をもつ；
   a. 鉄・マンガンの被膜または結核がある；または
   b. Fed含量が表層の2倍以上またはMndが表層の4倍以上；または
   c. 大孔隙内に湿土の明度4以上，彩度2以下の還元脱色部分がある；
   そして
2. 厚さ10 cm以上.

② **農耕地土壌分類(小原ほか，2011)における水田鉄集積層の定義**：
次のすべての要件を満たす次表層位.
(1) 直上に「水田表層」または「漂白化水田表層」をもつ.
(2) 厚さが2 cm以上でFedが作土の2倍以上である.

両者の間には厚さなどの点で若干の相違が認められるが，Fed含量が作土の2倍以上という点は共通している．したがって，以下，わが国の農耕地土壌分類に準じて説明することにする．

Ⅰ．低地水田土(Lowland Paddy soils)

Fluvic Hydragric Anthrosols(WRB)，

Anthraquic Eutrudepts, Aeric Epiaquents(USA)

グライ土・灰色低地土・褐色低地土などが水田化され，灌漑水の影響による水田土壌化作用(7.18.参照)を受けた結果，明瞭な「水田鉄集積層」をもつか，あるいは「水田灰色化層」をもち，その下端が土壌表面から50 cm以深におよんでいる低地土壌である．低地水田土は，一般に水稲の生産力は高い方であるが，地下水位の低い乾田であるため有機物が分解しやすいので，堆厩肥などの有機物の施用が不可欠である．また還元溶脱が進行して老朽化水田となっている場合(漂白化低地水田土)には，珪カル，含鉄資材などの施用が必要である．

低地水田土は以下の亜型(亜群)に区分される．

(Ⅰ)漂白化低地水田土(Albic Lowlamd Paddy soils)

Fluvic Hydragric Anthrosols, Anthraquic Eutrudepts, Aeric Epiaquepts

長期間にわたる水成漂白作用(7.17.参照)を受けた結果，「漂白化水田表層」

(斑鉄がほとんどなく，Fed含量が0.4%未満で厚さ7.5cm以上の作土層)をもつようになった低地水田土．中粗粒質で排水のよい水田に多く出現する．

(Ⅱ) 表層グライ化低地水田土 (Epi-gleyed Lowland Paddy soils)

Fluvic Hydragric Anthrosols, Typic Epiaquepts

「水田逆グライ層」をもつ低地水田土．表層に厚いグライ層(下端は75cmより浅い)があり，下層に灰色の土層をもった重粘で透水性不良の水田土壌であり，図9.25の停滞水型低地水田土壌に相当する．

重粘で保水性が大きく，透水性のきわめて不良の地下水位の低い土壌が水田化されて灌漑水の影響を受けるようになると，湛水還元の作用は下層土までおよび，作土下に厚いグライ層が形成される．このグライ層は孔隙率が高く，しかもその大部分が細孔隙からなり，孔隙を飽和している多量の水は毛管懸垂水の状態にあるのが特徴で，懸垂水グライ層とよばれている(三土，1974)．懸垂水グライ層の下には，鉄やマンガンの斑紋のある灰色の集積層が続いているが，透水性不良のため集積層の発達は貧弱で，マンガン集積層のみ発達して鉄集積層を欠く場合もある．懸垂水グライ層の年間の推移やその厚さに基づいて，ApG/AG/Bgの層位配列を示す強還元型とApG〜Apg/Ag〜AG/Bgの層位配列を示す弱還元型に細分される．

(Ⅲ) 下層褐色低地水田土 (Endoaeric Lowland Paddy soils)

Fluvic Hydragric Anthrosols, Anthraquic Eutrudepts, Aeric Epiaquepts

土壌表面から75cm以内に厚さ15cm以上の黄褐色の層の上端が現れる低地水田土．図9.25の灰色低地水田土壌灌漑水型に相当する．透水性中度の褐色低地土起源の低地水田土で，Apg/Bg/Bgの層位配列を示し，年間を通じて地下水の影響のない土壌である．湛水還元の影響は表層に限られ，作土とその直下の緻密な鋤床層までが灰色化されているが，粗孔隙に富む下層土は水田化前の褐色を保持している．深部まで雲状斑鉄が見られ，粗大な塊状〜柱状構造が明瞭に発達しており，構造面は灰色の沈積物で被覆されている．鉄・マンガンの溶脱集積は顕著で，還元溶脱物質は表層下で酸化還元電位の急上昇に出会い，ほぼ定量的に酸化沈殿する．

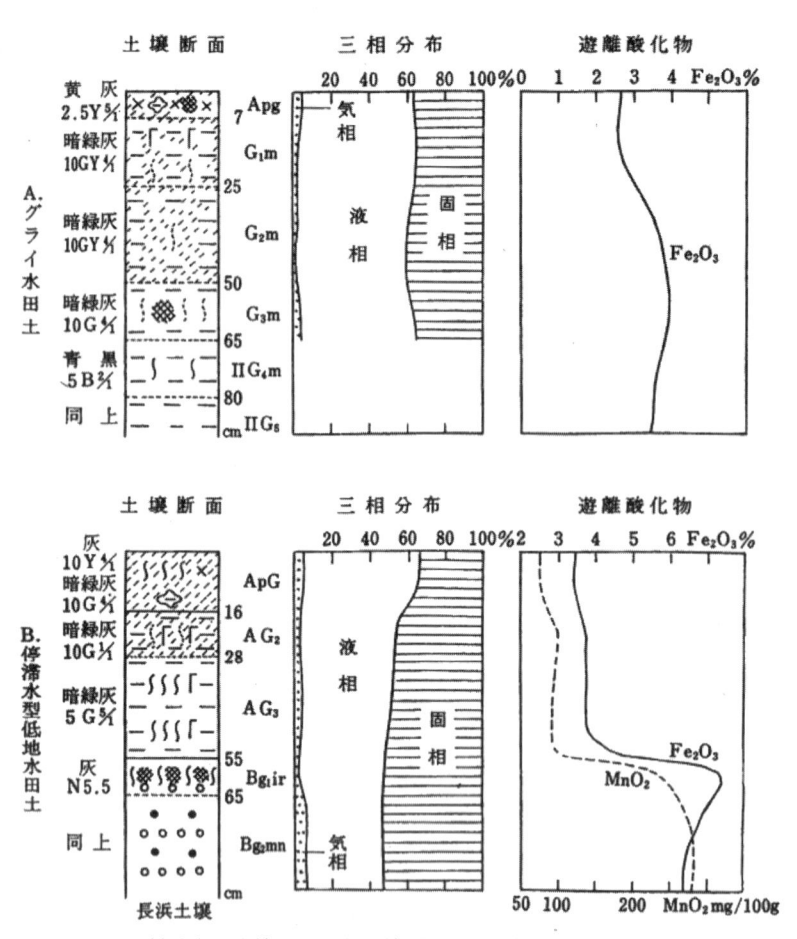

図 9.26　低地水田土壌のおもな土壌型の断面形態と理化学性の特徴(1)

(Ⅳ) 湿性低地水田土 (Aquic Lowland Paddy soils)

Fluvic Hydragric Anthrosols, Typic Endoaquepts

　土壌表面から 75 cm 以内に「地下水湿性特徴」(年間のある時期に地下水で飽和され還元状態におかれていることを示す特徴で, ペッド表面や孔隙面に酸化鉄の被膜があるが,「グライ特徴」は示さない)を示す層の上端が現れる低地水田土. 図 9.25 の灰色低地水田土壌地下水変動型に相当する. 断面下部が変動する地下水の影響を受けており, 下層まで基質全体が灰色で, 通常, 断面下部に管状, 糸根状の斑紋が出現し, 湿潤で構造の発達が貧弱である.

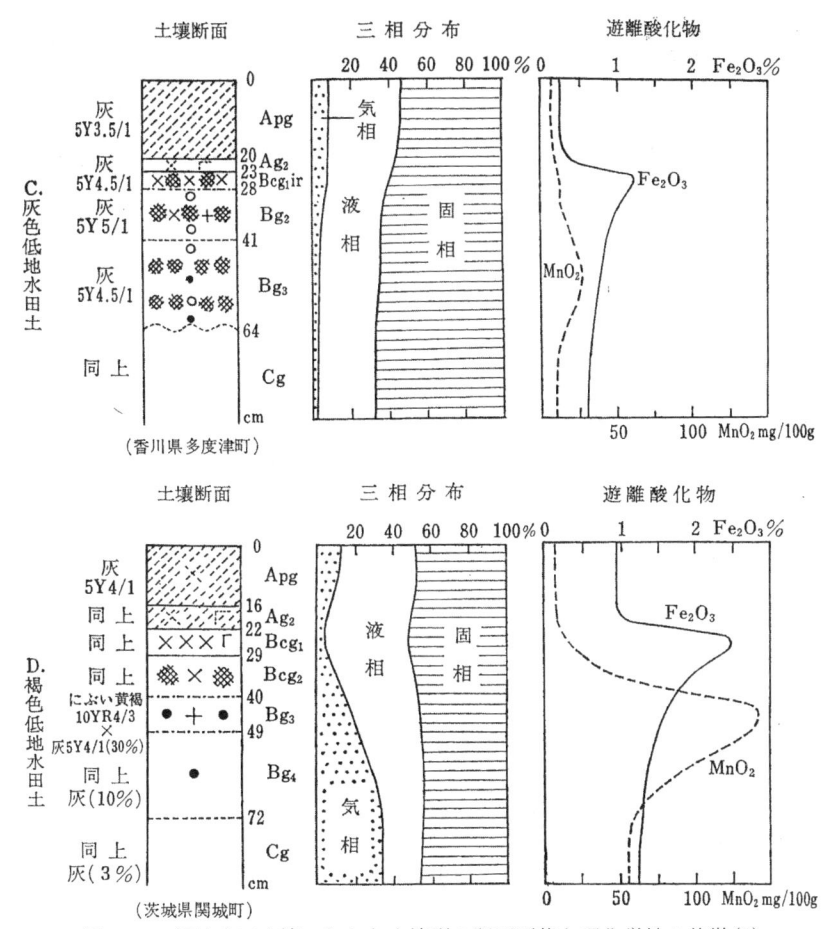

図9.26 低地水田土壌のおもな土壌型の断面形態と理化学性の特徴(2)

(V) 普通低地水田土 (Haplic Lowland Paddy soils)

Fluvic Hydragric Anthrosols, Anthraquic Eutrudepts, Aeric Epiaquents

　上記以外の低地水田土で，断面下部に継続的な地下水面化にあるグライ層をもつ場合が多い．図9.25の灰色低地水田土壌地下グライ型に相当する．低地グライ土が水田土壌化作用を受けて生成したもので，一般にApg/Bg/Gの層位配列を示す．灰色の下層土では集積作用とともに溶脱作用も進行しており，そのため鉄，マンガンは土層全体から失われる傾向にあり，集積層の発達は褐色低地土起源の低地水田土の場合ほど顕著ではない．一般に鋤床層の発達が見られ，

粗大な塊状～柱状構造がよく発達しており，構造面は流下物質の被膜により灰色の光沢を示す．

なお図 9.25 において褐色低地水田土壌褐色酸化型および灰褐混在型とされているものは「水田鉄集積層」が発達していないので，褐色低地土の亜型である水田化褐色低地土として位置づけられている(319 ページ参照)．

II. 水田化疑似グライ土（Anthraquic pseudogley）

Stagnic Hydragric Anthrosols（WRB），Typic Epiaquepts（Epiaquult）（USA）

疑似グライ土起源の水田化土壌で，水田鉄集積層（水田表層の直下にあり，Fed を作土の 2 倍以上含む，厚さ 2 cm 以上の層）をもつ．

III. 水田化黒ボク土（Anthraquic Andosols）

Hydragric Anthrosols（WRB），Anthraquic Melanudands（Hapludands）（USA）

黒ボク土起源の水田化土壌である．黒ボク土は，湛水還元と落水の反復によっても灰色化しがたく，また常時湛水下におかれてもグライ色を示さない性質をもっているため，水田化黒ボク土の土色は，黒ボク土にくらべて表層がやや退色している程度で大きな変化は見られない．水田化黒ボク土の作土層では，黒ボク土に特徴的な軟粒状構造が破壊され，開田後数十年を経たものでは，作土下に塊状構造がやや発達した，緻密な鋤床層が形成されている．落水乾燥過程が速やかに進行するため作土層には斑鉄を欠き，作土下に鉄・マンガンの分離沈積が認められるが，一般に斑紋形成は弱い．このように水田土壌化作用の結果は，形態的にはそれほど明瞭に現れていないが，図 9.27 に見られるように，

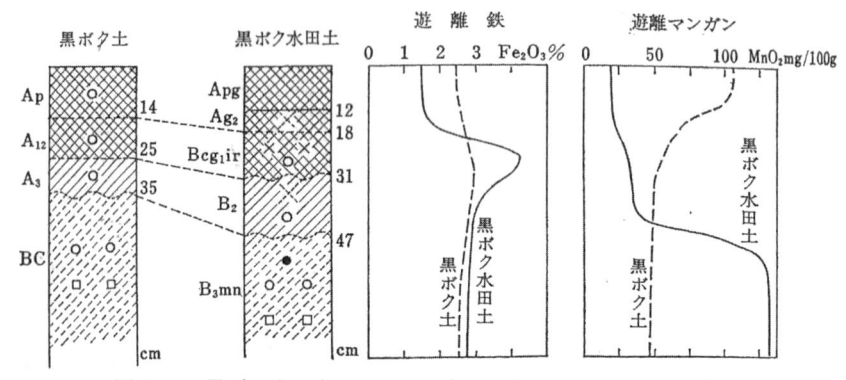

図 9.27　黒ボク土の水田化による変化　（三土，1970 より作成）

化学分析の結果は，低地水田土とくらべて遜色のない鉄・マンガンの移動と集積が顕著に生じていることを示している．

一方，多量の腐植の集積，高いリン酸吸収能，高い孔隙率，低い容積重などの黒ボク土の特徴は，開田後数十年を経ても基本的に維持されている．したがって水田化黒ボク土は次のような欠点をもち，それが低収性・不安定性の原因となっている．

① 多孔質なため灌漑水の漏水量が大きく，N，Kの流亡が著しく，とくに寒冷地では冷水かけ流し灌漑のため，水稲の初期生育が阻害される．

② 土壌のリン酸固定力が強く，可給態リン酸が少ないためリン酸欠乏による低収となりやすい．

これらの障害を克服するために，床締め，ベントナイト施用，青刈りライ麦の鋤き込みなどによる漏水防止，灌漑水温上昇施設，リン酸肥料の多用などを組み合わせた総合的対策が必要である（本谷，1961）．

IV. 水田化赤黄色土（Anthraquic Red-Yellow soils）

Hydragric Anthrosols（WRB），Anthraquic Paleudults, Aquic Hapludults, Typic Paleudults（USA）

赤黄色土起源の水田化土壌で，Apg/Bg$_1$ir・mn/Bg$_2$mn/Bg$_3$/B'$_3$/2Cgの層位配列を示す．低地水田土にくらべて水田化による変化はきわめて弱く，水田化黒ボク土よりもさらに弱い．層位全体が灰色化しているのは作土層だけで，膜状，糸根状斑鉄のある作土より下層には灰色化はおよばず，約50 cmの深さまで孔隙に沿って灰オリーブないしにぶい黄褐色の斑紋の発達が見られるにすぎない．赤黄色土の遊離鉄は結晶化の進んだ形態のものが大部分を占めているため，湛水条件下におかれても還元可溶化されにくいため，水田化赤黄色土では図9.28に見られるように，鉄の溶脱集積は微弱で，マンガンの移動・集積を主としている．また低地水田土や水田化黒ボク土で普通に見られる鋤床層の形成と塊状構造の発達が見られないのもこの土壌の特徴である．

一方，土壌が重粘なわりには粗孔隙率，気相率が高く，透水性も良好で減水深は3～4 cm/日を示す．灌漑水による塩基類の富化が大きく，反応は微酸性となり，塩基飽和度は60～80％に上昇している．

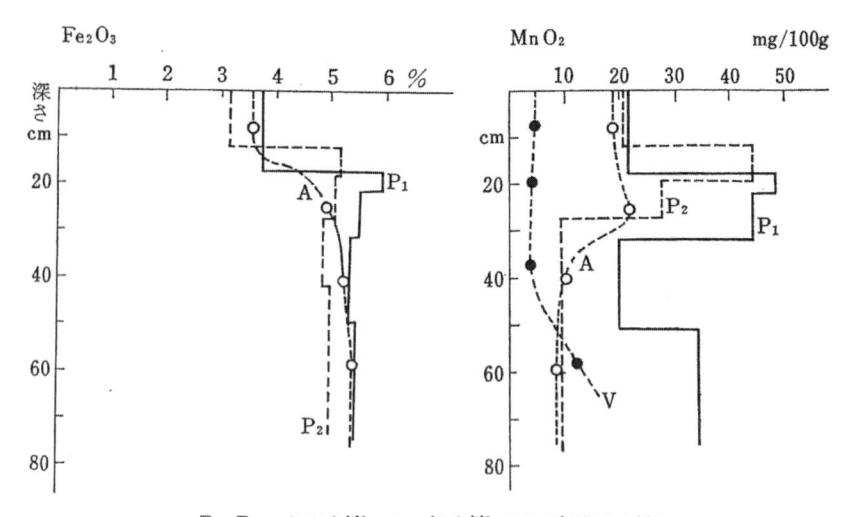

P₁, P₂；水田土壌，A；畑土壌，V；未耕地土壌
図 9.28　赤黄色土と赤黄色土水田の遊離鉄および遊離マンガンの垂直分布
(三土，1975)

水稲の生育は概して良好であり，土層が酸化状態にあるので水稲根が健全なためと考えられている．珪酸質資材，堆厩肥などの効果が認められている．

b．人工変成土壌綱

Ⅰ．プラッゲンエッシュ(**Plaggenesch, Fastabend, 1956**)

Plaggic Anthrosols (WRB)，Typic Plagganthrepts (USA)

プラッゲン(Plaggen)というのは，"ヒースやイネ科草本の生い茂った原野の植被を表層土ごと切り取った芝土"を意味するドイツ語で，北部ヨーロッパの痩薄な土壌地帯では中世以来，堆肥にするか厩肥その他の有機物と混合した有機質肥料としてライ麦畑に施用されてきた．プラッゲンは強酸性反応を呈するため有機物の分解が抑制される結果，幾世紀にもわたるプラッゲンの施用によって他の土壌型の上に，厚さ 50 cm 以上に達する厚い A 層(プラッゲン表層)が発達し，周辺の土地よりも高く盛り上がった耕地面(エッシュ Esch とよばれる)を形成する．このようにして生成したプラッゲン表層をもつ人工変成土壌をプラッゲンエッシュとよんでいる．プラッゲン表層にはレンガや陶器の破片や砂土塊が散在し，プラッゲンエッシュの境界線は人為的な方形をなしている．土色はプラッゲンの材料によって異なり，ヒース・プラッゲンを用いたものでは

黒灰色を呈し(灰色プラッゲンエッシュ)，グラス・プラッゲンを用いた場合には褐色を呈する(褐色プラッゲンエッシュ).

わが国でも京都の乙訓地方のタケノコ園では，地下茎の更新をはかるため，毎年 40～65 t/10 a の土入れ(客入盛土)をするので，もとの大阪層群の強酸性海成粘土の上に厚さ 1 m 以上の盛土層(敷わらと客入土の互層で 1 年に 3～5 cm の割合で層厚を増す)ができている(京都農試，1970)が，この土壌もプラッゲンエッシュの一種とみなすことができる.

II．園地土(Hortisols, Vogel, 1954)

Hortic Anthrosols(WRB)，Typic Haplanthrepts(USA)

園地土(Hortisol)という名称は，ラテン語の *hortus*＝庭園と *sol*＝土壌という語に由来している．数十年ないし数百年にわたる集約的な園芸農業の過程で実施された人為的影響,すなわち有機物(堆厩肥や泥炭)の常時大量の施用,深耕，規則的な水の補給(灌漑)，日蔽いなどによって腐植質の厚い耕土層が形成されている．土壌動物とくにミミズは強力な穿孔と混和作用によって厚い耕土層の発達に決定的な役割を果たしている．園地土はよそからの土入れが少ない点でプラッゲンエッシュと異なっている.

典型的な園地土は，ヨーロッパの古い修道院の庭園などに見出され，その他古代ローマ時代の集落の周辺にしばしば認められる(Mückenhausen, 1962). アマゾン地方で一般に「インディオの黒土」とよばれている土壌も，鉄アルミナ質土壌の分布する熱帯圏にありながら厚い腐植層をもち，陶器片などが混在する肥沃な土壌で，古代インディオの有機物利用の耕作が推定されている(千葉，1973). わが国でも三方ヶ原台地に戦後入植した農家が，親子二代にわたって大量の堆厩肥を投入し続けた結果，厚さ 40 cm におよぶ厚い A 層をもつ園地土が生成しているのが知られている(静岡県農業試験場，1994；永塚，1997, p.189). 現在，中国では豚糞や厨芥と土との混合腐熟物(土糞)を有機質肥料として多量に利用しており，このようにして腐植や養分が増えた，暗色の耕土をもった野菜畑の土壌を菜園土とよんでいる(中国農林部，1975).

III．混層土(Rigosol, Mückenhausen, 1962)

Regic Anthrosols(WRB)，Lithic Udorthents(USA)

この土壌型は，人為的な耕作過程によって自然の層位配列が完全に元の位置

から動かされてしまっている人工変成土壌を包括したものである.

果樹園,桑園,茶園などの樹園地では「タコツボ」といわれる深さ数十 cm,ときには 1 m 以上の植坑ないし植溝を掘り,その中に有機物・炭カル・熔リンなどの土壌改良資材を投入してから植えつけが行われる.その結果,図 9.29 に示したように樹下の土壌は畝間の土壌とは異なった混層土になっている.混層土の亜型は,もとの自然土壌の土壌型によって設定され,土壌種は以下に述べるような深耕の程度あるいは土層改良方法の差異が考慮される.

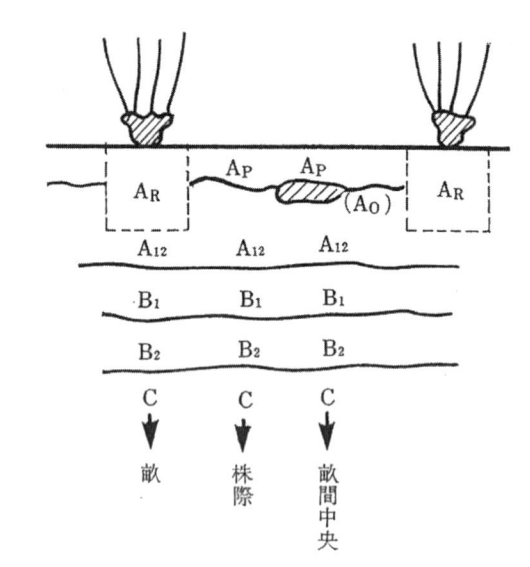

注：(A_O) 粗大有機物層　(A_R)：深耕土層
図 9.29　桑園の土層構成の模式図
(伊東,1970)

作土改良が主として土壌改良資材の施用によって,作土の理化学性を改良するのに対して,土層改良というのは,表土の理化学性が劣悪で下層に肥沃な土壌がある場合に,肥沃な下層土を活用したり,あるいは,下層土に何らかの欠陥がある場合に,それをあらかじめ改良した後に徐々に活用していくことをねらった土壌改良法であって,図 9.30 に模式的に示したようにいくつかの方法がある.

1. **心土肥培耕**：作土層をそのままの状態にしておいて,やせている心土に石灰,リン酸などの土壌改良資材を投入し,化学的に改良する方法.一般にその後に漸次深耕を行って作土層を深くする場合が多い.
2. **反転客土耕**：作土が劣悪で下層に肥沃な土壌がある場合,深部にある肥沃な土壌を掘り起こして作土に客入する方法.
3. **改良反転客土耕**：作土と下方の肥沃な土壌との間に劣悪な土層が介在している場合に,第 1 段階では劣悪な土層とその下方の肥沃な土壌とを反転して後者を作土の直下にもってきておいて,第 2 段階では漸次深耕して

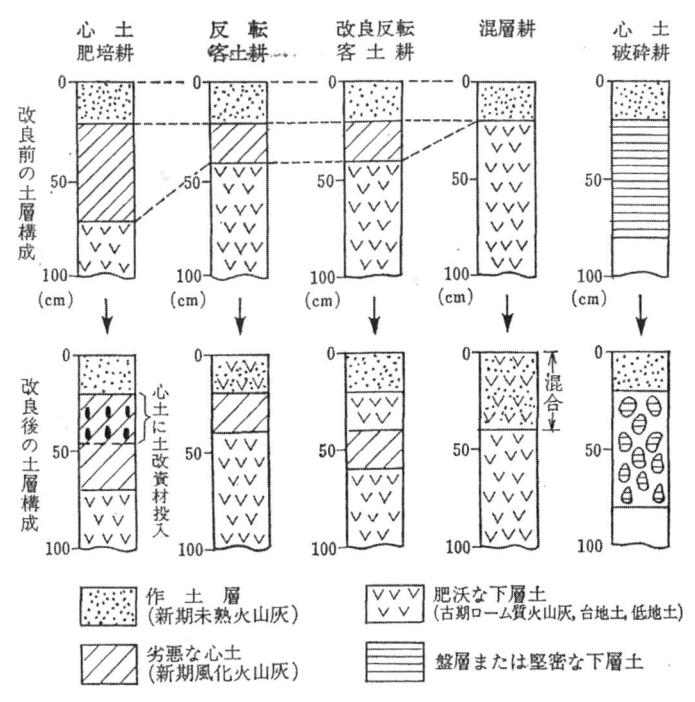

図 9.30　いろいろな土層改良法によってできた混層土の断面模式図
（菊地ほか，1976 を一部改訂増補）

肥沃な土壌を作土層に混ぜていく方法．北海道十勝地方の火山性土地帯で広く実施されている．
4. **混層耕**：表土がやせていて，その下層に肥沃な土壌がある場合，下層まで一挙に耕起して全層を混和させる方法．火山灰地において腐植を含有する層が幾層も重なっている場合の改良法として考案されたものである．
5. **心土破砕耕**：下層土が堅密な盤層になっていたり緻密な土層になっている場合には，作物根の伸長が妨げられたり排水不良を引き起こす．このような堅密な下層土を破砕して土壌構造を改良するのが心土破砕耕である．薩摩半島南部の「コラ排除」，富士山麓の「エカスマサ起し」，北海道東北部の重粘土(疑似グライ土，停滞水グライ土)地帯のパンブレーカーによる心土破砕などはこの例である．

c. 造成土壌綱（Man-made soils）

厚さ35 cm以上の切土または盛土による人造地形（Man-made landforms）の形成に伴って生じた人工未熟土壌で，盛土型造成土，切土型造成土，浚渫埋立土，廃棄物埋立土などが含まれる．盛土の厚さが35 cm未満の場合は，もとの土壌の盛土相とし，切土の厚さが35 cm未満の場合は新たに出現する断面の性質に基づいて分類し，いずれも造成土壌とはみなされない．造成土の具体例については，永塚（1997）の187～202ページを参照していただきたい．

I．造成土（Cut-and-fill soils）

Regosols(*Transportic*)（WRB），（Udorthents）（USA）

住宅用地，農業用地，工業用地，レクリエーション用地などの大規模土地開発のために，大型機械による土木工事によって切土地と盛土地からなる人造地形が形成されることによって生じた人工未熟土壌である．切土地には固結岩屑土や非固結岩屑土に類似した断面が，盛土地には非固結岩屑土や砂質未熟土に類似した断面が生じる場合が多い．

混層土では土壌断面が垂直方向に移動撹乱されているのに対して，造成土では水平方向と垂直方向の両方に土壌の移動・撹乱・混合が起こっているのが特徴である．地形改変の目的，土地造成の方法と規模，盛土に用いる材料などの違いによって，地表面には多様な造成土が出現する．

造成土の亜型は造成前の土壌型によって区分し，土壌種は造成方法によって細分することができよう．

1. **山成工法（耕起造成法）**：傾斜15°未満の緩傾斜地を元の地形なりに造成する工法で，森林伐採後に石礫除去，抜根，排根などの障害物除去を行ってから耕起・砕土する．抜根でできた穴の埋め戻しや排根作業による表土移動によって，表土と心土が撹乱混合された土壌断面ができている場合が多い．造成された表土は腐植含量やCECの減少，緻密化などが生じやすい（小林，1976）．図9.31には，耕起造成法に伴う土壌断面の変化を模式的に示した．

2. **改良山成工法**：傾斜15°以上のところでは造成後の土壌侵食が激しいので，凸部を削り谷に埋めて緩傾斜地とする工法である．この場合には表層土はほとんどなくなり，養分に欠乏した下層土ないし母材が露出して人工

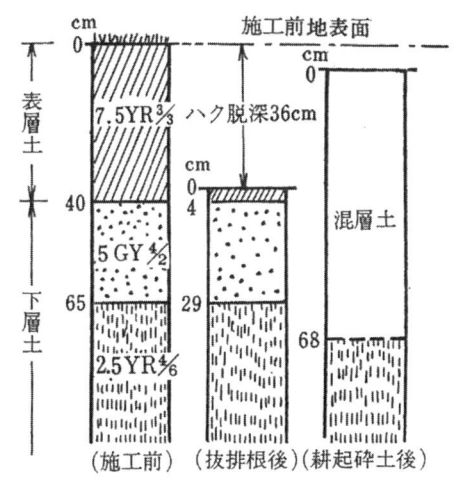

図 9.31 草地造成における土壌移動
(小林裕志, 1976)

未熟土となるので施肥や堆肥の施用を十分に行わなければならない.「表土扱い」というのは,抜根・排根後に表土部分だけを剥がして集積しておき,切土・盛土による地形修正を行った後に,集積しておいた表土部分を再び地表部に戻す工法であるが,この場合の造成土の表層は,造成前の土壌の表層と類似した性質が維持されている.

II. 埋立土(Landfill soils)

Technosols(WRB), (Udorthents)(USA)

海岸や湖岸の人工埋立地の造成も人間による著しい自然の改変である.東京低地では,利根川・荒川などの大河川による埋積量や富士・箱根火山の噴火による火山灰の降下量がそれぞれ年平均 100 万 m^3 のオーダーであるのに対して,東京湾の埋め立てと港湾の開削のために動かされた土砂の量は,年間 1,000 万 m^3 を超えると推定されており(貝塚, 2011),人間による自然改変がいかに大きいかを示している.

戦後わが国では臨海工業地帯の建設用地として大規模な埋立事業が急速に進められてきたが,近年,埋立地が公園や緑地として植生の生存を維持する都市生態系の重要な部分として認識されるようになり,臨海部埋立地の土壌についての研究が行われた(坂上, 1978).

埋立地の造成には2つの方法があり，1つは水面下の底質土をサンドポンプで汲み上げる浚渫埋め立てであり，もう1つは都会から大量に出るゴミによる埋め立てである．

(1) **浚渫埋立土**(*Spolic Technosols*)：臨海工業地帯や住宅地のための埋立地は，植物の生育よりも地盤強度や排水のよいことが重視されるので，砂質の底質土をサンドポンプで汲み上げた「吹き上げ砂」からなるものが多い．

(2) **廃棄物埋立土**(*Urbic Technosols*)：地下鉄工事や下水道工事などによって生じた建設発生残土，産業廃棄物などの瓦礫などが埋立材料となっているもの．

(3) **生ゴミ埋立土**(*Garbic Technosols*)：家庭の台所から出される生ゴミなどの有機質ゴミが埋立材料に用いられる．埋立材料が有機物のところでは発酵が起こり，悪臭を放つ酪酸，硫化水素，メルカプタン，スカトールなどが生じるし，また可燃性のメタンガスや一酸化炭素を発生して自然発火が起こる．また紙，台所の生ゴミなどは昆虫類のよい餌となるのでハエなどの大量の発生が起こる．こういう害を防ぐために衛生埋立法といって，消毒剤を散布し，ゴミの厚さ3mごとに20～30cmの土砂を置くサンドイッチ工法がとられ，ゴミ層で発生したガスはパイプで排除するようにしている．

浚渫埋立土の場合には海水に含まれるNaイオンにより，廃棄物埋立土の場合にはコンクリートの固化剤として使われた生石灰などのために中性ないしアルカリ性反応を示す．塩素含量は一般に高く，炭素や窒素の含量は非常に低い．また埋立土の性質は多種多様な埋立材料の差異によって大きく異なり，均質な土壌の広がりが大きくならないことも特徴の1つである．

10. 土壌情報システム

10.1. 土壌情報システム

　土壌調査(Soil Survey)というのは，土壌断面(ペドン)を調べて，それがどのような分類単位に属するかを同定し，同じ分類単位に属する地点(点情報)をつなげてひとくくりの図示単位(面情報)にまとめ，その結果を地図上に表現して土壌図を作成するとともに，各図示単位に含まれる土壌の諸性質を記載した説明書を作成することである．こうして作られた土壌図は基本土壌図とよばれる．これらの基本土壌図を作物の作付計画，肥培管理，土壌改良などに利用するための実用土壌図を作成するためには，かつては専門家による読み替えと図の再編成が手作業で行われていた．しかしこのような方法では時間と手間がかかり，土壌図などの図式情報の加工処理がほとんど行えず，場合によっては実用土壌図のための再調査が必要であった．このような難点を克服するために1970年代半ばから，これまでに蓄積されてきた土壌資源に関する情報をコンピュータにより管理し，必要なときに適切な図やデータを提供することができるシステムの構築が欧米諸国を中心に開始され，現在では，わが国を含めて各国で国レベルのシステムが完成し稼動している．言い換えれば，今日では"紙土壌図の時代"から"土壌情報システムの時代"へ変わってきているのである．

　土壌断面調査や土壌調査のやり方の実際については，1.3.土壌断面調査のところで紹介したように，「土壌調査ハンドブック」(日本ペドロジー学会，1997)やより詳細な解説書(土壌調査法編集委員会，1978；農林水産省林業試験場土壌部，1982)があるので，それらを参考にしていただくことにして，ここでは土壌情報システムの概要を解説することにする．

10.1.1. 土壌情報システムの構造

　土壌情報システム(Soil Information System)とは土壌断面データ，土壌図など各種の土壌資源に関するデータを蓄積しておき，必要なときに最適な形でデータを提供できるシステムであり，パンチカードやマイクロフィルムを使った

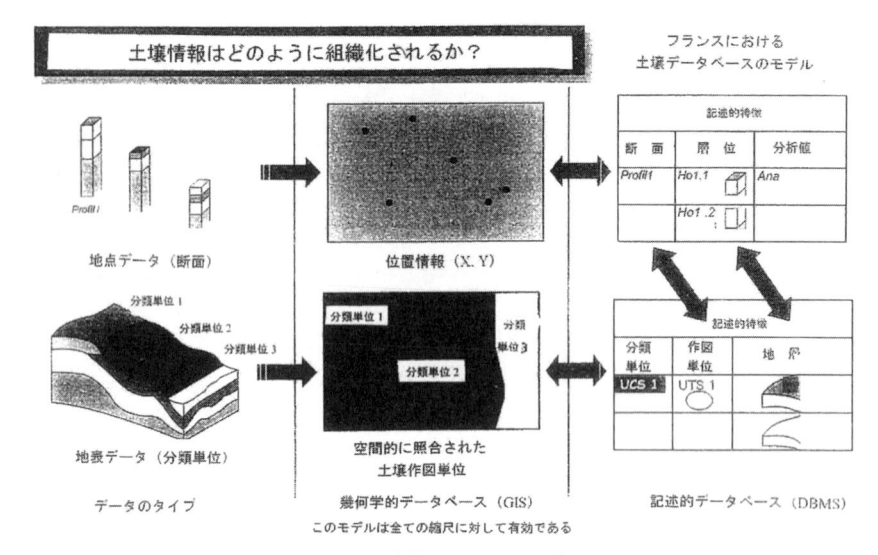

図 10.1 土壌情報システムの概要

マニュアル方式と，コンピュータなどを使う方式とがある(加藤, 1988). 現在ではそのプロセスの大部分がコンピュータで処理されるようになっている. 土壌情報システム化のプロセスは，図 10.1 に示したように，土壌断面の位置情報と各層位の分析値などに関する記述的特徴のデータベースを作成するとともに，土壌図の作図単位に関する記述的データベースを作成し，これらのデータベースを種々の形で結合して出力できるように構築されている.

以下，日本における農耕地を対象とした国レベルの土壌情報システムである JAPSIS (Soil Information System for Arable Land in Japan) (加藤, 1988)を例として，具体的に説明することにする.

JAPSIS では取り扱うデータの性質により，次のような3つのデータファイル群に分けられている(図 10.2).

1) **数値情報ファイル群**：土壌の性質に関する定量値や定性値を取り扱うファイル群.
2) **図式情報ファイル群**：土壌図などの二次元的情報である図式情報を取り扱うファイル群. データ量が多いため，都道府県と図幅単位でデータが磁気テープに蓄積されている.

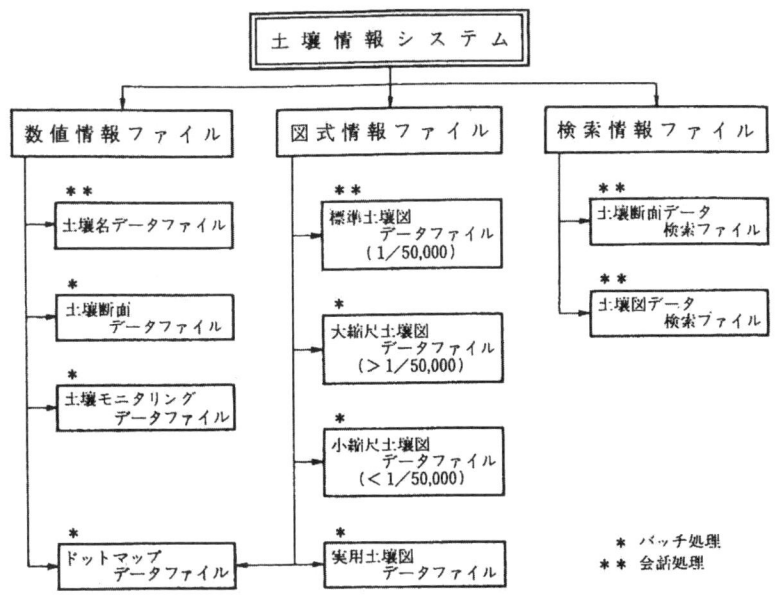

図 10.2 土壌情報システム(JAPSIS)の構造模式図 (加藤, 1988)

3) **検索情報ファイル群**：市町村などの行政区単位または地形図単位で, どのような土壌調査データや土壌図があるかを検索できるようなファイル群.

システムの作成手順から考えると①汎用的なデータベースプログラムが利用できるファイルでコンピュータと人手があればすぐに作成できるファイル群, ②専用のプログラムと X-Y プロッターやデジタイザなどの特殊な機器を必要とするもの, ③数値データファイル群や図式情報ファイル群などの基本的ファイルが一応作られた後に作成されるファイル群からなる. コンピュータによる処理方法から見れば, 土壌名ファイル, 土壌断面検索ファイル, 土壌図検索ファイルなどのように, キャラクターディスプレイ上のメニューを見ながら会話処理方式で処理できるファイル群と, 1つの処理ごとにパラメータカードなどを利用して処理するバッチ処理方式がある.

(1) **各ファイルの概要**

ⅰ) **土壌名データファイル**

国や県の土壌統名や土壌区名とその主な性質との関係をファイル化したもの (Kato and Dumanski, 1984). 市販のデータベースパッケージの利用でデータ

ベース化が可能である．

ⅱ）**土壌断面データファイル**

　土壌調査における試坑断面の地点データ，断面形態データ，理化学分析データなどを入出力できるファイル(加藤, 1986)．データ構造が比較的複雑なため，独自のデータベースシステムを構築する必要がある．

ⅲ）**土壌モニタリングデータファイル**

　特定の土壌断面について，その時系列変化を解析するためのファイル．

ⅳ）**標準土壌図データファイル**

　縮尺5万分の1の土壌図は，施肥改善事業，地力保全事業，国土調査などで作られたもっとも一般的な土壌図であり，これらはほぼ日本の全農用地をカバーしている．標準土壌図データファイルにはこの縮尺5万分の1土壌図データをデジタル化して入力する．

ⅴ）**大縮尺土壌図データファイル**

　縮尺5万分の1より大きい大縮尺土壌図を入出力できるファイルである．

ⅵ）**小縮尺土壌図データファイル**

　縮尺200万分の1，50万分の1，20万分の1などの土壌図は小縮尺土壌図データファイルに入出力される．

ⅶ）**実用土壌図データファイル**

　基本土壌図データファイルデータの加工処理によって作成された実用土壌図はすべて実用土壌図データファイルに入出力される．

ⅷ）**ドットマップデータファイル**

　土壌断面データファイルに入力されているが，基本土壌図にはないデータ項目(礫含量や表土の塩基飽和度など)を土壌調査地点に相当する位置にドットの形や大きさ，色などを変えて，土壌の特定の性質についての地理的分布を表示するのがドットマップであり，このドットマップをデジタル化して貯蔵しておくのがドットマップデータファイルである．

ⅸ）**土壌断面データ検索ファイル**

　地形図の図幅名や緯度・経度で範囲を指定すると，その範囲内に含まれている，過去のすべての土壌調査断面の位置と照合番号を表示することができるファイルである．

x) 土壌図データ検索ファイル

地形図の図幅名や緯度・経度で範囲を指定すると，システムに入力されているその地域を含むすべての基本土壌図や実用土壌図の名称と図幅番号などが検索できるファイルである．

10.1.2. 土壌情報の入力

土壌情報は点情報と面情報に大別される．**点情報**というのは，土壌調査で得られる地点記載や土壌断面記載を始め，各層位の理化学的性質の分析データ，さらに作物収量の解析のための気象情報や作物管理情報などが含まれる．これに対して，**面情報**というのは，土壌図・地形分類図・圃場図などのように，ある区画された領域の定義とその属性に関する情報である．

(1) 点情報の入力

点情報は一般に規格化された記載カードに記入されるが，これにはコード方式，チェックマーク方式，折衷方式の3種類がある．折衷方式は，コード方式のようにコードを記憶したり，参照したりする必要がなく，チェックマーク方式より紙面が節約できる利点がある(Kosaki *et al.*, 1981a, b)．

図10.3はJAPSISで用いられているデータ入力フォーマットの例を示したものである．JAPSISでは3種類の色別コーディングシートを作り，白色のシートには地点データ(調査地点の緯度，経度，調査日時，母材，堆積様式など)とフリーフォーマット(地番や耕作者名など)を入力し，緑色シートには土性や土色などの断面形態に関する諸性質を，黄色のシートには理化学分析値をそれぞれ層位別に入力する．定性値は備考を除いてすべてコード化して入力し，先頭には断面番号などが書いてあるヘッダーキーをつけるようにして入力設計書が作成されている．入力設計書のフォーマットにしたがって記入されているデータを入力し，断面単位で色種類ごとに層位データを結合した形で，データファイルに書き出すためのプログラムがフォートラン言語で作成されている(加藤，1988)．

(2) 面情報の入力

区画された領域は，図10.4に示すようにベクター型データあるいはラスター型データとして数値化される(加藤, 1986)．ベクター型データは領域の境界線を始点，終点，中間点からなる線分として定義し，その線分により区別される領域

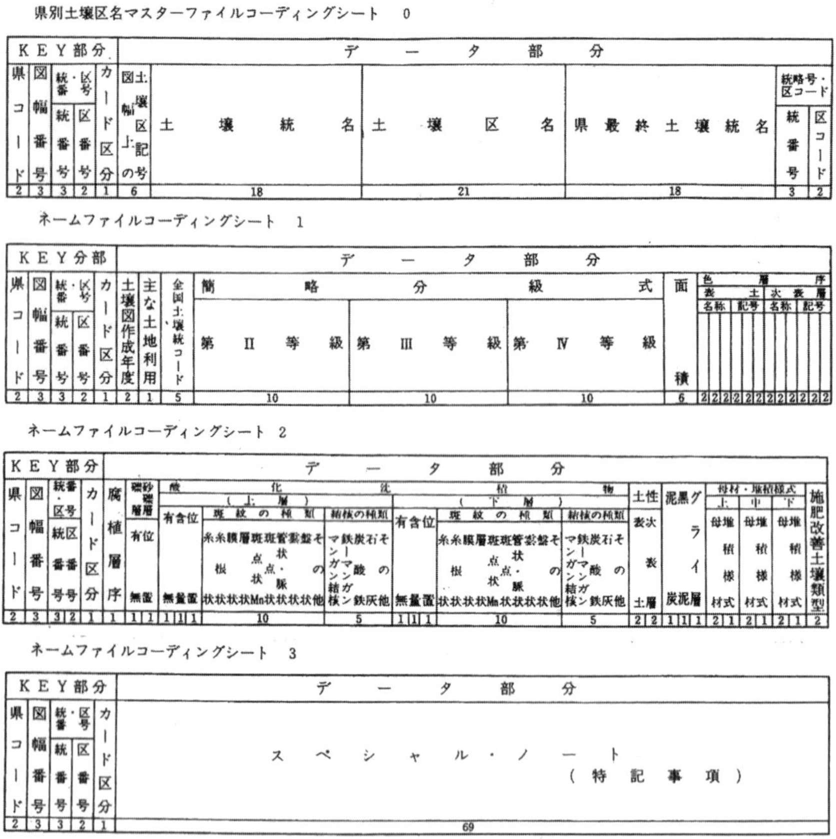

10. 土壌情報システム

図10.3 土壌名データファイルシステムのデータ入力フォーマット （加藤, 1988）
（No.0,1下欄の数字はカラム数を示す．No.2,3下欄の数字はカラム数で示す）

を属性としてもつ．その結果，保存時のデータ量が少なくプロッターなどによる作図に適しているが，複数の図の重ね合わせが困難である．一方，ラスター型データは，1つの領域を多数の単位セルから構成されているものとして定義するもので，土壌図のような線画のみならず，衛生画像や空中写真のようなイメージも処理することができる．また複数の土壌属性の任意の組み合わせが単位セルの新たな属性として定義することができるので，図の重ね合わせが容易である．その反面，単位セルの面積を小さくしていくと急速にデータ量が増加し，計算機の容量に不足をきたすことがあるのが欠点である．JAPSISでは

10.1. 土壌情報システム　365

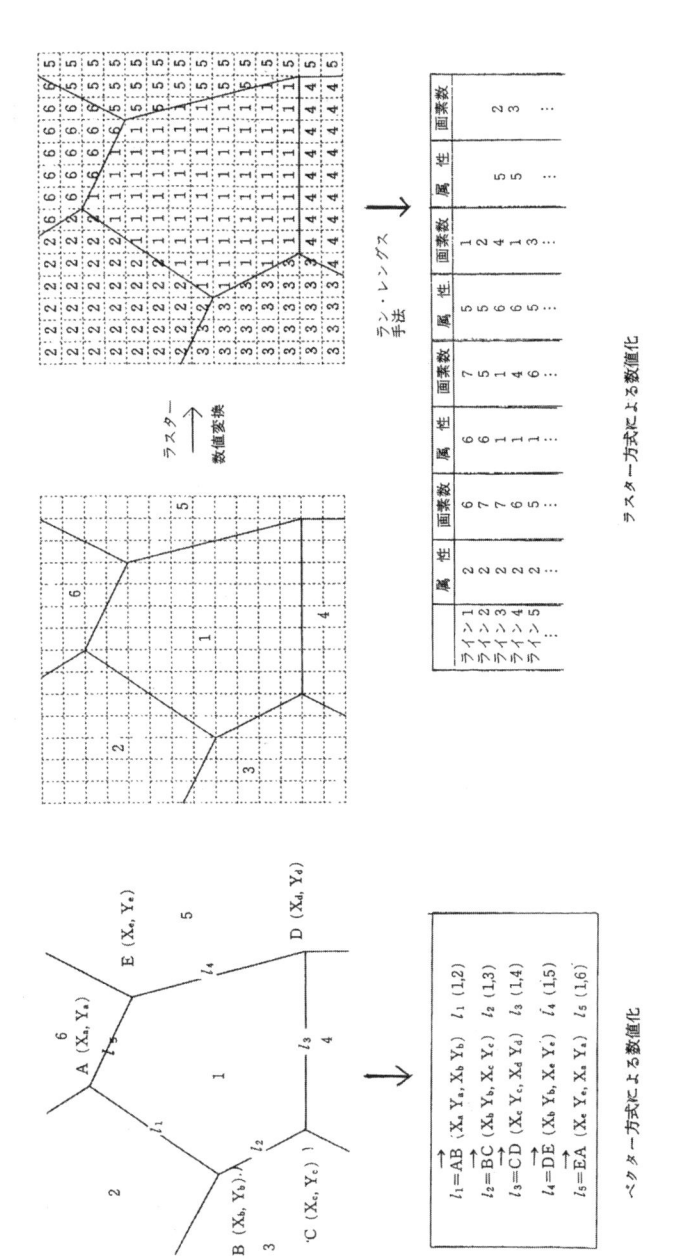

図10.4　面情報の数値化模式図 (加藤, 1988より作成)

ラスター型データの保存にラン・レングス手法を用いてデータ量の節約をしてベクター型データとして保存し，必要に応じてラスター型に変換させる機能をもっている(加藤, 1986). 面情報の数値化にはデジタイザやスキャナーが用いられる. 面情報の保存と管理には，点情報とは異なり，データベースを用いない例が多い. これは面情報についての加工や変換操作は，日常的には必要なく，むしろ，それらをシステム独自の形態で各種図面として出力することが要求されているからである. したがって，各システムは種々の言語で面情報の管理，検索，出力を可能にするプログラムを作成している. それらの中には，属性による領域の検索と出力を行うものが一般的に含まれ，従来，多大の時間と労力を費やした基本土壌図からの各種対策図の作成を容易にしている(Kosaki et al., 1981b)

10.1.3. 土壌情報の出力

JAPSIS は，広域的な生産振興・基盤整備・環境保全対策の計画立案などを主な目的とする国レベルの大規模土壌情報システムであり，一般ユーザーが直接アクセスすることはできないが，その一部である地力保全基本調査の5万分の1農耕地土壌図と代表土壌断面データをデジタル化して CD-ROM に収録したものが「地力保全土壌図データ CD-ROM」として財団法人日本土壌協会から市販されている. その内容はベクトル土壌図およびメッシュ土壌図データを収録し，各種 GIS ソフトで読み込みが可能なデータ形式をとっており，背景図には国土地理院発行5万分の1地形図が使用されている. 全国版と地域版(北海道・東北版，関東版，北陸・東海・近畿版，中国・四国版，九州・沖縄版)の2つのタイプで頒布されている.

農業環境技術研究所は全国の農耕地土壌の分布と土壌分類の解説を示したGIS を公開(http://agrimesh.dc.affrc.go.jp/soil-db/)しているが，そこでは全国7,115 の代表地点が土壌図上に示され，地点をクリックするとその地点の土壌断面情報や理化学的性質が表示されるようになっている(中井ほか，2004). また都道府県や普及所・農協などでは，「地力保全土壌図データ CD-ROM」をもとにして各種営農対策用の応用土壌図の作成や土壌診断に利用できる，独自の中規模ないし小規模の土壌情報システムが開発されている. たとえば，千葉県ではインターネットを活用した GIS(地理情報システム)とデータベースソフト

によって簡易に土壌分布や土壌特性を検索できる「耕地土壌データシステム」が作成されている(八槇, 2000). 三重県でも同様なパソコンによる「耕地土壌情報データベース」が開発され, CEC 別畑土壌分布図の作成, 面積集計などに利用されている(村上ほか, 2006). またパソコンを利用して, 土壌図などの土壌情報を現場で迅速かつ有効に活用するために, GIS と GPS を用いた土壌調査支援システムも開発されている(安田, 2001). また土壌診断データを施肥改善に利用するだけでなく, 農耕地の土壌実態を容易に把握し, 研究・普及・行政が有効に活用することを目的とした土壌情報システムの開発も行われている(藤原, 1989).

なお, 欧米諸国における土壌情報システムの状況ならびにわが国における課題については, 紙面の都合で省略せざるを得なかったので, 小原(1999), 永塚(2007), 永塚・八木(2007)などの文献を参考にしていただきたい.

11. 土壌の起源と進化

　46億年にわたる地球の歴史の中で，土壌——陸上生物と地殻の表層との間で物質循環とエネルギーの転流が行われるシステム——はいつ，どこで，どのようにして発生したのであろうか？　現代土壌学の理論に基づけば，それは地球上に陸地が形成され，そこに陸上生物が生息し始めたときであるということがいえるが，重要なことはそれを具体的な証拠によって立証することである．しかし，上部白亜系最下部(セノマニアン期)以前の地形の残片は地球上のどこにも残っておらず，残片が広く認められるようになるのは古第三紀の地形が最初であるといわれている(ビューデル，1985)．つまり，白亜紀後期以前の古土壌はすべて侵食されるか埋没されるかして，地表面には存在しない．しかも，古い地質時代の埋没古土壌(化石土壌)は続成作用や変成作用を受けて大きく変質しているため，生成当時の状態や生成環境を復元することはきわめて困難である．近年，微化石の炭素同位体比の研究，化石土壌の微細形態学的研究，地球化学的研究などによって先カンブリア時代にまでさかのぼる古土壌の研究が発達してきた(Retallack, 2001)．

　本章では，丸山・磯崎(1998)やRetallack(2001)の所説を参考にしつつ，地球上における陸地の形成と陸上生物の出現に至る経過を追跡するとともに，その後の土壌の進化の過程を考察することにしよう．

11.1. 生物の誕生から陸地への上陸まで

　現在の地球に近い成層構造(核，マントル，マグマオーシャン，原始大気)は地球誕生直後の45.5億年前にはすでに形成されており，43億年前頃までにはマグマオーシャンは完全に固化し，そのうえに大規模な原始海洋が形成されたのは約40億年前であったと推定されている．40億年前の地球では初めて原始海洋ができ，マントルから上昇してきたマグマが固化して大陸地殻(花崗岩)[注]が初めてでき，原始海洋中で最初の生命(原始細胞)が誕生したと考えられている(丸山・磯崎，1998, p.20-21)．

11.1.1. 始原細胞の誕生から多細胞生物の出現まで

　生命体の基本的構成要素であるアミノ酸の起源に関しては，ミラーの有名な実験に基づく**無機合成説**と，多様なアミノ酸を大量に含む隕石や彗星によって地球外からもたらされたとする**隕石説**がある．いずれにせよ原始海洋には各種のアミノ酸を大量に含む「原始スープ」が形成されていた．

　原始海洋中ではこれらのアミノ酸から原始タンパク質が形成され，原始タンパク質の集合体が脂質膜で包まれて，外液との間で物質交換をすることができる構造(コアセルベート)ができ始原細胞が形成された．こうした化学進化によって約 40 億年前に最初の始原細胞が生まれたと考えられている(中村, 1982)．

　地球最古の生命体化石は，西オーストラリア，ピルバラ地域ノースポールの太古代のチャート(約 35 億年前)から発見された，長さ 0.1 mm 程度のフィラメント状バクテリア(原核細胞)であると考えられている(丸山・磯崎, 1998, p.69)．その生息場所は太古代前期の海洋中央部，それも中央海嶺上のブラックスモーカーとよばれる 200～300℃の熱水を噴出する熱水噴出孔付近であった．したがって，約 40 億年前に生まれた原始生命は，遅くとも 35 億年前までには，かなり高度に発達した原核生物まで進化していたと思われるが，当時の海洋表層部には酸素発生型の光合成をする生物はまだいなかった．色素細菌による酸素を発生しない光合成は少なくとも 25 億年前までには始まっていたと考えられているが(Retallack, 2001, p.247)，酸素発生型の光合成が始まったのは約 27 億年前と考えられている．世界最古のストロマトライト化石は，約 27 億年前の西オーストラリアの地層から見出されたものである．ストロマトライトは酸素発生光合成能力をもつシアノバクテリア(ラン藻)が潮間帯や浅海の有光帯に作ったコロニー状の構造物で先カンブリア時代の石灰岩層の中に特徴的に産し，全地球規模の分布範囲をもっていたと考えられている．20 億年前頃には海水中の溶存酸素量が増え，海洋は還元的環境から酸化的環境に大きく変化した．その結果，それまでの嫌気性生物に代わって酸素呼吸型生物群が登場し，また海水と平衡状態にあった大気中の酸素分圧も増えたと推定されている．

注)グリーンランドの西海岸に露出しているアミトック片麻岩は，ルビジウム-ストロンチウム法によって，37.5億年ほど前に貫入した花崗閃緑岩が37億年前に変成作用を受けてできたものである．この原岩である花崗閃緑岩には，火山岩や堆積岩の礫が含まれている．これらの礫岩が最古の岩石と考えられる(小嶋, 1979, p.106-107)．

ミシガン州の約21億年前の縞状鉄鉱層から発見された幅1 mm, 長さ9 cm におよぶ大型の細胞の化石 (グリパニア) は最初の真核細胞とみなされている. マーギュリスの「共生説」(Margulis, 1981) によれば, もともと光合成や呼吸の能力をもった別種の原核生物が二次的に別の原核生物の細胞内に共生するようになって真核細胞ができ, 細胞の大型化が始まったとされている. カナダの原生代中期 (12.5～9.5億年前) の地層から発見された藻類化石 (現世の紅藻に類似) は, 最古の真核多細胞生物の確実な記録とされている. 一方10億年前以降の地層から小さな動物の這い跡の生痕化石が認められるようになり, 単細胞の原生動物以外に大型の多細胞動物の祖先に当たる系統が台頭してきたことを示している.

11.1.2. 生物上陸以前の陸地の状況

27億年前頃から, 少しずつ海面上の陸地が増え始め, これらの小さな大陸は融合して19億年前に, 最初の超大陸 (ローレンシア大陸) が出現した. こうしてできた40億年前から19億年前までの陸地の様子はどのようなものであったのだろうか？

縞状鉄鉱層 (banded iron formation) は, 鉄鉱物が卓越する層とシリカ (SiO_2) に富む層が交互に重なり合って縞状を呈する特異な鉱床で, きわめて細かい粒子が陸から遠く離れた場所でリズミカルに堆積したことを示している. 約37億年前から17億年前の先カンブリア時代に見られ, カンブリア紀以後にはほとんど見当たらない. 構成鉱物は菱鉄鉱 ($FeCO_3$), 針鉄鉱 (FeOOH), 赤鉄鉱 (Fe_2O_3), 磁鉄鉱 (Fe_3O_4) などで, 鉄の含有量は25～35％と高いが, アルミナの含有量は1％以下と著しく少ない. このことから, 太古代前半 (40億～25億年前) の陸地では酸素をほとんど含まない還元的な大気下のpH4.8～8の条件下 (pH4.8以下でも, pH8以上でもアルミニウムは溶解する) で加水分解と炭酸溶解を主とする化学的風化作用が進行し, 塩基溶脱作用によって Ca^{2+}, Mg^{2+}, K^+, Na^+ などが海水中に流れ込むとともに, 鉄の還元溶脱によって大量の Fe^{2+} が海中に流れ込み, 陸上にはアルミニウムと珪素に富む風化殻が残されたものと推定される. こうして海水に溶けこんだ大量の Fe^{2+} が, 27億年前頃に開始された光合成微生物 (ストロマトライト) の発生する水中の O_2 で酸化・沈殿したものが縞状鉄鉱層なのである. Retallack (2001, p.208) はこのようなアルミニウムに富んだ, 粘土質で

緑色を呈する風化殻を**緑色粘土**(Green Clay)とよび，35 億年前に出現し 22 億年前に消失した最初の古土壌とみなしているが，生物の痕跡は示されておらず，真の土壌であったことは疑わしい．また Retallack(2001, p.243)は 8.1 億年前の陸地景観として，緑色粘土でできた波状丘陵地を取り囲む沖積扇状地と沖積平野ならびにその上を流れる分流した河川からなる荒涼とした光景を示している．

　原生代の後半になると縞状鉄鉱層に代わって旧**赤色砂岩**が広範に見られるようになる．最古の赤色砂岩(Oldest Red Sandstone)とよばれるジョトニア系の年代は 13～14 億年前とされている．赤色砂岩の存在は，この頃の大気中の酸素濃度が現在の大気中とほぼ同じ程度まで増加し，酸化的風化が行われるようになったことを示している．地表では二価鉄が酸化されて赤褐色の酸化鉄で覆われるようになり**赤色風化殻**(Red weathering crust)が生成し始めた．侵食された赤色風化殻が海底に堆積して赤色砂岩が形成されるようになったのである．

11.1.3. 生物の上陸を促した原因

　8～6 億年前は氷(河)期ともよばれ，地球の歴史上でもっとも寒冷な時代で赤道地域まで氷河が進出していたと考えられている．この時期の中頃に当たる 7.5 億年前に海水がマントルに注入し始め，海水の総量が減少して海面が大きく低下して陸地面積が増加し，巨大河川が生まれるとともに大量の堆積岩が形成され海水の塩分濃度が急上昇した．その結果，浸透圧が上昇し生物は脱水の危機に直面した．ストロマトライトの急減はそれを物語るものであろう．そして生物は塩分濃度の高くなった海を避けて淡水の河川，あるいは陸上へ逃避したものと考えられる．つまり海水のマントルへの注入が生物の上陸をうながすきっかけになったのである(丸山・磯崎，1998, p.32-35)．

11.1.4. 生物の上陸

(1) クックソニア説

　従来，陸上植物の最初の直接的な証拠とみなされてきたのは，ウェールズ地方のシルル紀後期(4.18 億年前)の地層から発見されたクックソニアという原始的シダ植物の化石で，葉はなく，末端に胞子を入れる袋(朔)をもった茎だけのもので，水分を吸収する機能をもった最初の根のある植物の 1 つだった．スコットランドの約 4 億年前の中部デボン系(ライニー・チャート)から発見

された初期の陸上植物化石群は,リニア,ホルネオフィトン,プシロフィトン,アステロキシロンなどの陸上植物の化石とともに小さなエビの仲間やトビムシのような原始的な昆虫類,小さなダニなどの動物化石を含む環境が総体的に保存されたまれな例であり,当時の淡水下の泥炭沼沢層とそこに生育する維管束植物の様子が復元されている(ホールステッド,1985).したがって当時の淡水域の縁辺部には**水面下土壌**ないしは**泥炭土壌**が生成していたことが推定される.

(2) **地衣類説**

オーストラリア南部アデレード付近のエディアカラ丘陵から産出する化石群集は約6億年前のもので**エディアカラ生物群**とよばれている.これらの化石は肉眼で十分に見える大きさをもち,いずれも扁平で骨格や体内の各種器官の痕跡は全く認められず,クラゲやヒトデの仲間の祖先と考えられてきた.その生活パターンは,いずれも体の主要な部分が海水と接し,その中でゆらゆらゆれて生活していたらしい.表面積が大きなその体制は,おそらく体内に大量の光合成藻類・光合成細菌・化学合成細菌などを共生させるためのものであって,エディアカラ生物群はそれらの生物に生活の場を提供した宿主であったと推定されている(McMenamin and McMenamin, 1990).さらに Retallack(1994)は圧密に対する耐性,大きさ(直径1mに達する),口や消化管をもたず筋肉組織のないこと,岩石上の地衣類は海中でも陸上でも生きることができることなどを根拠として,これらの化石は地衣類であったと結論している.また原始的な水生緑藻類と共生関係をもっていた水生の糸状菌が約13億年前に陸上型に進化して,陸上の地衣類になったとも考えられている(Heckman *et al.*, 2001).

地衣共生体の藻類は光合成によって太陽エネルギーを吸収同化する一方,菌類は有機酸(地衣酸)を分泌して岩石から無機成分を溶解し,体内組成に取り入れる.こうして約13億年前に初成土壌生成作用が始まり,**岩屑土**が形成されるようになったものと推定される.当時の地表はまだ紫外線が強かったが,人工衛星を用いた実験結果(Sancho *et al.*, 2007)は,地衣類が強い紫外線に耐えて徐々に地表に広がっていったことを支持している.

11.2. 陸上における土壌の進化

11.2.1. 古生代の土壌
(1) カンブリア紀

カンブリア紀(5.42〜4.88億年前)は三葉虫の時代ともよばれ，無脊椎動物の大部分の門が海底で爆発的に多くなったことが知られているが，植物は藻類が主で，陸生植物は胞子が発見されているのみである．そのため陸地の様子は不明であるが，おそらく赤色風化殻の上に地衣類が棲みついた岩屑土が広く分布していたものと推定される．紫外線をさえぎるオゾン層が形成(約4.5億年前)されるのに十分な酸素濃度が達成されるまでは，地衣類以外の生物の陸上進出は実際には不可能であった．

(2) オルドビス紀

大型の生物が陸上に現れたことを直接示す証拠は，オルドビス紀(4.88億〜4.44億年前)まで見当たらない．カザフスタンの浅海成堆積岩(オルドビス紀中期，4.5億年前)から発見された，葉・気孔・非気管的な導管をもった茎の破片(*Akdalaphyton*)はもっとも初期のコケの化石と考えられている(Retallack, 2001, p.263)．非維管束陸生植物の証拠がオルドビス紀後期(4.55億年前)の厚さ約1.3 mの石灰質赤色古土壌から見出されている(Retallack, 2001)．しかし，これはまだ赤色土壌というよりは赤色風化殻が地衣やコケで覆われた岩屑土とみなすべきであろう．

(3) シルル紀〜デボン紀

デボン紀の北半球は高温乾燥，南半球は寒冷であった．デボン紀中期(3.80億年前)の湿地成石灰岩に由来する古土壌はもっとも古い **Entisol** とみなされている(Retallack, 2001, p.286)．南極ビクトリアランドのアズテック・シルト岩の石灰質古土壌(デボン期中期3.72億年前)は表層に根の痕をもち，薄片で粘土被膜が認められる Bt 層をもち，亜熱帯湿潤気候下の沖積低地に生成した**アルフィソル**であったと考えられている(Retallack, 2001, p.282)．デボン期中頃(3.75億年前)までには海岸にマングローブが成立し**マーシュ土壌**が生成していたと考えられている(Retallack, 2001, p.286)．

(4) 石炭紀

　石炭紀の北半球は広大な湿地帯に覆われ，森林が密生していた．南半球にあった大陸群の中心には氷冠が位置していた．石炭紀になるとデボン紀の原始的な草本性シダ類から木本性の真正シダ類が出現した．石炭紀(3.59～2.99億年前)の古土壌としてよく知られているものに**ヴルツエルボーデン**(Wurzelböden)がある．これはドイツのルール地方の石炭系に含まれる化石土壌で，一般に細かく成層した砂岩の下に，鱗木目(*Lepidophytes*)やロボク目(*Calamites*)の幹を伴った，湖成ないし汽水成の泥炭に由来する石炭層があり，その下に多数の鱗木類の地下部や付属枝が貫通した成層していない粘土岩(ヴルツェルボーデン)があり，さらにその下には若干の根を伴った細かく成層したシルト～粘土岩，砂岩が続いている．この化石土壌は，古土壌学的研究によって，現在の**マーシュ土壌**あるいは**亜泥炭グライ**(*Fluvisols, Thionic* or *Histic Gleysols*)に類似したものであったと考えられている(Roeschmann, 1971)．イングランド，ブリストルの石炭紀初期(3.35億年前)の地層から，沖積砂を母材とする厚いA層(50 cm)の下にBs層をもつ**ポドゾル**(Aquods)が見出されている(Retallack, 2001, p.284-285)．また熱帯雨林の巨大な根の痕跡をもち，**オキシソル**と同定される古土壌がミズーリのペンシルバニア層(石炭紀後期3.05億年前)から知られている(Retallack, 2001, p.289)．またオーストラリアの石炭紀後期(3.10～3.12億年前)の木の根の痕跡を伴った古土壌は周氷河地域の**Gelisol**であったと考えられている(Retallack, 2001, p.286)．

(5) ペルム紀

　ペルム紀末には，古生代に繁栄した多くの生物が衰滅した．それはバリスカン造山運動によって海が浅くなって陸地面積が増大し，気候が乾燥化して沙漠が出現するとともに内陸は干上がり，岩塩や石こうなどの蒸発岩層ができたためと考えられている．ユタ州のペルム系の風成堆積物中の古土壌は，初期の沙漠の潅木地または矮生低木地を示す根の痕跡を伴った，砂質～シルト質のEntisol(**沙漠土**)とみなされている(Retallack, 2001, p.286)．

11.2.2. 中生代の土壌

　中生代(2.51～0.66億年前)になると古生代に繁茂していたシダ類に代わって裸子植物(イチョウ類・ソテツ類・松柏類)が栄えるようになった．三畳紀後期～

ジュラ紀中期の陸上植物の分布が広範囲にわたって均質だったことは化石の証拠から明らかで，樹木に年輪がなく，気候は一年中温暖であったと考えられている．

ジュラ紀後期(1.49億年前)の浅い石灰集積層をもつ，赤色粘土質の古土壌は半乾燥地域の林地の土壌に対比されている(Retallack, 2001, p.292)．ジュラ紀後期(1.61億年前)以後，北半球では高緯度と低緯度で植物群が異なるようになり，白亜紀後期になると三畳紀に出現した被子植物が繁栄し，北のシベリア植物区では松柏類や落葉広葉樹が優勢なのに対して，南のインド・ヨーロッパ植物区では被子植物と常緑広葉樹が優勢であるといったように気候帯が存在するようになったと考えられている(徳岡・武井，1985)．中部および南部ヨーロッパではジュラ系の石灰岩上にかなり厚い**赤色エルデ**(ラトソル)や**赤色レーム**(テラ・ロッサ)が生成した．古土壌の記録は知られていないが，寒冷な針葉樹林下の**ポドゾル**(Orthods)，温暖な落葉広葉樹林下の**褐色森林土**，亜熱帯性常緑広葉樹林下の**赤色土**などが生成し，土壌の成帯的分布が出現したものと推定される．

11.2.3. 新生代(0.66億年以後)の土壌

(1) 第三紀

新生代になると大気中のCO_2濃度が定常的に低下し，気候の寒冷化が進行した(ブディコ，1983)．古第三紀における植物の分布は，極地から赤道へ向かって緯度に平行した分布を示しており，当時の地球に，寒帯・温帯・熱帯という気候帯があったことを示している．始新世には，熱帯・亜熱帯の植物が北緯50度付近まで北上していたことから，当時の気候はかなり高緯度まで暖かかったことが推定されるが，漸新世になると熱帯植物が南下して，落葉広葉樹や針葉樹などの温帯植物の進出が目立ち始め，気候の冷温化が地球的規模で起きたことを示している．

始新世(0.56〜0.34億年前)より古い草原の古土壌は報告されていないが，漸新世初期(0.33億年前)になると，**モリック層**に近い構造と多くの細根をもった，沙漠の草地の土壌と推定される古土壌がアメリカのオレゴン州や大草原から見出されている．また漸新世後期(0.29億年前)の乾燥した草地の古土壌としてA/Bk断面をもつ**Aridisol**と**Andisols**(Ustollic Vitrands)が見出されている．さらに中新世中期(0.20〜0.14億年前)の細かい団粒構造と細根のマットをもった

短茎草本下の古土壌が北アメリカと東アフリカで見出され，中新世後期(0.07億年前)までには北アメリカ，アフリカ，パキスタンで長茎草本下の古土壌が発見されている(Retallack, 2001, p.303-311)．

(2) 第四紀

第四紀になると気候の寒冷化はいっそう進み，更新世には氷河の進出と後退が数回にわたって繰り返された．このとき地表の土壌は氷河によってすっかり削り取られ，氷河の影響を受けなかった熱帯〜亜熱帯地域には氷期以前の古土壌が残された．後氷期になって氷河が後退した後には，植生が回復するとともに，新しい母材から新たに土壌生成が始まった．そのため氷河の影響を受けた地域では土壌の成帯性が明瞭に認められるのに対して，氷期以前の古土壌が分布している熱帯〜亜熱帯地域では土壌の成帯性が不明瞭になっているのである．図 11.1 は，以上に紹介した化石土壌に関する古土壌学的研究の結果から推定した，種々の土壌型の出現年代を示したものである．

11.2.4. 土壌生成におよぼす人類の影響

第三紀鮮新世末(約 300 万年前)に出現した猿人から第四紀更新世晩期(約 3 万年前)の新人(クロマニヨン人)の段階に至る数百万年という長い人類進化の過程において，土壌に対する人類の基本的態度には根本的変化は見られず，旧石器人が火の利用によって植生におよぼした影響も局地的にすぎず，旧石器時代の人類は土壌に対して本質的には何ら影響をおよぼさなかったと考えられている(Davidson, 1982)．

中石器時代(13,000〜7,000 年前)のクロマニオン人は弓矢の発明によって狩猟の生産性を著しく高め，飛躍的な人口増加をもたらした．しかし反面オーバー・キル(乱獲)を引き起こし，大型哺乳動物の絶滅に拍車がかけられた．こうして生存の危機に直面した人類は，食用動物を飼育したり，土壌を耕して食用植物を栽培したり，土器を製作して収穫物を保存するといった農耕・牧畜の生活へ転換していった．こうして森林伐採による耕地化と土壌侵食の加速が始まった．

紀元前 6,000 年紀の中石器人の森林伐採の影響によってハシバミ林からヒースへと植生が変化し，それに伴って**褐色森林土からポドゾルへの土壌変化**が認められている(Davidson, 1982, p.4)．またメソポタミア(2,400〜900B.C.)やインダス盆地(1,700B.C.頃)においては集約的な灌漑によって塩類集積作用が

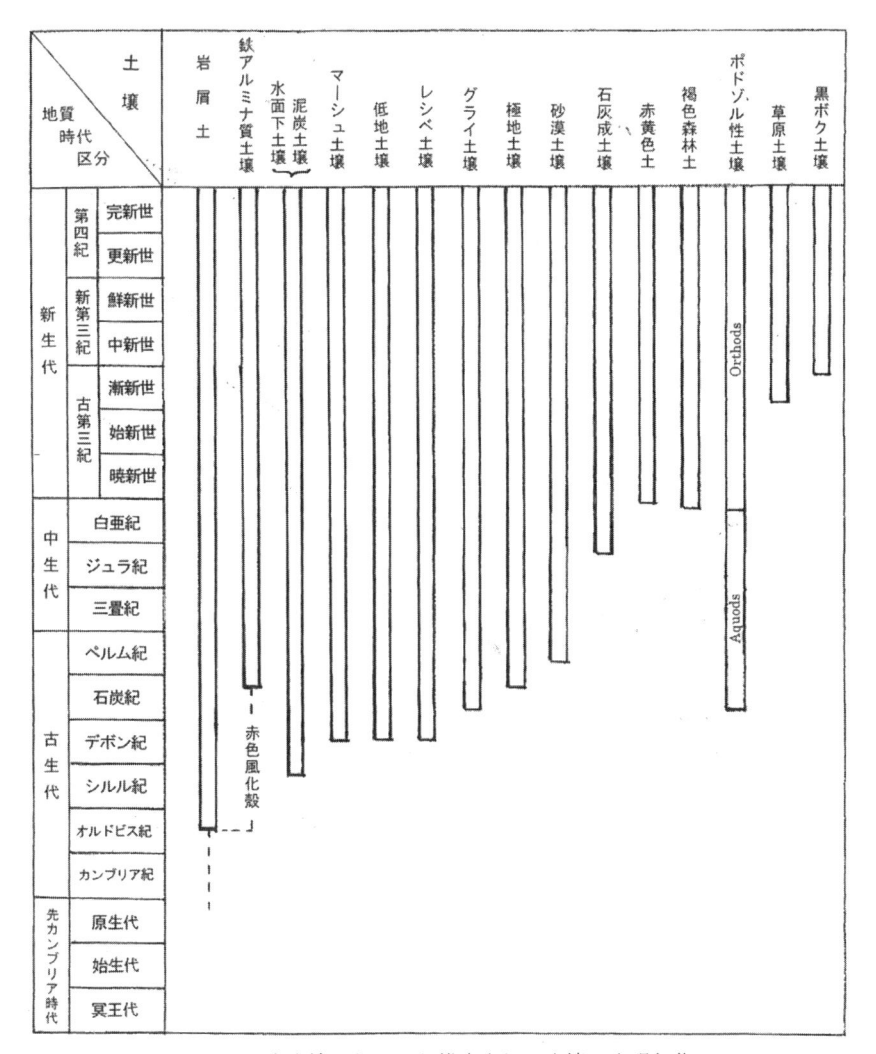

図 11.1 古土壌の化石から推定される土壌の出現年代

加速された結果，肥沃な**沖積土壌**が**塩類土壌**に変化し，文明の衰退の原因になったことはよく知られている事実である．

世界最古の水田耕作遺蹟として知られる，長江下流の河母渡遺蹟(約7,000～6,500年前)からは水田遺構は発見されていないが，江蘇省の草鞋山遺蹟(約6,000年前)から最古の水田遺構が見つかっている．したがって，水田土壌化作用は

約 6,000 年前頃から始まったものと推定される．わが国最古の灌漑施設を伴った水稲耕作跡は福岡県板付遺蹟 (2,800～2,900 年前) から発見されているので，わが国では約 3,000 年遅れて水田土壌化作用が開始されたものと考えられる．

紀元前 6 世紀のギリシャでは傾斜地での穀物栽培が激しい土壌侵食を引き起こしたため，それに代わってオリーブやブドウなどの果樹栽培が奨励され，それに伴って**園地土壌**が生じるようになった．

13 世紀にはオランダや北ドイツの北海沿岸でポルダー (干拓地) の建設が始まり，土地を拡大するとともに，**マーシュ土壌**から**低地土壌**への変化が生じた．同じ頃ポルダー周辺の砂質土壌地帯では柵で囲ってヒツジやウシを飼育し，ヒースの芝草 (プラッゲン) を敷き藁として用いた．このやり方が 750 年も続けられた結果，黒色～褐色の厚さ 1 m に達する A 層をもつ**プラッゲン土壌**が生成した (De Bakker, 1979)．

産業革命以後の 150 年間に，土壌管理方法の変化によって陸上生態系から大気中に放出された炭素量 (136 Gt, 0.92 Gt/yr) は，それ以前の 7,800 年間に放出された量 (320 Gt, 0.04 Gt/yr) の約 43% に相当し，放出速度は 23 倍に達している (Lal, 2004)．過去 200 年にわたる産業の発展と都市化もまた土壌に大きな影響をおよぼしている．金属の製錬鉱滓と廃棄物，自動車，鉱山，工場の煙突からの石炭燃焼に伴うアッシュ (灰) 類などが原因で有害金属による土壌汚染を引き起こしている．農耕地を汚染しているカドミウム，銅，水銀，モリブデン，鉛，アンチモン，セレンは 50 年以内に 2 倍になり，亜鉛は 50～100 年の間に 2 倍になると推定されている (浅見, 2010)．都市面積の拡大は土地利用の変化を意味し，したがって土壌型の変化を意味している．このような土壌は大部分が人工土壌とみなされる．都市再開発計画においても同様な土壌の改変が生じている．したがって，土壌がその機能を十分に発揮できるように土壌を健全な状態に維持することは，社会の持続的発展を保証するために不可欠である．

引用文献

(アルファベット順)

『A』

Abidin, Z. , Matsue, N. and Henmi, T. (2004) : Dissolution mechanism of nano-ball allophane with dilute alkali solution. *Clay Science* 12, 213-222.
足立嗣雄(1973):火山灰土壌の腐植に関する研究―腐植組成の地域的差異について―. 農技研報 B24, 127-264.
Afanasiev, Ya. N. (1922) : Zonal systems of soils (Russian). Reprint from "Memoire Gorki Agr. Inst. ", 1-83.
Afanasiev, Ya. N. (1927) : Russian Pedological Investigations. Acad. of Sci. , U. S. S. R. (English).
赤木 功, 井上 弦, 髙木 浩, 長友由隆(2002):九州南部に分布する古赤色土の上・下位に存在するテフラの同定・対比, ペドロジスト, 46, 2-13.
Antipov-Karataev, I. N. and I. G. Tsyurupa (1961) : Forms and conditions of migration of substances in the soil profile. *Soviet Soil Science*, No. 8, 815-823.
青木淳一(1978): 土壌中の無脊椎動物. 大政正隆監修/帝国森林会編:森林学, 173-207, 共立出版.
青木 淡(1969):大阪府芝山の玄武岩質安山岩由来の赤色土壌について. 大阪府立大学大学院農学研究科農芸化学科専攻土壌学博士課程論文, 1-60.
青木 淡(1970):土壌母材の履歴推定への岩石磁気学的方法の適用. ペドロジスト, 14, 23-28.
青峰重範(1974):川口桂三郎ほか共著 改訂新版土壌学, p. 110, 朝倉書店.
青山正和(2010): 土壌団粒―形成・崩壊のドラマと有機物利用. p. 29-39, 農文協.
Araragi, M. , Phetchawee, S. and Tantitanapat, P. (1979) : Microflora related to the nitrogen cycle in the tropical upland farm soils. *Soil Sci. Plant Nutr.* , 25 (2), 235-244.
有光一登編著(1987):森林土壌の保水のしくみ. p. 16, 創文.
有村玄洋(1973): ヒナフトミミズ(*Pheretima micronaria*)排せつ物の微細形態と二・三の理化学的性質―福岡県瀬高町本吉の例―, *EDAPHOLOGIA*, 第8号, 1-9.
Arnold, R. W. , and F. F. Riecken (1964) : Grainy gray ped coatings in Brunizem soils. *Proc. Iowa Acad. Sci.* 71, 350-361.
浅見輝男(1970):水田土壌中における遊離鉄の行動に関する研究(第1報)水田土壌中における遊離鉄の還元と土壌有機物. 土肥誌, 41(1), 1-6.
浅見輝男(2010):「改訂増補」データで示す―日本土壌の有害金属汚染. アグネ技術センター, 東京.
Aubert, G. (1950) : 4ᵉ Congrès Intern. Sci. du Sol. p. 127-128, Amsterdam.
Avery, B. W. (1973) : Soil classification in the Soil Survey of England and Wales. *J. Soil Sci.* , 24, 324-38.

『B』

Baldwin, M. , Kellog, C. E. and Thorp, J. (1938) : Soil Classification, p. 979-1001. In Soils and Men, Yearbook of Agriculture. U. S. Dept. Agr. , U. S. Govt. Printing Office, Washington.
Bascomb, C. L. (1968) : Distribution of pyrophosphate-extractable iron and organic carbon in soils of various groups. *J. Soil Sci.* , 19 (2), 251-268.
Basinski, J. J. (1959) : The Russian Approach to Soil Classification and its Recent Development. *J. Soil Sci.* , 10 (1), p. 14.
Birkeland, P. W. (1974) : Pedology, Weathering, and Geomorphological Research. p. 176, Oxford University Press. New York, London, Toront.
Blume, H. P. and U. Schwertmann (1969) : Genetic evaluation of profile distribution of aluminum, iron, and manganese oxides. *Soil Sci. Soc. Amer. Proc.* , vol. 33, 438-444.
Bolt, G. H. and Bruggenwert, M. G. M. 編著 (1980): 土壌の化学(岩田進午, 三輪叡太郎, 井上隆弘, 陽 捷行訳), 84-85頁, 学会出版センター.
Bowen, N. L. (1928) : The evolution of the igneous rocks. 334pp. Princeton University Press, Princeton, N. J.
Bridges, E. M. (1978) : World Soils, second edition, pp. 128. Cambridge University Press, Cambridge.

ブリッジズ, E. M. (1990): 世界の土壌(永塚鎮男・漆原和子共訳), pp. 200, 古今書院.
Buchanan, F. (1807): A journey from Madras through the countries of Mysore, Canara, and Malabar. London.
ビューデル, J. (1985): 気候地形学(平川一臣訳). 古今書院, p. 130.
Buol, S. W. (1965): Present soil-forming factors and processes in arid and semiarid regions. Soil Sci., 99, 45-49.
Buol, S. W., F. D. Hole and R. J. McCracken (1973): Soil Genesis and Classification. The Iowa State University Press, Ames, Iowa.
ビュール, S. W., ホール, F. D., マックラッケン, R. J. (1977): ペドロジー——土壌学の基礎——(和田秀徳・久馬一剛・音羽道三・浜田龍之介・井上隆弘共訳), pp. 494, 博友社.
ブディコ, エム・イ (1973): 気候と生命 上(内島善兵衛・岩切 敏訳). p. 14, 第2表, 東京大学出版会.
ブディコ, エム・イ (1983): 気候と環境——過去・未来(上巻). p. 147, 古今書院.
ブレーヌ, J. (2011): 人は土をどうとらえてきたか——土壌学の歴史とペドロジスト群像——(永塚鎮男訳), pp. 415, 農文協.
Bunting, B. T. (1967): The Geography of Soil. 2nd ed. 72-73, Hutchinson & Co LTD, London.
Butler, B. E. (1958): Depositional systems of the riverine plain of south-eastern Australia in relation to soils. CSIRO, Soil Publ. 10.

『C』

Chenery, E. M. (1954): Luunyu soils in Uganda. Dept. Agriculture records of investigation, 1948-1954, pp. 32-53
中国科学院南京土壌研究所主編(1978): 中国土壌, pp. 729, 科学出版社, 北京.
中国農林部農墾局編(1975): 国営農場農業技術手冊, 上海人民出版社.
千葉守男(1973): アマゾンの土壌と農業(Ⅰ). 土肥誌, 44, 228-236.
Clarke, G. R. (1957): The Study of Soil in the Field. 4th edition. Clarendon Press/Oxford.
Cline, M. G. (1949): Basic principles of soil classification. Soil Sci., 67, 81-91.
Coleman, K. & D. S. Jenkinson (2008): ROTHC-26.3 A model for the turnover of carbon in soil. pp. 27, IACR Rothamsted, Harpenden Herts, AL52JQ, UK.
Colinvaux, P. A. (1968): Reconnaissance and chemistry of the lakes and bogs of the Galapagos Islands. Nature, 219, 590-594.
Correns, C. W. (1949): Einführung in die Mineralogie (Kristallographie und Petrologie). Sprinder, Berlin.
Cradwick, P. D. G., Farmer, V. C., Russell, J. D., Masson, C. R., Wada, K. and Yoshinaga, N. (1972): Imogolite, a hydrated aluminium silicate of tubular structure. Nature Phys. Sci., 240, 187-189.

『D』

Davidson, D. A. (1982): Soils and man in the past. in Bridges, E. M. and Davidson, D. A. (eds) (1982): Principles and applications of soil geography. 1-27, Longman Group Ltd.
ダーウィン, C. (1979): ミミズと土壌の形成(渋谷寿夫訳). p. 89, たたら書房, 米子.
大工原銀太郎・阪本義房(1910): 土壌酸性の原因及び性質並に酸性土壌の分布に関する研究. 農試報, 第37号, 1～141.
ダンネマン. F. (1977): 大自然科学史(安田徳太郎訳・編). 第1巻, p. 300～301. 三省堂.
De Bakker, H. (1979): Major soils and soil regions in the Netherlands. p. 41-44. Dr. W. Junk B. V. Publishers, The Hague, the Netherlands.
Deckers, J. A., Nachtergaele, F. O. and Spaargaren, O. C. (Eds.) (1998): World Reference Base for Soil Resources Introduction. p. 124. ISSS and Acco, Leuven, Belgium.
Diez, T. (1959): Entstehung und Eigenschaften dunkler Böden aus tonigen Substraten. Diss. Bonn.
土じょう部(1976): 林野土壌の分類(1975). 林業試験場研究報告 第280号 1-28, 農林省林業試験場, 東京・目黒.
土壌調査法編集委員会編(1978): 野外研究と土壌図作成のための土壌調査法. pp. 522, 博友社.
Dokuchaev, V. V. (1879): Abridged historical account and critical examination of the principal soil classification existing. (Russian). Trans. St. Petersburg Soc. of Nat. 10:64-67.
Докучаев, В. В. (1883): Русский чернозем. Отчет Вольному экономическому обществу. СПб., ВЭО, Ⅲ, Ⅳ, 376 с., 10 рис., 1 вкл. л. табл., 1 вкл. л.—карта. [ソボレバ監修 (1954): Докучаев, В. В. p. 149-207, Государственное издательсто сельскохозяйственной литературы, Москва. 参照]

Dokuchaev, V. V. (1892) : Our steppes, in the past and at present. (Russian). St. Petersburg.
Dokuchaev, V. V. (1900) : Классификáция почвы. Почвоведение, No. 2.
ドクチャーエフ, V. V. (1994) : わがステップの今昔. (福士定雄翻訳・発行), pp. 106.
Duchaufour, Ph. (1951) : Lessivage et podzolisation. Rev. Forest. Française 10, 647-652.
Duchaufour, Ph. (1970) : Précis de Pédologie. pp. 481, Masson & Cie, Paris.
Duchaufour, Ph. (1977) : Pédologie 1. Pédogenèse et classification. pp. 477. Masson, Paris.
Duchaufour, Ph. (1983) : Abrégé de Pédologie, pp. 220, Dunod. Paris.
デュショフール, Ph. (1986) : 世界土壌生態図鑑(永塚鎮男・小野有五共訳). pp. 388, 古今書院.
デュショフール, Ph. (1988) : コンサイス土壌学(永塚鎮男訳). pp. 312, 博友社.
Dudal, R. (1965) : K voprosu o genezise i kllassifikatsii risovykhpochv(水稲土の生成と分類の問題).
  Geografiya i klassfikatsiya pochv Azii(アジアの土壌地理と土壌分類). 189-192. Nauka, Moskva.
Dudal, R. (1968) : Definitions of Soil Units for the Soil Map of the World. World Soil Resources Reports
  33, pp. 72, World Soil Resources Office, Land and Water Development Division, FAO, Rome.
Dudal, R. (1990):Progress in IRB preparation. In:Soil Classification. Reports of the International Conference
  on Soil Classification, 12-16 September 1988, Alma-Ata, USSR. Rozanov B. G. (ed.). Centre for International
  Projects, USSR State Committee for Environmental Protection. , Moscow. p. 69-70.

『E』

遠藤健治郎(1966):わが国の山地暖帯林帯域に分布する土壌の分類と命名, ペドロジスト, 10, 2-10.

『F』

FAO(1974):First Meeting of the Eastern African Sub-Committee on Soil Correlation and Land Evaluation.
  Nairobi, Kenya, 11-16 March 1974.
FAO(1990) : FAO-Unesco Soil Map of the World. Revised Legend, World Soil Resources Reports 60, pp. 119,
  FAO, Rome.
FAO, ISRIC and ISSS(1998) : World Reference Base for Soil Resources. World Soil Resources Reports
  84, pp. 88. FAO Rome.
Farmer, V. C. (1981) : Possible roles of a mobile hydroxyaluminium orthosilicates complex (proto-imogolite)
  and other hydroxyalminium and hydroxyl-iron species in podzolisation. In : Migrations organo-minérales
  dans les sols tempérés. Nancy, 24-28 Sept. 1979. Editions du Centre National de la Recherche Scientifique,
  Paris, No 303, pp. 275-279.
Farmer, V. C. (1982) : Significance of the presence of allophane and imogolite in podzol Bs horizons for
  podzolization mechanisms : a review. Soil Sci. Plant Nutr. , 28, 571-578.
Farmer, V. C. , Russel, J. D. and Berrow, M. L. (1980) : Imogolite and proto-imogolite allophane in spodic
  horizons: evidence for a mobile aluminium silicate complex in podzol formation. J. Soil Sci. 31, 673-784.
Fastabend, H. (1956) : 口頭報告.
Feller, C. (1997) : The Concept of Soil Humus in the Past Three Centuries. in Yaalon, D. H. & Berkowicz,
  S. (Editors): History of Soil Science, p. 15-46. CATENA VERLAG GMBH, 35447 Reiskirchen,
  Germany.
Finkl, Jnr. C. W. (ed)(1982) : Soil Classification, Benchmark Papers in Soil Science Vol. 1, 15-35, Hutchinson
  Ross Publishing Company.
Fridland, V. M. (1953) : Burye lesnye pochvy Kavkaza. Pochvovedenie, No. 12, 28-44. 〔(ヴェー・エム・
  フリードランド(1960) : コーカサスの褐色森林土. 森林立地, 2, No. 2, 68-79. (菅野一郎訳)参照〕
Fry, J. (1924) : A suggested explanation of the mechanical action of Lichens(lithophyl. lichens on rocks).
  Ann. Bot. , v. 38.
藤原彰夫(1991):土と日本古代文化―日本文化のルーツを求めて―文化土壌学試論. p. 372-374, 博
  友社.
藤原俊六郎(1989):土壌診断情報システムの土壌診断・土壌管理への応用. ペドロジスト, 33,
  183-193.
古坂澄石(1969):土壌微生物学入門. p. 145, 共立出版.

『G』

Garrels, R. M. and Ch. L. Christ(1965) : Solutions, Minerals, and Equilibria. pp. 450, A Harper International
  Student Reprint jointly published by Harper and Row, New York, Evanston & London and John

Weatherhill, Inc. , Tokyo.
Gedroiz, K. K. (1926) : The solodization of soil. Nosovsk. Sel'sko-Khoz. Opyt. Stantziya. Bul. 44. 〔Joffe (1949), p. 566 参照〕
Gerasimov, I. P. (1958) : Brown forest soils in USSR, European countries and USA. Pochvovedenie, No. 7, 69-80.
Gerasimov, I. P. (1971) : Nature and originality of paleosols. In Paleopedology edited by Dan H. Yaalon, 15-27, International Society of Soil Science and Israel Press, Jerusalem.
Gerassimov I. P. and M. A. Glazovskaya(1960) : Основы Почвоведения и География Почв. Государственное Издательство Географической Литературы, Москва.
ゲラーシモフ I. P., グラーゾフスカヤ M. A. (1963) : 土壌地理学の基礎(菅野一郎・原田竹治ほか訳)上. pp. 411, 196-197, 下., pp. 224, 築地書館, 東京.
Glazovskaya, M. A. (1950) : Выветривание горных пород в нивальном поясе Центрального Тянь-Шаня. Труды Почв. ин-та АН СССР, т. 34.
Glazovskaya, M. A. (1952) : Рыхлые продукты выветривания горных пород и первичные почвы в нивальном поясе Терскей Ала-Тау. Труды Ин-та географии АН СССР, т. 49. вып. 2.
Glinka, K. D. (1914) : Die Typen der Bodenbildung, ihre klassifikation und geographisches Verbreitung. Berlin.
Glinka, K. D. (1922) : Soil, its Properties and the Natural Laws of Distribution. Edition of N. Dereven, Moscow.
Glinka, K. D. (1924) : Différents types d'après lesquels se forment les sols et la classification de ces derniers. Comité Int. Pédoligie, IV. Commis. No. 20.
龔子同・張甘霖・陳志誠 等(2007) : 土壌発生与系統分類. pp. 626, 科学出版社, 北京.
Gorodkov, B. N. (1939) : Peculiarities of the arctic top soil, Izvest. Gosudarst. Geograf. Obshchestva, 71, 1516-1532.
Griggs, D. T. (1936) : The factor of fatigue in rock exfoliation. J. Geol. , 44, 781-96.

『H』

浜崎忠雄(1979) : 低地水田土壌と地下水位との関係を示す新しい模式図. 土肥要旨集, 25, 151.
浜崎忠雄(1981) : 低地土壌の生成における水の役割—土壌と地下水位との関係を中心に—. ペドロジスト, 25, 137-145.
浜崎忠雄・三土正則(1983) : 土壌モノリス作製法, 農技研資 B18, 1-27.
Harrassowitz, H. (1926) : Laterit. Fortschr. Geol, Palaeont. , 4, 253, Berlin.
Haynes, R. J. and Beare, M. H. (1996) : Aggregation and organic matter storage in meso-thermal, humic soils. In Structure and Organic Matter Storage in Agricultural Soils, ed. M. R. Carter and B. A. Stewart, p. 213-262, CRC Press, Inc.
Heckman, D. S. , D. M. Geiser, B. R. Eidell, R. L. Stauffer, N. L. Kardos, and S. B. Hedges (2001) : Molecular evidence for the early colonization of land by fungi and plants. Science, 293(5532), 1129-1133.
逸見彰男(1986) : "プロトイモゴライトアロフェン"について. ペドロジスト, 30(2), 163-168.
逸見彰男(1988) : アロフェン中空球状粒子の球壁の化学構造, 土壌の物理性, 第 56 号, 47-50.
Henmi, T. and Wada, K. (1976) : Morphology and composition of allophane. Am. Miner. , 61, 379-390.
Hilgard, E. W. (1893) : The relation of soils to climate. Meter. Bur. Bul. 2, U. S. Dept. Agr. Revised 1992.
Hole, F. D. and Hironaka, M. (1960) : An Experiment in Ordination of Some Soil Profiles. SSSA, Proc. , 24, 309.
ホールステッド, L. B. (1985) : 太古の世界をさぐる(亀井節夫訳), p. 108-109, 東京書籍.
Honna. T. , S. Yamamoto, and K. Matsui. (1988) : A simple procedure to determine Melanic Index. See ICOMAND Circular Letter No. 10, pp. 76-77.
本谷耕一(1961) : 東北における火山灰水田の稲作改良に関する土壌肥料学的研究. 東北農試研究報告, 第 21 号, pp. 143.

『I』

井尻正二(1966) : 拝啓, 土壌学者様. ペドロジスト, 10, 56-57.
井上克弘(1996) : 土壌および大気水圏環境に及ぼすアジア大陸起源広域風成塵の影響. 土肥誌, 67(3), 235-238.
Inoue, K. and Higashi, T. (1987) : Al-and-Fe humus complexes in Andisols. Proc. 9th Int. Soil Classif. Workshop, Japan, 1987. 81-96.

井上克弘・成瀬敏郎(1990)：日本海沿岸の土壌および古土壌中に堆積したアジア大陸起源の広域風成塵. *第四紀研究*, 29, 209-222.
五百沢智也(1967)：登山者のための地形図読本. 298-303, 山と渓谷社.
石井　弘(1972)：森林土壌における糸状菌群の構造とその解析. 島根大・農・演報, 1:1.
石川昌男(1967)：茨城県火山灰畑土壌の性質と生産力. ペドロジスト, 11, 59-70.
伊東正夫(1970)：土壌試料の採取・調製法　肥沃度測定のための土壌養分分析法. p.20-23, 養賢堂.
IUSS Working Group WRB(2006): *World reference base for soil resources 2006*. World Soil Resources Reports No. 103. pp. 128. FAO, Rome.
Ivanova, E. N. and Rozov, N. N. (1960) : Classification of soils and the soil map of the USSR. 7th Intern. Congress of Soil Science, Madison, Wisc. , U. S. A. , V. 11, 77-87.
岩田進午(1985)：土のはなし. p166-170, 大月書店.

『J』

Jackson, M. L. (1964) : Chemical composition of soils. in"Chemistry of the Soil"ed. by Bear, F. E. , 2nd ed. , 71-144. Reinhold Publishing Corp. , N. Y.
Jamagne, M. (1963) : Contribution à l'étude des sols du Congo oriental. *Pédpl.* , XⅡ(2), 271-414. Gand.
Jenny, H. (1941) : Factors of soil formation: a system of quantitative pedology. McGraw-Hill, New York.
Joffe, J. S. (1949) : Pedology, 2nd ed. p. 41, pp. 662, Pedology Publications, New Brunswick, New Jersey.
重粘地グループ(1967)：北海道北部の土壌—重粘性土壌の生成・分類と土地改良—. pp. 195, 北海道開発局.

『K』

貝塚爽平(2011)：東京の自然史. 講談社学術文庫, p. 285, 講談社.
鴨下　寛(1936)：青森県津軽平野の土壌型に就いて. *土肥誌* 10, 311-317.
鴨下　寛(1940)：青森県津軽平野の土壌型に就いて. 農事試験場彙報 Ⅲ, 401-420.
加村崇雄・高井康雄(1960)：水田土壌中の鉄化合物の形態変化について(第3報)第2鉄還元過程における微生物の役割. *土肥誌* 31, 499-502.
加村崇雄・高井康雄(1961)：水田土壌中における第2鉄還元の微生物的機構(第1報). *土肥誌* 32, 135-138.
加村崇雄・吉田光二(1971)：マンガン還元過程における微生物の役割. 水田土壌中のマンガン還元機構(第1報). *土肥誌* 42, 338-344.
Kaneko, S. and S. Nagatsuka(1984) : Soil genesis on the raised coral reef terraces of Ishigaki- and Okinawa-Islands in the Ryukyu Islands, Japan. Ⅱ. Chronosequential changes of clay mineralogical composition. *Soil Sci. Plant Nutr.* , 30(4), 569-577.
菅野一郎(1957)：無機質水田土壌の基本的断面形態, *土肥誌*, 27, 393-396.
菅野一郎(1961a)：日本の主要土壌型の生成・分類学的研究, Ⅰ. 序論および第1篇　腐植質アロフェン土. 九州農試彙報, 第7巻　第2号, 187-306.
菅野一郎(1961b)：日本の主要土壌型の生成・分類学的研究, Ⅱ. 第2篇　赤黄色土. 九州農試彙報, 第7巻　第2号, 187-306.
菅野一郎(1964)：イネ栽培下の土壌型. 菅野一郎編, 日本の土壌型. 97-12, 農文協.
菅野一郎編(1964)：日本の土壌型—その生成・性質・研究法—. pp.469, 農文協.
Kanno, I. , Y. , Honjo, S. , Arimura, and S. , Tokudome(1964) : Genesis and characteristics of rice soils developed on polder lands of the Shiroishi area, Kyushu. *Soil Sci. Plant Nutr.* , 10, 1-19.
粕淵辰明(1977)：土壌の熱的性質. *土壌の物理性*, 第35号, 29-34.
粕淵辰明(1978)：地下水位一定条件における土壌の水・熱収支. *農土論集*, 75, 20-25.
粕淵辰昭(1983)：土壌の物理環境計測へのコンピュータの利用. *土壌の物理性*, 47, 3-7.
カーター, V. G. , デール, T. (1975)：土と文明(山路　健訳). pp.336, 家の光協会.
加藤好武(1986)：図式情報システムの機能と構造. *土肥誌*, 57, 161-170.
加藤好武(1988)：日本における農耕地土壌情報システム化に関する研究. 農業研報, 4, 1-65.
Kato, Y. and J. Dumanski(1984) : A Computerized Soil Information System for arable land in Japan Ⅱ. A test of adaptability of Japanese Soil survey data to an existing Soil Information System (CanSIS). *Soil Sci. Plant Nutr.* , 30, 299-309.
加藤芳朗(1962)：日本における土壌生成因子としての母材について. ペドロジスト, 6, 16-23.

加藤芳朗(1964)：一次鉱物の意義とその鑑定法．菅野一郎編：日本の土壌型，p.154-181，農山漁村文化協会．
加藤芳朗(1970)：東海地方の「黒ボク」土壌の分布・断面形態・母材についての考察．土肥誌，41，89-94．
加藤芳朗(1976)：土壌鉱物の生成と分布．「植物栄養・土壌・肥料大事典」，p.329-334，養賢堂．
加藤芳朗(1977)：日本における陸成腐植質土壌の分類学的試論．ペドロジスト，21，42-57．
加藤芳朗(2007)：黒ボク土生成の問題．軽石学雑誌，第15号，75-92．
川口桂三郎(1974)：改訂新版土壌学(川口桂三郎ら共著)．P.131，朝倉書店．
川口武雄他(1948)：土砂扞止林の伐採と流出土砂について．林試集報 57．
河村　武(1990)：ケッペンの気候分類について．地理月報2，No.376，1-3．二宮書店．
経済企画庁国土調査課(1969)：縮尺1：500,000 土地分類図(土壌図，6図葉)．
Keller, W. D. (1954) : The bonding energies of some silicate minerals. Amer. Miner., 39, 783.
Kellog, C. E. (1948) : Commonw. Bur. Soil Sci., Tech. Comm. 46, and I. N. E. A. C. Ser, Sci., Publ. 46.
菊地晃二・関谷長昭・横井義雄(1976)：十勝火山性土の土層改良法．pp.138，北海道立十勝農業試験場・十勝農業協同組合連合会．
Kim Su-San(1963)：朝鮮の土壌生成因子と重要な成因的土壌型の分布の法則性について(その1)(その2)，ペドロジスト，7，31-39，106-116．
木村真人・仁王以知夫・丸本卓哉・金沢晋二郎・筒木　潔・犬伏和之・植田　徹・松口龍彦・若尾紀夫・斉藤雅典・宮下清貴・山本広基・松本　聡(1994)：土壌生化学．52-72，朝倉書店．
吉良竜夫(1945)：「農業地理学の基礎としての東亜の新気候区分」京大農学部園芸学研究室パンフレット．
吉良竜夫(1976)：生態学講座2　陸上生態系—概論—．12-47，共立出版，東京．
小林　嵩(1951)：開拓地の不良土壌に関する研究(第5報)島根県干拓地の土壌について．土肥誌，22(4)，293-296．
小林　嵩・品川昭夫(1966)：南西諸島の土壌に関する研究　1．琉球列島の土壌について．鹿児島大学農学部学術報告，16，11−55．
小林裕志(1976)：未墾地の草地造成にともなう土壌移動について．ペドロジスト，20，89-97．
弘法健三・大羽　裕(1973a)：火山灰土壌の断面と容積重・最大容水量．本邦火山灰土壌の生成論的研究(第1報)．土肥誌，44，1-10．
弘法健三・大羽　裕(1973b)：風化の程度と母材型とによる火山灰土壌の類別．本邦火山灰土壌の生成論的研究(第2報)．土肥誌，44，41-46．
弘法健三・大羽　裕(1973c)：火山灰土壌の風化程度および母材型による類別と化学的諸性質との関係．本邦火山灰土壌の生成論的研究(第3報)．土肥誌，44，126-132．
弘法健三・大羽　裕(1974a)：赤外線吸収スペクトルによる火山灰土壌粘土の類別．本邦火山灰土壌の生成論的研究(第4報)．土肥誌，45，1-7．
弘法健三・大羽　裕(1974b)：火山灰土壌の粘土鉱物組成と土壌の風化度・母材型および粘土の分散性との関係．本邦火山灰土壌の生成論的研究(第5報)．土肥誌，45，8-11．
小出　博(1973)：日本の国土—自然と開発—(上)．pp.287，東京大学出版会．
近藤鳴雄(1959)：南アルプスのポドゾル及びポドゾル的土壌について．ペドロジスト，3，2-7．
近藤鳴雄(1967)：南アルプス南部における山岳土壌の垂直的成帯性について．ペドロジスト，11，153-169．
近藤錬三(1979)：北海道における泥炭土壌の化学的性状に関する研究(第4報)泥炭土の一般理化学性．帯大研報，11，289-309．
近藤錬三(1988)：植物珪酸体(Opal Phytolith)からみた土壌と年代．ペドロジスト，32，189-203．
コノノワ，M. M. (1976)：土壌有機物(菅野一郎他訳)．pp.462，農山漁村文化協会，東京．
小崎　隆(1989)：土壌情報の収集とデータベースの構築．ペドロジスト，33，144-154．
Kosaki, T., Hurukawa, H. and Kyuma, K. (1981a) : Computer-based soil data management system(COSMAS).
　　Ⅰ. Collection, storageand retrieval of soil survey data. Soil Sci. Plant Nutr., 27, 429-441.
Kosaki, T., Hurukawa, H. and Kyuma, K. (1981b) : Computer-based soil data management system(COSMAS).
　　Ⅱ. Graphic representation of soil survey data. Soil Sci. Plant Nutr., 27, 443-453.
Kossovitch, P. S. (1910) : Soil forming processes as the foundation principles of the genetic soil classification. Zhur. Opyt. Agron. 11, 679-703.
Kovda, V. A. (1973) : The Principles of Pedology, General Theory of Soil Formation (in Ruusian). book 1, p.116,《NAUKA》, Moscow.

Krasilnikov, N. A. (1949) : Is Azotobacter present in Lichens? (in Russian). *Microbiology*, 18. 3. Moscow.
Krupenikov, I. A. (1992) : History of Soil Science—From its Inception to the Present—. pp. 352. Oxonian Pres Pvt. Ltd. , New Delhi.
Kubiena, W. L. (1948) : Entwicklungslehre des Bodens. Wien.
Kubiena, W. L. (1953) : The Soils of Europe. pp. 318, Thomas Murby and Company, London.
Kubiena, W. L. (1956) : Zur Mikromorphologie, Systematik und Entwicklung der rezenten und fossilen Löβböden. *Eiszeitalter und Gegenwart*, 7, 102-112, Öhringen.
久保田収治(1961)：干拓地土壌の特性と干拓後における土壌型の変遷．岡山県立農業試験場臨時報告 第59報，pp. 300.
熊田恭一(1961)：日本北アルプスの土壌(予報)．ペドロジスト, 4, 70-79.
熊田恭一(1977)：土壌有機物の化学．93-94, 東京大学出版会.
Kumada, K. , Sato, O. , Ohsumi, Y. and Ohta, S. (1967) : Humus composition of mountain soils in central Japan with special reference to the distribution of P type humic acid. *Soil Sci. Plant Nutr.* , 13, 151-158.
熊澤喜久雄(1982)：大工原銀太郎博士と酸性土壌の研究．*肥料科学* 第5号, 9-46, 肥料科学研究所.
京都府農試(1970)：地力保全成績書(タケノコの部).
久馬一剛(1978)：6-4 数値的取扱法．土壌調査法編集委員会編：野外研究と土壌図作成のための土壌調査法，p. 297-310, 博友社.
久馬一剛編(2001)：熱帯土壌学．pp. 439, 名古屋大学出版会.
久馬一剛(2009)：日本に土壌学を根づかせたドイツ人教師ケルネルとフェスカ．*近創史*, 第8号, 3 –14頁, 近代日本の創造史懇話会.
Kyuma, K. and Kawaguchi, K. (1966) : Major soils of south-east Asia and the classification of soils under rice cultivation (paddy soils). *東南アジア研究*, 4. 100
久馬一剛・佐久間敏雄・庄子貞雄・鈴木 皓・服部 勉・三土正則・和田光史編(1993)：土壌の事典．420-423, 朝倉書店.

『L』

Lal, R. (2004) : Soil carbon sequestration impacts on global climate change and food security. *Science*, 304, 1623-1627.
Lauterborn. R. (1901) : Die sapropelische Lebewelt. *Zool. Anz.* 24.
Lee, K. E. and T. G. Wood (1971) : Termites and soils. 251p. , Academic Press, London and New York.
Leneuf, N. , and G. Aubert(1960) : Essai d'évaluation de la vitesse de ferrallitization. *Trans. 7th Int. Cong. Soil Sci.* , IV: 225-228, Madison.
Longwell, C. R. , R. F. Flint and J. E. Sanders(1969) : Physical Geology. pp. 685, John Wiley & Sons, Inc. New York.
Lundblad, K. (1936) : Studies on podzols and brown forest soils : III. *Soil Sci.* , 41, 383.

『M』

馬 溶之・文 振旺(1958)：以農業発展目的的土壌区劃的原則．*土壌学報*, 6, 157-177.
町田 洋・新井房夫(2003)：新編火山灰アトラス〔日本列島とその周辺〕．東京大学出版会.
MacKenzie, K. J. D. , Brown, M. E. , Brown, I. W. M. , and Meinhold, R. H. (1989) : Structure and thermal transformations of imogolite studied by 29Si and 27Al high-resolution solid-state nuclear magnetic resonance. *Clays and Clay Minerals*, Vol. 37, No. 4, 317-324.
前島勇治・永塚鎮男・東 照雄(2001)：自然植生下の泥灰岩に由来する褐色森林土の生成分類的考察．ペドロジスト, 45(2), 94-103.
Maejima, Y. , S. Nagatsuka and T. Higashi(2002) : Application of the crystallinity ratio of free iron oxides for dating soils developed on the raised coral reef terraces of Kikai and Minami-Daito Islands, southwest Japan. *The Quaternary Research*, 41(6), p. 485-493.
Maejima, Y. , H. Matsuzaki and T. Higashi(2005) : Application of cosmogenic [10]Be to dating soils on the raised coral reef terraces of Kikai Island, Southwest Japan. *Geoderma*, 126, 389-399.
Maignien, R. (1966) : Review of research on laterites. natural resources research IV, Unesco, Paris.
Manil, G. (1959) : General consideration on the problem of soil classification. *J. Soil Sci.* 10, 5-13.
Margulis, L. (1981) : Symbiosis and Cell Evolution. Freeman, SanFrancisco, CA.
Markov, K. K. (1956) : Some facts concerning periglacial phenomena in Antarktica (preliminary report). Herald of Moscow Univ. (Georg.), No. 1, 139-148 (in Russian).

丸山茂徳・磯崎行雄(1998)：生命と地球の歴史. pp. 275, 岩波新書, 岩波書店.
松井　健(1963)：筑後平野周辺の赤色土の産状と生成時期—西南日本の赤色土の生成にかんする古土壌学的研究　第 1 報．資源科学研究所彙報　第 60 号, 1-12.
松井　健(1964a)：下北半島の土壌地理学的研究．pp. 135, 10 万分の 1 土壌図付，青森県.
松井　健(1964b)：日本の赤色土の「成帯性」に関する疑義と新土壌型"黄褐色森林土"の提案．ペドジスト, 8, 42-48.
松井　健(1964c)：1. 母材．菅野一郎編：日本の土壌型, p. 303-338, 農山漁村文化協会.
松井　健(1978)：日本の土壌の科学的分類体系試案．ペドジスト, 22, 56-70.
Matsui, T. (1982)：An approximation to establish a unified comprehensive classification system for Japanese soils. Soil Sci. Plant Nutr., 28(2), 235-255.
松井　健・加藤芳朗(1962)：日本の赤色土壌の生成時期・生成環境にかんする二，三の考察．第四紀研究, 2, 161-179.
松井　健・加藤芳朗(1965)：中国・四国地方およびその周辺における赤色土の産状と生成時期—西南日本の赤色土の生成にかんする古土壌学的研究　第 2 報．資源科学研究所彙報　第 64 号, 31-48.
松井光瑤(1976)：アーバンクボタ誌, No. 13, 特集・土壌．p. 4-5, 久保田鉄工株式会社.
松本　聡・和田秀徳(1973)：水田土壌下層土に吸着された第一鉄の酸化．水田土壌下層土の形態的諸特徴の発達過程について(第 6 報)．土肥誌, 44(11), 408-412.
松中照夫(2003)：土壌学の基礎　生成・機能・肥沃度・環境．p. 109, 農文協.
松浦勝美・松原弘一郎・坂上行雄(1972)：水田土壌からの無機成分の溶出に及ぼす透水の影響．土肥誌 43, 238-244.
Marbut, C. F. (1935)：Soils：Their genesis and classification. Pub, 1951 by Soil Sci. Soc. Am., Madison, Wis.
松坂泰明(1969)：本邦水田土壌の分類に関する研究．農技研報, B20, 155-349. p. 187.
Mattson, S. (1938)：Ann. Agr. Col. Sweden, 5, 261-278.
McMenamin, M. A. S. and McMenamin, D. L. S. (1990)：The emergence of animals：The Cambrian breakthrough. pp. 217, Columbia University Press, New York.
Milne, G. (1936)：A Soil Reconnaissance through parts of Tanganyika Territory. Memoirs Agric. Res. Sta. Amani. Reprinted in J. Ecol. 35, 192.
Mishustin, E. N. (1956)：Soils and Fertilizers, 19, 385.
Mitsuchi, M. (1967)：The properties and genesis of "Tora-Han" (Tiger-like) soils on the high terrace, north of Akashi city. Soil Sci. Plant Nutr. 14, 141-146.
Mitsuchi, M. (1974)：Chloritization in lowland paddy soils. Soil Sci. Plant Nutr., 20(2), 107-116.
三土正則(1970)：火山性クロボク土(Andosols)に由来する水田土壌の特徴について—鳥取県溝口町と長野県波田村の例—．土肥誌, 41, 307-313.
三土正則(1972)：東播台地のトラ斑土壌．ペドジスト, 16, 40-48.
三土正則(1974)：低地水田土壌の生成的特徴とその土壌分類への意義．農技研報 B25, 29-115.
三土正則(1975)：静岡県三方原の台地水田土壌．土肥誌, 46, 333-339.
三土正則(1976)：アーバンクボタ誌, No. 13, 特集・土壌．p. 19, 久保田鉄工株式会社.
三土正則(1978)：稲作による土壌の変化．科学, Vol. 48, No. 10, 602-604. 岩波書店.
三土正則・山田　裕・加藤好武(1977)：沖縄本島に分布するフェイチシャ(灰白色赤黄色土)の生成について．ペドジスト, 21, 111-122.
宮沢数雄(1966)：火山灰土壌(アンド土壌)の粘土鉱物組成に関する研究—火山灰土壌の分類との関連において—．農技研報 B17, 1-100.
溝田智俊(1978)：火山灰の風化生成物組成におよぼす岩石学的性質の影響．ペドジスト, 22(1), 12-22.
Mohr, E. J. C. and F. A. Van Baren (1954)：Tropical Soils—A critical study of soil genesis as related to climate, rock, and vegetation. p. 280, N. V. Uitgeverijw. Van Hoeve, The Hague and Bandong.
Mohr, E. J. C., Van Baren, F. A. & J. van Schuylenborgh (1972)：Tropical Soils, A comprehensive study of their genesis. 3rd, revised and enlarged ed. p. 191. Mouton-Ichtiar Baru-Van Hoeve, The Hague-Paris-Djakarta.
百原香織・永塚鎮男(1997)：黄褐色森林土と赤黄色土の微細形態学的特徴．ペドジスト, 41, 99-108.
森田禧代子(1972)：本邦主要樹種の落葉の無機組成．林試研報, No. 243, p. 33-50.
村井　宏(1970)：森林植生による降水のしゃ断についての研究．林試研報, 232, 25-64.

村上英行(1965):中海,宍道湖地域における酸性硫酸塩土壌の分布とその特性 酸性硫酸塩土壌の特性と改良法(第1報). *土肥誌*, 38, 108-112.
村上圭一・安田典夫・出岡裕哉・竹内 正(2006):GIS を活用した三重県農用地土壌情報システム. *土肥誌*, 77, 587-590
Mückenhausen, E. (1962) : Entstehung, Eigenschaften und Systematik der Böden der Bundesrepublik Deutschland. DLG-Verlag-Gmbh, Frankfurt am Main.
ミュッケンハウゼン, E. (1973):土壌の生成・性質と分類(伊藤正夫訳監修, 大角泰夫・音羽道三・永塚鎭男・松本 聡・丸山明雄・三土正則共訳). pp. 364, 博友社.
Mückenhausen, E. (1975) : Bodenkunnde. pp. 579, DLG-Verlag, Frankfurt am Main.
Mückenhausen, E. (1977) : Entstehung, Eigenschaften und Systematik der Böden der Bundesrepublik Deutschland. ergänzte Auflage, pp. 300, DLG-Verlag-Gmbh, Frankfurt am Main.
Müller, P. E. (1889) : Recherches sur les forms de l'humus et leur influence sur la vegetation et le sol. 351p. Berger-Levrault et Cie, Paris-Nancy.

『N』

中井 信・小原 洋・大倉利明・戸上和樹(2004):土壌資源インベントリー. *ペドロジスト*, 48, 33-39.
中井 信・小原 洋・戸上和樹(2006):土壌モノリスの収集目録及びデータ. *農環研資*, 第 29 号, pp. 118.
中村 運(1982):細胞の起源と進化. pp. 254, 培風館.
永塚鎭男(1971):ラックフィルム(薄層土壌断面標本)の作製法. *ペドロジスト*, 15(2), 103-107.
永塚鎭男(1973):褐色森林土・黄褐色森林土・赤色土における遊離酸化鉄の存在状態について. *ペドロジスト*, 17(2), 70-83.
永塚鎭男(1975):西南日本の黄褐色森林土および赤色土の生成と分類に関する研究. *農技研報* B26, 133-257.
永塚鎭男(1989a):教師のためのやさしい土壌学① Ⅰ土壌のはたらき. *理科の教育*, 通巻 442 号, 352-356.
永塚鎭男(1989b):教師のためのやさしい土壌学① Ⅱ土壌はどのようにしてできたか. *理科の教育*, 通巻 443 号, 420-425.
永塚鎭男(1997):原色日本土壌生態図鑑. pp. 218, フジ・テクノシステム, 東京.
永塚鎭男(2007):欧州連合(EU)の土壌保護戦略―その背景と研究体制―. *ペドロジスト*, 51, 141-144.
永塚鎭男・大羽 裕(1982):筑波台地における土壌の分布様式と成因的特徴. *土肥誌*, 53, 457-464.
Nagatsuka, S., Kaneko, S. and Ishihara, A. (1983) : Soil genesis on the raised coral reef terraces of Ishigaki- and Okinawa-Islands in the Ryukyu Islands, Japan. I. Relations among soils and geomorphic plains and chronosequential change of soil chemical properties. *Soil Sci. Plant Nutr.*, 29(3), 343-354.
Nagatsuka, S. and Maejima, Y. (2001) : Dating of soils on the raised coral reef terraces of Kikai Island in the Ryukyus, Southwest Japan : with special reference to the age of Red-Yellow soils. *The Quaternary Research*, 40(2) p. 137-147.
Nagatsuka, S. and Urushibara-Yoshino, K. (1988): On the vertical zonality of soil distribution and soil conditions in Xishangbanna, South Yunnan. *Climatological Notes*, 38, 229-247.
Nagatsuka, S., Yao, T. and Xu, Y. (1996) : Chronosequence of pedogenesis and Quaternary paleoenvironment in Kunming Basin, Yunnan Province of China. *Soil Sci. Plant Nutr.*, 42(3), 451-461 .
永塚鎭男・八木久義(2007):EU における土壌保護戦略の背景とねらい 土壌資源の現状と維持・保全のあり方に関する研究会―EU 現地調査報告―. pp. 157, 農林水産叢書 No. 54, (財)農林水産奨励会.
成瀬 洋(1974):西南日本太平洋岸地域の海岸段丘に関する 2・3 の考察. 大阪経大論集, 第 99 号, 89-126.
Neustruev, S. S. (1931) : Elementy Geografii Pochv. 2nd ed. Moscow-Leningrad.
日本第四紀学会編(1993):第四紀試料分析法. 14-22, 東京大学出版会.
日本国語大辞典(2001):第二版⑨ちゆうひーとん. 1221 頁, 小学館.
日本ペドロジー学会編(1997):土壌調査ハンドブック改訂版. pp. 169, 博友社.
日本ペドロジー学会第四次土壌分類・命名委員会(2003):日本の統一的土壌分類体系―第二次案(2002)―. pp. 90, 博友社.

Nishimura, S., Tani, M., Fujitake, N. and Shindo, H. (2009): Relationship between distribution of charred plant residues and humus composition in chernozemic sois. ペドロジスト, 53, 86-93.
農学会(1926)：土壌ノ分類及命名並ニ土性調査及作図ニ関スル調査報告. pp. 24, 農学会.
農林水産省農林水産技術会議事務局監修(1989)：新版標準土色帖 1989年版. 富士平工業株式会社.
農林水産省林業試験場土壌部監修・森林土壌研究会編(1982)：森林土壌の調べ方とその性質. pp. 328, 林野弘済会, 東京.

『O』

小原　洋(1999)：米・欧の土壌図データベースについて. ペドロジスト, 43(1), 36-42.
小原　洋・大倉利明・高田祐介・神山和則・前島勇治・浜崎忠雄(2011)：包括的土壌分類 第1次試案. 農環研報 29, 1-73.
オダム, E. P. (1974)：生態学の基礎 上(三島次郎訳). p. 11, 培風館.
Ogawa, H. (1974): Litter production and carbon cycling in Pasoh forest. Malaysian IBP Synthesis Meeting, Kuala Lumpur August, 1974.
大羽　裕(1964)：弘法・大羽法. ペドロジスト, 8, 108-116.
大羽　裕・永塚鎮男(1988)：土壌生成分類学. pp. 338, 養賢堂.
大政正隆(1951)：ブナ林土壌の研究(特に東北地方のブナ林土壌について). 林野土壌調査報告 第1号 1-243, 農林省林業試験場, 東京・目黒.
大政正隆・黒鳥　忠・木立正嗣(1957)：赤色土壌の研究Ⅰ, 新潟県に分布する赤色の森林土壌の分布, 形態的性質および生成について. 林野土壌調査報告 第8号 1-23, 農林省林業試験場, 東京・目黒.
大杉　繁(1913)：酸性土壌の原因に関する研究. 農学会報, 第131号, 23-49.
大角泰夫・熊田恭一(1971)：高山土壌に関する研究(第1報)高山土壌の形態的ならびに理化学的特性. 土肥誌, 42(2), 45-51.
大塚紘雄(1974)：鹿児島県垂水大野原の火山性土壌に関する研究, (第1報)断面形態と表土および腐植質埋没土層の腐植の形態. 土肥誌, 45, 197-203.
小嶋　稔(1979)：地球史. 岩波新書, pp. 195. 岩波書店.
Oldeman, L. R., Hakkeling, R. T. A. and Sombroek, W. G. (1991): World Map of the Status of Human-Induced Soil Degradation : an Explanatory Note. ISRIC and UNEP.
Ollier, C. D. (1969)：風化──その理論と実態(松尾新一郎監訳). pp. 417, ラティス刊.
Otowa, M. (1972) : Morphological changes of soils by paddy rice cultivation, Pseudogley & Gley. p. 383-391, Verlag Chemie, Weinheim.
小山正忠(1962)：特徴土層に基づく水田土壌分類. 農技研報 B12, 303-372.

『P』

パルフェノーヴァ, E. И., ヤリローヴァ, E. A. (1968)：土壌鉱物学(佐野　豊訳). p. 4-19, たたら書房, 米子.
Parfitt, R. L. and Henmi, T. (1980): Structure of some allophanes from New Zealand. Clays and Clay Miner., 28, 288-294.
Parsons, R. B., W. H. Scholtes, and F. F. Riecken(1962) : Soils of Indian mounds in northeastern Iowa as benchmarks for studies of soil genesis. Soil Sci. Soc. Am. Proc. 26, 491-496.
Polynov, B. B. (1937) : The Cycle of Weathering. 162-163, Thomas Murby & Co., London.
Ponomareva, V. V. (1956)：ソ連の基本的土壌型における腐植集積の地理的特性. 第6回国際土壌学大会報告, 第5部会, モスクワ.
Ponomareva, V. V. (1969) : Theory of podzolization. pp. 309, Israel Progr. Sci. Trans. Jerusalem.
Pons, L. J. and I. S. Zonneveld(1965) : Soil ripening and soil classification, initial soil formation of alluvial deposits with a classification of the resulting soils. International Institute for Land Reclamation and Improvement, publication 13, pp. 128, Wageningen, The Netherlands.
Post, H. V. (1862) : Studier öfver nutidens koprogena jordbildninger, gyttja, dy och mull. R. Sv. Vet. Ak. Handb., 4.

『R』

Ramann, E. (1905) : Bodenkunde. Berlin.
Ramann, E. (1928) : The Evolution and Classification of Soils. (translated by C. L. Whittles). W. Heffer and Sons, Cambridge.
Reiche, P. (1943) : Graphic representation of chemical weathering. J. Sed. Pet., 13, 58-68.

Reiche, P. (1950): A survey of weathering process and products. *New Mexico Univ. Publ. Geology*, 3.
レメゾフ, N. P. (1948): ポドゾル性土壌の生成に関する研究分野の研究結果. ソ連科学アカデミー森林研究所報告, 28 巻. ソ連科学アカデミー刊, モスクワ-レニングラード. 〔ヴォロブエフ (1972): 土壌の生態学, p. 60 参照)〕.
Renard, K. G., Foster, G. R., Weesies, G. A., McCool, D. K. and Yoder, D. C. (1997): Predicting soil erosion by water : A guide to conservation planning with the revised soil loss universal loss equation (RUSLE). U. S. Dep. Agric. Agriculture Handbook. 537.
Retallack, G. J. (1994) : Were the Ediacaran fossils lichens?. *Paleopedology*, 20, 523-544.
Retallack, G. J. (2001) : Soils of the Past—An introduction to paleopedology—. 2nd ed. pp. 404, Blackwell Science Ltd, Malden, USA.
Robinson, G. W. (1949) : Soils, Their Origin, Constitution and Classification. 3rd ed., London.
Roeschmann, G. (1971) : Problems concerning investigation of paleosols in older sedimentary rocks, demonstrated by the example of Wurzelboeden of the Calboniferous system. in Yaalon D. H. (Ed.) : Paleopedology, 311-320, Israel Univ. Press, Jerusalem.
Roizin, M. B. (1960) : Микрофлора скал и примитивных почв высокоогорной арктической пустыни. 《*Ботанич. журн.*》, т. 45, No. 7.

『S』

Sancho, L. G., De La Torre, R., Horneck, G., Ascaso, C., De Los Rios, A., Pintado, A., Wierzchos, J., Schuster, M. (2007) : "Lichens survive in space : results from the 2005 LICHENS experiment". *Astrobiology* 7(3):443-454.
坂上寛一(1978): 東京港臨海部埋立地の土壌—建設発生残土埋立の場合—. ペドロジスト, 22(2), 115-126.
阪口 豊(1974): 泥炭地の地学—環境の変化を探る—. p. 214, 東京大学出版会.
佐久間敏雄(1964): 土壌物理学の土壌生成論への応用—曙 Catena の水分環境と土壌三相の季節的変動—. ペドロジスト, 8, 72-84.
佐久間敏雄(1971): 重粘性土壌地帯における土壌改良の土壌学的意義—特に土壌の物理的特性と土地改良計画のつながり—. 土木試験所報告, 第 55 号, 1-147.
佐久間敏雄(1973): 重粘性土壌の生成過程における物理的因子の役割. (土肥学会編)近代農業における土壌肥料の研究 4, 13-26. 養賢堂.
佐々木信夫(1978a): 新第三系に由来する酸性硫酸塩土壌 I. その特性. ペドロジスト, 22, 2-11.
佐々木信夫(1978b): 新第三系に由来する酸性硫酸塩土壌 II. 土壌改良. ペドロジスト, 22, 102-114.
佐瀬 隆・細野 衛(2007): 4.1 植物ケイ酸体と環境復元. 日本ペドロジー学会編"土壌を愛し, 土を守る一日本の土壌, ペドロジー学会 50 年の集大成—", 335-342, 博友社.
佐藤 修, 熊田恭一(1969): 土壌中のペリレンキノン色素. 日本土壌肥料学会講演要旨集, 15, 23.
Schatz, A. (1955) : Bodenbildung und Entragssteigerung durch《Chelatisierung》. Die Umschau, H. 24.
Scheffer, F. und Schachtschabel, P. (1976) : Lehrbuch der Bodenkunde. 11-12, Ferdinand Enke Verlag, Stuttgart.
Schlichting, E. und H. P. Blume (1962) : Art und Ausmaß der Veränderungen des Bestandes mobiler Oxyde in Böden aus jungpleistozänem Geschiebemergel und ihren Horizonten. *Z. Pflanzenernähr. Düng. Bodenk.*, 96, 144-156.
Schofield, R. K. (1935) : Trans. 3rd Int. Congr. Soil Sci., 2, 37. Oxford.
Schroeder, D., Brümmer, G., und Grunwaldt, H. S. (1969/71) : Beiträge zur Genese und Klassifizierung der Marschen. — Teil I, II und III, *Zeitschr. Pflanzenernährung u. Bodenkunde*, Bd. 122, 128, 129.
Schroeder, D. und Lamp, J. (1976) : Prinzipien der Aufstellung von Bodenklassifikationssystemen. *Z. Pflanzenernahr. Bodenkd.* Heft 5 : 617-630.
Schwertmann, U. (1964) : Differenzierung der Eisenoxide des Bodens durch Extraktion mit Ammoniumoxalat-Lösung. *Z. Pflanzenernähr. Düng. Bodenk.*, 105, 194-202.
関豊太郎(1934): 粘土質土壌及び礬土質土壌に就て. 土肥誌, 8, 245-256.
植物栄養土壌肥料大事典(1976): p. 815, 養賢堂.
シリン・ベクチューリン, A. (1963): 灌漑地の水収支(福田仁志訳). p. 20, 東京大学出版会.
Shindo, H. (1992) : Relative effectiveness of short-range ordered Mn(IV), Fe(III), Al, and Si oxides in the synthesis of humic acids from phenolic compounds. *Soil Sci. Plant Nutr.*, 38, 459-465.

進藤晴夫・牛島夏子・本名俊正・山本定博・本間洋美(2003)：黒ボク土における植物炭化物の分布と腐植組成あるいは非晶質 Al 成分との関係. 土肥誌, 74, 485-492.
静岡県農業試験場(1994)：資料 1904 号, 平成 4 年度土壌環境基礎調査(定点調査)成績書—西部地区—.
庄子貞雄(1976)：泥炭土. アーバンクボタ, No. 13, p. 15.
Shoji, S. (1988)： Separation of melanic and fulvic andisols. Soil Sci. Plant Nutr., 34 : 303-306.
Shoji, S., Ito, T., Saigusa, M. and Yamada, I. (1985)： Properties of nonallophanic Andosols from Japan. Soil Sci., 140: 264-277.
Shoji, S., Nanzyo, M. and Dahlgren, R. A. (1993) : Volcanic Ash Soils, genesis, properties and utilization. pp. 288, Elsevier, Amsterdam ‐ London ‐ New York ‐ Tokyo.
Shoji, S., Nanzyo, M., Dahlgren, R. A. and Quantin, P. (1996)： Evaluation and proposed revisions of criteria for Andosols in the World Reference Base for Soil Resources. Soil Sci., 161(9)： 604-615.
Sibirtsev, N. M. (1895)： Genetische Bodenklassifikation(russ.). Zap, Novo-Alexandr. Agr. Inst. 1.
Sibirtsev, N. M. (1900) : Pochvovedenie(Pedology). St. Petersburg.
Soil Survey Staff(1951) : Soil Survey Manual. U. S. Dept. Agriculture Handbook No. 18, p. 227. Agriculture Research Administration, U. S. D. A.
Soil Survey Staff(1960) : Soil Classification ‐ A comprehensive system ‐, 7th Approximation. pp. 265 Soil Conservation Service, USDA., U. S. Govt. Printing Office.
Soil Survey Staff(1975) : Soil Taxonomy ‐ A basic system of soil classification for making and interpreting soil surveys. Agriculture Handbook No. 436, pp. 754. Soil Conservation Service, USDA., U. S. Govt. Printing Office.
Soil Survey Staff(1994) : Keys to Soil Taxonomy. Sixth Edition, pp. 306, USDA Soil Conservation Service.
Soil Survey Staff(2010) : Keys to Soil Taxonomy. Eleventh Edition, pp. 338, USDA Natural Resources Conservation Service.
Sokal, R. R. and Sneath, P. H. A. (1963) : Principles of Numerical Taxonomy. W. H. Freeman & Co., San Francisco.
Stebaev, I. V. (1963)：南ウラルの森林‐湿草地景観で見られる岩石・風化生成物上の土壌生成過程における土壌動物相の変化(ロシア語). Pedobiologia, 2, 265-309.
Stebutt, A. (1930) : Lehrbuch der allgemeinen Bodenkunde. Gebrüder Borntraeger, Berlin.
Stefanovits, P. (1971) : Brown Forest Soils of Hungary. pp. 261, Akademia Kiadó, Budapest, Hungary.
Stevenson, F. J. (1994) : Humus Chemistry, Genesis, Composition, Reactions. 2nd ed. 88-211, John Wiley & Sons, Inc.
Stremme, H. (1930a) : Die Braunerden. Handb. d. Bodenlehre v. E. Blanck, III, 160-182, Berlin.
Stremme, H. (1930b) : Die Bleicherde-Waldböden oder podsoligen Böden. Handb. d. Bodenlehre v. E. Blanck, III, 119-159, Berlin.
Stremme, H. (1935) : Die Unterteilung der Weltgruppen mit besondere Berücksichtung der Podsolierten Boden. Trans. 3rd Intern. Congr. Soil Science II, 143-150.
Stremme, H. (1936) : Die Böden des Deutschen Reiches und der Freien Stadt Danzig. Peterm. Mitt. Nr. 226.
Sys, C. (1959) : Signification des revetment argileux dans certains sols de l'Ituri(Congo belge). Vol. 1, p. 169-76.

『T』

Takahashi, T., Nanzyo, M. and Shoji, S. (2004) : Proposed revisions to the diagnostic criteria for andic and vitric horizons and qualifiers of Andosols in the World Reference Base for Soil Resources. Soil Sci. Plant Nutr., 50(3)： 431-437.
Tamm, C. O., and H. G. Östlund(1960) : Radiocarbon dating of soil humus. Nature, 185, 706-707.
立川 涼(1962)：土壌腐植の組成に関する研究. 東京大学大学院農学系研究科博士論文.
Tedrow, J. C. F. (1968) : Pedogenic gradients of the polar regions. Journal of Soil Science, 19, 197-204.
Tedrow, J. C. F. and D. E. Hill(1955) : Arctic brown soil. Soil Sci. 80, 265-275.
Tedrow, J. C. F. and Brown, J. (1962) : Soils of the Northern Brooks Range, Alaska : Weakening of the soil-forming potential at high arctic altitudes. Soil Sci., 93, 254-261.
Thaer, A. (1809) : Grundsätze der rationellen Landwirtschaft. Realschulbuch Ed., Berlin, 4 t. (1809-1812).
Thompson, H. S. (1850) : On the absorbent power of soils. J. Roy. Agr. Soc., Eng., 11 : 68-74.
Thorp, J. and Smith, G. D. (1949) : Higher categories of soil classification : Order, Suborder, and Great soil groups. Soil Sci., 67, 117-126.

Tiurin, I. V. (1958)：口頭報告.
徳岡隆夫・武井眹朔(1985)：恐竜の王国. 双書 地球の歴史 5, 80-87, 共立出版.
鳥居厚志(1989)：花崗岩土壌にみられる A 層の形成速度の一試算例. 森林総号研究所関西支所年報, 第 31 号, 55-58.
鳥居厚志(2007)：四国地方の森林土壌概観. 日本ペドロジー学会編："土壌を愛し, 土壌を守る―日本の土壌, ペドロジー学会 50 年の集大成―", 267-269, 博友社.
Tsutsuki, K. and Kuwatsuka, S. (1978) : Chemical studies on soil humus. Ⅱ. Composition of oxigen-containing functional groups of humic acids. *Soil Sci. Plant Nutr.*, 24, 547-560.

『U』

ウィリアムス, V. R. (1954)：科学的な農業耕作. 農業科学研究所編, pp. 279, 三一書房.
内山修男(1949)：水田土壌形態論, 地球出版.
Ugolini, F. C. (1968) : Soil development and alder invasion in a recently deglaciated area of Glacier Bay, Alaska. Biology of Alder, 115-140, Pacific Northwest Forest and Range Exp. Sta., Portland, Oregon.
Ugolini, F. C. and R. Dahlgren(1987) : The mechanism of podzolization as revealed by soil solution studies. In Podzols et Podzolisation, 195-203, édité par D. Righi et A. Chauvel, AFES et INRA, Plaisir et Paris.
梅村 弘(1968)：本邦中部高山帯のポドゾル性土壌について. ペドロジスト, 12, 110-117.
漆原和子編(1996)：カルスト―その環境と人びとのかかわり―. p. 100, 大明堂, 東京.

『V』

Van der Marel, H. W. (1948) : *J. Sediment. Petrol.*, 18, 24-29.〔Jackson, M. L. and Scherman, G. W. (1953) Chemical weathering of minerals in soils, Advances in Agron., 5, 219-318. より引用〕.
Vernadskii, V. I. (1937) : Soil analysis from the geochemical point of view, *Pedology* (U. S. S. R.) No. 1, 8-16,〔Joffe, J. S. (1949) : Pedology, 2nd ed. p. 10, Pedology Publications, New Brunswick, New Jersy より引用〕
Vilenskii, D. G. (1924) : Salinized Soils, their Origine, Composition, and Method of Amerioration. (Russian). Novaya nya. Moscow.
Vilenskii, D. G. (1925) : Classification of soils on the basis of analogous series in sol formation. *Proc. Inter. Soil Sci. Soc.*, n. s. 1, No. 4 : 224-241.
Vinogradov A. P. and E. A. Boichenko(1942)：Разрушение каолина диатомовыми водорослями. Докл. АН СССР, т. 37, No. 4.
Vogel, F. (1954)：口頭報告.
Vogel, F. (1957) : Boden und Landschaft. Landw. Bildberatung, München.
Vol'nova, A. I., Mirchink, T. G. & Graniforme, C. (1972) : Formation by dark-colored fungi of a green pigment similar to the Pg fraction of P type humic acids. *Soviet Soil Sci.*, 690-695.
ヴォロブエフ, V. R. (1945)：土壌―気候地域について. *Почвоведение*, No. 1.
Волобуев, В. Р. (1956)：Климатические условия и почвы. *Почвоведение*, No. 4.
ヴォロブエフ, V. R. (1972)：土壌の生態学(菅野一郎監訳). p. 110-112, たたら書房, 米子.
Vysotskii, G. N. (1905) : Gley. *Pochvovedenie*, 7, 291.
Vysotskii, G. N. (1906) : An oro-climatogenic basis for classifying soils. *Pochvovedenie*, 8, 1-17.

『W』

和田秀徳(1966)：7 次試案における水田土壌の分類上の位置について. ペドロジスト, 10, 141-146.
和田光史(1967)：火山灰土における有機物の集積過程と C - 14 年齢. ペドロジスト, 11, 46 - 58.
Waksman, S. A. (1932) : Humus. Williams and Wilkins, Baltimore.
Waksman, S. A. and Starkey, R. L. (1924) : Influence of organic matter upon the development of fungi, actinomycetes and bacteria in the soil. *Soil Sci.*, 17(5), 373-378.
渡辺 巌(1971)：農業と土壌微生物. p. 174, 農山漁村文化協会, 東京.
Working Group on Soil Systematics of the German Society of Soil Science(1985) : Soil Classification of the Federal Republic of Germany(abridged version). *Mitteilungen Deutsche Bodenkundliche Gesellschaft*, 44, 1-96.

『Y』

八木久義・山家富美子・三浦　覚(1986)：沖縄本島南明治山に分布する表層グライ灰白化赤・黄色土の生成. 日林誌, 68, 417-424.
八槇　敦(2000)：インターネットで活用可能なパソコンによる土壌情報システム. 土肥誌, 72, 611-620.
山田　忍(1958)：火山噴出物の堆積状態から見た沖積世における北海道火山の火山活動に関する研究. 地団研専報, 8, 1−40.
山田　忍(1959)：野地坊主と十勝坊主について(北海道における Patterned Ground に関する研究)(第1報). 土肥誌, 30, 49-52.
山田　忍(1967)：土壌学的見地から見た沖積世火山灰の年代測定法とその実例. 第四紀研究, 6, 200-206.
山根一郎(1973)：黒ボクの生成におけるススキの意義. ペドロジスト, 17, 84-94.
山根一郎・伊藤　巌・佐藤勝信・熊田伝三(1957)：東北大農研彙. 8：227-264.
山根一郎・松井　健・入沢周作・岡崎正規・細野　衛(1978)：図説日本の土壌. pp. 196, 朝倉書店.
山谷孝一(1968)：本邦林地におけるポドゾル化土壌—とくに東北地方を中心として. ペドロジスト, 12, 2-12.
山谷孝一(1993)：土壌生態系から森林施業を考える. p. 16, 財団法人林業科学技術振興所.
山崎欣多(1960)：水田土壌の生成論的分類に関する研究. 富山県農試報告, 特第1号, 1-98.
安田典夫(2001)：GPS を搭載した農耕地の土壌調査支援システム. ペドロジスト, 45, 14-21.
吉田光二・加村崇雄(1972a)：マンガン還元過程における微生物の役割(その2)水田土壌中のマンガン還元機構(第2報). 土肥誌, 43, 447-450.
吉田光二・加村崇雄(1972b)：土壌中のマンガン還元菌フロラとその培地中における還元機構, 水田土壌中のマンガン還元機構(第3報). 土肥誌, 43, 451-455.
吉田　稔・伊藤信義(1974)：水田土壌の置換性カチオン組成と酸化に伴う土壌の酸性化. 土肥誌, 45(11), 525-528.
米田茂男・川田　登・河内知道(1955)：干拓地土壌に関する研究(第6報)児島湾内部沿岸地域に分布する干拓新田の土壌型と其の特徴について. 土肥誌, 26(2), 57-62.
米田茂男(1956)：干拓地土壌に関する研究(第10報)塩害地の水田土壌の性質, 特に硫化鉄の影響について. 土肥誌, 27(5), 185-188.
米林甲陽(1989)：腐植物質研究法. Ⅲ　ペドロジスト, 33(2), 129-143.
米林甲陽(1993)：腐植物質の平均化学構造推定法及び XAD 樹脂による分画法. 日本土壌肥料学会編, 土壌構成成分解析法(Ⅱ), p. 55-80, 博友社.
米林甲陽(2002)：我が国の腐植物質研究とその展望 1. 腐植物質研究の成果と問題点. 土肥誌, 73(5), 549-554.
Yoshinaga, N. and S. Aomine (1962): Imogolite in some Ando soils. Soil Sci. Plant Nutr., 8(3), 22-29.

『Z』

Zakharov, S. A. (1924): O glavneishikh itogakh i osnovnykh problemakh izucheniya pochv Gruzii (Main Findings and Basic Problems of Soil Study in Georgia). Izvestiya Tiflisskogo Politekhnicheskogo Instituta, No. 1, Tiflis.
Zakharov, S. A. (1927): Kurs Pochvovedenija (A Course in Pedology). Moscow-Leningrad ; see also : Russian Pedological Investigation (1927) Ⅱ. Acad. Sci., U. S. S. R. (English).
Zonn, S. V. (1969, 1970)：熱帯・亜熱帯土壌学入門 Ⅰ, Ⅱ. パトリス・ルムンバ民族友好大学出版, モスクワ.

索　引

（太字体は定義または最も詳細な説明が述べられているページを示す）

〔あ〕

亜角塊状構造 …………18
アクアート ………253
アクリソル（Acrisols）
　………………218, 279
アグリック層 ………206
亜群 ………………214
亜硝酸菌 …………121
アスタート ………253
Azotobacter ………51, 121
暖かさの示数 ………106
亜泥炭………………97
亜泥炭グライ …337, 374
アミノ酸…………44
アムブリソル
　（Umbrisols）………218
アムブリック表層…206, 207, 225
アメリカの土壌分類
　体系 ……………205
亜目 …211, 212, 213, 214
アリ塚……………48
アリット（Allites）……87, 88, 290
アリソル（Alisols）…218, 277, 279
アリディソル目 213, 375
アリディック特性 …225
アルカリ：アルミナ
　比 ………………87
アルカリ化作用 182, 306
アルカリ干拓地水田
　土 ……………332
アルカリ土壌 ………303
アルカリ溶脱期 ……190
アルジック（Argic）層
　…………………219
アルジラン ………280
アルジリック褐色土 261
アルジリック層 ……206
アルティソル目 ……213

アルビック層…206, 219, 315
アルベルビソル
　（Albeluvisols）218, 262
アルフィソル目 213, 373
アルミナ質風化殻→ア
　リット
アルミナ鉄質風化殻…88
アレノソル（Arenosols）
　…………………218
アロフェン………32, 148
アロフェン質 ………300
アロフェン質黒ボク
　土 ………293, 294, 300
暗色次表層 ………224
アンスロソル
　（Anthrosols）………218
安定鉱物 ……………83
アンディソル目……212, 299, 375
アンドソル（Andosols）
　………95, 218, 292, 300
アンモニア化成作用 121

〔い〕

E 層………………10
Eh-pH ダイアグラム
　……………160, 163
一次鉱物 ………27, 28
異地性低地土壌 ……317
1：1 型粘土鉱物 ……29
イモゴライト …33, 148, 149
イライト→雲母型粘土
　鉱物
陰イオン交換容量……70
インセプティソル目 214
インディオの黒土 …353

〔う〕

ヴァーティソル
　（Vertisols）…157, 218,

251, 252, 253
ヴァーティソル的プ
　ラノソル ………316
ヴァーティソル土壌
　綱 ………………251
ヴァーティソル目 …212, 252
ヴァーティック層 …225
ヴァリシア石 ……34, 35
ウイルス……………52
ヴェガ ……………318
ヴォロニック表層 …225
埋立土 ……………357
ヴルツェルボーデン 374
運積成母材 ……96, 97
運積土………………98
雲母 ………………147
雲母型粘土鉱物 ……31, 147, 148, 149

〔え〕

A 層 ………………9
永久荷電……………68
永久しおれ点 ………105
永久凍土型 ………103
永久凍土層 …235, 327
H 層 ………………9
エッシュ …………352
エディアカラ生物群 372
FAO/Unesco の分類…216
F 層 ………………9
エブヤ ……………340
M 層→菌糸網層
エルグ erg→砂沙漠
L 層 ………………9
塩基再編成作用 188, 189
塩基性岩 ………93, 94
塩基飽和度 ………67
塩基未飽和性褐色森
　林土 ……………258
塩基溶脱作用 …139, 163, 164

索引

塩成土壌綱 …… 303, 304
園地土 …… 134, 353, 378
園地表層 …………… 221
円柱状構造 ……… 18, 307
エンティソル目 …… 214, 373, 374
塩類アルカリ土壌 … 303
塩類化作用 …… 139, 180
塩類岩 ……………… 94
塩類集積層 …… 183, 223
塩類土壌 …… 135, 303
塩類皮殻 …………… 181
塩類風化 …………… 78
塩類マーシュ土 190, 329

〔お〕
大型動物 …………… 47
黄褐色森林土 … 272, 281
黄色土 ……………… 277
O層 ………………… 9
黄鉄鉱→パイライト
オキシソル目 … 212, 286, 374
オキシック層 … 209, 210
オクリック表層 …… 206, 207
汚泥 ………………… 339
オパール→タンパク石
オパーリンシリカ … 296
オルソエルビウム …… 87
オルトエルデ ……… 264
オルトシュタイン … 264
オルトシュタイン層 211
オルトシュタイン停滞水ポドゾル …… 268
温度勾配 …………… 55
温度補償作用 ……… 114
温熱変化 …………… 77

〔か〕
科 …………………… 214
カード・ハウス …… 119
カード・パック …… 119
解膠浸透→コロイド浸透
塊状結晶質岩 ……… 92
塊状構造 …………… 18
海成母材 ………… 96, 97
海成マーシュ土 …… 329
外生菌根 …………… 123
階層序列 …………… 194
階段状砂礫 ………… 236

骸泥→ユッチャ
灰白化赤黄色土 …… 277
改良反転客土耕 …… 354
改良山成工法 ……… 356
カオリソル …… 286, 289
カオリナイト … 30, 148, 289
カオリナイト質鉄アルミナ質土 …… 289
化学的熟成作用 …… 145
化学的風化作用 …… 79
角塊状構造 ………… 18
角柱状構造 ………… 18
攪拌混合作用 … 117, 145
下降的分析の方式 … 226
火山岩 ……………… 93
火山系暗赤色土 …… 282
火山砕屑物 ………… 95
火山性黒ボク土 …… 95
火山灰 …… 95, 98, 296
火山灰特性 …… 225, 299
火山灰土壌 …… 292, 298
火山放出物未熟土 … 240
加水分解作用 ……… 80
カスタノゼム (Kastanozems) … 218, 248, 249
火成岩 …………… 92, 93
河成母材 ………… 96, 97
河成マーシュ土 …… 330
下層褐色低地水田土 347
下層黒ボク灰色低地土 ……………… 321
下層低地多湿黒ボク土 ……………… 322
可塑性 ……………… 20
活酸性 ……………… 73
褐色化作用 139, 149, 317
褐色疑似グライ土 … 313
褐色黒ボク土 ……… 302
褐色森林土 … 255, 256, 310, 375
褐色低地水田土 323, 349
褐色低地土 …… 317, 318
褐色土 ………… 249, 255
褐色土壌綱 ………… 255
褐色半沙漠土 ……… 249
活性アルミニウム … 24, 25, 296, 297, 300
活性二価鉄イオン …… 24
活動層 ……………… 236

カテゴリー ………… 234
カテナ ……………… 127
壁状構造 ……… 18, 326
カンビソル (Cambisols) …………… 218
カンビック層 … 208, 219
ガラス質特性 ……… 300
カリーチ …………… 184
ガリグ ……………… 282
カルシソル (Calcisols) …………… 218
カルシック層 … 184, 208, 219
カルフォシデライト 331
灌漑表層 …………… 221
環境保全機能 ……… 65
乾湿 ………………… 23
緩衝能 …………… 47, 71
環状砂礫 …………… 236
乾性褐色森林土（細粒状構造型） …… 259
乾性褐色森林土（粒状・堅果状構造型）259
岩石沙漠 …………… 238
岩石沙漠未熟土 …… 239
岩石の安定度 ……… 85
含石灰グライ土 …… 325
岩屑土 …… 239, 372, 377
還元型グライ土 …… 324
還元溶脱・酸化集積作用 ……………… 187
干拓地水田土壌 …… 190
カンディック層 …… 209
含硫化鉄泥層 ……… 95

〔き〕
機械的風化作用 …… 76
偽菌糸状脈 …… 184, 244
気候因子 …………… 98
偽砂 ………………… 283
疑似グライ化作用 … 139, 160, 309
「疑似グライ化作用」…………… 187
疑似グライ化赤黄色土 ………………… 276
疑似グライ化プラノソル ……………… 316
疑似グライ土 … 309, 310, 311
疑似グライ‐ポドゾ

索引

ル ……………………267
汽水マーシュ土 ……330
季節的逆グライ化作
　用 …………………187
基礎的土壌生成作用
　…………… 138, 139
基盤岩石………………10
起伏 ……………………123
ギブサイト…34, **35**, 148,
　289, 290
ギブサイト質鉄アル
　ミナ質土 …………289
基本土壌図 …………359
客土 …………………336
キャット・クレイ 95, **331**
吸着水 …………………101
吸着複合体 ……58, **67**
強グライ水田土 ……325
極地沙漠気候の未熟
　土壌亜綱 …………235
極地沙漠土 …………237
ギルガイ ……………252
キレート洗脱 ………140
均質化作用→攪拌混合
　作用
菌糸網層 ………**123**, 259

〔く〕

空中窒素固定……59, **121**
くさり礫 ………274, 275
クチャ …………………255
クックソニア …………371
クニック ………………329
クニック・マーシュ
　土 …………………329
区分 ……………………193
区分原理 ……………193
クライ・マーシュ土
　……………… 329, 330
グライ …………………322
グライ化作用…139, **158**,
　322
グライ化灰色低地土
　……………… 321, 323
グライ黒ボク土 ……301
グライ水田土 ………348
グライ層 ………**158**, 323
グライソル→グライ土
グライ低地土 ………325
グライ土 (Gleysols)
　……………… 218, **324**

グライ土壌綱 …**322**, 324
グライーポドゾル…**267**,
　325
クラス→土壌綱
クリアート ……………253
クリイック (Cryic) 層
　→凍土層
栗色土→カスタノゼム
クリオソル (Cryosols)
　……………… **218**, 240
クリオタベーション 236
グルムソル …………251
グレイゼム (Greyzems)
　→灰色森林土
黒雲母 …………28, 84, 148
黒アルカリ土 ………306
グロシック層 ………209
クロトヴィナ …118, **244**
黒ボクグライ土 ……327
黒ボク低地土 ………322
黒ボク土 (壌)…175, **292**,
　293, 294, 297, 298, **300**
黒ボク土壌綱 ………292
黒ボク表層 …………221
クロライト→緑泥石
クロライト化作用 …189

〔け〕

軽鉱物群………………29
珪酸アルミナ質風化
　殻 ……………87, 88
珪酸アルミナーアル
　ミナ質風化殻 ……87
傾斜度 …………………126
珪鉄ばん比 ……87, 88
系統分類 ……………196
軽度鉄アルミナ質粘
　土 …………………157
珪ばん比 ………87, 88
ゲータイト …34, **35**, 81,
　289, 370
結核 ……………………21
結合水 …………101, 102
堅果状構造 …………125
検索情報ファイル群 361
懸垂水 …………101, 102
懸垂水グライ層 ……347
原生動物………………48
現世土壌 ……………128
懸濁浸透 ……………140
原地性低地土壌 ……317

研磨作用………………78
堅密度→ち密度

〔こ〕

高位泥炭 ……………180
高位泥炭土 334, 335, 337
高温沙漠気候の未熟
　土壌亜綱 …………238
硬化鉄アルミナ質土
　……………… 291, 292
交換酸性………………74
交換酸度………………72
交換性陽イオン………67
交換平衡式……………69
孔隙 ……………23, 62
孔隙性 …………22, 23
光合成 ………142, 372
高山草原土 …125, 241
高山ポドゾル ………267
高山未熟土 …………237
鉱質酸性土壌…………72
黄土 ……………………95
黄土小僧→黄土人形
黄土人形 ……………184
鉱物の相対的安定度
　……………… 82, 83
構造土 ………………236
小型動物………………48
黒泥 ……………………97
黒泥質グライ土 ……326
黒泥土 …………334, 338
黒棉土 ………………251
黒曜石 …………………81
固結岩屑土 …239, 240
固結堆積岩 …………94
湖沼成母材 …………97
古赤色土 ……………278
極寒沙漠土 …………237
古土壌……**128**, 273, **277**,
　282, 371, 373, 374, 377
コロイド浸透 ………140
コンシステンシー……19
コンシステンス………19
混層耕 ………………355
混層土 …353, 354, 355
根粒菌 ………………121

〔さ〕

菜園土 ………………353
細菌 ……………49, 51
細砂……………………15

細土‥‥‥‥‥‥‥‥‥15
彩度‥‥‥‥‥‥‥‥‥14
細粘土‥‥‥‥‥‥‥‥15
細粒質母材‥‥‥‥‥‥92
作土改良‥‥‥‥‥‥354
砂質未熟土‥‥‥‥‥240
沙漠うるし‥‥‥‥‥239
沙漠土‥‥‥‥‥‥‥374
沙漠表層‥‥‥‥‥‥225
沙漠舗石‥‥‥‥‥‥239
沙漠未熟土‥‥‥‥‥238
サプリック土壌物質
　‥‥‥‥‥‥‥211, 334
サプロペル‥‥‥‥97, 340
寒さの示数‥‥‥‥‥106
サリック層 181, **210**, 223
サルファリック層‥**211**,
　　　　　　　　　　331
酸化還元電位‥‥‥‥160
三角州堆積物‥‥‥96, 97
酸化グライ土‥‥‥‥325
酸化作用‥‥‥‥‥‥81
酸化鉄‥‥‥‥‥‥‥35
酸化物・和水酸化物
　‥‥‥‥‥‥‥‥33, 34
酸吸着‥‥‥‥‥‥‥68
酸性褐色森林土‥‥‥257,
　　　　　　　　　　258
酸性化‥‥‥‥‥‥‥72
酸性岩‥‥‥‥‥‥92, 93
酸性溶脱期‥‥‥‥‥190
酸性硫酸塩土‥‥‥95, 191,
　　　　　331, 332, 340
残積成母材‥‥‥‥‥96
残積土‥‥‥‥‥‥‥98
三相分布‥‥‥‥‥‥27
酸の作用‥‥‥‥‥‥80
3 八面体型‥‥‥‥‥31
サンプル間相関係数 229
残炭酸塩質褐色森林
　土‥‥‥‥‥‥‥‥258

〔し〕

シアリット→珪酸アル
　ミナ質風化殻
シアリット・アリット
　→珪酸アルミナーア
　ルミナ質風化殻
シアリット化作用→粘
　土化作用
C/N 比‥‥‥‥‥‥‥61

シーティング→地形節
　理作用
シーロゼム‥‥‥‥‥239
ジェリソル目 212, 374
時間因子‥‥‥‥‥‥128
色相‥‥‥‥‥‥‥‥14
色素率‥‥‥‥‥‥‥88
色調係数‥‥‥‥‥‥38
識別層位‥‥‥‥‥‥217
識別特性‥‥‥‥‥‥217
識別物質‥‥‥‥‥‥217
試坑‥‥‥‥‥‥‥‥8
自己マルチ作用‥‥‥252
脂質‥‥‥‥‥‥‥‥43
糸状菌‥‥‥‥‥‥‥50
自然体‥‥‥‥‥‥6, 7
自然土壌‥‥‥‥‥‥133
自然分類‥‥‥‥‥‥196
C 層‥‥‥‥‥‥‥‥10
G 層‥‥‥‥‥‥‥‥10
湿潤グライ土‥‥322, 324
湿性褐色森林土‥‥‥260
湿性褐色低地土‥‥‥318
湿性低地水田土‥‥‥348
湿性鉄型ポドゾル‥‥268
湿草地性ソロンチャ
　ーク‥‥‥‥‥‥‥305
湿草地石灰‥‥‥‥‥184
湿地成母材→沼沢成母
　材
実用的分類‥‥‥‥‥195
実用土壌図‥‥‥‥‥359
磁鉄鉱‥‥‥‥‥‥‥370
ジプシソル (Gypsisols)
　‥‥‥‥‥‥‥‥‥218
ジプシック層‥209, 220
縞状鉄鉱層‥‥‥‥‥370
ジャーガル‥‥‥‥‥255
弱乾性褐色森林土‥‥125,
　　　　　　　　　　260
弱グライ水田土‥‥‥325
弱湿性褐色森林土‥‥260
JAPSIS‥‥‥‥360, 361
斜面の傾斜度‥‥‥‥126
斜面の形態‥‥‥‥‥125
斜面の方位‥‥‥‥‥123
ジャロサイト‥35, 211,
　　　　　　　　　　331
集合体‥‥‥‥‥‥15, 16
重鉱物群‥‥‥‥‥‥29
集積作用（過程）140, 198

集積層‥‥‥‥‥‥‥168
重粘土‥‥‥‥‥‥‥311
周氷河地域‥‥‥235, 236
重力水‥‥‥‥‥101, 102
重力成‥‥‥‥‥‥96, 97
受蝕土‥‥‥‥‥‥‥240
主層位‥‥‥‥‥‥9, 10
主要土壌群‥‥‥‥‥216
シュリック‥‥‥329, 330
シュレンケ‥‥‥‥‥338
準褐色森林土性疑似
　グライ土‥‥‥‥‥312
準黒ボク土‥‥‥293, 302
準晶質粘土鉱物‥‥‥32
浚渫埋立土‥‥‥‥‥358
照合土壌群‥‥‥217, 218
硝酸化成作用‥‥‥‥121
硝酸菌‥‥‥‥‥‥‥121
上昇的総合的方式‥‥227
条線砂礫‥‥‥‥‥‥236
沼沢性ソロンチャー
　ク‥‥‥‥‥‥‥‥305
沼沢成母材‥‥‥‥96, 97
少腐植質グライ土‥‥324
除荷作用‥‥‥‥‥‥76
植物遺体‥‥‥‥‥‥109
植物珪酸体‥‥‥**35**, 144,
　　　　　　　294, 295
植物根‥‥‥‥‥23, 145
植物根の機械的作用‥‥78
植物体の化学組成‥‥109,
　　　　　　　110, 111
植物体の現存量‥‥‥108
植物炭化物‥‥‥‥‥297
植物の灰分組成‥‥‥111
初成土壌生成作用‥‥139,
　　　　　140, 141, 145
シルト‥‥‥‥**15**, 284, 286
シロアリ‥‥‥48, 117, 286
白アルカリ土‥‥‥‥304
白雲母‥‥‥‥‥28, 148
人為的因子‥‥90, 108, 133
人為的影響‥‥‥134, 135
人為的分類‥‥‥‥‥195
進化論的分類‥‥‥‥205
人工土壌‥‥134, **341**, 342
人工土壌門‥‥‥‥‥341
人工表層‥‥‥‥206, 219
人工変成土壌綱‥‥‥352
浸出または分泌型‥‥102
浸食‥‥‥‥‥‥‥‥116

索　引　397

真正アルミナ質風化殻
　→アリット
真正熱帯鉄質土 …… 284
新鮮有機物 …………… 36
診断特性 ……… 205, 206
針鉄鉱→ゲータイト
心土破砕 …………… 311
心土破砕耕 ………… 355
心土肥培耕 …… 354, 355

〔す〕

水食 ………………… 136
水生植物 …………… 336
水成鉄アルミナ質土 290
水成土壌門 ………… 308
水成熱帯鉄質土 …… 285
水成漂白化鉄アルミ
　ナ質土壌亜綱 …… 290
水成漂白作用 … 139, 185
水成漂白層 ………… 185
水成母材 ………… 96, 97
水積土 ……………… 98
水田化褐色低地土… 319,
                        323
水田化疑似グライ土 350
水田化黒ボク土 350, 351
水田化赤黄色土 …… 351
水田型グライ土 …… 325,
                        326
水田型停滞水グライ
　土 ………………… 314
水田化土壌綱 ……… 345
水田逆グライ層 314, 347
水田次表層→ハイドロ
　アグリック層
水田鉄集積層 ……… 346
水田土壌 …………… 342
水田土壌化作用…… 139,
                  186, 377
水田土壌の分類 …… 342
水田表層 ……… 219, 345
水分収支 …………… 113
水分状況 … 23, 101, 102,
                        103
水面下土壌（門） …… 97,
                  339, 372
水面下未熟土 ……… 340
水和型ハロイサイト… 30
水和作用 …………… 81
数値情報ファイル群 360
数値分類法 …… 228, 229

図式情報ファイル群 360
スタグノソル（Stagnosols）
　→停滞水土壌綱
ストロマトライト … 369
砂 …………………… 15
砂沙漠 ………… 238, 239
砂沙漠未熟土 ……… 239
スポディック層 …… 168,
             210, 211, 224
スポドソル目 ……… 212
スミンク …………… 330
スメクタイト …… 31, 32,
                  252, 255
スモニッツァ ……… 251
スモルニッツァ …… 251
スリッケンサイド … 252
スレーキング … 77, 79

〔せ〕

成因的分類 ………… 196
生産機能 ………… 56, 58
成熟土 ……………… 128
生成因子による分類
　…………………198, 199
生成過程に基づく分
　類 ………………… 199
生成物指数 ………… 88
生態気候区分 ……… 106
生態系 ……………… 56
生態－成因的分類 … 200
成帯性土壌 ………… 198
成帯内性土壌 … 198, 304
生物因子 …………… 108
生物学的小循環 …… 58
生物学的熟成作用 … 145
世界土壌照合基準… 216,
                        217
石英／長石－指数 …… 89
赤黄色土… 275, 277, 278,
                        281
赤色エルデ ………… 375
赤色化作用 …… 150, 272
赤色砂岩 …………… 371
赤色土 ……………… 375
赤色風化殻 ………… 371
赤色レーム ………… 375
赤鉄鉱→ヘマタイト
石灰質褐色低地土 … 319
石灰質褐色土 ……… 271
石灰質マーシュ土 … 329
石灰集積作用 … 139, 184

石灰成土壌綱 … 268, 269
石こう集積層→ジプシ
　ック層
屑粒状構造→団粒構造
ゼラート …………… 253
セルロース … 43, 109, 120
潜酸性→交換酸性
洗浄型 ……………… 103
扇状地堆積物 ……… 97
蘚苔類粗腐植層 …… 144
洗脱作用（過程）140, 199

〔そ〕

層位→土壌層位
層位記号 …………… 9
層界 …………… 12, 13
草原土壌綱 ………… 243
層序 ………………… 11
造成土壌綱 ………… 356
造成土 ……………… 356
相対色度 …………… 38
層理 ………………… 9
藻類 ………………… 52
粗砂 ………………… 15
粗粘土 ……………… 15
粗腐植→モル
ソムブリック層 210, 224
ソリフラクション … 236
ソーロチ …………… 307
ソーロチ化作用→脱ア
　ルカリ化作用
ソーロチ化洗脱層… 183,
                        308
ソーロチ化ソロニェ
　ーツ ……………… 307
ソーロチ性プラノソ
　ル ………………… 316
ソロニェーツ（Solonetz）
　………… 218, 306, 307
ソロニェーツ化作用
　→アルカリ化作用
ソロニェーツ性集積
　層 …………… 183, 308
ソロンチャーク
　（Solonchaks）… 218, 304
ソロンチャーク化作用
　→塩類化作用

〔た〕

堆厩肥 …………… 4, 174
堆積岩 …………… 92, 94

398　索　引

ダーウィン，C …47, 117
大工原法………………72
大群 ………214, 215
堆積有機物層 ……9, 175
大理石紋様 ……160, 309
多角形土 ……………236
タキール ……………239
タキール表層 ………224
タコツボ ……………354
多サイクル的 ………129
多湿黒ボク土 ………301
脱アルカリ化作用…183, 307
脱塩化作用(過程)…139, 182, 190, 306, 332
脱塩基作用→塩基溶脱作用
脱珪酸作用 ……155, 272
脱水型ハロイサイト…30
脱窒作用……59, 121, 159
WRB→世界土壌照合基準
短期サイクル土壌 …128
段丘堆積物 ………96, 97
段丘地形 ……………131
炭酸塩鉱物 ………34, 35
炭酸塩質褐色土 ……270
炭酸塩質岩……………94
炭酸塩集積層→カルシック層
炭酸塩の溶解度 ……164
炭酸化合 ……………80
炭酸風化説 …………170
淡色黒ボク土 ………301
炭水化物 …………42, 43
炭素の循環……………60
炭素率→C/N比
タンパク質……………42
タンパク石…34, 35, 82
単粒状構造……………18
団粒形成過程 …118, 119
団粒構造…18, 62, 63, 113

〔ち〕
地衣酸 ………142, 143
地衣類…52, 142, 143, 372
チェルノーゼム
　(Chernozems)……175, 218, 244, 245
チオニック層 ………225
地下水位…134, 288, 308, 316, 321, 322
地下水型疑似グライ土 ………………312
地下水面……………24
地形因子 ……………123
地形節理作用…………77
地質学的大循環………58
地中海褐色土 ………279
地中海赤色土 …280, 281
窒素の循環……………59
ち密度………………20, 21
中型動物……………48
中間泥炭 ……………179
中間泥炭土 334, 335, 337
柱状構造………………18
宙水 …………101, 102
中性岩…………………93
沖積土壌 ……………316
超塩基性岩……………94
長期サイクル土壌 …128
長期堆厩肥運用試験 174
地理－環境的分類 …198

〔つ〕
通気性………………17
土 …………1, 2, 3, 7
ツンドラ・グライ土 …………… 240, 327

〔て〕
低位泥炭……………179
低位泥炭土 334, 335, 336
底質 …………………339
低湿地土 ……………324
底質土壌 ……………339
停滞型 ………………103
停滞水 ………………309
停滞水型低地水田土 348
停滞水グライ土 313, 314
停滞水土壌綱 …218, 309
停滞水ポドゾル ……268
泥炭…………97, 177, 179
泥炭質グライ土 310, 326
泥炭質灰色低地土 …320
泥炭集積作用 …139, 177
泥炭地 ……177, 178, 179
泥炭土壌 ………333, 334
泥炭土壌門 ……333, 334
泥炭の堆積速度 ……180
泥炭物質 ……………334
泥炭ポドゾル ………267
泥炭マーシュ土 329, 331
低地グライ土 ………325
低地水田土(壌)……345, 346, 348, 349
低地土壌綱 …………316
低地未熟土 …………317
ティル ………………251
適潤性褐色森林土 …260
適潤性褐色森林土
　(偏乾亜型)………260
テクノソル(Technosols)
　……………… 218, 357
デグラデーション …341
データ入力フォーマット ………363, 364
鉄アルミナ質土壌…286, 291
鉄アルミナ質土壌綱 285
鉄アルミナ質粘土 …157
鉄アルミナ質風化殻…88
鉄アルミナ集積層→フェラリック層
鉄アルミナ富化作用
　……139, 153, 155
鉄珪酸アルミナ質土壌綱 ………………271
鉄質化作用 ……139, 153
鉄質風化殻→フェリット
鉄富化グライ土 ……325
鉄富化作用 …………283
鉄・腐植ポドゾル …265, 266
鉄ポドゾル ……265, 266
テフラ…………………98
デーメーテール………57
デュ……………97, 341
デュリソル(Durisols) 218
デュリック(Duric)層
　……………………… 220
デュリ盤 ……………208
デュリ盤土 …………250
テラ・フスカ …268, 269
テラ・ロッサ …269, 375
テリック表層 ………224
デルノボ・ポドゾル性土 ………………263
典型的(塩基飽和性)
　褐色森林土 ………257
典型的褐色低地土 …318
典型的疑似グライ土 312
典型的グライ土 ……325

索引

典型的黒ボク土 ……301
典型的赤黄色土 ……276
典型的ソロンチャーク ………………304
典型的チェルノーゼム ………………245
典型的灰色低地土 …320
典型的プラノソル ……315
点情報 ………359, 363

〔と〕

統 …………………215
同位土壌 …………228
導管系 ……………112
同形置換 ………29, 68
凍結土壌→ジェリソル目
凍結破砕作用…………77
凍土層 ……………219
十勝坊主 …………338
ドクチャーエフ……6, 7, 196, 197, 263
特徴層位 ……205, 206
特徴的次表層 ……206
特徴的表層 ……206, 207
土色 ……………13, 14
土壌 ……1, 2, 5, 6, 7, 368
土壌亜型 ………204, 235
土壌亜綱 …203, 204, 234
土壌汚染 …………378
土壌温度 ……………99
土壌温度レジーム…100, 101
土壌型 ………204, 234
土壌型決定の5原則 204
土壌一気候分布圏… 105
土壌空気組成 ………165
土壌群 ……………195
土壌系統分類 …196, 234
土壌系統分類学 ……226
土壌圏 ………… 55, 56
土壌綱……195, 202, 203, 204, 234
土壌酵素………………45
土壌構造 …16, 17, 18, 63
土壌種 ………204, 235
土壌熟成作用 …139, 145
土壌情報システム…359, 360, 361
土壌情報の出力 ……366
土壌侵食 …115, 116, 135
土壌水分の特性値…104, 105
土壌生成因子…………90
土壌生成型 ………199
土壌生成群 …201, 202
土壌生成作用 ……75, 76
土壌生成分類学 ……196
土壌成帯性 106, 197, 375
土壌生物 ………47, 48
土壌層位 ……………9
土壌属 ……………204
土壌単位 …………216
土壌断面（形態）……8
土壌断面調査…………12
土壌柱状標本…………25
土壌調査 …………359
土壌動物 …47, 49, 116
土壌中の水の運動形態 ………………101
土壌の緩衝能 ………71
土壌の起源 ………368
土壌の機能 ……55, 56
土壌の出現年代 ……377
土壌の定義 ……3, 5, 6
土壌の年代 ………128
土壌の年代測定 …129
土壌の反応…………71
土壌の発達速度 …133
土壌バイオマス …26, 35
土壌微生物 …47, 52, 53, 54, 120
土壌肥沃度 …………58
土壌品種 …………204
土壌物質……………12
土壌分類学 ………192
土壌分類体系設定…226, 230, 231
土壌変化 …………376
土壌変種 …………204
土壌母材 ……………75
土壌門 ……………234
土壌有機物 ……35, 36
土壌劣化 ……136, 137
土性……………………15
土性三角図表 …15, 16
土層改良 ……354, 355
トラート …………253
トラ斑 ……………275

〔な〕

ナトリック層…183, 209, 222, 307
ナトロジャロサイト 331
生ゴミ埋立土 ………358
南方チェルノーゼム 245

〔に〕

二次鉱物………27, 29, 34
2：1型粘土鉱物……30
2：1：1型粘土鉱物 …32
肉桂色土 …………247
ニティソル（Nitisols）
……… 218, 284, 285
ニティック層 ………222
Nitrosomonas→亜硝酸菌
Nitrobacter→硝酸菌
2 八面体型……………31
乳清土壌 …………313

〔ね〕

ネオエルビウム………87
熱帯鉄質土壌 ………284
熱帯鉄質土壌綱 283, 284
熱帯ポドゾル ………171
粘液細菌………………52
粘菌類…………………52
粘着性…………………20
粘土化作用 ……139, 147
粘土鉱物……………29
粘土質母材 ……………92
粘土集積層 ……206, 219
粘土の機械的移動→レシベ化作用
粘土被膜……19, 167, 273
粘土粒子の移動運搬 167
粘土粒子の沈積 ……167
粘土粒子の分散 ……165

〔の〕

ノントロナイト …32, 34
ノンメトリック係数 230

〔は〕

灰色沙漠土 …………250
灰色森林土 ……246, 247
灰色低地水田土……321, 345, 349
灰色低地土 …………319
灰色土層 …………323
灰褐色ポドゾル性土 260
廃棄物埋立土 ………358
ハイデ→ヒース植生
バイデライト ……32, 34

400　索　引

ハイドロアグリック
　（Hydragric)層 ……221
ハイドロカテナ ……127
パイライト ……81, 190,
　　　191, 331, 332
バクテリア→細菌
バーティソル→ヴァー
　ティソル
パテルニア ………317
バドーブ …………251
ハマダ→岩石沙漠
バーミキュライト
　…………31, 148, 149
パラエルビウム………87
パラ褐色土 ……255, 260
パラレンジナ ………243
バルハン ……………238
ハロイサイト 30, 34, 148
バロス ………………251
板状構造 …………18, 19
斑鉄型グライ土 323, 324
反転客土耕 …………354
反応試験……………24
パンパ ………………315
ハンモック …………338
斑紋…………………21
斑紋・結核層 ………220
斑紋粘土帯 …………287
氾濫原堆積物…………97

〔ひ〕

非アロフェン質 ……300
非アロフェン質黒ボ
　ク土 ……293, 294, 302
pF ……………………104
ピエログラースカ…184,
　　　244
非火山性黒ボク土 …293
非気候的未熟土壌亜
　綱 …………………239
非固結岩屑土 ………240
非晶質・準晶質粘土
　鉱物 ………………32
ヒース植生 338, 352, 378
ヒスティック (Histic)
　層 …………………221
ヒスティック表層…206,
　　　207
ヒステル亜目 ………333
ヒストソル (Histosols)
　…………………… 218

ヒストソル目 …212, 333
非成帯性土壌 ………198
微生物………49, 141, 142
微生物組成 ……121, 122
非洗浄型 ……………103
B 層 …………………10
ピソライト …………287
ピソライト層 ………223
非腐植物質 ………36, 42
ヒューミン……37, 38, 42
氷河成母材 ………96, 98
表層グライ化赤黄色
　土 …………………277
表層グライ化低地水
　田土 ………………347
表層グライ化灰色低
　地土 ………………320
表層泥炭質停滞水グ
　ライ土 ……………314
氷堆石 ………………98
表土扱い ……………357
漂白化グライ土 ……325
漂白化低地水田土 …346
漂白層→アルビック層
漂白帯 ………………288
表面下流去水 …101, 102
表面流去水 ……101, 102
ヒルガード………4, 197
貧塩基熱帯鉄質土 …284
貧化層 ………………287
ピンゴ ………………328

〔ふ〕

ファエオゼム
　(Phaeozems)…218, 245
ファミリー→科
ファールエルデ 255, 262
フィブリック土壌物
　質 ……………211, 334
風化殻 …………85, 86, 87
風化系列 …………82, 84
風化サイクル ………85
風化作用 …………75, 76
風化指数………………87
風化帯 ………………288
風化平均指数…………89
風化変質層→カムビッ
　ク層
風化ポテンシャル……88
風食 …………………136
風成母材 …………96, 98

風積土 ………………98
フェイチシャ ………277
フェラリック (Ferralic)
　層 …………………220
フェラリット→鉄アル
　ミナ質風化殻
フェラリット化作用→
　鉄アルミナ富化作用
フェラリット土壌亜
　綱 …………………289
フェラルソル (Ferralsols)
　……………218, 286, 291
フェリソル …………285
フェリック (Ferric)層
　……………………… 220
フェリット (Ferrites)
　…………………88, 289
フェリハイドライト
　………………34, 35, 296
フェロジック水酸化
　鉄 …………158, 162, 163
フェロリシス ………315
富塩基暗色表層→モリ
　ック表層
富塩基熱帯鉄質土 …284
フォリスティック
　(Folistic)表層 206, 207
フォリック (Folic)層
　……………………… 220
不規則混合層粘土鉱
　物 ………………32, 34
腐朽質泥炭土 ………338
腐植 ………………36, 37
腐植化 ……139, 171, 172
腐植含量………………14
腐植酸…37, 38, 39, 40, 41
腐植質アロフェン土 292
腐植質褐色低地土 …318
腐植質疑似グライ土 313
腐植質グライ土 ……326
腐植質停滞水グライ
　土 …………………314
腐植質灰色低地土 …320
腐植質 Bt 層をもつ
　プラノソル ………316
腐植集積作用 …139, 171
腐植組成 ………177, 178
腐植泥→デュ
腐植－粘土複合体……67
腐植の機能 ………46, 47
腐植の集積量 ………173

索 引

腐植物質 ……………36
腐植ポドゾル …266, 267
普通疑似グライ土 …313
普通チェルノーゼム 245
普通停滞水グライ土 314
普通低地水田土 ……349
物理的熟成作用 ……145
物理的熟成度 ………146
腐泥→サプロペル
フォルナ ……………340
フラジック（Fragic）層
　……………………220
フラジ盤 ……………208
プラシック層…210, 265, 268
プラストゾル ………271
プラッゲン ……………352
プラッゲンエッシュ
　………………134, 352
プラッゲン層 ………223
プラッゲン土壌 134, 378
プラッゲン表層…206, 207, 352
プラノソル（Planosols）
　…………………218, 315
プラノソル化作用 …315
プラヤ（playa） …238, 239
プラントオパール→植物珪酸体
プリンサイト …154, 291
プリンサイト質鉄アルミナ質土 ………290
プリンサイト層 ……223
プリンサイト帯 ……287
プリンソル（Plinthosols）
　…… 218, 286, 291, 292
プルヴェルエルデ …330
ブルテ ………………338
フルビソル（Fluvisols）
　……………………218
フルビック層 ………220
フルボ酸…36, 37, 38, 41, 42, 168, 169
フルボ酸説 …………168
ブルニゼム ……245, 246
フレイ ………………251
プレリー土 …………245
プロトイモゴライト
　………………33, 170
プロトイモゴライト説 ………………170

プロトペドン ………340
分解機能 ………………58
分解作用→化学的風化作用
粉砕作用 ……………117
分子浸透 ……………140
分子比 …………………87
糞粒 …………………117
分類 …………………193
分類カテゴリー 194, 195
分類群 ………………194
分類体系 ……………193
分類体系設定 ………230

〔ヘ〕

平均特性差 …………230
ベクター型データ…363, 365
ペッド …………………16
ヘドロ ………………339
ペトロカルシック層
　……………184, 210, 222
ペトロジプシック層
　………………210, 223
ペトロデュリック
　（Petroduric）層 223, 250
ペトロプリンシック
　（Petroplinthic）層 223
ペドロジー→土壌生成分類学
ヘマタイト …34, 35, 81, 289
ヘミック土壌物質…211, 334
ペロゾル ………251, 254
変異荷電 …………30, 68
変成岩 …………………96
ベントヘン停滞水ポドゾル ……………268

〔ホ〕

崩壊作用→機械的風化作用
方解石 …………………34
崩積成母材 ………96, 97
崩積成未熟土 ………240
崩積土 …………………98
放線菌 …………………50
母岩 …………10, 90, 91
匍行成母材 ………96, 97
母材 …………10, 75, 91, 96

母材の堆積様式 …95, 96
圃場容水量 …………104
補助記号 …………10, 11
保水・排水機能………62
北極褐色土 …………240
ポドゾル（Podzols）…125, 168, 218, 263, 375
ポドゾル化褐色森林土 ………………258
ポドゾル化作用……139, 168, 171, 263
ポドゾル化チェルノーゼム ………………245
ポドゾル集積層→スポディック層
ポドゾル性疑似グライ土 ………………312
ポドゾル性土 …125, 263
ポドゾル土壌綱 ……263
ポルダー ……………331
ホルティック（Hortic）層 ……………………221

〔ま〕

マーガライト土壌 …251
マキー ………………279
マサ ……………………79
マーシュ ……………328
マーシュ土壌綱……328, 373, 374
磨食作用 ………………78
マトリックポテンシャル ………………103
マンガン結核 ………271
マンガン酸化物 ………24
マングローブ ………332
マンセル表色系………14

〔み〕

未固結（堆積）岩……94
未熟黒ボク土 ………303
未熟低地土 …………317
未熟土 ………………128
水因子 ………………146
水の循環………………64
未発達土壌綱 ………240
ミミズ …………47, 117

〔む〕

無機化作用…58, 138, 140
無機質層位 ……………9

402　索　引

無構造……………………18
ムル ……………123, **177**
ムル様モダー ………177

〔め〕

明度………………………14
メラニック・インデックス ……………207
メラニック（Melanic）表層 ……206, **207**, 221
面情報 ……………359, 363

〔も〕

毛管孔隙…………………62
毛管水 …………………101
毛管ポテンシャル→マトリックポテンシャル
毛管ポテンシャル曲線 …………………104
網状斑 ………275, 276
目 ……211, 212, 213, 214
木質泥炭 ………………178
モダー ……………175, **176**
モノリス→土壌柱状標本
モリソル目 ……………213
モリック（Mollic）表層
　…206, **207**, 221, 222, 375
モル ……123, 169, **176**
モンモリロナイト …32, 148

〔や〕

野外土性…………………16
野地坊主 ………………338
谷津田 …………………327
山中式硬度計……………20
山成工法 ………………356

〔ゆ〕

有機質層位→堆積有機物層
有機質マーシュ土 …330
有機土壌物質 …………333
有機・無機複合体 **45**, 46
有機リン化合物…………43

ユークリッド距離 …230
有効水分 ………………105
ユーダート ……………253
融氷河流堆積物………98
遊離酸化鉄 ……150, 151
──の活性度 …152, 274
──の結晶化指数…152, 274
遊離鉄 …13, 33, **150**, 151
ユッチャ…………97, 340

〔よ〕

陽イオン交換……………66
陽イオン交換容量………67
溶解作用…………………80
溶脱 ……………………140
溶脱チェルノーゼム 245

〔ら〕

ライニー・チャート 371
落葉層→フォリック層
落葉落枝の化学組成 110
ラスター型データ…364, 365
ラテライト 153, 154, 291
ラテライト化作用…154, 157
ラトソル ………286, 375
ラムブラ ………………317
ランカー ………241, 242
藍鉄鉱 ……………34, 35

〔り〕

離液順列…………………69
リキシソル（Lixisols）
　………………218, 284
陸成土壌門 ……………235
陸成未熟土壌綱 ……235
リグニン ……36, 42, 109
粒径区分…………………15
粒径組成…………………14
硫酸塩……………………34
硫酸還元菌 ……51, 331
硫酸酸性質灰色低地土
　…………………………320

粒状構造…………………18
粒団………………………63
菱鉄鉱……………35, 370
緑色粘土 ………………371
緑泥石……………32, 148
リン灰石 …………**34**, 35
リン酸塩…………………34
リン酸吸収係数…………70
リン酸固定………………70
リン酸保持容量…………70
リン鉄鉱 …………**34**, 35

〔る〕

類型 ……………192, 193
類型学 …………………193
類似性係数 ……………229
類別 ……………192, 193
ルヴィソル（Luvisols）
　………………218, 261

〔れ〕

礫 ……………15, 16, 17
レグ→岩石沙漠
レグール ………………251
レゴソル（Regosols）
　………………218, 240
レシベ化作用 …139, 165
レシベ土 ………255, 260
レス→黄土
レピドクロサイト …34, 35, 150
レプトソル（Leptosols）
　…………………………218
レーム構造 ……………270
レンジナ ………242, 243

〔ろ〕

老朽化水田土壌 ……185
ロザムステッド農業試験場 ……………174

〔わ〕

和水酸化鉄………………35
和水酸化物 ………33, 34

【著者略歴】

永塚　鎭男（ながつか　しずお）

1935 年　東京に生まれる
1959 年　東京大学農学部農芸化学科卒業
1959 年　農林省東北農業試験場栽培第二部勤務（農林技官）
1961 年　農林省農業技術研究所化学部勤務
1968 〜 69 年　第 3 回国際土壌学研究科研修過程（オランダ、ワーゲニンゲン）終了
1974 年　農学博士（東京大学）
1974 年　東京教育大学農学部助教授
1976 年　筑波大学助教授（応用生物化学系）
1979 年　「西南日本の黄褐色森林土および赤色土の生成と分類に関する研究」
　　　　により日本土壌肥料学会賞受賞
1990 年　筑波大学教授（応用生物化学系）
1994 〜 97 年　日本ペドロジー学会会長
1998 年　筑波大学を定年退職
1998 〜 2006 年　（有）日本土壌研究所代表取締役
2006 〜 14 年　同会長

JCOPY ＜（社）出版者著作権管理機構　委託出版物＞

2014
土壌生成分類学
改訂増補版

著者との申し合せにより検印省略

©著作権所有

2014 年 7 月 14 日　第 1 版第 1 刷発行

著　作　者　永　塚　鎭　男

発　行　者　株式会社　養　賢　堂
　　　　　　代表者　及川　清

定価（本体5000円＋税）

印　刷　者　株式会社　真　興　社
　　　　　　責任者　福田真太郎

発　行　所　株式会社 養賢堂
〒113-0033　東京都文京区本郷5丁目30番15号
TEL 東京(03)3814-0911　振替00120-7-25700
FAX 東京(03)3812-2615
URL http://www.yokendo.co.jp/

ISBN978-4-8425-0527-5　C3061

PRINTED IN JAPAN　　製本所　株式会社真興社

本書の無断複写は著作権法上での例外を除き禁じられています。
複写される場合は、そのつど事前に、（社）出版者著作権管理機構
（電話 03-3513-6969、FAX 03-3513-6979、e-mail:info@jcopy.or.jp）
の許諾を得てください。